叢書・ウニベルシタス　684

バイオフィーリアをめぐって

スティーヴン・R. ケラート／エドワード・O. ウィルソン編
荒木正純／時実早苗／船倉正憲 訳

法政大学出版局

Edited by Stephen R. Kellert & Edward O. Wilson
THE BIOPHILIA HYPOTHESIS

目　次

第六部　倫理と政治行動　481

コーダ

プレリュード――「多数の他の死すべきものと、非常によく似た関係」

スコット・マクヴェイ

ビーグル号のことが偲ばれる発見の航海の船出にあたり、われわれは、どこにいるともなく所在ない状態にある。「祈り」と題するジョセフ・ブルーチャクの詩からはじめるのもよい。彼はアベナキ族とチェコ人の混血アメリカ人である。

わたしの言葉を
動物とともに輝かしめよ、
イメージがカモメの翼の鮮やかな斑点とともに。
こう仮定しよう。もし
われわれが中心に存在し、
モグラとカワセミが、
ウナギとコヨーテが、
恵みの端にいるとするなら、

われわれは死んだ月として、
冷たい太陽の周囲をめぐることになると。
今朝、わたしの求めたことはこれだけだ、
ザリガニの祝福、
鳥たちの至福。
わたしの歌のなかで、
クマの毛皮を身にまとうこと、
手を使って男らしく働くこと。(1)

若きチャールズ・ダーウィンは、ほぼ五年間にわたり女王陛下のビーグル号で航海し、その経験――そして、定期的に観察を記録した日誌――をもとに、ほぼ二五年後に、『種の起源』(一八五九年)を著した。その斬新な年代記には二ページにみたない記述が挿入されている。それはガラパゴス諸島に関して書かれた節のなかにあり、「ひどく珍しいフィンチの群れ」をめぐる記述であった。そのフィンチは「クチバシ、短い尾、胴の形、そして羽の仕組みの点で相互に関係しあい、一三種いる」と言う。彼の記述はさらにつづく――「きわめて興味深いことに、ガラパゴスフィンチ属の多様な種では、クチバシの大きさがみごとなほど漸次的変化をみせている……」。最後に、そして、多くを明らかにしていることであるが、彼は次のように記している――「この一小集団の密接な関係をもつ鳥において、漸次的変化と多様な仕組みを見ると、実際こう想像してみたくなろう。つまり、この群島にはもともと鳥は少なく、それから一種が選択され、さまざまな目的に修正されたのである、と(2)」。

ダーウィンのような人物が存在し――そして、ウォーレスに少々刺激され――はじめて進化論的メッセージが一三種のフィンチのさまざまな適応状況に書き込まれていることがわかった。そして次いで、われわれの生物学的遺産に関連する中心的テーマが提起されたのである。いまや、われわれの眼前にある問題は、ひとつの社会としてのわれわれが一三三年後に、「われわれの」時代の中心的なメッセージを十分に認識することができるかどうかということである――つまり、エドワード・ウィルソンが、完璧にはっきりと伝えたもの――

いま進行している、ひとつの過程を正そうとしたら、数百万年かかると思えるが、その過程とは、自然の居住環境を破壊することで生じる、遺伝と種の多様性の喪失である。これは、われわれの子孫が、われわれをどうあっても許してくれそうにない愚行である。(3)

しばしば引用され、報告されていることであるが、人間の活動を通して多くの多様な生態系が失われており、その進展する破滅の規模がどれほどであるか、それはいまだ、ぼんやりと認識されているにすぎない。それは生物相の低落と人間の見通しをめぐる理解が乏しいからである。

エドワード・ウィルソンは「バイオフィーリア」を定義して、「生命と生命に似た過程に焦点をあてる生得的傾向性」であるとし、「われわれが他の生物体を理解すれば、それだけわれわれは、それとわれわれに対して、より大きな価値をおくことであろう」と指摘している。しかし、〈バイオフィーリア仮説〉が、現代の科学と文化にいっそう十分に吸収される――そして、われわれの日常生活を活性化する主義となる――まで、水をもつこの惑星の豊かな生物学的充溢が抑えられ、貧しくされ、切り詰められ、汚染され、そして略奪されるにつれ、人間の見通しは衰えていることであろう。一九九〇年に開催されたアマゾン川会議が示唆しているように、生物学的環境はこれまで以上に実地調査をしなくてはならない。そうすれば、政府や企業の指導層によりよく情報が与えられ、それに基づき、生命維持の発展はいかに形成すればよいかが決定できる。

わたしは、意識的にクジラの同類を介して「大地」の生きたつづれ織りに入り込んだ。クジラ族は水域に生息する約八十余の種からなっている。わたしの先生は、メルヴィルの『白鯨』のイシュメルである。ある機会に、彼は、銛打ち師の使う猿綱《モンキーロープ》でクィークェグと結びつけられていた。この銛打ち師は、つるつる滑る死んだクジラの背中の上にたち、この獣の脂肪層を剝いでいるところである。イシュメルは、この「われわれ二人にとって、滑稽なほど危険な芸当」をめぐり考えた――「だから、良かれ悪しかれ、われわれは、またしばらくの間、一体となっていて、運わるくもクィークェグが沈んで二度と浮かんでこなくなる。すると、慣習と名誉の両方が要請していることであるが、その紐を切るのではなく、彼の跡を追って、わたしが引きずり込まれるであろう」。さらに考察をつづけ、彼はこう言う――

わたしの置かれたこの状況は、息をするすべての人間のまさに状況であることがわかった。ほとんどの場合、(4)彼は何らかの形で、この〈他の多数の死すべきものと似たような結びつき〉をもっているにすぎない。

これがわたしの述べたいことだ――他の多数の、人間とのわれわれの似たような結びつき、つまり相互依存関係である。この考えは、ハーマン・メルヴィルが一四〇年以上前に、つまり、わたしの半分の年齢の頃に、こうした言葉を著したとき以来、活気づけられ、強化されてきた。そのとき以来、われわれの種としての数は増大してきた。つまり一〇億から五五億へ。この指数関数曲線は、今から、その半分以下の時間で、一〇〇億へとむかおうとしている。そして、われわれはすでにこの惑星の収容能力を弱めている。

われわれの生存能力は、これまでのところ印象的なものであるが、われわれが誰であって、われわれがどのように適合しているか、そして「われわれが、どこへ行こうとしているのか」(アブラハム・リンカーン)をめぐるわれわれの認識には……むらがある。とりわけ人間と動物の相互関係にかんするわれわれの理解は依然として、悲しいことに、乏しいものでしかない。頭には一二〇億のニューロン――驚異的な三ポンドあまりのパテ――をもっていても、われわれにはない感覚組織を想像することは、われわれには容易にできることではない。たとえばドナルド・グリフィンが一九三八年にハーヴァード大学の上級生になるまで、コウモリがその頭部から発信される音の信号電波によって飛行できるとは誰も考えなかった。(イタリア人スパランツァニは、それより二〇〇年前に、この謎をめぐる断片的情報はもっていた――コウモリの目をみえなくしても、コウモリは、教会の鐘楼に戻ってきた――が、その断片は、いまだひとつにまとまることはなかった。)グリフィンの研究のおかげで、アーサー・マクブライドは、一九四八年に、ネズミイルカもまた明らかにソナーによって泳ぎ、食べ物をみつける、とそのノートに書くことができた。

数年前のこと、わたしは二年間にわたり、バンドウイルカ(もしくは、ネズミイルカ)の行動と伝達の調査研究に参加した。J・アレン・ブーンがドイツの羊飼いからえた驚異的な経験から学んだように(5)、わたしの場合、エルヴァーという名の早熟の雄のネズミイルカから「適切な関係」を結ぶことについて学んだ。このイルカは、囚われの身にある自分の立場に関して、「喜び」――一〇〇の様式のもの――と「挫折」を表現する方法を知っていた。つまり、ある実験の際、最後の魚を飲み込まず（もっとも、騙しているのかもしれない）、そのあと、その魚を排水路に押し込み、タンクの水位を上げるようにしたのである。

この間に起こった、ネズミイルカとの二度の出会いを手短に記述しよう。これはいまだ公開したことはなく、こうした人間以外の死すべきものに霊感を与えてくれるいくつかの次元のあることを明らかにしてくれるものだ。そしてまた、教育してもくれるものである。

一九六四年四月、わたしはココナツ・グローヴとセイント・トマスの調査敷地をもつ実験施設で調査していた。その調査内容は、バンドウイルカ（*Tursiops truncatus*）の脳、行動そして伝達についてであった。わたしがいま描こうとしているものは、セイント・トマス実験施設で通例、行っている調査計画案の外で起こったことである。

ひとりの教育のある賢い女性が数マイル離れたところに住んでいた。芸術鑑定家である彼女は、すぐれた運動家でもあり、ときどき家の下の海で数時間にわたり泳ぐことがあった。彼女に疑問に思えたことがあった。ネズミイルカはどのようにして、意図的に海でもがいている泳げない人を救出できるのか、ということである（確かに、文献に三つの事例があり、われわれはさらに実験施設に宛てられた手紙の中の二つの説明をもっていた）。まず第一に、われわれは溺れかけている人が方向を失い、手足をばたつかせる、と想定する。第二に、もしその人がヒレをみたら、それが鮫であると思う可能性がある。第三に、イルカのヒレをつかむだけの冷静さをもっているとしても、パニックに陥ったこの人は、疲労のため、すぐに握っていた手を放してしまうであろう、と。彼女は、執拗に施設の管理者に質問した——「溺れている人がネズミイルカに救われることが、どうしてできるのでしょう」。日曜日のある日、彼女はその施設に招かれた。そこには海水プールがあり、たぶん三歳か四歳の雌のネズミイルカが飼われていた。以下のことは、水中と外から記録したものであり、撮影もされている。

この女性はこの難問を抱き、その他のことはまったく考えることなく水に入った。彼女は意図的ではなかったが、「死んだ人が浮いている」状態をよそおい、顔を下に向け、水の中で横になった。そのネズミイルカは背後から彼女の背中のところまで泳いできて、腕の下でしっかりとそのヒレ足を叩き、プールの中を強力な尾ビレで押しはじめた。はじめ、彼女は抵抗を示した。なされるままに任せたり、コントロールを失うことに彼女はなれていなかったからだ。しかし、彼女は気がつくと目がみえ、呼吸ができていた。ヒレの重さと垂直の動きによって、彼女の頭は水面からでていたのだ。彼女とイルカは——シャム双生児のように、腹と背中をくっつけあって——プールをぐるぐる回り、見守る者たちは驚きで息がとまった。彼女は「なされるままに任せていた」。できる限り深く、そして十分に力を抜いていました、と彼女はわたしに話してくれた。このネズミイルカはプールをぐるっと二度回ったあと、空中にまっすぐ顔をだし、優しく正確にプールのコンクリートの縁に彼女が膝をつくようにした。静かに彼女はこう言った——「わかったわ」。

ココナツ・グローヴで月曜から土曜まで、われわれはこうした動物のだす音波がどこまで届くものかを実地調査した。日曜日になると、われわれの家族は、ときどきキーズやフロリダ西海岸あるいは東海岸まで旅行した。わたしはネズミイルカを「飼っている」九人（女性七人と男性二人で、彼らは本質的に互いを知らない）を多くの環境のもとに配置していた。観察日誌をつけ、細部があまりにも些末にならないよう、彼らにお願いしていた。ネイプルズ近くのひとりの女性は一匹のネズミイルカと一緒に毎日泳ぎ、新鮮な魚を食べさせていた。（生きた魚が流入してくる海水のなかにいても、ネズミイルカは一度餌づけされると、もとの習性に戻って、そうした魚を食べようとすることはほとんどない。）

ほぼ一年間にわたり毎日泳ぎ、自らの手からネズミイルカに餌を与えたあとのこと、この女性はニューヨークに四日間の旅行をしなくてはならなかった。彼女のいない間、このネズミイルカは他の人の手から魚をもらおうとはせず、脱水症状に陥る恐れがあった。水分は魚を食べて吸収されるからだ。この女性が戻るとイルカは大喜びであった。もがく生きた魚を歯に捕らえ、彼は贈り物として差し出したのである。このイルカは、また彼女をプールに数時間いるようにし、離れてもらいたくないようであった（ご存知であろうが、熱愛しているペット――あるいは子供――は、旅行用の鞄を出してくると悲しそうな目つきをするものである）。

この例とは別に、その後二か月して、東海岸にいた女性（前述の女性を知らない）がほぼ同じような経験をした。四日間にわたりニューヨークにでかけたところ、ネズミイルカは元気がなくなった。このイルカは飢え死にしそうになった。イルカは結ばれた絆に「忠実」であったのである。しかし、この女性が戻るや元気を取り戻したイルカは歯に生きた魚をはさみ、それをプレゼントとしたのである。

この二頭の事例では、二度と魚は食べることがなく、むしろ「結びつきを失」って生きつづけるより、脱水して死ぬことをよしとするように見えた。われわれの間では、一頭のイルカが死ぬと、そのことが長い間夫婦であったもう一頭のイルカの死の引き金となるように見える多くの事例のあることが知られている。動物医療センターのドッジ基金の補助を受け、スーザン・コーエンが行った研究から、われわれは、愛していたペットがいなくなった人が感じる悲嘆の経験が、親しい友人もしくは伴侶の死後に感じられる悲嘆と同じく痛烈で長期にわたる可能性のあることがわかっている。おわかりと思うが、だからまた、イヌあるいはネコが深い結びつきのあった人間の死あるいは出発に際して、悲嘆にくれて死ぬことがあるのだ。

鋭い観察をしてきた者たちは、動物界はこの惑星のもっと大きな感受性の一部であると見てきた。『予期せぬ宇宙』の中でローレン・アイズリーはこのテーマを明確に述べている――「人は、〈人間以外の目〉に映るものを捉えるまで、自らに出会うことはない」[6]。これより軽くはあるが、同じように多くのことを語ってくれる調子で、マーク・トウェインはこう省察している――「天は好意しだいである。もし天が手柄しだいであるとすれば、あなたが外にいて、あなたの犬が中に入ることであろう」。

この分野の長期にわたる最近の調査から、われわれの仲間である類人猿は以前よりも断片的ではない形で描かれるようになった。持続力があれば、行動と類縁関係がより十分に認識できるようになる。その持続力をもつ女性の中から傑出した人物をひとりあげれば、ジェイン・グッダルとなる。タンザニアのゴンブ保護区で行ったチンパンジーの研究から、不思議な情報がえられた。つまり、それは、彼らの家族構造、信号体系、さらに迷惑な暴力行動、新生児殺し、殴打行為をめぐるものである。後者の事例については、その正確なところに確信がもてるようになるまで公表したくなかったのだが、二〇年間にわたり、この分野の細部まで正確に観察したあと、やっと彼女はそれを公表した。

チンパンジーは発生学的にいちばんわれわれに近い関係にあり、DNAが九八パーセント重なっており、共通の祖先をもってはいるのだけれど、われわれよりも大きい脳をもつものは、地球上で陸上の哺乳動物ではただひとつしかない（最大の猿の脳は、三ポンドのわれわれの脳の半分しかない）。その動物は、われわれより三倍大きな脳をもっており、アフリカ大陸とインド亜大陸の両方を表す卓越した隠喩である。つまり巨大なゾウだ。四人の男性がゾウに関する主要な研究を行い、国際的な評判をとった――イアン゠ハミルトン、デイヴィッド・ウェスターン、リチャード・ローズ、そしてジョージ・シャラーである。しかし、この分野で数年以上研究した者は誰もいなかった。

連続して一三年かけて、ひとりの女性がケニア南部のアンボセリ国立公園でゾウの無傷の最大の個体群のひとつを研究した。ゾウが母系制をとっていることをめぐるシンシア・モスの観察は、その著書『ゾウの記憶』のなかに収められている。モスはこう説明している――「本書は、わたしが六八〇の野生の友人と一緒に藪の中で生き延びた経緯をめぐるものである。それは、〈彼ら〉が生き延びた、あるいは干ばつ、密猟者、マサイ族の戦士、病気、怪我、観光、そして、さらに研究者に屈した経緯をめぐるものである。本書は、その家族、係累、仲間そして子供についてである。また、季節ごと、そして一年を通じて彼らを見舞った幸・不幸についてだ。わたしは、たんに彼らと一緒に過ごしただけのことにすぎない――宴会の傍観者、あるいは、それより幸せではない出来事の目撃者にすぎないのだ」(7)。

絆を深めた女性たち二人がニューヨークから戻ったとき、ネズミイルカが見せた喜びに溢れた挨拶を思い出してほしい――のたくる生きた魚を大きく開けた顎にはさみ、そして贈ったことを。シンシア・モスはこう記している――「一八年間にわたりゾウを見つめ、わたしはいまだに、挨拶の儀式を目撃したときに覚えた、とてつもない戦慄を感じることができる。それはどういうわけか、ゾウをあれほど特別で興味深いものにしているものの典型である。どんなに科学的に厳密に判断しても、わたしは、ゾウが互いに再会したときに喜び、……つまり、ゾウの喜びを経験していることを疑わない」。伝説と賛辞の題材が長くなってしまう現実の現場の観察から、そうした優しさと不屈の物語が生み出されたので、命じられたとおりに丸太を運ぶ「衰弱した」ゾウは野生にいる自由なゾウの影のまた影にすぎないことになる。エドワード・ウィルソンが、つながれたヘソイノシシに言及したことが思い出される――その「レパートリーは、人間の配慮の力を失った拘束によって発育を阻害され、……いまでは、不自然な開拓地の範囲内に捕らえられた無言の話し手となっている。まるで未開拓の世界からわたくしに送られた使者のようだ(8)」。

ここで、わたしは、二、三の男性にふれなくてはならない。この人たちのシャム双生児的なつながりは、イルカ、サルそしてゾウ以外の動物に対する敬意によって育成されてきた。マーリン・タトル(コウモリ国際保護協会会員)は、われわれの仲間の動物である夜行性のコウモリの代弁者になっている。この種のコウモリの数は世界の哺乳動物種のほぼ四分の一に相当し、約一〇〇〇種である。コウモリは、花、サボテン、果実の間で数多くの形態の授粉の原因となっているというだけではない――「一匹の小さな食虫コウモリは、毎晩一〇〇〇匹の昆虫を食べる可能性がある。……小さな褐色のコウモリ、つまり北アメリカの四四種のなかでいちばん普通のもの〔であり、一九九四年の主要な新しい研究テーマ〕であるが、一時間で数百匹の蚊を捕らえることができる(9)」。コウモリが自然の機構の中でどのような役割を果たしているか、そのことはしだいに理解されるようになってきたが、これは生き残りたいとするわれわれの欲望の、もうひとつの手段となることであろう。それはコウモリが果たす授粉と種の散布における役割が想像以上にはるかに大きいものに見えるからである。コウモリの習慣、顔、発声、摂食の多様性だけでも居住環境と生態系の健康状態を知るための、生きたリトマス試験紙になる可能性がある。

アメリカ原住民の言葉が使えるなら、もう一匹の「羽をもつもの」とは、コンラッド・ローレンツがその古典的著作『ソロモン王の指輪』の中で称えているハイイロガンのことである。[10] 擦り込みがなされた雛のガンが、この好奇心の強いナチュラリストのあとを追う、その姿を描いた彼の無類の素描画を誰が忘れられようか。あるいは、粉沫砂糖の山（イチゴをつけるためのもの）のただなかに降りたとうとしている一匹の鳥をめぐる記述である。コーヒーを飲みながら催される、陽気なバンダイインコ的おしゃべり会のことを――午後のおしゃべりを楽しみに、集まった既婚婦人の一行を徹底して砂糖だらけにする。こうした鳥をめぐるローレンツの生涯にわたる研究において、以前には想像だにできなかった行動が説明されている。

ダッジ・ファンデーションでのことだ。われわれは、そこにひとりの例外的な人物を探し回った。彼は学習能力をもたない子供、つまり「亀裂を落ちる」子供を国家的規模で援助をする、その第一歩を行っていた。入念な調査によって、われわれはノースキャロライナのチャペル・ヒル在住の内科医・臨床医にたどり着いた。この人物は神経生理学の機能不全の専門家である。彼はカリスマ的存在であると同時に実践家でもある。ブラウン大学出身のローズ奨学金受領者メルヴィン・レヴァインは、ガンに副業的関心をもつことによって子供に対する職業的関心が変容したと認めた――

わたしは長年にわたり多様な種類の家禽と野生のガンの実質的なコレクションを蓄積して、観察しようとしてきた。その集団の範囲で見られる発育の違いは、七年生の教室で見るように印象的であった。……子供たちがユニークであることこそ、あまりにもしばしば、彼らの学習問題に貢献する。……こうした子供たちは、単にあまりにも複雑であるので、極度に単純化された標識でその特徴を示すことはできない。つまり亜類型の整然とした体系あるいは統計的に生みだされた症候群で示す

ことはできないのだ。(11)

サンクチュアリ・ファームの家でレヴァインは、世界中から集められた四三種におよぶ一五〇匹のガンを飼っている。毎朝早くこのガンと二時間を過ごし、それで彼の一日はきまる。

今日の大問題――汚染、核のハルマゲドン、絶滅――にむけて意見をはく、もうひとりの素晴らしい論客はポール・エアリッヒである。彼はスタンフォード大学の個体群研究の教授である。彼はどこにシャム双生児的な関係があるとしているのであろうか。それは無脊椎動物の鱗《りん》し目《もく》だ。彼とウラディミール・ナボコフにとって、それはチョウであった。一九六一年以来、毎年夏になると、エアリッヒと妻アンはコロラド西部の二、三の採草地でチョウの観察を行ってきている。ロバート・オルンスタインと共著の最新作『新世界、新精神』は、狩猟・採集民として過去にもっていた精神的、感覚的器官をもちいて、われわれが不注意にも分解している世界において、われわれ自身が直面している苦境がいかなるものであるかをめぐり歩くものである。(12)

カール・フォン・フリッシュは、その近所の人々から妙な奴だと見られていた。彼は蜜蜂の巣から離れたいろいろなところに砂糖水の入った細菌培養用ペトリ皿を置いておいた。フォン・フリッシュは成人になって以来、ほとんどの歳月をかけて書いた傑作のなかで、一匹の餌をあさる蜂がみせる尻振りダンスが、いかにその砂糖のおかれた場所の方向と距離を仲間に正確に教えるかを描き出している。なぜゾウを研究対象にしなかったのかと訊ねられ、それに応じた彼の答えは、わたしのテーマを示唆するものである――被造物の一端と適切な関係をもちさえすれば、全体は手にとるようにはっきりとしてこよう、というもの。

素人にしてみれば、なぜ生物学者はその生涯のうち五〇年もミツバチやヒミハヤの研究にささげ、たとえばゾウあるいはともかくもゾウのシラミやモグラのノミの調査にまで手をひろげることがなく、それで満足できるのかと思うことであろう。そうした質問に対しては、こう答えなくてはならない。つまり〈動物界のどの種を見ても、われわれは生命にかかわるすべての、あるいはほぼすべての神秘に注意を喚起される〉と。[13]

生物的類縁関係（バイオアフィーリエーション）をめぐる、いくつかの回想をこのように述べてみると、われわれは、〈バイオフィーリア〉という語の創造者エドワード・ウィルソンと、一九八四年に出版された同名の標題をもつ小さな本へと差し戻される。科学的精密さと簡潔さをそなえた説明は、生涯にわたるウィルソンのアリの研究に根をもっている。その研究とは、バート・ホルドブラーとの記念碑的著作『アリ』で最高潮に達したと言える。たとえば八八〇〇種ものアリを記述する際に見せた彼らの勤勉さを見ると、わずかひとつの科《か》にむけてであれ、それに鋭い焦点をあてつづければ、すべてのものに対する価値ある洞察が生み出されるということが啓示のようにわかるのだ。もしすべての小学生が一匹の動物を選び、つまり、それはアリであれ蜜蜂であれ、またコオロギ、トンボ、クモ、アメンボ、ヘビ、カエル、ハエ、甲虫あるいはコウモリでもかまわないのだが、彼もしくは彼女が、学校にかよう最初の六年間にわたって研究をつづけ、繰り返し報告をしつづけるなら、どのようなことがおこるであろうか。この子たちが青年になったとき、生物的類縁関係が受け入れる彼らの能力は、とんでもないものとなるだろう。

種としてのわれわれの意識がうけた大きな認識上の衝撃のひとつは、チャールズ・ダーウィンという名の、温厚な、しばしば病弱な人物によって与えられた。彼は、『種の起源』の出版にゆっくりと時間をかけ、もしアルフレッド・ラッセル・ウォレスから刺激をうけることがなければ、一八五九年に世に現れることはなかったことであろう。しかし、ダーウィンが生涯にわたり魅了された種はいったい何であったのか。それは、いまや有名になったガラパゴス諸島のフィンチではない。では、何か。ミミズなのである。デイヴィッド・クアメンは、次のように書いている――

ダーウィンは、その生涯で四四年をかけ、断続的にミミズについて考察をくわえていた。この事実は、教師たちが新入生向けの生物学で、わざわざ話題にすることはないものである。……その興味のはじまりは、一八三七年にさかのぼる。そのとき彼は、ビーグル号での航海から戻ったばかりであり、この興味は、生涯のまさに終わりまでつづくことになる。彼は、数十年にわたる、ミミズにかかわる実験を実施した。最後に、一八八一年、彼は、ミミズの研究書を書いた。この本のなかでは、〈進化〉や〈自然選択〉という語は、言及すらされていない（もっとも、わたしが無視したり見落としたりしない限りの話しだが）。この本の題名は、「ミミズの行動を介して形成される野菜土壌と、それらの習性をめぐる観察」であった。「野菜土壌」というのは、今日であれば、〈腐植土〉、もしくは単に〈表土〉と呼ばれるものであった。それは、彼の出版された最後の著作である。[14]

クアメンはさらに、こうつづけている――

ダーウィンは、こうした動物に関して、自分の性分にあったものを見いだしたように思える。

彼はこう記した――「何ヵ月にもわたり、わたしは自分の書斎に、土を詰めたポットの中でミミズを飼う気になるにつれ、それに興味を抱きはじめ、ミミズがどれだけ意識的に行動し、どれだけの知的能力を見せるかを知りたいと思うようになった。……ミミズに聴覚はない。金属製の笛の甲高い音を聞かせても少しも気づかなかった。笛はミミズのそばで繰り返し聞かせた。また、ミミズはバスーンのいちばん深く低い音にも気づくことはなかった。息がかからないように注意をすれば、叫んでみてもまったく無関心であった。ピアノの鍵盤ちかくのテーブルの上において、できるだけ大きな音で演奏してみたが、まったく身動きひとつしなかった」。

しかし、主として、ダーウィンの関心をひいたのは、野生のミミズが与える集合的で累積的な影響であった。この点に関して彼は、ミミズは自家薬籠中のものだと言った。彼は、ミミズが数多く、強力で、せっせと働いていることを知っていた。ひとりのドイツ人科学者がその頃、研究対象の土地一エーカーのミミズの平均個体数は五万三七六七匹だとしており、ダーウィンにとって、これが自分の一片の芝生にも、ほぼあてはまるように思えた。こうした五万三七六七匹のミミズの一匹ずつが、その生涯のほとんどを飲み込むことに費やしていることが、彼にはわかっていた。ミミズは生きるために死んだ植物物質を飲み込む。そして、それ以外のほぼどのようなものも（小さな石の粒をも含め）、自分の進む道にあるものは飲み込んで耕すのであった。……イングランドの多くの地域でミミズの個体数は、どの一エーカーをとっても毎年一〇トンの土を飲み込んで育成すると、彼は判断した。それゆえ、ミミズはこの惑星の肥沃な土の薄い層をつくりだしているだけでなく、たえずそれをひっくり返してもいるのである。ミミズはローマの古い遺跡も埋没させつつあるのだ。ストーンヘンジのモノリス〔一本石でつくられた柱〕が沈下して、ひっくりかえる原因ともなっている。……ダーウィンが、次のように結論づけたのも不思議ではない――「ミミズは、ほとんどの人が、はじめに想定する以上に、世界の歴史で重要な役割を果たしてきたのである[15]」。

低級な生命形態と想定されているものに向けられた畏敬の念は、微生物学者にして内科医、またマイクロ写真家でもあるローマン・ヴィシュニアックの五感のなかで小さな波をたてている。彼はセントラル・パークの池からプランクトン生物をいつもたいへん優しくくみだし、西八一番街の自分のアパート兼実験室にもち帰った。彼は喜々として顕微鏡でその行動を見つめていた。なぜなら、彼は「こうした微小の、どこにでもいる単細胞動物を友人であり隣人であると見なし、教化された人の考察に値し、自然界のものの秩序において自分と同じ地位を占めているとしているからだ。……『なんと多様な動物が、メーソンジャー（食品貯蔵用の広口密閉式のもの）の池の水にいることか。世界中を旅行してみても、顕微鏡を前に椅子に座り、わたしが目にしているのと同じくらいの数の動物種を見ることはできないだろう。また、同じくらいぞくぞくする冒険はできないであろう[16]』」。

ところで、こうした小さな仲間は、典型的に実験室では一日ないし二日で死んでしまう。ヴィシュニアックの注意と感謝に満ちた配慮のもと彼らは育つ。観察を終え、二〇〇〇倍の拡大写真（そのうちいくつかは、ある現代美術館の永久コレクションに入っている）をとってしまうと、その緑の水はセントラル・パークの池に戻される。それが採った箇所に戻るよう正確を期している。

われわれは、クジラとゾウから、ガンそしてアリとミツバチ、さらにミミズとプランクトンへと旅行してきた。しかしながら、この短い生物銀河の旅を終えるにあたり、ひとりの女性を褒め称えなくてはならない。この女性の生命に対する配慮は、われわれの「主流」の文化に見られる、もうひとつの裂け目に架橋をしてくれるものである。名はバーバラ・マクリントック。彼女は九〇歳になって、ついにノーベル賞を受賞した。トウモロコシに大いに関心をもっていたので、つまり「その生物への感情」を抱いていたため、注意深く辛抱強く、それに調子を合わせていたことによって「驚くほどの」発見が生まれてきた――つまり〈飛び越し遺伝子〉である。これは、主流の科学と農作に対して驚異的な貢献であった。(17) イヴリン・ケラーはこう書いている――

マクリントックの作業哲学においては、「尊敬と謙虚」というおなじみの美徳が新たな意義を帯びている。彼女にとっては、人間の想像力の容量をはるかにこえた複雑さが自然の特徴となっている。生物体には、科学者がやっと推測しはじめたにすぎない、それ自体の生命と秩序があるのだ。「それらは、われわれが「考えることのできる」あらゆることを行い、そのうえ巧みに、効果的に、驚異的に行っている」と、マクリントックは述べている。それゆえ、こうした結論が出てくる――「すべてを一連のドグマに合うようにしようとしても、うまくいかないであろう」。マクリントックは、科学者は「その資料に耳を傾け」、「その実験がすべきことを語らしめ」なくてはならない、と信じている。この世界観は、差異と特異性に対して特別の配慮をすべきことを示唆している。それぞれの生物体には、尊敬しなくてはならない持続する固有性がある。「どの二つの植物をとってみても正確に同じものはない。それはまったく異なっており、結果として、その差異を知らなくてはならない」と彼女は説明している。「その植物は、ずっと見つめていなければ、その素性が実際にわかっていると、わたしには感じられない。だから、この畑のすべての植物はわかっています。わたしはそれらを親しく知っており、それらのことを知ることは大いなる楽しみであると思います」。日々の、毎週の、年々の辛抱強い観察から、誰でも得られるとはかぎらない洞察のようなものが生じてきた。ひとりの同僚が述べているように、その結果、生じてきたものは、彼女が一緒に研究作業を行っている、すべての植物の「自叙伝」を書くことができる明確な能力である[18]。

彼女の語彙は一貫して、愛情、親族関係、共感をめぐるものである。顕微鏡をもちいた染色体の研究について語るとき、彼女はこう述べている——「わたしは、実際に自分がまさにそこに降りていき、こうしたものがわたしの友人であるかのように感じました。……こうしたものを見るとき、それらはあなたの一部となるのです。そして、あなたは自分のことを忘れるのです[19]」。

三〇年にわたる自然をめぐる、わたし自身の好奇心の強烈な中心にクジラがいた。そのクジラ——人間よりも六倍の脳をもち、われわれはいまだ推測することさえはじめていないエレガントな舌打ち音システムをもっている——は、哲学者の王であるのか、あるいは家畜の雌牛、もしくはその中間にいるものの水生動物であるのか、とわたしは思う。データは決して結論的なものではない。バンドウイルカ、ザトウクジラ、そして北極クジラをめぐるわたしの研究の場合、どの程度までその信号システムが重要な精神を明らかにすることができるかを決めたいという目的があった。それらは音のなかに生活し、そのなかを旅行し、それで餌を見つける——深海で、夜、濁った水の中で。しかし、クジラ連《れん》の約八〇あまりの構成員のなかで、わずか一種だけが言葉に類似しているとおもわれる信号体系を有しているようにみえる。つまり、いわゆるシャチ（*Orcinus orca*）である。故マイケル・ビッグズとジョン・フォードは、ピュゲット・サウンドのこうしたクジラの一六の群れの信号は言語的に四つの族にわかれることを発見した。この調査はノールウェイ沖と北極ですすめられた。しかし、われわれは、ほぼどのような形態の生命にも――強力なゾウから質素なミミズ、さらにトウモロコシの飛び越し遺伝子までの――驚異および結びつきの意識が見出せることを主張するため、われわれの仲間の動物に言葉があることを見つける必要はない。

惑星へ旅行し、そこで見つかるものであっても、ひとすくいの池の水に生息する小さな動物の間に見られる生のダンスを観察したローマン・ヴィシュニアックの驚きに勝ることはないであろう。一九五五年のある晩、彼がこういうのを聞いた――「微生物動物はすべてかなり似ている、と思っている人がいる。でも、違うんだ。彼らは個別性をそれぞれもっていて、そのため互いに違ったものとなっている。人間とまったく同じだよ」。

ここでヴィシュニアックは向きを変え、その晩、これより前に取り組んでいた顕微鏡に身体を屈めた――

「そうだよ、そうだ」と彼は熱狂的に言った。「ここに小さな動物が一匹やって来る。それは好奇心に満ちている。それは、もっと多くのことを知りたいと思っていて、それをとりまく小さな風景をいつもじっと見ている。そのそばに、もう一匹がいて、それは食べ物を探すことにしか興味がない。そしてまた別のものがきた。これはもっと社交的だ。それはひとりでいるのがいやで、いつも友だちのあいだを行き来している。ああ、そして緩歩類が一匹いる。なんて可愛い小さな奴なんだ。それを見ていると笑ってしまう。それは、ベア・アニマルキュールと呼ばれているが、テディー・ベアにとてもよく似ているからだ。そして今、珪藻アステリオネラがやって来た。星のようにきらめいている。これは何だ。フロスキュラリアか。そうだ——わたしの考えでは、とても美しく、小宇宙の女王と呼ぶにふさわしい動物の完璧な見本だ。彼女は頭から長い美しい髪をなびかせ、いま縮んだかと思うと、今度は栄光のひらめきに拡張していく。しかし、悲しいことに、彼女の美しさはその犠牲者を魅了するためだけのものだ。彼女の精妙なる長い髪を調べるため、何か小さな動物が近づいて来る。すると、たちまち痙攣が身体を走る。まるで彼女が電線に触れたかのようだ。それから、彼女の髪は恐ろしい冠となり、その獲物を身体に押し込む。その様子は可愛いく繊細であるが、見ていて怖くなる。それから、彼女のおぞましい顎が開き、その残忍な作業を開始する。しかし、いまやその女王の場所は小さなオオカミに取って代わられている。この動物は本物のオオカミがやるようなやり方で攻撃する。その餌食は自分より大きな繊毛虫である。たとえばゾウリムシ、原生動物、繊毛虫、さらに強力なミドリゾウリムシ（原生動物の最大のもののひとつ）である。そう、わたしが思っていたとおり、彼は繊毛虫を追っている。後者の唯一の思いは逃げて命のきらめきを保持することにある。また明らかだ。それは、オオカミの顎がその犠牲者の身体から、肉の大きな塊を容易に引き裂くことができるからだ。まるでビーフステーキのように。だけど、ひとつのステーキでは満足できない。獲物が彼の碓のようにすりつぶす顎を通過しているさなかでも、彼はその傷ついた獲物の追跡をやめない。なんと貪欲なやつだ。もし、彼が一度に都合よく飲み込める以上のものを裂き取ってしまえば、頭の中に引きこもり、袋をつくり、その余分の食べ物をそこに蓄え、あとでそれを食べる。だから、四六時中その追跡をやめはしない。……そこにいる。彼は繊毛虫を捕らえて食べた。死にものぐるいに、その哀れな小さな犠牲者は、逃れようとしている。繊毛のような櫂を使い、あちこちと身をかわしている。いまそのオオカミはまた彼に追いついた。だんだん近づいている。……ああ、何と幸運なことだ。オオタイヨウチュウが、いざというときその間に入ってきて、オオカミの注意がそらされた。繊毛虫は助かった」[20]。

多くの者がこの分野で研究し、各人が日常の認識を超えた話をもっており、それを語ることができると思う――そして、それからわれわれが気付かされることは、宇宙での新しく発見されたわれわれの生態地位のこと、つまり、われわれが生み出したわけではないが、維持することにとてつもない責任をになっている被造物の世話役をわれわれが努めなくてはならないということ。イシュメルのように、われわれはモンキー・ロープに縛られており、多様な他の死すべきものとシャム双生児的な結びつきをもつ。われわれは、この結びつきを見ることができるし、感じることができる。カルフォルニア・コンドルが、われわれの意識の西の縁で羽ばたいて消滅していくにつれ、太陽もまた、われわれの上で沈みつつある可能性がある。われわれが種として存続するには、われわれ自身が自然の一部であると認識し、どれだけの被造物を保持できるかを知る新しい任務がわれわれにあることを認識しなくてはならないであろう。

仲間うちで吟味される科学の規範《カノン》の一部は次の前提である。すなわち科学者は自然現象を可能な限り客観的に記述しようとする「公平無私の」観察者であれ、というもの。雑誌に掲載される論文は、ある観察もしくは抽出した実験結果を説明しているものであるが、そこには、ほとんど実りのなかった小道、あるいはひとつの発見がなされたジグザグの道が記述されていない。これとは対照的に、エディソンが日々つけたノートは、うまく生きることのなかった数千のものをあつめた宝庫である。そこから、うまくいったわずかなものが生まれてきたのだ。ジェイムズ・ワトソンの『二重螺旋』は、キャヴェンディッシュ研究所の一チームがＤＮＡを発見した経緯を、人間的な言葉で記録している。これは科学が実際に、どのようになされるかを語る一人称の説明の、新鮮で快いジャンルのように見えた。しかし、われわれは、どのように新しいことを学ぶかをめぐる、われわれの好奇心よりも、習慣はずっと強固のようにみえる。

その結果、〈バイオフィーリア〉という考えですら「擬人観」の匂いがする。これは習慣が受け入れ可能な科学とされているものから、排除しようとしてきたものである。しかし、このプレリュードで呈示された実例から見てわかることは、もしわれわれが他の生命形態の込み入った事柄を理解し、いかにわれわれが適応できるかを理解したければ、空間を共有しているわれわれの仲間の生物をめぐる、どんなより深い真理であれ、この特殊な合言葉を捨て去る必要があることだ。われわれの理解を前進させるため、観察と報告にはこれまで以上に大きな親密さが必要とされるであろう。

本書の中心的な目的のひとつは、生命に対する愛好姿勢――特定の種と居住環境を介して少数の前進的な観察者によって経験され明確に述べられたようなもの――が、われわれすべてにとって、どのような意味をもちえるかを厳密に調べることである。そうした認識は、バイオフィーリア仮説のもとにまとめられているのであろうか。水を有するこの惑星の生物学的遺産は一〇〇〇万年以上にわたって作りあげられてきたのに、それを二、三〇年で解体しつつある一連の出来事に対して、この仮説はほんのわずかであっても影響を及ぼすだけ「十分に強力な」ものである。生命への愛好姿勢は、われわれの行動様式の規制をどの程度まで要請できるのであろうか。

エドワード・ウィルソンが書いているように、人は次のように考えたいのであろう――「人間以外の生命の形態をめぐり、多くのことを知れば知るだけ、われわれはもっと多くの楽しみが得られ、われわれ自身を尊敬するようになる。……人間が高尚であるのは、われわれがこれまで生きている他の生物のうえに君臨してきたからではなく、それらを十分に知ることによって、生命の概念そのものが高められるからである[21]」。しかし、いまだに消えることない疑問がひとつある。それは、こうした所見がより広範に理解され、感じることができるかである——そして、それらがわれわれの日々の行動に影響を及ぼすことができるかということである。

バイオフィーリアという考えを喚起した理性と感性の習慣を、われわれの見通しを導く責任をともに担っている大学、研究所、シンクタンク、そして政府機関がもっと広範に引き受けることが肝心のようにみえる。まるで一三のガラパゴス諸島のフィンチのくちばしと行動様式の徐々の変化に、われわれの注意が向けられるかのようであり、いまや、チャールズ・ダーウィンがあれほど見事に起源を記述した種が存続するか否かを決めることが、われわれの運命となっている。

原注

（1） "Prayer" by Joseph Bruchac. 著者の許可をえて引用した。
（2） *The Voyage of the Beagle* by Charles Darwin (London: Everyman' Library, n.d.), 104, pp. 364-365.
（3） *Biophilia* by Edward O. Wilson (Cambridge: Harvard University Press, 1984), p. 121 and (definition) p. 1.
（4） *Moby Dick; or the White Whale* by Herman Melville (New York: Dodd, Mead & Co., 1942), chap. 71, "The Monkey-Rope," p. 294. 強調は筆者。
（5） *Kinship with All Life* by J. Allen Boone (New York: Harper & Brothers, 1954).
（6） *The Unexpected Universe* by Loren Eiseley (New York: Harcourt, Brace & World, 1964), p. 24. 強調は筆者。

(7) *Elephant Memories* by Cynthia Moss (New York : Morrow, 1988), pp. 124-125.
(8) Wilson, *Biophilia*, p. 4.
(9) Profile of Merlin Tuttle in *The New Yorker* by Diane Ackerman, 29 Feb. 1988, p. 42.
(10) *King Solomon's Ring* by Konrad Lorenz (New York : Harper & Row, 1952).
(11) From the preface to *Developmental Variation and Learning Disorders* by Melvin Levine, M.D. (Cambridge and Toronto : Educators Publishing Service, 1987), p. xi.
(12) *New World, New Mind* by Robert Ornstein and Paul Ehrlich (New York : Doubleday, 1989).
(13) From an article about Karl von Frisch in *Rockefeller Foundation Illustrated*, vol. 2, no. 1, Aug. 1974. 強調は筆者。
(14) *The Formation of Vegetable Mould Through the Action of Worms, with Observations on Their Habits* by Charles Darwin, vol. 16 of *The Works of Charles Darwin*, reprint of New York edition, 1893-1897. Quoted by David Quammen in "Thinking About Earthworms" in a collection of essays called *The Flight of the Iguana* by David Quammen (New York : Delacorte Press, 1988), pp. 11-12. 著者の許可をえて引用。
(15) Ibid., p. 13.
(16) Profile of Roman Vishniac in *The New Yorker* by Eugene Kinkead, 2 July 1955, pp. 28-29.
(17) *Working Woman* by Martin and Marian Goldman, Oct. 1983, p. 208.
(18) "Women and Basic Research : Respecting the Unexpectd" by Evelyn Fox Keller in *Technology Review*, Nov./Dec. 1984, p. 46. 強調は筆者。
(19) Ibid.
(20) Kinkead, profile of Vishniac, pp. 29-30.
(21) Wilson, *Biophilia*, p. 22.

イントロダクション

スティーヴン・R・ケラート

これまで、哲学者、詩人、まれには政治家、そして科学者も、折にふれ人間の生は自然界との提携によっていかに豊かにされるかを理論的に説明しようと熱心に努力してきた。逆に言うと、この自然との関係が貧困になると満足ゆく存在は育てられなくなりうることを説明しようとしてきた。

一九八四年にエドワード・O・ウィルソンが驚くべき本『バイオフィーリア』を出版した。そこでは、人間は生物や自然の過程と関係をもとうとするが、この傾向が生物としての人間の必要性をどのように表わしているかを理解しようとしている。つまり、この必要性とは人間という種の発達過程に絶対に欠かせず、また身体と精神の成長では本質をなしているのである。しごく簡単に言うと、ウィルソン(1984: 1)は、バイオフィーリアを「生物と生物過程の中心に向かおうとする生得の傾向」である、と定義した。このバイオフィーリア仮説は、人間は自然に依存しており、この関係は物質的、物理的な支えという単純な問題をはるかに超えて拡がり、美的、知的、認知的、そして霊的な意味と満足とに向かう切望をも包みこんでいる、と明示している。

この大胆な断言は、自然がもつ霊感を与え、道徳的に啓発する力を詩的かつ哲学的に明確に表現する段階を超えて、科学的な主張に至っている——この人間としての必要性は進化発達のるつぼの中で、自然環境との、特に現生生物との深く、かつ親密な関係の中で着火された。バイオフィーリアという観念によって、ウィルソン（1984：138-139）の表現を借りれば、「動機づけの根源そのものに目を向けて、どうして、どんな環境で、また、どんな機会に、わたしたちは生物を慈しみ、保護するかを理解する」ことを余儀なくされる。当然、バイオフィーリア仮説には数多くの挑戦的で、きっと威圧的な断言が伴う。そのなかには、人間が生物および生物過程と提携する性向は以下である、という提案がある——

・内在的（つまり、生物としての基盤にある）
・種進化の継承の部分
・人間の競争における利点と遺伝適合との連関
・個人的意味と私的充足を獲得する可能性を高める傾向
・自然を、特定すれば生物多様性を、保護ならびに保存する人間倫理の利己的根拠

本書はこの否定しがたく、わたしたちは、能弁的であり、挑発的であるバイオフィーリアという概念の多様な要素を探究している。わたしたちは、バイオフィーリアの発想を仮説として扱い、この大胆な提案の骨子に少し肉付けをする基盤として体系的探究が必要であることを強調する。さらに、仮説の発想は命題がその他の方法で証明されるまでは「存在」しない、という科学の慣習を強調する。こうした慎重なアプローチによって、わたしたちは自分の探究は自然のロマンティックな理想化を促進しようとするペテン的試みにすぎない、という避けがたい示唆を回避できる。

バイオフィーリア仮説を確証する理論的かつ経験的な証拠の調査に従事するが、この主題が内容豊かで深いために、なんらかの決定的「証明」をなしとげる可能性はあらかじめ除かれている。その代わり、昔の寓意に語られる盲人のように振舞わざるをえない——その動物が存在することははっきり知っているが、その形姿、骨組、器官、構成、そして機能の詳細をほとんど正確には理解していない、と認める

用意がある。人間である条件のこの重要な要素を今後とも探究することは正しいと認め、またその探求を刺激することになれば、今回の労は実を結んだことになる。わたしたちの最も壮大な願いは、バイオフィーリア仮説をさらに体系的かつ深遠に調査するための基盤と自信とを組立てることにある。

この仕事はバイオフィーリアという概念（たとえこの語が特定して使われないとしても）の多様な相に関する数十年におよぶ重要な仕事のうえに組立てられている——トピックには、ほんのサンプルを示すと、人間の認知と精神の発達に自然が果たす役割、自然の多様な価値の生物的基盤、変化する風景や種に人間が示す美的反応の進化的意味、社会生物的な人間の利他的態度と救助行為との重要性、そして人間の情緒面での結びつきと肉体の癒しとに自然が果たす役割とが含まれる。

寄稿者たちは、バイオフィーリア仮説との関係で言うと、その先行研究には関連性があり、その学問では際立った特質をもち、そして、その研究分野の視座も広い点で傑出している、と編者の二人は確信している。このトピックの内容の豊かさは紛れもなく多様な研究分野からの考察を必要とする、と確信して作業を進めた。言うまでもなく、この才能と学問とが多様であればコミュニケーションの阻害が起こりうることを表わす。多種の視座は多種の認識論の伝統と語彙とを利用するから、結果としては読者に相当の負担をかけることになりうる。幸いなことに、この秀でた才の学者集団は、全面的整合を見せる点では類を見ない一巻を、部分の総和をはるかに超えた一体を生み出した、と編者は信じている。

こうした多様性の強調は本書の構成に反映されている。第一部はトピックの紹介である。第1章でエドワード・O・ウィルソンが一連の「学習規則」、つまり、たんなる本能ではなく準備された学習タイプに言及することによって、バイオフィーリア概念の生物的基盤を明確にする。さらに、バイオフィーリアと自然の保存および保護の倫理との連結可能性を解説する。第2章ではスティーヴン・ケラートが、おそらく生物として根拠があるバイオフィーリア性向を示す人間的価値の類型を与える。この類型は人間の進化と発達とにおける自然の重要性を説明するための発見装置になっている。さらに、ウィルソンもケラートも次の考えを導入している。自然に対する対立的で、敵対的ですらある関係——本書でロジャー・ウルリヒが言う「バイオフォービア」——はバイオフィーリアの一要素であると見なせる。

第二部「情動と美学」にはロジャー・ウルリヒ、ジュディス・ヘールワーゲンとゴードン・オリアンズ、そしてアアロン・カッチャーとグレゴリー・ウィルキンズの論文が収められている。各章は人間の情緒、認知、そして美感の発達を条件づける自然環境と連関する過程に取りくんでいる。これら三つの章はバイオフィーリア仮説の調査研究における体験証拠と科学的証明とを列挙していることでも比類ない。ロジャー・ウルリヒによる第3章は自然との否定的提携と肯定的提携の相補関係をバイオフィーリア現象の弁証法的成分と見なす重要な洞察も与えている。

第三部——「文化」——はバイオフィーリア仮説、特に非工業的、非西洋的な社会に生きる土地の諸民族におけるバイオフィーリア発現について基本的な異文化考察を与えている。リチャード・ネルソンの論文は、統合性と全一性を保持してきた文化をもつ北アメリカの北方地の諸民族に見られるバイオフィーリアを記述しており、これは心を動かし、心の深くに響く。この章を読んで、現代社会がバイオフィーリア仮説に対して不安を覚えるとしたら、それは今日の人間が自然界から疎外されていることを別の形で表わしているにすぎないからだ、とも確信させられる。ゲアリー・ナバーンとサラ・セイント・アントワーヌによる第7章では、部族社会と工業社会に住むひとびとに見られる、バイオフィーリア性向が腐食された結果を冷静に思い起こさせる。ジャリッド・ダイアモンドの章は、ニューギニアでの広範囲の民族学研究に基づいて、他文化に見られるバイオフィーリア仮説を支持する不確かな証拠を提示している——不確かではあるが、いわゆる原始種族が有している自然過程に関する驚異的な知識を強烈に思い起こさせている。

第四部——「象徴体系」——は、人間の認知発達とコミュニケーションとにおいて自然、特に動物が果たす役割を探究する二篇の論文で構成されている。第9章でポール・シェパードは、この領域におけるその萌芽的研究を積み上げて、現代社会において野性的自然と人為的自然の区別が崩壊すると否定的衝撃力がもたらされる点に照準を定めている。第10章ではエリザベス・ローレンスが、コミュニケーションと、彼女が仮称する「認知的バイオフィーリア」とを容易に実行させる動物の象徴的用法を極めて学問的に検討し、ハチ、ブタ、コウモリを例に、人間が隠喩的に表現、思考する能力が自然の形態と種類の豊かなタペストリーによってどのように高められているかを解明している。

第五部「進化」では、バイオフィーリアと進化発達の連結が探究されている。第11章でドリオン・サガンとリン・マーギュリスは、現代のコンテクストにおいても、生物進化で人間種が果たした役割は比較的マイナーである、という刺激的な見方を示している。さらに、バイオフィーリア概念と「ガイア」および「原走性」の概念との連結可能性を解明している。それぞれ生物体の共生に傾く全体的傾向と種が予測可能な仕方で相互行為をする性向とである。第12章ではマダーヴ・ガッジルが、バイオフィーリアと人間文化の進化、特に複雑さと多様さとで人間を魅惑する生産人工物の発達とのありうる関係を論考している。

第六部「倫理と政治行動」には、今日の自然に対する道徳的関係のコンテクストでバイオフィーリア仮説と社会変化の重要事態とを調べた二章が収められている。第13章ではホームズ・ロールストンが、人間が自然に見出す価値の生物的基盤の前提にある不確かな意味と自然環境保存への留意、敬意、関与の倫理の展開とを探究している。第14章ではデイヴィッド・オールが、大規模な環境破壊に向かう悲惨な突撃に反撃する手段として、バイオフィーリアに基づく新たな自然意識を育てることが政治的に必要であることを迫力ある論理で展開している。第15章ではマイケル・スーレが、バイオフィーリア仮説を決定的に科学的に描述し、これを弁護するに必須条件として求められる研究を要約しており、これは重要である。

以上の草稿は初め、一九九二年にマサチューセッツのウッズ・ホール海洋学研究所で発表された。この発表会を開催したのは、このような新しくて難解な主題を科学的に研究するには刺激的な討論とフィードバックとの機会がまず必要である、と両編者が確信したからである。刺激があって、深く掘り下げた活発な討論を期待して、実に魅力的な隠遁所的な場所を選んだ。この楽観的な期待は、この研究所に優れた施設が実際にあったことと、また、ナンタケット・サウンドのまれに見る美しさとによって十二分に満たされ、結果的には、生産的な会話が全体の豊かさを増して、内容がいっそう豊かで深まった圧倒的迫力のある本に結実したことによって余りあるものとなった。

また、少数の招待参加者の目を見張る寄与からも多くを得た。ジョージ・ウッドウェル（ウッズ・ホール研究センター長）の洞察力には特に感謝する。わたしたちの努力には勇気づけとなる展望を与え、また、「わたしたちが地球受託者としての資格を扱うのには繊細さに欠け、無感覚ではあるけれど、生物体間の、そして生物全体における基本的な引き合いは……現実である」と提案された。さらに、ヴァージニア大学環境科学科教授カールトン・レイは、バイオフィーリアと海洋環境における人間の経験との関係について刺激的な省察を与えてくれた。発表に対する応答者の役割を努めた三人の若手研究員の参画も力ある支援を与えてくれた――ニューヨーク州立大学のデイヴィッド・エイブラムズ、コルビー大学のピーター・カーノフ、そして海洋哺乳動物委員会のリチャード・ウォレス。

ウッズ・ホールでの討論はアイランド出版社のバーバラ・ディーンによっても刺激を与えられた。さらに重要なのは、このプロジェクトに対するバーバラ・ディーンの知的、学問的な面での貢献であり、この本を萌芽段階から開花へと統合してゆく局面を担っていたのである。ほぼ第三の編者と言える資格で働いてくれたのであり、ディーンがこの地位を受け入れなかったのは彼女の慎ましく控えめな人柄による。

こうした規模の、またこうした大望を抱いた発表会が開けたのは、その他のひとたちの寛容、支援、奨励があってのことである。あらゆる点で特に重要な人物は、ジェラルディン・R・ドッジ基金理事長スコット・マクヴェイである。スコットはウッズ・ホールで論評者として参加し、このプロジェクトに具体的支援を提供するのに協力し、言うまでもなく、本書の「プレリュード」で勇気付けとなる導きを与えてくれた。

本書の寄稿者たちの視座と研究分野の背景は多方向に広がってはいるが、今回の試みは共通の照準と討議の重要性、緊急性に関する確信とで結束が保たれている。わたしたち全員にとってバイオフィーリア仮説は、学問的にあえてやる価値がある、驚くばかりに知的に美しく、難かしい説と勇敢なる探究精神とを表わしている。本書の寄稿者たちは特別に地図も作られていない領域を探検する者と見なせるし、すべての開拓者と同様に、背後から数本は矢を射られると予想するだろう。けれども、確かに知的冒険とはその課題が価値あることでその敢行が正当化されるものである。ウィルソン（1984：139）が示唆したように、この探究の目標はほかでもなく、「わたしたちは他の生物と」、もっと広く言えば自然と「主として提携する特定の方法で人間的なのである」という真理と見なせる考えにある。こうした努力の中心にある要素は、自然環境は個人レベルでも社会レベルでも人間の意味と充足とに決定的に重要である、という確信である。

わたしたちが抱く切迫感は、現在、自然界へ向けられている猛攻撃は、ひとつにはある程度は自然から疎外されていることによって駆動されている、という確信によって強まっている。現代の環境危機——多種の食物連鎖の広範囲にわたる有毒現象、大気の多局面におよぶ減衰、多様な自然資源の大規模な範囲での枯渇、そしてとりわけ、生物多様性の大量喪失と地球の種の絶滅規模——は人間が自然界と結ぶ情緒面、精神面での関係が根本で破断されていることを示していると見なせる。

この環境危機の緩和には、紛れもなく人間意識に根本的変移が起こる必要がある。デイヴィッド・オールはこの変化を「バイオフィーリア革命」と刺激的に言い表わしている——この生命愛は、自然との最も深い提携にこそ意味がある、種として人間存在が充足するに最も根本的な切望を知る鍵がある、という認識と確信に基づいている。アルドウ・レオポルドが一世代以上前を思い出させてくれる（1966：239, 261）——「こうして進化した倫理はすべて単一の前提に基づいている。つまり、個人は相互依存関係にある部分からなる共同体の成員である……土地の倫理は共同体の境界線を拡げて、土壌、水源、植物、そして動物を、あるいは集合的に土地を含むだけである。……土地との倫理的関係が愛情、敬意、そして称賛なしに存在しうるとは……考えられない」。自然の保存と保護の倫理はたんなる暇つぶしでも道楽でもない。それはわたしたちが生きるという経験を内容豊かなものにし、また、拡張する自然の力をほめたたえることである。生物多様性とそれを可能にする生態過程とは、わたしたち種の肉体的、知性的、そして精神的な存在を型どってきたるつぼなのである。利己的理由だけからだとしても、わたしたちはバイオフィーリアの考えにより自然へ向ける世話、情愛、そして敬意の倫理を具体化しようとする。ウィルソン自身が明言したように（1984：115）、「他の生命形態をもっと知れば、それだけ自分たちを楽しみ、自分たちに敬意をいだくようになる。人間性が高められるのは、わたしたちが他の生物よりはるかに優っているからではなく、他の生物をよく知ることで生命の概念が高められるからである」。本書は、人間として生物を愛し、生物に関わる必要をこのように理解することに科学的信任を与える、ほんの生まれたての結果を表わしている。

謝辞

ウッズ・ホール海洋学研究所での発表会に参加し、貴重な支援をくれたイェール大学の院生の多くに感謝したい。イェール大学森林・環境研究大学院博士課程の学生、サイマ・エビンはウッズ・ホールにおいて多くの後方業務の細部と配置とを処理するにあたり実に効率的に援助してくれた。スーザン・プファールとヒーサー・マーブズは本プロジェクトの初期計画段階のあいだ貴重な支援を与えてくれた。

参照

Leopold, A. *Sand County Almanac.* New York : Oxford University Press, 1966.
Wilson, E. O. *Biophilia : The Human Bond with Other Species.* Cambridge : Harvard University Press, 1984.

第一部　概念の明確化に向けて

第1章　バイオフィーリアと自然保護の倫理

エドワード・O・ウィルソン

〈バイオフィーリア〉とは、もしそれが存在すると言うなら、そして、わたしはその存在を信じているのであるが、人間が他の生きた有機体と情緒の面で生まれつき密接な関係をもっているということである。「生まれつき」といったが、それは遺伝ということであり、したがって究極的な人間性の一部をなしているということだ。〈バイオフィーリア〉は、他の複合的な行動様式と同じく、あらかじめ用意された学習に対抗するよう用意された学習――つまりある反応を他の反応と対立するものとして学習するかその学習に抵抗する傾向性――その学習規則によって媒介されている可能性がある。それがいかなるものであるかを判断する証拠はわずかにすぎないが、その証拠から判断して言えば、〈バイオフィーリア〉は単一の本能ではなく、学習規則の複合体である。そして、その規則はばらばらに引き離し、個々に分析することができる。その学習規則によって形作られた感情はいくつかの情緒の連続体に納まる。すなわち〈引きつけられること〉から〈そむけること〉へ、〈畏敬の念〉から〈無関心〉へ、〈穏やかな状態〉から〈おそれに駆り立てられる不安〉へ、と。

バイオフィーリア仮説はさらに進んでこう主張する。情緒的反応の多様な糸が織りあげられ、ひとつの大きな文化の一部の象徴になる、と。それが示唆していることは、人間が自らを自然環境から引き離すとき、バイオフィーリアの学習規則は同じく人工物に十分に適応した現代風の規則と取りかえられてしまうことはない。それどころか、その学習規則は世代から世代へと受け継がれていく。それは萎縮し、工業技術によって人間が投げ入れられた新しい人工的な環境に、うまく適合して現れる。これから先どれだけ長きにわたるかは不明であるが、しだいに多くの子供と大人が現在とかわることなく動物園を訪れつづけることであろう。その数は主要なプロ・スポーツを合わせたものを越えるであろう（少なくとも合衆国とカナダでは）。金があれば、人は、公園用地の中、水面より高い所に住まいを求め、都市に住む者たちは、説明を求められても答えられないことではあるが、ヘビの夢を見つづけることであろう。

バイオフィーリアを示す証拠はなにもないとしても、それが存在するという仮説は依然、純粋に進化論上の論理によって要請されることであろう。理由はこうだ。人類の歴史は農業と村の発明から八〇〇〇年ないし一万年前に始まった、というわけではない。それは数十万年ないし数百万年まえ、ホモ属の発祥とともに始まる。人類史の九九パーセントのあいだ人間は狩猟・採集の集団という形で生活し、完全に、そして緊密に、人間以外の有機体と関連していた。ずっと昔のこの期間に、そして、さらにもっと遡って原人（paleohominid）の時代に入ると、彼らは自然誌の重大な側面に関して正確な知識を学習し、それに基づいて生活していた。これくらいのことであれば、今日のチンパンジーにも当てはまる。チンパンジーは原始的な道具を用い、植物と動物について実際的な知識をもっている。言語と文化が拡大するにつれ、人類はまた多様な種類の生きた有機体を隠喩と神話の主要な財源として利用した。要するに脳は生物中心《バイオセントリック》の世界の中で進化したのであって、機械の制御する世界のなかでではないのである。それゆえ、その世界に関係するすべての学習規則が数千年で消しさられてしまったと言うのであれば、それはまったく異常なことと言えよう。たとえ完全な都市環境で一ないし二世代以上存在しつづけた、ほんの微々たる人種の間ですらそうなのである。

人間生物学におけるバイオフィーリアの意義は深遠なものでありうる。たとえ弱い学習規則として存在しているとしても、そう言える。それは、われわれが自然、風景、アリそして神話作成について思いをめぐらすと、適切なものとなる。そして、それはわれわれに向かって環境の倫理学を新たに見つめ直すよう要請している。

バイオフィーリアはどのように進化したのか。答えになりそうなことを言えば、生物文化的に進化したということである。この進化の過程の間、文化は遺伝的学習傾向の影響のもとでねりあげられ、その一方でその傾向を規定している遺伝子は文化的コンテキストの中で自然選択によって広められた。その学習規則を開始、微調整する方法はいろいろとある。感覚閾を調節すること、学習を活気づける、あるいは防止する、そして情緒的反応を修正することである。チャールズ・ラムズデン（Charles Lumsden）とわたしは（一九八一、一九八三、一九八五）、生物、文化的進化は特定の種類のもの、つまり遺伝子＝文化の共進化であり、これは時間の中で螺旋軌道を描くと構想した。ある種の遺伝子型《ジェノタイプ》は行動的反応をより可能性の高いものにし、その反応は生存と生殖の適合性を高める。その結果、その遺伝子型は個体群の間に広がる。そして、その行動的反応はもっと頻度の高いものとなる。これに情緒的感情を無数の夢と物語に翻訳する人間の強い一般的傾向をつけ加えるなら、その必要条件は芸術と宗教的信仰という歴史的経路を切り開くことができる。

遺伝子＝文化の共進化はバイオフィーリアがいかに起こったかを説明するものとして、もっともらしく思えるものだ。この仮説を明確にしようとしたら、人間とヘビとの関係をもちだせばよい。わたしが構想している連続は、芸術史家にして生物学者のバラジ・ムンドゥカー（Balaji Mundkur）が立証した要素から主として導き出したものであるが、次のようなものとなる。

1　有毒なヘビは世界中の霊長類と他の哺乳動物の病気と死の原因となっている。

2　旧世界の尾のあるサルとないサルは、一般にヘビに対して生まれつき強い恐怖心をもっているが、このことと動物に魅了されること、そして音声による伝達を用いることとが結びついている。後者は二、三の種では特殊化された音をふくんでいる。こうしたものすべては、近くにヘビがいることに対して集団の注意を引く。このように警戒すると、集団はその侵入者がいなくなるまで目でそれを追う。

3　人間は、遺伝的にヘビが嫌いである。人間はほんのわずかでも否定的補強を受けると、たちまち恐怖心と十分に開花した恐怖症を発達させる。（自然環境で、他の恐怖症の要素にはイヌ、クモ、閉所、流れる水、高所が含まれている。これほど効果的な現代の人工物はほとんどない——たとえ、きわめて危険なもの、たとえば銃、ナイフ、自動車、そして電線でも、そうではないのだ。）

4　旧世界の類人猿のように、人間もまた、その地位に忠実なやり方でヘビに魅了されている。彼らは動物園で捕獲された標本を見るため入場料を支払う。人間はヘビを隠喩としてむやみに用い、それを織りあげ、物語、神話そして宗教的象徴体系にしている。全世界で人間が考えだした文化に見られるヘビ神は、さらに典型的なことに、アンビバレントなものである。しばしば、半人の形をとり、復讐として死を与えんと構えさせられているが、また知と力を与えるようにもされている。

> 多様な文化に住む人々は、他のどの動物よりもヘビについての夢を見ることが多い。ヘビは恐ろしい魔術的力が寄せ集められたものを呼びだすからだ。シャーマンや宗教的予言者がそうしたイメージの報告を行うとき、彼らはそこに神秘と象徴的権威を付与する。論理的帰結に見えるものとして、ヘビはまた大多数の文化の神話体系と宗教に存在していて、顕著な代行者となっている。

したがって、ここでヘビの観点からいちばん簡潔な形でバイオフィーリア仮説を表現するなら、次のようになる。つまり進化している間ヘビの悪意ある影響にたえずさらされていたので、その反復された経験が遺伝的嫌悪感と魅了として自然選択によって符号化され、そして今度は、その選択的嫌悪感と魅了が進化する文化の夢と物語のなかで表わされる。わたしの予測では、その他のバイオフィーリア的反応は多かれ少なかれ独立し、同じように生じてきたが、受けた選択的圧力は異なっており、異なる遺伝子のひとそろいと脳の回路構成に関連していると思える。

このように定式的に述べることは、作業仮説としてはもちろん十分に正しいことであるが、また同時にそうした要素がどのように区別でき、一般的バイオフィーリア仮説はどのように検証したらよいか、と問うてみる必要がある。本書で、ジャレッド・ダイヤモンドが報告していることであるが、ひとつの分析様式は、多様な文化の人々の知と姿勢を相関的に分析することであり、それは人間全体の反応パターンの共通分母を探るために企図された研究戦略である。また、ロジャー・ウルリヒとその他の心理学者は別のものを提唱しているが、それもまた本書で報告されている。すなわち魅力的でありかつ嫌悪すべき自然現象に人間の被験者を複製的に適応させることである。この直接的な心理学的方法はそこに二つの要素をつけ加えれば、生物学的傾向に合うものであれそうでないものであれ、しだいに説得力のあるものになる。最初の要素は使用された心理学的テストに対する反応の強さがどれだけ遺伝しうるものかを測定することである。第二の要素は子供の認識力の発達をめぐり、その反応を引き起こす鍵となる刺激が何かを突きとめることである。その際、同時に最大限の感受性と学習傾向の年齢も調査することだ。伸長する形態をして滑って進む運動が、たとえばヘビ嫌悪を生みだす鍵的刺激であるように見え、前青年期（とくに九歳から一二歳）が、そうした嫌悪を獲得するいちばん感受性の強い時期であるように思える。

人間と自然環境との関係が社会的行動そのものとほぼ同じくらい、はるかな歴史の一部であるとするなら、奇妙にも認識心理学者は精神的結果への取り組みが遅かったことになる。われわれの無知は科学という学問の地図上の単にもうひとつの空白にすぎないと見ることができよう。この空白は天才と独創力を待っているのだ。しかし、ひとつ重要な状況が例外としてある。つまり自然環境が消滅しつつあるということだ。心理学者とその他の学者たちは、もっと緊急的な観点からバイオフィーリアを考えざるをえない状況にある。人間が進化上でえた経験でそのように顕著な特徴である一部が減少したり消滅したとしたら、人間の心理に何が起きるのか、そう彼らは問うべきである。

わたしの考えでは、目下、進行している環境の略奪の中で、いちばん有害なもののひとつが生物多様性の喪失であることは何ら疑問の余地がない。その理由は、対立遺伝子（ことなる遺伝子形態）から種に至るまでの多様な生物体は、ひとたび失ってしまうと取りかえしがつかない事実に求めることができる。もし多様性が野生の生態系で保持されるなら、生物圏は将来の世代が望むだけ、そして文字どおり計り知れない利益をともない、回復、使用することができる。それが減少すれば、それだけ人類は将来の世代全体で貧困になることであろう。どれだけ貧困になっていくのか。次の見積りは、大まかな考えを示すものである――

●はじめに、生物多様性の「量」を考えてみよう。地上の生物体の種の数がどれだけか、それはいちばん近い桁に至るまで知られてはいないのだ。今日まで、約一四〇万種に名が与えられているが、現実の数は千万から一億の間にありそうである。いちばん知られていない仲間のひとつに菌類があり、六万九〇〇〇種が知られてはいるものの、一六〇万種の存在の可能性が考えられている。また、探究の進んでいないものとして、熱帯雨林に生息する少なくとも八〇〇万、あるいはたぶん一〇〇〇万種の節足動物がいる。さらに深海の広大な海底には数百万の無脊椎動物もいる。しかしながら、分類学の真のブラック・ホールと言えばバクテリアの可能性がある。おおよそ四〇〇〇種が正式に認識されてきたが、ノルウェーでなされた最近の研究によれば、森林土壌の一グラム中に平均して見つかる一〇〇億の個別的生物体の間に四〇〇〇種から五〇〇〇種が存在していることがわかった。このほぼすべてが科学にとって新しいものであり、そしてその組とは異なり、しかもほぼ新種である四〇〇〇から五〇〇〇種が、近くの海の堆積物の一グラムの中に平均して存在していた。海洋無脊椎動物、アフリカの有蹄動物、そして顕花植物の化石の記録を見ると、平均して各クレード〔共通の祖先から進化した生物群〕――種とその子孫――は、自然的条件のもとでは一〇〇万年から一〇〇〇万年存続することがわかる。この長さは、祖先の形態がその姉妹種から分裂するときから、最後の子孫が消滅するときにまで至るものである。その長さは生物体集団によって異なる。たとえば哺乳動物は無脊椎動物より寿命が短い。

●バクテリアはその遺伝子コードに、おおよそ一〇〇〇万のヌクレオチドの組を含み、さらに藻類から顕花植物に至るまで、もっと複雑な（eukaryotic）生物体には、一〇億から一〇〇億のヌクレオチドの組が含まれている。どれも、いまだ完全に解読されたものはない。

●種はその存在のたいへんな長さと遺伝的複雑さのため、その生きている生態系に絶妙に適応している。

●地上の種の数は、人間出現以前の時代に存在していた数より、一〇〇〇から一万倍の割合で減少しつつある。熱帯雨林の現在の除去率、つまり毎年隠れ場の約一・八パーセントはただちに絶滅する、そうでなければ実際よりずっと早く死滅する運命に少なくともあった種のほぼ〇・五パーセントに相当する。地球規模の経験をもつ系統分類学者のほとんどは、地球上の生物体の種の半分以上が熱帯雨林に生息していると信じている。もし、こうした生息環境に一〇〇〇万種がいるとすれば、消滅の割合は一年につき五万、一日に一三七、一時間に六を超える可能性がある。この割合はものすごいものであるが、実際には最低の見積りであり、その基礎は種と地域の関係だけでしかない。ここには汚染、伐採不足からの妨害、そして外来種の導入を原因とする消滅は数に入れてはいない。

その他の種の豊富な生息環境、たとえば珊瑚礁、河川系、湖、そして地中海型のヒースの荒野も似たような攻撃にさらされている。そうした生息環境の最後の残りが一地域で破壊されると——たとえば伐採された山腹の峰の最後のもの、あるいは下流のダムによって埋没させられた最後の早瀬——種は大量に一掃されてしまうことになる。ひとつの生息環境が面積ではじめ九〇パーセント減少させられると、種の数は二分の一だけ減少する。最後の一パーセントの減少がその半分の数を消滅させる。

主観的で、たいへん弁護的な推測ではあるが、もし現在の生息空間の変質の割合がこのまま阻止されずにつづけば、地球上の種の二〇パーセント以上が次の三〇年間で消滅する、あるいは絶滅初期の状態に至ろう。有史以前から現在まで人類は、たぶんすでに種の一〇パーセント、あるいは二〇パーセントまでを絶滅させてきたのだ。たとえば鳥の種の数は推定二五パーセント減。つまり一万二〇〇〇種から九〇〇〇種に相当し、鳥においては消滅が不釣り合いなほど起こっている。メガファウナ——最大の哺乳動物と鳥——のほとんどは、世界のもっと遠い地域で第一波の狩猟・採集民と農耕民によって数世紀前に消滅させられたと思われる。植物と無脊椎動物の減少はそれよりはるかに少なかったと思われるが、考古学とその他の準化石の堆積をめぐる研究はあまりにも少なくて、粗雑な推定すらできないありさまである。有史以前から現在までの、そして次の数十年に予測される人間の影響は、六五〇〇万年前の中生代末以来、絶滅の最大の突発になりそうである。

議論のためこう想定してみよう。つまり徹底的な行動がとられなければ、人類の登場直前に存在していた世界の種の一〇パーセントがすでに消え去り、さらに二〇パーセントがすぐに消え去る運命にある、と。その消滅する断片——どのような行動をとっても、それは大きいものとなろう——は、人間精神にとって有意味な、どの時代の進化をもってしてもとりかえしがつかない。中生代末を含め過去五億五五〇〇万年に起こった以前の五回の主な突発は、それぞれ回復するのに約一〇〇〇万年の自然進化を必要とした。人類がいま一生涯の期間で行っていることのため、これから先のすべての時代に生きるわれわれの子孫は貧困になることであろう。しかし批評をする者はしばしばこう応じてくる——「だから、どうだというのか。もし、種の半分が生き残りさえすれば、依然、大いなる生物多様性ではないか」と。

わたしもふくめ自然保護主義者たちが目下いちばん主張している答えは、生物多様性が提供している膨大な物質的富が危機に瀕しているということである。野生の種は新しい医薬、作物、繊維、パルプ、石油代替物そして土壌と水の回復用の動因を提供してくれる未利用の資源である。この議論は、明らかに真理である——そして、それは間違いなく、反保護主義的自由論者をただちに止める傾向のものである——が、もっぱらそれだけに頼ってしまえば、危険で実際的な欠陥を伴うことになる。もし、種を、その潜在的な物質的価値で判断しようとするなら、それは価格がつけられ、その他の富の資源に対抗して交換され、そして——その価格が正当なものであるとき——見捨てられる可能性がある。しかし、特定の種が「究極的に」いかなる価値を人類にもっているのか、それは誰に判断できると言うのか。種が、直接的利益をもたらしてくれようがくれまいが、将来の数世紀にわたる研究のあいだ、それがどのような利益を、どのような科学的知識を提供してくれるのか、あるいは人間の魂にどのような役に立ってくれるのか、それを測定する手段は存在しはしない。

ついに、わたしはとても表現しにくい言葉に行きついた——魂。この〈魂〉に言及すると、われわれはバイオフィーリアと環境倫理との関係に至る。残りの生命をめぐる道徳的推論の大きな哲学的分水嶺は、他の種に生得的権利があるか否か、ということである。さらに、その決定はすべての中でいちばん根本的な疑問に基づかなくてはならない。すなわち数学の法則と同じように、人類から独立して道徳的価値観は存在するのか、あるいは、その価値観は自然選択を介して人間精神の中で進化してきた特異な構築物であるのかどうか、ということである。人間以外の種が高度な知性と文化を獲得していたら、違った道徳的価値観を作りあげていたことであろう。たとえばシロアリが文明をもてば、病んだものと傷ついたものは共喰いにしてもかまわないとする考えが支持されることであろうし、個人的生殖を慎み、糞の交換と消費が神聖なものにされることであろう。ようするにシロアリの魂は人間の魂と大いに異なるであろう——事実われわれにとって恐ろしいものだ。こうした進化論的観点からするなら、道徳的推論の構築物は学習規則の傾向性、つまり特定の情緒と特定の種類の知識を獲得する、もしくは拒否する傾向性のことだ。こうした傾向性は人間に生存と生殖を授与してくれるので遺伝的に進化してきたのである。

この二者択一的命題の最初のもの――種は、人間がその問題について他にどのように感じるかは別にして、普遍的で独立した権利をもっていること――は正しい可能性がある。この命題が受け入れられればそれだけ、残りの生命を保存せんとする環境保護主義者の決心は間違いなく堅固なものになることであろう。しかし、種の権利の議論だけでは唯物主義的議論だけの場合と同じく危険なトランプ遊びでしかなく、生物多様性をそれに賭けるわけにはいかない。独立した権利があるとする議論は直接的で強力なものではあるが、直観的、先験主義的であり、現状では客観的証拠に欠ける。そうした権利は人間以外の誰が与えるのか、そう、直ちに訊ねてもよい。その権能付与の規範はどこに書かれているのか。そして、もし付与されているとしても、そうした権利は常に順序づけ（rank-ordering）と弛緩にさらされている。種が生きる権利をもつことを単純に割り切って懇願したとしても、人々の生きる権利が単純に割り切って要請されれば、それで終わりとなる。もし森の最後の区画をその土地の経済の存続のために切る必要が出てくれば、その森の無数の種の権利は喜んで認識されたとしても、より低い致命的な優先権が与えられてしまう可能性がある。

種の生得的権利の問題の解決は棚上げにし、権利の問題とは別の、がっしりと豊かに織られた人間中心的な倫理――われわれ自身の種の遺伝的欲求に基づくもの――の必要を、わたしはこれから論じることになろう。十分に記録された野生種の功利的潜在性にくわえ、生物多様性は膨大な美的、霊的価値をもっている。これからリストにあげられる用語は馴染みのあるものであろうが、その進化論的論理は依然、比較的新しく、ほとんど探究されてはいない。そして、そこにこそ科学者とその他の学者にとっての難問が存在している。

〈生物多様性は被造物である〉 一〇〇〇万もしくはそれ以上の種が依然として生きており、それは約一〇の七乗のヌクレオチドの組と、さらにもっと多くの天文学的数の可能的な遺伝子の組み合わせによって完全に定義され、そうしたものによって進化の戯れつづける場が創り出されている。生きている生物体が地球の大部分の一〇億分の一〇を構成しているにすぎないのに、生物多様性は、この知られている宇宙でいちばん情報豊かな一部になっている。地球以外の惑星すべてをあわせた表面よりも、一握りの土壌にはずっと多くの組織と複雑さが存在している。もし人類が科学的知識と一貫した満足いく創世神話——それ自身が、人の魂の本質的部分であるようにみえる神話——をもとうとするなら、その物語は生物多様性の起源のところでその結末に近づくことになろう。

〈他の種は、われわれと同類である〉 この認識は進化的時間の上では文字どおり真実である。顕花植物から昆虫、そして人類そのものに至るまで、すべての高等真核生物体は約一〇億八〇〇〇万年まえに生きていた単一の個体群の祖先から伝わってきたと考えられている。単細胞の真核生物とバクテリアは、さらにもっと遠い祖先によって結びつけられている。このすべての遠い血縁関係は共通の遺伝子的コードと細胞構造の基本的特徴によってわかる。人類は別の惑星からやって来た異星生物のように豊富な生物圏に軟着陸したわけではない。われわれは、すでにここにいる他の生物体から生じて来たのであり、その生物体の大きな多様性は新しい生命形態生産の実験に次ぐ実験を行い、結局ふと人間という種を見つけたのである。

〈一地方の生物多様性はその国の遺産の一部である〉 各地方は今度はそれ自身の固有の植物と動物の

集合体をもっており、ほぼすべての場合そこには他では見つかることのない種と類が含まれている。こうした集合体はその国の領土のはるかなる歴史の産物であり、その歴史は人間の誕生のずっと以前にまでさかのぼるものである。

〈生物多様性は将来のフロンティアである〉　拡大し、終わることのない未来、それを見透かす展望を人類は必要としている。この霊的渇望は空間を植民化することで満たすことができるわけではない。地球以外の惑星は宿る所とてなく、巨大な費用がかかり行くことができない。いちばん近い恒星でもたいへん離れていて、航行者は報告に戻るだけで数千年かかろう。人類にとって真のフロンティアは地上の生命である――その探究とそれをめぐる知識を科学、芸術そして実際的事柄に移すことである。もう一度言えば、この命題を正当化する生命の質はこうである。つまり植物、動物そして微生物の種の九〇パーセントあるいはそれ以上が科学上の名すらもっていない。種のそれぞれは、人間的基準からすればとてつもなく古く、その環境にみごとに適合して作られてきた。われわれの周囲の生命で人類が出会う可能性のあるその他のいかなるものも複雑さと美の点で人類を超えている。

多様な仕方で、人間は生命の他の部分と結びついているが、その仕方は余りにも理解されておらず、新しい科学的探究と美的解釈の大胆さを叫び求めている。「バイオフィーリア」と「バイオフィーリア仮説」という混成的表現が遠い昔の人間の歴史から生じ、自然環境との相互関係に由来し、そしていま遺伝子そのものにありそうな心理学的現象に注意を促しさえすれば、それは十分に役立つものとなろう。その探索は生きている環境の一部が急速に消滅することで一層、緊急性を帯びてきており、より十分な人間性の理解だけでなく、それに基づく環境倫理でより強力で知的説得力をもつ倫理をもつ必要が生じてきた。

参考文献

わたしが最初に「バイオフィーリア」という表現をもちいたのは、一九八四年のことで、同名の標題の本の中でのことであった（*Biophilia*, Harvard University Press)。その長いエッセイの中で、わたしは、社会生物学の考えを環境倫理に適用しようとした。

遺伝子と文化の共進化の機構は、チャールズ・J・ラムズデンとわたしが、次の文献で提案したものである――*Genes, Mind, and Culture* (Harvard University Press, 1981), *Promethean Fire* (Harvard University Press, 1983), and "The Relation Between Biological and Cultural Evolution," *Journal of Social and Biological Structure* 8(4) (October 1985) : 343-359。それは、認識・社会心理学の諸原理を含めようとして、理論的集団遺伝学を拡大したものである。

バラジ・ムンドカーは、次の文献でヘビと神話上のヘビの役割を辿っている――*The Cult of the Serpent : An Interdisciplinary Survey of Its Manifestations and Origins* (State University of New York Press, 1983)。その他の生命形態に対する、メラネシア人の姿勢をめぐるジャレッド・ダイアモンドの研究と、バイオフィーリアに関する心理学的研究のロジャー・S・ウルリヒの概説は、本書の別の所にある。

わたしは次の文献で、地球規模の生物多様性と消滅率の程度をもっと細かく概観した――*The Diversity of Life* (Harvard University Press, 1992)。

環境倫理を評価するにあたって、わたしは、いく人かの哲学者の著作に大いに助けられた。その中で、とりわけ助けられたのは次の文献である――Bryan Norton（*Why Preserve Natural Diversity?*, Princeton University Press, 1987), Max Oelschlaeger（*The Idea of Wilderness : From Prehistory to the Age of Ecology*, Yale University Press, 1991), Holmes Rolston III (*Environmental Ethics : Duties to and Values in the Natural World*, Temple University Press, 1988), and Peter Singer（*The Expanding Circle : Ethics and Sociology*, Farrar, Straus & Giroux, 1981)。

第2章　自然の人間的価値体系に向けての生物学的基礎

スティーヴン・R・ケラート

バイオフィーリア仮説が大胆にも主張していることは何か。それは、生命および生命に似た過程と友好関係を結びたいとする、生物学的基礎をもつ固有の欲求が人間にはある、と提案している（Wilson 1984）。この提案が示唆していること、それは、人間のアイデンティティと個人的自己実現がわれわれが自然とどのような関係を結ぶかにかかっている、ということである。人間の自然を求める欲求は物質的に環境を利用するということだけでなく、われわれの情緒的、認識的、美的そして精神的なとすら言える発展に自然界が及ぼしている影響とも結びついているのだ。自然界の諸要素を回避する、拒絶する、そしてときには破壊する傾向ですら、われわれをとりまく生命の広大なスペクトラムと深く親密に関わりたいとする生得的な欲求が拡大したものと見なすことができる。

この仮説はこう示唆するものである。つまり生命および生命に似た諸過程（たとえば生態学的機能と構造）と価値評価的に友好関係をもちたいとする姿勢のいちばん広範にわたるものは、人間が個体および種として適応、持続、そして繁栄しようとする進化的闘争においてきわだった利点を提供してきた、と。逆に、この考え方が間接的に知らせていることは、このように人間の自然依存が低下すると、しだいに生存が奪われたり減少したりする可能性が増大するということである――また、それは単に物質的であるだけでなく、広範にわたる多様な感情的、認識的、価値評価的側面においてでもある。それゆえ、バイオフィーリアの考え方は次のように強力に主張するのである。すなわち一貫して充足的な生存を求める人間の姿勢の多くが、われわれと自然との関係とに密接に依存している。個的アイデンティティと自然との、こうした仮定された結びつきを見ると、アルドー・レオポルドが、デカルトの自我をめぐる言明――「われ思う、故にわれあり」(人間のアイデンティティを、人間中心的にとらえたもの)――を、「土地使用者は、自ら考えるように存在する」(自我をめぐる生物中心主義的見方であり、レオポルドの土地についての考え方を、生態学的過程のメタファーとして認めるもの)へと変更した言明が想起される。

本章はバイオフィーリアの考え方を探究するが、その際、自然界を評価し、それと提携関係を結ぶためわれわれの種がもつ、おそらくは生物学的な基礎の九つの基本的側面を吟味する。バイオフィーリア的傾向性(本能としてではなく学習規則の群として見なされるもの)の仮定されたこうした表現は、自然をめぐる功利的、自然主義的、生態学=科学的、美的、象徴的、人間主義的、道徳的、支配主義的そして否定主義的価値評価として言及される。

こうした基本的価値体系の記述を始めるにあたり、手短に説明しておくに値することがある。それは、人間と自然の基本的関係をめぐる、こうした仮定されたカテゴリーが、わたしの研究でどのように発展をとげたかということである。このような脱線は何らかの個人的気まぐれから生じたものではなく、次のことを示したい欲望があったからだ。すなわち、バイオフィーリア的傾向性のいくつかの次元は人間の自然への依存を表現する、たぶん普遍的なものとして、どのように明らかになったか。

自然に関する九つの見方をまとめた限定的類型学は一九七〇年代末に動物に対する基本的な知覚方法を記述する一方法として発展した（Kellert 1976）。この類型学は四八の隣接する州とアラスカに在住する、ほぼ四〇〇〇人の任意に分布したアメリカ人に対する研究で用いられた。その後、この類型学の拡大されたものは、次の調査が行われた際に使用された。つまり多様な分類群を人間はどのように知覚するかを調査した——その分類群に含まれていたのはオオカミ（Kellert 1986d：1991a）、海洋哺乳類（Kellert 1986b：1991b）、多種の絶滅に瀕した種（Kellert 1986c）、無脊椎動物（Kellert 1986a：1992）、そしてクマ（Kellert 1993a）である。また、多様な人間集団の自然と関係した見方を分析したときに用いられた——たとえば猟師（Kellert 1978）、鳥打ち（Kellert 1985b）、農夫（Kellert 1984a）、また年齢（Kellert 1985a）、性差（Kellert 1987）、社会、経済的地位（Kellert 1983）、居住地区（Kellert 1981：1984b）によって区別された一般大衆。また、次の各国で自然と動物に対する異文化間の見方を調査したときにも用いられた。つまり、日本（Kellert 1991c）、ドイツ（Schulz 1985；Kellert 1993b）、ボツワナ（Mordi 1991）である。さらにまた、西欧社会で動物をめぐる知覚の仕方が歴史的にどのように変化したかを吟味したときに用いられた（Kellert 1985c）。

この逸脱のポイントは特に次のことに言及することにある。つまり、各研究において価値の諸次元が内容と強さの点で、しばしば大いに多様化する可能性はあるとしても、はっきりと示されたのである。はじめは、たんに人々の動物に対する知覚の仕方のヴァリエーションを記述することが目的であったが、それがしだいに自然界に対する人間の基本的近親感の普遍的表現の可能性として現れてきた。その類型学は、自然にたいする多様な見方を記述するための便宜的な便法にすぎないかもしれない。しかし、それが非常に多様な文脈、つまり分類学、行動学、人口統計学、歴史、そして文化という文脈に現れることを見ると、こうしたカテゴリーは、人間という種の自然界への依存関係を普遍的、機能的に表現したものを十分に反映しうるという際だって高い可能性があることがわかる。

価値観の分類化

本章の任務は、こうしたカテゴリーのそれぞれを、人間の進化上、生存と個人的実現の基礎として自然に依存してきたことを示すものとして、説明することにある。すでに示唆したとおり、バイオフィーリア傾向の仮定化された九つの次元――つまり功利主義的、自然主義的、生態学的、科学的、美的、象徴的、人間主義的、道徳的、支配主義的、否定主義的次元――はここで説明される。この説明につづくのは、このように深く自然に依存している事態がどのように、有意味で充足した人間生活を営むための基礎になっているかをめぐる議論である。つまり、どのように私利の追求が強力な自然保護の倫理を支持する、いちばん人を動かさずにはおかない議論をなすかである。

功利主義的傾向

自然に対する功利主義的依存関係は、やや誤称であると同時に明白なことでもある。この用語が不適切でありうる可能性は、「すべての」バイオフィーリア傾向がある程度の進化的利点を提供してくれるという意味で功利主義的価値を有しているとする前提から生じて来る。本章でこの功利主義的用語を使用する場合、物的価値をめぐる慣用的概念に限られている。つまり人間の暮らし、保護、安全のための基本的な基礎として自然から派生して来る物質利益である。

長いこと次のことは、明らかであった。つまり生物学的利益は人間にとって自然の巨大な豊饒の角〔ギリシア神話で、幼時のゼウスに授乳したと伝えられるヤギの角。しばしば角の中に花、果物、穀類を盛った形で描かれ、物の豊かな象徴とされる〕、すなわち食物、薬品、衣服、道具そしてその他の物的恵みを開発することに存するということである。近年なされた主要な自然保護の発展をなしていると思えるものは、次のことがしだいに認識され、また詳細に描写されたことである。つまり多様な動植物種のもつ多種の遺伝的、生化学的、物理的特性がしばしば認識されていない潜在的物的価値をいかにもつかということである（Myers 1978；Prescott-Allen 1986）。とりわけ有意義であったことは、自然の中にある「隠された」物的価値が膨張的に理解されてきたことである。この価値の典型は、よく知られていない種と、損われていない生態系、たとえば熱帯雨林の未発見の有機体である。それは、人間の知が拡大し、地球の広大な遺伝的資源の基礎が開発されるにつれ、物的利益の潜在的宝庫とされてきた（Eisner 1991）。

自然主義的傾向

自然主義的傾向性は、極度に単純化して言えば、自然と直接接触することから派生する満足と見なしてもよい。より複雑で深みのあるレベルで、この自然主義的価値は魅力、驚異そして畏怖の意識を含んでいる。そうした意識は自然の多様性と複雑性を親しく経験することから生じてくる。自然に対するこのように高められた意識、そして接触と結びついている精神的、身体的な正しい認識は、人間と自然界との関係に見られる、いちばん古い動機的な力のひとつである可能性がある。もっとも、そのレクリエーション上の重要性は近代の産業社会ではとても増大したように見える。

自然主義的傾向に含まれているものに自然界探索に対する強烈な好奇心と欲求がある。生の多様性、そして、その進化上の可能的根源を直接経験することに対して、このように関心を抱く姿勢はウィルソン（1984：10, 76）が示唆している――

種の多様性は人類に先だって創造されたので、また、われわれがその内部で進化したので、われわれはその限界がどこにあるのか推し測ったことがない。……生の世界は人間の精神を構成する比較的休むことのない逆説的な一部という自然的領域である。われわれの驚異に対する意識は指数関数的に成長する。つまり知識が大きくなればなるだけ、いっそう神秘は深まり、新しい神秘を生みだすため、われわれはいっそう知識を求める。……われわれの本有的に備わった情調のため、われわれは新しい居住環境を探し求め、未開拓の土地を横断するが、われわれは依然、神秘的な世界が無限の彼方に延びているという、この意識を切望している。

生の多様性の発見と探究によって、明らかに自然界をめぐる知と理解が増大し、それを獲得することが容易になった。また、そうした情報によって、ほぼ間違いなく人間の進化の過程で特徴的な利点が送られてきた。セイエルシュタットが述べたように（1989：285）――「文化の進化というはずみ車を回転させつづける、知識のプールを豊かにするいちばん確実な方法は、好奇心という人間の精神を育むことである」。この自然主義的傾向性の遺伝的基礎は、イルティス（1980：3）が提案している――「自然とかかわることは……一部は、遺伝的に決定されている可能性がある。自然の多様性を求める人間の欲求は……固有のものであるに相違ない。自然の色、形態そして調和を愛好する人間の姿勢は……本来、永劫にわたる哺乳類と類人の進化による自然淘汰の……結果に相違ない」。

自然主義的傾向性は、登る、徒歩旅行する、追跡する、そしてオリエンテーリングをするといった、多様な「屋外の技術」を獲得したり、身体的に適合することへの重要な基礎を提供してくれるものとして引きあいに出されてきた。こうした技術と、それに関連した精神的、身体的な満足状態を保有していることは、自然主義的経験を強く強調する現代の多様な屋外活動を行うためであると経験的に説明されてきた（Driver and Brown 1983；Kaplan 1992）。こうした活動が与えてくれる精神的利益は、自然の多様性を観察することで得られる緊張緩和、くつろぎ、心の平静、そして創造力の高まりに関係づけられてきている。屋外でリクリエーションを経験することで得られる心理的価値は、ウルリヒら（1991：203）がその科学文献の論評の中で述べている――「原生地域と都市の自然地域のリクリエーション経験に対してなされた優に一〇〇を越える調査に一貫して見受けられることは、ストレス緩和が認識された利益の中で言語的に表現されたいちばん大切なもののひとつであるということであった」。カプラン（1983：155）は、自然主義的経験に対する広範にわたる調査に基づき、どちらかと言うと、より主観的な語調でこう結論づけている――「自然は人間にとって大切である。大きな木と小さな木、きらめく水、さえずる小鳥、芽ぶいたやぶ、色彩豊かな花、こうしたものは快適な生活を形づくる重要な要素である」。

生態学的、科学的傾向

自然との科学的関係と生態学的関係とには重要な違いがある。その一方で、この両方の見方は同じように次のことを反映している。つまり自然界に対する正確な研究と体系的探究を求める動機づけとなる欲求そして自然は経験的研究を介して理解可能となるという関連した信念とである。生態学的経験は科学的経験よりも統合的であり、還元主義的でない、と見なすことができるかもしれない。なぜなら、そこでは、自然における相互連結と相互依存が強調され、また同時にそれとの関連で強調されていることが、ひとつの系の内部のエネルギーと物質の流れに顕著に見られる生物的要素と無生物的要素の間の絶対必要な結びつきであるからだ。

もちろん、生態学という概念は現代の科学的な系統的表現である。レオポルド（1966：176）は、それが「二〇世紀になされた傑出した科学上の発見」であると断言した。それでも依然、生態学という考えは科学的探究の狭い慣用的で表現をはるかに超える広範なものを包含している。以前に行った主張にもかかわらず、レオポルドはこの可能性を認識し、次の意見を述べた（1966：266）――「視野が狭く、現状に満足した小実業家は、生態学の博士号を修得してはじめて、自分の国を『見る』ことができると早合点させてはいけない。反対に、博士号修得者は、彼が公的資格をもつ神秘に対して、葬儀屋と同じくらいに無感覚になる可能性があるのだ」。

依然、生態学的傾向の自然経験がしばしば含んでいるものは、平均的な人間にはほとんど認識することのできない生物体構造とその複雑性を認識することである。このように見方が困難であるのは次の事実を反映しているからだ。つまり、いちばん大切な生態学的過程は無脊椎動物や微生物の活動としばしば結びついている生物学的食物連鎖とエネルギー・ピラミッドの基底でとりわけ顕著であるということだ。無脊椎動物は地球上の生物学的多様性の九〇パーセント以上を占めているので、それは次の極めて大切な生態学上の機能のほとんどを実行している。つまり汚染、種の錯乱、寄生生活、補食、分解、エネルギーと養分の転移、近接した栄養レベルへの食物質の提供、相利共生宿主に限定された食物網と多様な他の機能と過程を介した生物群の維持である。ほとんどの人は、こうした生態学的傾向を、その傾向の実行になくてはならない種は別にして、ほとんど認識してはいない。それは、彼らが自然に対する情緒的、意識的覚知をずっと大きな脊椎動物と顕著な自然的特性に向けることの方を好むからである。

このように、生態学的機能をめぐる人間の理解は、体系的探究と注意深い調査を介した意見の表明と認識の最初の段階にある。それにもかかわらず、生態学的過程に対する大まかな実感はたぶん、いつも機敏な観察者には直観的、経験的に明らかなことであったであろう。生物体と居住環境が相互依存していることをめぐる理解は同じように、人間の歴史全体を通じてある人物たちを目立たせる特色であった。さらに、この生態学上の洞察は、たぶん人生にとって必要な身体的、精神的条件を満たし、それを支配する際、顕著な利点を付与してきたことであろう。その必要条件とは、たとえば知識を増やすこと、観察と記録の記述を砥石でみがくこと、さらに直接的開発と模倣を介した自然の物的使用に対する認識などである。自然の機能的、構造的な相互連関を意識することによって、慎重な観察者に自然に対する慎重な尊敬の念が教え込まれた可能性があり、それによって自然過程と種を過剰に開発、濫用する傾向を減少させる見込みがある。

生態学的な自然経験とは対照的に、科学的な自然経験では生物・物理学的実体の行う物理的・機械的機能がよりいっそう強調され、また同時に形態学、分類学、そして生理学的過程の諸問題が相関的に強調されてもいる。すでに示唆したように、科学的観点は還元主義的傾向性をもっている。すなわち、そこで焦点があてられている自然の構成要素は生物体全体あるいはそれがその他の種と自然の居住環境との間でもっている諸関係の理解とはしばしば無関係なものである。このように限定されたものだけが強調され、しかも自然との直接経験的接触からしばしば切り離されてなされているにもかかわらず、科学的見方には生態学的見方と共通して生命と生命に似た過程をめぐる体系的研究に向けた強烈な好奇心と魅力とがある。この知識の追求の仕方は深く強烈であるため、自然の驚異と複雑さに対する深遠な理解がしばしば生じてくる可能性がある。この驚異に対する意識は、ウィルソン、ヴィシュニアック、そしてフォン・フリシュのような科学者をめぐり、スコット・マクヴェイが説明したものの中に見ることができる（1987：5-6）――

生の豊富に対する驚異、畏怖、そして驚きからはじめよう。……E・O・ウィルソンは……こう書いている。つまりネズミを遺伝学的に記述しようとすれば、一七五〇年代の初版から今日に至るまでのすべての版の、『ブリタニカ百科事典』の各ページがいっぱいになってしまうであろう、と。……ローマン・ヴィシュニアックは、この惑星上のいちばん遠い場所に旅するときよりも、池の水の一滴にはもっと多くの驚異があることを［発見した］。……カール・フォン・フリッシュは……、ひとつの種には人の一生をかけて研究するだけの奇跡があると述べた。

このような省察が示唆していることは、複雑な自然過程を経験すると、そこから派生的に満足がえられるということだ。その複雑な過程は、自然の表面上の有用性あるいは進化上の利点とは、まったく異なる。しかし、そうした自覚がもたらしてくれる現実的、潜在的利益は明らかなことでもある。人は自然をめぐる知識と理解を高めれば、どのような価値がもたらされるか想像することができる。そうした知識と理解は生命のとてつもない多様性のほんの一部であっても、正確に観察、分析し、詳細に研究する能力を発展させれば人に与えられる。

美的傾向

自然が見せるものの美しさは動物としての人間に訴える、もっとも強力な魅力のひとつであるに違いない。美的反応がいかに複雑であるかは次の広範にわたる現われを見ればわかる。つまり山の風景の輪郭から、日没の太陽の周囲の色彩、そして水面に躍りでるクジラの群の間の生命力に至るまで。それぞれが、ほとんどの人々に対して強力な美的影響を及ぼしており、そのときひとびとは、しばしば自然界の途方もない物質的魅力と美に対して畏敬の感情を抱くのだ。

自然を美的に経験したいとする欲求が人間にあることは次のことを思えばわかる。すなわち人工的な自然の代替物にさらされても人は明らかに満足できない。このように自然の意匠と型を好む傾向は多様な研究で明らかにされてきた。ウルリヒ（Ulrich 1983：109）はこう述べている――「この文献で……いちばん明快な発見のひとつは、創られた景色よりも自然の眺めの方を好む一貫した傾向があるということだ。とりわけ人工的風景に植生や水が見られない場合がそうだ。いくつかの研究を見ると、壮観な自然の景色も、または標準以下の景色ですら都市景観のほんのわずかのものを除くすべてのものより、ずっと高い美的愛好の姿勢を引き出すことがわかった」。それを補足する調査では、自然に対するこうした美的愛好の姿勢は人間の文化全般にわたり普遍的に表現されている可能性のあることが示されている（Ulrich 1983：110）――「決して結論的であるわけではないが、こうした発見は、……［美的］愛好の姿勢は文化の一機能として基本的に多様化しているとする立場にいくらか疑念を投げかけている」。

現生生物体はしばしば人々が自然を美的に経験する際、価値付与された中心的な要素として機能している。比較的よくは知られていない生物体が生態学的、科学的にはどのように強調されるかを記述した前の例とは異なり、美的反応は典型的に、より大きくてカリスマ的な巨大脊椎動物種に向けられている。

このように比較的大きな動物に対して美的焦点を当てるための基礎は、いまだつかまえどころがない状態にあるものの、たぶん人間が自然に惹かれ、また依存していることを理解することにとって極めて重要なものであろう。レオポルド（1966：137, 129-130）は、自然の風景に野生生物が存在する場合と存在しない場合とに言及し、この美的意義を効果的に記述している――

美をめぐる物理学は、いまだ暗黒時代の状態にある自然科学の一分野である。……たとえば誰でもわかっていることであるが、北の森の秋の風景は大地に紅葉そしてエリマキライチョウがプラスされたものである。従来の物理学の立場では、ライチョウは一エーカーの塊もしくはエネルギーの一〇〇万分の一にすぎない。しかし、ライチョウを引き離してみると全体が死んでしまうのだ。ある種の巨大な量の動因力は失われてしまった。……この点に関するわたし自身の確信は、わたしがオオカミの死に出会った日にはじまる。……われわれが到着したとき、まだ間に合った。その雌の老オオカミの両眼から獰猛な緑色の火がまさに消えようとしていた。そのときわかったことであり、その後ずっと知ることになったことであるが、こうした眼には、わたしにとって新しい何かがあったのだ――オオカミと山としか知らなかった何かである。

レオポルドは、風景のなかで動物がこうした美的に果している中心的役割は、静的で生命を失った環境のたんなる「現象」とは対照的に、風景の「神霊」、つまり意味の焦点であると見なしていた。この本質的に美的役割は、たぶんジョージ・シァラー（George Schaller 1982）が認識したものであろう。彼は、ヒマラヤ山脈を「沈黙の石」と言った。それは、そこに固有のヤギ連動物相がほぼ絶滅したことを発見したときのことだ。これは、風景のなかでオオカミが果たしていた役割は人に「山のように考えよ」と要請するものである、そうレオポルドが明らかにしたこととは対照的である。状況としての環境に位置づいている動物は、その居住地に生命力と生気を付与しているように見える。つまり、ロールストン（1986a）が、「自発的に動ける」野生生物の本質的な美的役割と呼んだものである。

自然を美的に経験すると得られる生物学的利点がなにかを認識することは難しいものの、ウィルソン（1984：104）が示唆しているように、「われわれは美学とともにバイオフィーリアの中心問題に戻る」のである。美的反応は自然にある理想的なものに対する人間の直観的認識あるいは理想的なものを得ようと努力する姿勢を反映していた可能性がある。その理想的なものとは自然の調和、均衡そして秩序であり、人間の経験と行動のモデルとなる自然の美的経験が有する適応的価値は、さらに派生的感情と結びついていた可能性がある。つまり、その感情とは平静、心の平安、そしてそれに関連して心理学的幸福と自信をめぐる意識である。多様な風景と種に対する美的反応はまた人間が進化のなかで経験したことと結びついた、食物、安全、保護のより大きな見込みに対する直観的認識を反映してもいよう。たとえばR・カプランおよびS・カプラン（1989：10）は次のように示唆している――「[自然]に対する美的反応は……人間の性質のうちの偶然的あるいは平凡な側面を反映しているわけではない。むしろ古代からのものであると同時に、遠くまで及ぶ人間行動の手引きとなっているように見える。そうした反応のもとにあるのは、環境は人間の欲求と目的と両立しうるとする観点から、環境を査定する姿勢である」。イルティス（Iltis 1973：5）は、人間の自然に対する美的反応には遺伝的要素があると論じ、次のように述べた――「自然の型、自然の美、そして自然の調和を求める人間の遺伝的欲求はすべて、無限の追憶である進化の過程で自然選択が行われた結果である」。このように、ある風景や種を美的にこのむ姿勢は人間が進化の過程で得た可能性のある経験が果たす機能であり、その経験とは食物、安全、保護と出あう見込みと結びついていた。このように、その姿勢をより経験的に詳細に描いたものを、ヘールワーゲンおよびオリアンズ（本書の第4章とオリアンズ（1980）参照）は提供している。

象徴的傾向

自然を象徴的に経験することは、意志伝達と思考を容易にする手段として人間が自然を使用することを反映している（Lévi-Strauss 1970 ; Shepard 1978）。自然を象徴として使用することは、人間の言語の発展、そしてこの象徴的方法論によって育てられた観念の複雑さとその伝達の仕方に、たぶんいちばん決定的に反映されている。言語習得は洗練された区別の仕方とカテゴリー化が産みだされることで増大されたように思える。自然は種と形態の豊かな分類として多様で複雑な差異化の創造のための広大な隠喩のつづれ織りとなっている。ローレンス（第10章参照）が動物に関して示唆しているように、この考え方はもっと広く、その他の自然のカテゴリーに拡大することができるが、「概念上の基準枠にとって他のカテゴリーが不足し、だから動物によって象徴化する習慣がたいへん顕著で広範に広がり、永続していることを熟視することは注目すべきことである」。シェパードはさらに、人間の言語と思考を容易にするものとして動物的自然がいかに重要であるかを強調している（1978 : 249, 2）――

人間の知能は動物の存在にしばりつけられている。動物は認識がその最初の形態をとる際に用いる手段であり、また、それは抽象的な概念と性質を想像するための道具でもある。……それは、言語がそれによって概念……と特性を回復する際のコード的イメージである。……動物は人間個人が成長、発展する過程に使用されている。つまり、われわれが「精神」としてひとまとめにしている、こうしたいちばん値踏みのできない性質に使用しているのである。……動物は……発話と思考の発展にとって基本的なものなのである。

この象徴的機能がいかなるものかは、限られた形ではありながらも次の事実からわかる。つまり子供の就学前の本のなかで言語習得と計算に使用されている文字の九〇パーセント以上を動物が占めているという発見である（Kellert 1983）。シェパード（1978）、ベテルハイム（1977）、キャンベル（1973）、ユング（1959）、そしてその他の研究を見ると、神話、妖精物語、物語そして伝説において、自然的象徴が自我、アイデンティティ、感情に満ちた思考、そして抽象化という発育上の問題に直面するための重要な手段として有意味であることがわかる。

現代生活において、なかなか消えることのない問題は、どの程度まで人間のもつ技術的製作能力が、意志伝達と思考の第一の手段としての伝統的な自然的象徴にとって代わり、有効な代替物となったかということである。この可能性は見込みがない。そのことは、人間の進化が長期間かかったことと比べれば、現代の産業生活の期間が進化上きわめて短いことを見ればわかることだ。その長い進化の間、自然はわれわれ人類の言語的発展にとって唯一の環境となっていた（Shepard 1978）。もっと重要なことはこうだ。人間の精神は高度に多様化、洗練化された区別方法に依存している事実がそのことに匹敵することは、極度に豊かな織りあげられた体系として自然界は、とてつもなく多様、複雑、そして生き生きしているということ以外にないように思える。プラスチックの木、縫いぐるみの動物、そして、それに類した製造品は貧弱な代替物にすぎず、その結果、象徴表現、隠喩そして意志伝達の能力の発育が阻害されているように見えるのだ。

人間主義的傾向

自然に対する人間主義的経験とは、自然環境の個々の要素に情緒的に深く傾倒するところから生じる感情の発現である。この焦点は美的傾向と同じように通例、有情のもの、典型的には、より大きな脊椎動物に向けられる。もっとも、人間主義的感情は相互関係を結ぶ能力を欠いた自然的対象、たとえば木や風景あるいは地理的形態にまで拡大することができる。

自然の個々の要素に対して、強い愛着を覚える人間主義的な経験は自然への「愛」の感情として表現することもできる。もっとも、この感情は家畜化された動物に向けられるのが通例である。友としての動物は、とりわけ自然の「人間化」過程に捧げられている。その過程とは関係的地位を達成するという意味であるが、その関係は人間が占める他の地位、また家族の構成員となんら変わることがない。仲間の動物がもたらしてくれる治療上の心身的利益は多様な研究に記録されてきており、ときどき、その結果として、有意義な治療的利益すら生むことがある（Katcher and Beck 1983；Rowan 1989；Anderson et al. 1984；本書の第3章、5章）。

自然を人間主義的に経験する。すると、その結果、自然を構成する個々の要素に対する配慮と、その養育に向けた強力な傾向性が生まれる可能性がある。適応の見地からすると、社会的種である動物としての人間は広範囲な協力的、提携的な絆に依存しているわけであるが、人間主義的に自然を経験することによって育まれる相互作用の機会からとりわけ利益をえる可能性がある。緊密な結びつき、利他主義、そして共有する行為に対する高められた能力はこの傾向性によって高められる重要な性格特性であるかもしれない。多様な機能的任務、たとえば狩猟や防衛のために仲間としての動物を使用することは、多様な自然の技術と理解を獲得することによって進化的適合に対しても貢献することになろう。この知識は人間が非人間種と親密に相関関係を結ぶことから生じて来る。そのことは、バリー・ロペスが行った半家畜化したオオカミの記述で伝えられている（1978：282）――

オオカミたちは森の中を、手際よくもの音ひとつたてず動く。彼らを模倣しようとしたとき、わたしは、いままで以上に静かに歩き、わずかな動きを目にしても、ぞっとするようになった。はじめは、この模倣も何ら利益を与えてくれることはなかったが、数週間するとわたしは、われわれが動き回っていた環境に自分がずっとうまく調子を合わせられるようになっていることがわかった。ずっと多くのことが聞こえ……わたしの五感はいまや絶えず警戒していたので、わたしは、ときどき彼らよりも早くシラアシハツカネズミあるいはライチョウが見えた。……わたしは彼らと同じように行動することによって、彼らからよりいっそう森に自分を合わせることができる自信を得た。つまり、ものごとを細かく点検し、有利な地点を求め、つねに空気を嗅ぐのである。わたしは行動し、活気があると、自分には警戒心が充満していると感じた。

道徳主義的傾向

道徳主義的に自然を経験する場合、そこには自然界に対する親近感、倫理的責任、さらには畏敬の強力な感情すら含まれている。しばしばこの観点は、自然には基本的な精神的意味、秩序、調和があるとする確信を反映している。倫理的に、そして精神的に結びついていることから生じるそうした感情は、伝統的に詩、宗教、哲学において明確に表現されてきたが、今日では現代の科学言語の言説にすら認めることができる。これはレオポルドの見解が示唆していることだ（1966：222, 231）――

土地はたんなる土壌にすぎないというだけではない。それはエネルギーの源泉であり、そのエネルギーは土壌、植物、動物の巡回路を流れている。……ものごとは生物群集の完全、安定、美を保存する傾向にあるとき正しい。その反対の傾向をもつとき悪いのだ。

道徳主義的観点は、しばしば土着種族の見方と結びつけられてきた（本書第6章参照）。ブース&ジェイコブズ（1990）は、ヨーロッパ的文化変容に先だち、土着の北アメリカ人の間に見られた道徳主義的な自然経験の重要な要素を記述している。彼らが強調していることは、自然界を生きた生命を有する存在とする根本的な信仰があること、人間と自然との間には連続する相互関係があるとする信念、そして人間のアイデンティティと自然風景の間には込み入った結びつきがあるとする確信である。この見方はルーサー・スタンディング・ベア（1933：45）の言葉に強力に反映している――

われわれは土壌でできており、土壌はわれわれからできている。われわれは、この土壌のうえでわれわれとともに成育した鳥と野獣を愛している。彼らはわれわれと同じ水を飲み、同じ空気を吸っている。われわれはまったく一体となり自然を形成している。そのように信じていたので、われわれの心には大いなる平安と、すべての生きて生育しているものへの自発的な親切が生まれてきた。

このように、道徳主義的に自然と一体化しているとする姿勢が、もっと西欧風に明確に表現され、現代科学の言語でやや合理化されると、ローレン・アイズリー（Loren Eiseley 1946：209-210）が提供してくれるものとなる――

人々によって述べられているように、最も小さな生きた細胞ですら、たぶん生命現象をなしている多数の共同作業的活動に従事している、一〇〇万の蛋白質分子の四分の一以上を含んでいる。人であれ微生物であれ、死の瞬間には秩序ある途方もない急速な回転がほとんど狂乱ともいえるいきおいで過ぎ去る。……もし生命という最初のもっとも小さく、もっともそまつな家で、誰かがうまく鍵を回すことがついにできても、こうした疑問の多くに解答がえられることはないであろうと思う。あるいは深海で光を創り、熱帯の沼沢地の水の中で、あるいは恐ろしい寄生体のサイクルの中で、あるいは、人間の脳のいちばん高貴な作用の中で、生きたバッテリーを作りだしている暗い力があったとしても、多く明らかにされることはないであろうと、わたしは思う。むしろ、わたしの言いたいことはこうだ。もし「死んだ」物質が、ヴァイオリンを弾くコオロギ、ウタヒメドリ、そして驚異に満ちた人間からなる、この奇妙な風景を育てあげたとするなら、いちばん傾倒した唯物論者にとってすら、次のことは明らかに違いないということだ。すなわち彼が語る物質には、恐ろしいとは言わないまでも、驚くべき力が含まれており、その物質は、ハーディが示唆したように、ことによると「背後の〈偉大な顔〉がかぶった多くのマスクのうち、わずかにひとつにすぎない」可能性があるということだ。

この問いの観点からするなら、厄介な問いは、道徳主義的な自然経験がいかなる生物学上の意義をもちうるかということである。こう想定してもよかろう。つまり、一集団の文脈で明確に表現された道徳主義的な見方は、協調的、利他主義的そして援助的行動となる、親族関係、提携関係、忠誠という感情を育んだと。また、自然に対して抱く強力な道徳的親近感は精神的意義のしみ込んだ自然を保護、保存したいという欲求を生みだす可能性がある。このことは、ガッジル（1990）が、聖なる森と見なされている歴史的に有名なインドのほぼ六パーセントに対して記述したことである。こう示唆しておけば十分かもしれない。すなわち生物学上の利益が与えられる者とは、生命には究極の秩序と意味があると確信すると生まれてくる心理的満足感、アイデンティティ、そして自信に対する深い意識を経験した者だ。この洞察と、それがもつたぶん広範にわたる意義は、ジョン・スタインベック（1941：93）が能弁に表現している――

種とは、文のコンマにすぎないこと、各種はピラミッドの頂点であると同時に底辺であること、そして、すべての生命は関連をもっていること、これは明らかかのようにみえる。……そして、そのとき、種をめぐる意味だけでなく、それをめぐる感情が漠然としたものになる。ひとつが他に溶け、集団が生態学的集団に溶けて、ついには、われわれが生命として知っているものが非生命と思っているものに出会い、そこに入る時が訪れる。つまりフジツボの類が岩と、岩が地と、地が木と、木が雨と空気と。そして、単位が全体の中に快く身を落ちつけると、それと区別ができなくなる。……妙なことであるが、われわれが宗教的と呼んでいる感情のほとんどは、われわれの種の反応の中でいちばん称えられて使用される、そしてまた望まれているもののひとつである。神秘的な叫び声のほとんどは、人間が全体のものと関係をもっている、つまり知られているものであれ、不可知のものであれ、すべての現実と不可分に結びついていることを理解することであり、そのことを口にせんとする試みである。これを言うのはたやすいことであるが、それを深く感じとることによって、イエス、聖アウグスチヌス、ロジャー・ベーコン、チャールズ・ダーウィン、アインシュタインのような人物が作られたのである。彼らはそれぞれ自らの歩調で、また自らの声で、次の知を発見し、また再確認した。すなわち、すべてのものはひとつのものであり、ひとつのものはすべてのものであること。一匹のプランクトン、海面の揺らめく燐光、回転する惑星、拡大する宇宙、すべてが時のしなやかな糸によってしばりつけられ、ひとつになっているのである。

支配主義的傾向

自然を支配主義的に経験する場合、そこには自然界を征服したいとする欲望が反映している。この観点は人間の進化過程の比較的初期の段階で、もっとひんぱんに明白になっていた可能性がある。それに対して、今日、発生するとしばしば破壊傾向、浪費的消耗、そして自然界の略奪と結びついている。しかし、この見解は余りにも狭く、激化した支配主義的傾向性と結びつきすぎている。現代ですら、生は希薄な企てであると見なしてもいいだろう。生存闘争によって征服力、支配能力、そして、ときどき自然と敵対することによって研ぎすまされた技術と身体的武勇が、ある程度まで必然的なものとされたからだ。次のロールストンの洞察（1986b：88）は有益である——

開拓者、巡礼者、探検家そして移住民は、やりがいのある仕事と訓練のゆえ開拓の前線を愛した。

……われわれが荒野の消失を嘆く理由のひとつは、われわれがこの土着の要素を飼い慣らすことを完全に望んでいるわけではないことである。……生命の美の半分はそこに由来する。……ピューマの牙はシカの視力を鋭敏にし、シカの快足がもっとしなやかな雄ライオンを形成する。……こうした弁証法的な強制がなければ、生命の勇ましい性質のどれも可能ではないのだ。

自然を服従させる高められた能力を超えて、支配主義的経験は自然界をめぐる増大する知識を育む可能性がある。ロールストンの意見が暗示しているように、捕食者は、たんなる外部からの観察者には達成できない程度にまで、その餌食のことを理解し、また、その真価を正しく認めてもいる。そして、この観点は人間の猟師がシカやキノコをとらえる場合にもあてはまる可能性があり、オオカミがアメリカヘラジカ（ムース）を、シカが若葉、新芽を求めて歩き回るのと同じことであろう。支配主義的経験がもつ生存価値は、進化過程の過去に向けるほど、今日では明瞭ではないかもしれないが、その一方で、自然を征服せんとする人間の傾向を否定し、生命に対する愛情あるいは親族関係という強い情緒的絆をよしとすることは誤れる傲慢ではないのか。自然の支配主義的経験は、バイオフィーリア傾向のすべての現われ方と同じように、機能的利点を与える能力をもっていると同時に、きわだって歪曲もされるし、また自滅的な姿をとることもある。

否定主義的傾向

自然を否定主義的に経験する場合、自然界の多様な側面に向けられた嫌悪、反感の感情がその特色となっている。自然保護の提唱者のほとんどは、嫌悪と自然界からの疎外を不適切なもの、そして、しばしば正しいと認められない損害と破壊へ至るものと見なしている。しかしながら、恐らく脅威と思われる自然の側面を回避、孤立化し、ときには傷つけもすることで得られる生物学上の利点があるとすれば、それは容認することができる（本書第3章参照）。自然の脅威的側面を恐れて拒絶する傾向は、動物界のいちばん基本的な動因のひとつとして引きあいにだされてきた。オーマン（Öhman）が示唆しているように（1986：128）、「嫌悪と結びつけることができる行動は動物界に広く一般的に見られるものである。実際、積極的逃亡と回避のシステムは進化した最初の機能的行動システムのひとつであったに相違ないと、論じることができよう」。

自然の脅威的側面を嫌悪、回避する人間の傾向性は、とりわけヘビのような爬虫類、クモのような節足動物、そしてかんだり刺したりする多様な無脊椎動物と結びつけられてきた。そうした動物や、その他の自然界の有害な要素を嫌悪、回避する傾向によって、人間の進化過程で何らかの利点が得られ、その結果その傾向が統計的により大きく普及するようになった可能性がある。この可能性は、科学文献を論評したものの中で、ウルリヒらが説明したことである（1991：206）――「条件づけの研究を見てわかることは、ヘビやクモのいる自然環境は、……たとえ閾下で提示したときでも、明白な自動的反応を引き出すことができる、ということである」。スクネイルラ（1965）は、さらにこう述べている。つまり、たとえばある種のヘビやトカゲなどの「醜く、ぬるぬるした、一所不住の」動く動物が出現すると、公然たる、あるいは明白な脅威がなくとも、脊椎動物の新生児の間に身を引くという反応が喚起される、と。

人間は、無脊椎動物に対していかなる姿勢をとるのか。そのことを研究した論文で（Kellert 1993c）、ハーディ（1988）とヒルマン（1991）による関連の調査とおなじく、節足動物を嫌い恐れる人間の傾向に多様な動機的要因のあることがつきとめられた。まずはじめに、人間と比較してみて、ほとんどの無脊椎動物が採用している空間的・時間的にとてつもなく異なる生態学的生存戦略から多くの人間は疎外されてきた。第二に、無脊椎動物の世界のとてつもない「多様性」は、個々のアイデンティティと自我に対する人間の関心を脅かしているように見える。第三に、無脊椎動物の外見と形態は多くの人々にとって、「怪物」のように見える。第四に、無脊椎動物は、しばしば思慮がない、そして、感情が欠けているという考えと結びつけられる。つまり昆虫、クモそして狂気との結びつきは人間の言説と想像における ありふれた隠喩であった。第五に、多くの人々は、無脊椎動物が人間の意志と支配から根本的に「自立」していることに嫌悪をいだいているように見える。

自然から生じるこうした嫌悪と疎外という感情から、不合理な人間の傾向性と過度の害や残忍な行動すらを動物や他の自然の要素に加える姿勢が育まれる可能性がある。シンガー（1977）は、この傾向は「種殺し」だと指摘した。これは、種全体の破壊を追求する意向を反映している。たとえばロペス（1978）が北アメリカのオオカミをめぐり記述したもの、あるいは、あるげっ歯動物、昆虫そしてクモの種に向けられている可能性のある意向だ。ヒルマンは、この点に関して悲しそうに次のように述べた（1991）――「アリの眼の水準からするなら、われわれが西欧文明の進歩と呼んでいるものは、絶滅させる巨大存在の前進するひとまたぎにすぎない」。

自然に対する否定主義的な傾向は、現代の技術的武勇がそれに加わると、その結果、しばしば自然界の諸要素の大量破壊を生んできた。しかし、今日、自然に加えられている攻撃の程度を見ても、それが進化に起源をもっていた可能性があること、あるいは、よりささやかで「合理的」ですらある水準で表現された継続する生物学的利点をもっていること、その認識が妨げられることはないことがわかる。自然の中で負傷したり、あるいは、非業の死に会うことの恐れは、これからも自然に向けた人間の反応の貯えの必要な一部でありつづけよう。こう示唆してもよかろう。つまり自然界に対するある程度の嫌悪は、自然の壮大さと崇高に対する意識を経験できる人間の能力にとって、欠くべからざるものである、と。人間の心身の発展を促し、それを試す原始的自然の力は、たぶん嫌悪と危険という要素を相当に求めているのであろう。

探　究

自然に対する人間の、生物学的基礎をもつ九つの価値評価の仕方をこのように提示してみると、おそらく、それがバイオフィーリア仮説を支持することをめざす探究的努力であることがわかるだろう。こうした記述はバイオフィーリア・コンプレックスを証す確かな「証明」にはならないが、この類型法は示唆された価値観のそれぞれの生物学的基礎を体系的に吟味するための発見的研究法になる可能性がある。この類型法が示している各カテゴリーは、人間の自然との基本的関係、そして依存関係とに対応し、生存闘争、そして、たぶんもっと大切なことには、繁栄して、個人の満足を達成せんとする闘争に、ある程度の適応的価値があることを指し示していると考えられている。バイオフィーリア的価値観を要約したものが表2-1に示されている。

本章はバイオフィーリア仮説の基本的要素を詳細に記述するための概念的、記述的分析に頼っている。すでに示唆したように、この類型法を確証してくれるものは、限られてはいるが、筆者と他の者が行った多様な研究によってもたらされてきた。この研究の内容は、多様な分類群に対する人間の認知の仕方

表2-1　バイオフィーリア的価値の類型学

用　語	定　義	機　能
功利主義的	自然の実践的・物質的探究	身体的維持／安全
自然主義的	自然との直接経験／接触からの満足	好奇心・屋外の技術・心身の発展
生態学的＝科学的	自然における構造・機能・関係の体系的研究	知識・理解・観察技術
審美的	自然の物質的魅力と美	霊感・調和・平和・保護
人間主義的	自然に対する強い好意・情緒 仲間意識	集団の結びつき・共有・協力・ 的愛着・「愛」
道徳主義的	自然に対する強い親近感・精神的畏敬・倫理的関心	生命秩序と意味・親族的・提携的絆
支配主義的	自然の征服・物質的統制・支配	機械的技術・物質的武勇・服従させる力
否定主義的	自然からの恐れ・嫌悪・疎外	防御・保護・安全

と自然の見方との歴史的変化をめぐるものである。方法論上の諸問題によって、この証拠が証明していると主張できなくなってしまうが、これらの諸発見はこの類型学の存在を限定的ではあっても支持してくれる。そして、こうした結果から、そのカテゴリーは人間の自然への依存を表現する生物学的根拠をもつものである、十分に正当化できるわけではないが、それらが広範にわたる経験に表われていることを見れば、それらが人間の普遍的特性に対応している可能性のあることがわかる。関連しているように見えることは、価値の諸型が諸文化、分類群そして時間の全域に現われるということではなく、この現われの内容と強烈さであり、また、それが適応上の重要性をもつということである。

本章でこれまで論じてきたことは、各価値の型は、われわれの種が自然界に依存していることを指し示し、進化上の潜在的利点を表わしているという点である。したがって、こういうことになる。それらの累積する相互作用的、相助作用的な影響は、個的存在がもっと充足する可能性に貢献する可能性がある。バイオフィーリア的欲求の効果的な現われは、自我が有意味な経験をするための重要な基礎となる可能性がある。

この観点から自然保護は合理化される。それは自然の原料的、商品的利益の立場からではなく、それよりはるかにもっと重要なことであるが、人間という動物に存する多様な情緒的、認識的、精神的欲求を満たしてくれる見込みが増大するからである。それゆえ、自然保護に対する倫理的責任は利他的共感もしくは同情的関心を超えるものから生じてくる。それは自利と生物学的に緊急的な必要に対する深い意識とによって駆りたてられている。ウィルソンはこう示唆している（1984：131）――「われわれは、ガレット・ハーディンが巧みにのべた人間の利他主義の第一法則を適用する必要がある。つまり、自らの最善の利益に反すると、彼らが考えていることを人々に実施するよう要請してはいけない」。自然の多様性と健全な機能は維持するに値する。それが表わしているのは、満足のいく有意味な生活を人々が経験できる最良の機会であるからである。「良き生活」の追求は、自然に対するわれわれの、もっとも幅ひろい価値評価的な経験を介してなされる。こうした自然保護倫理のためのより深い基礎は、ルネ・デュボス（René Dubos 1969：129）のことばに反映されている――

自然保護は人間の価値体系に基礎をもっている。そのいちばん深遠な意義は人間の状況と人間の心である。……荒野礼賛は贅沢ではない。それは精神的健康の維持にとって必要なことである。……自然を保護するための……経済的理由に加うるに、もっとやむにやまれぬとすら言える、審美的、道徳的理由がある。……われわれは地球によって形成されている。われわれがその中で発展をとげている環境の特性は、われわれの生物学的、精神的存在、そして生活の質を左右する。それゆえ、それが利己的理由のためでしかないとしても、われわれは自然の中に多様性と調和を維持しなくてはならないのだ。

この見方の逆は、自然との関係が減少すると、物質的、社会的、心理的生活が減少する可能性が増大する、という考えである。本章では、この点に関していくつかの可能性を暗示してきたので、次の発見に注目することは適切なことであろう。すなわち自然の重大な濫用者、とりわけ子供時代に動物に対して故意に害を加えた者は大人になってから、他の人に向け暴力と攻撃行動の反復的型をあらわにする可能性がずっと高くなるという（Kellert and Felthous 1985 ; Felthous and Kellert 1987）。実際に、自然に向けた破壊行動で社会的に容認されうる形態は、振り返って見ると、おそらく短期の誤った利益と見なされるようになる可能性がある。これは、リョコウバト〔北米で空が暗くなるほど大群で移動していた一九一四年までに乱獲で絶滅〕の最後に対するレオポルドの嘆きが示唆していることである（1966 : 109）——

嘆かわしいことだ。生きている人は、以後ふたたび、勝ち誇った鳥の突進する群を見ることはないだろうからだ。三月の空を、春を求め、途をさっと通り、あらゆる森と草原から敗走する冬を追跡する。……われわれの祖父たちには、われわれとくらべ十分な家も、十分な食物も、そして十分な衣服もなかった。彼らが自らの運命をよくするために払ってきた奮闘努力はまた、われわれからハトを奪いさった努力でもある。たぶん、今日われわれが嘆いているのは、心の中では、この交換で得したとは確信していないからだ。産業の仕掛は、ハトよりもずっと多くの安楽をもたらしてくれてはいるが、それで春の栄光に対して同じく多くのものが加えられるのだろうか。

バイオフィーリア的傾向は、自然と提携関係を結びたいとする人間の生物としての基礎をもつ欲求であると主張されているが、これに対する懐疑的反応は、この仮説は文化的、階級的偏向の表われだとする見解である。この見解が示唆していることは、ここで吹聴されたいくつかの主張は自然をめぐるロマン派的イデオロギーにすぎず、生物学を装ったみせびらかしであり、また本質的にエリート主義的な政治的、社会的理由から推進されている、ということである。こうした批判が主張しているかに見えることは、バイオフィーリア仮説は、それとなく貧困に巻き込まれて都市の壁の内側に閉じ込められているすべての人々を、充足感の少ない人間生活のもうひとつのステロタイプに縛りつけることになる、ということである。

エイブラハム・マスロウ（1954）の欲求の階層性という考えは、この批判に対するひとつの反応を示せる可能性がある――自然を広範にわたり価値評価的に経験し、自己実現を追求することは、人間のより高次の機能であると暗示している。言い換えれば、バイオフィーリア的傾向は、生存、保護、安全を求める人間の基本的欲求がひとたび理解されれば、明らかになっていく可能性がある。この議論は表面的には訴える力をもつものの、その一方で、たぶん人間の機能をめぐる素朴な前提を反映してもいる。典型的な傾向であるが、もし生存のための物質的基礎に直面する絶対の必要（比較的稀れな状況）に押しつぶされることがなければ、人々は単純なものから複雑なものへと広範にわたる欲求を同時に追求する。

社会的、経済的により低い地位、もしくは都市居住の人々の間では、バイオフィーリア的傾向は相対的に重要ではないのではないかとする憶測は、それ自体がエリート主義的で傲慢な特性の説明であると言えよう。より満足のいく生活を提供しうる自然の潜在能力は、田舎の金持ちの住民より、都市の貧民の間では明確にも明白にもなっていないが、この欠如は、一階級の人々にとって自然界は基本的に不適切であるということより、意匠と機会の努力目標を表わしている。レオポルドが述べたように（1966：266）、「都市の一区画の雑草はアメリカスギと同じ教訓を伝えている。……認知は……学問資格もしくは金で購入することはできない。それは戸外でも家でも成長し、わずかしかもたない者も、多くをもった者と同じように十分に有利な形で認知を使用しうる」。人間の経験を豊かに拡大できる自然力は、コンクリートの壁の内に閉じ込められた極貧の人々を除けば、すべての人に固有の潜在力である。社会の務めは、都市内部もしくは貧乏人の間に、見たところ自然が「ない」と嘆くのではなく、自然の可能力をもっと容易に利用できるようにすることである。物質的に有利で便利な所に位置している者しか自然の価値を理解できない、とする憶測は傲慢な特性の説明に他ならない。

もっと基本的な問題は、生物の多様性と深く積極的に提携関係をもちたいとする人間の欲求が、現代社会で認識されていることである。これは複雑な問題であるので、ここで詳細に取り組むことは余りにもむずかしすぎる。とはいえ、部分的反応は前に引きあいにだした合衆国と日本の研究の結果が提供してくれている。この研究はバイオフィーリア仮説を間接的にしか探究してはいないが、その一方で、高度に都会化され、工業技術を強めている産業社会に生活している人々の間では、現代における自然界との関係がいかなるものかに関し状況的な情報を提供している。紙面の余裕が十分にないので、こうした結果のきわめて簡潔な要約を提示することしかできない。この研究に関するもっと詳しい情報は、別の文献を参照されたい（Kellert 1979, 1981, 1983, 1991c, 1993b）。

合衆国も日本も、自然界の真価を認める姿勢をはっきり示す国家とされてきている。たとえばアメリカ人は自然保護をとりわけ支持していると知られている。アメリカの大衆のほぼ一〇パーセントは、少なくともひとつの環境団体に正式に加入し（Dunlap 1978）、アメリカの環境立法措置は世界中でいちばん包括的で保護的なもののひとつとして認められている（Bean 1983）。アメリカ人の間で行われている広範にわたる戸外のリクリエーション活動は、国立公園に年間ほぼ三億人が訪れるという事態に反映しており、大衆の四分の三は何らかの野生生物に関連する戸外リクリエーション活動に参加している（Foresta 1984 ; USFWS 1990）。

日本文化もまた自然の真価を正しく認める強い姿勢を促すことで知られてきた（Higuchi 1979 ; Minami 1970 ; Murota 1986 ; Watanabe 1974）。このことでよく引きあいにだされる表現は、神道の慣習、活け花、植物の育成（たとえば盆栽）、茶道、詩形、石庭、そしてさまざまな四季の儀式である。ヒグチ（樋口）（Higuchi 1979 : 19）は、日本人の自然観が「畏敬と尊敬の感情に基づく」と述べているが、他方、ワタナベ（渡辺）（Watanabe 1974 : 280）は、日本人が「自然を愛している……その結果、自然の美に対する洗練された鑑賞眼がそなわった」という意見を述べている。ムロタ（室田）（Murota 1986 : 105）はこう示唆している――「日本人の自然はすべてに漲《みなぎ》る力である。……自然は日本人にとって恵みであると同時に友人でもある」。

合衆国と日本にはとりわけ自然に対する洗練された鑑賞眼があるとする、こうした主張にもかかわらず、われわれの調査によれば、両国の一般大衆の間の自然界に対する関心は限定されたものにすぎないことがわかった。合衆国と日本の市民は、典型的に自然への強い関心を表明していたが、それは顕著な審美的、文化的、歴史的特徴をその性質とする、とりわけ少数の種と風景とに関して表明していたにすぎない。さらに、ほとんどのアメリカ人と日本人は、環境上かなりの損害を加える見込みがあるにもかかわらず、多様な実際的目的のために自然を利用しようとする強い傾向を示していた。とりわけ日本では、ほとんどの回答者は美的もしくは文化的価値をもたない自然界の要素には無関心をあらわにしていた。自然に対して、きわめて限られた知識と理解しか見ることができなかった。とりわけ日本においてはそうである。

日本人の自然の鑑識眼は、少数の種と自然物――制御、操作、工夫を強調する環境で、しばしば称賛されている――に焦点が限定されており、特にこの点が目立つ。典型的に、自然に対するこの好みは自然環境の価値付与された側面を理想主義的に変えることに他ならず、そこには通例、生態学的もしくは倫理的な方向性が欠けていた。ひとりの日本人はこの鑑識眼を「半自然への愛」であり、「人間感情を表現するために半自然の物質」を使用することへの、おおむね情緒的、審美的関心を表わしていると回答した。他の者は、それは自然界の現実主義的経験よりはむしろ人工的、抽象的、象徴的な経験への好みに支配されている自然観だと回答した。また、それは抑制をとって安全な距離から自然に「触れ」たいとする欲求であり、中心的で価値ある側面だけを表現する意図をもつ自然を見たり、経験するための厳密な規則に対する愛着であり、さらに、自然の好ましい側面を孤立化し、「それを凍結させ、その周囲に壁をめぐらせる」欲望であると言う。価値付与された審美的、象徴的境界の外にある環境上の特徴は無視され、忘れ去られ、あるいは魅力がないと判断される傾向にあった。(Saito 1983)。

アメリカ人回答者たちは、自然に対してもう少し一般的な関心と興味をもっていることを明らかにした。類似の日本の人口統計的集団と対照すると、とりわけ高等教育を受けたより若いアメリカ人の間ではそうである。他方、ほとんどのアメリカ人の間に見られる自然鑑識眼は、とくに価値付与された種と風景におおむね限定されてはいるが、その一方で典型的に、自然界のそれ以外の側面は強い功利的関心に従属させられていた。大多数のアメリカ人は「低い」生命形態に対してはほとんど鑑識眼をもたず、その鑑識眼を大きな脊椎動物に限定する傾向にあった。

結論として、ほとんどのアメリカ人と日本人の明白な関心は限られた数の種と自然対象に対してしか向けられていなかった。ここで記述したようなバイオフィーリア傾向は両国住民のほんのわずかの間においてしか明確ではなく、このことは、合衆国のより高い教育を受けた者と若者の間において顕著であった。

保護の新しい基礎?

ここでは、おおむね概念的な議論をバイオフィーリア仮説を支持するために提示してきた。自然に対する多様な基本的価値評価の仕方は個的レベルでも種のレベルでも、しだいに進化的適合が増大する可能性と一致しているように見える。バイオフィーリア傾向のそれぞれの表われ——審美的、支配主義的、生態学的＝科学的、人間主義的、道徳主義的、自然主義的、象徴的、功利主義的、そして否定主義的表われですら——は、自我が十分に発展するための基礎を潜在的に高める、と説明されてきた。適合上の利点の範囲は、こうした自然に対する基礎的経験から結果として生じるものとして引きあいにだされた。つまり、その利点とはこうである——高められた身体的技術と物質的利益、より大きな自覚、増大した保護と安全、情緒的満足をえるための機会、拡大された親族的＝提携的絆、改善された知識と認識能力、より高度の意志伝達と表現技術、など。

自然に対する配慮、尊敬、関心という自然保護の倫理は次の確信から発する可能性がより高いと見なされていた。つまり、自然界とわれわれとの関係において、いっそう個人的報いのある生活が達成される見込みが存在している。イルティス（1980：3,5）が示唆したように、われわれの心身の幸福は、高められた物質的利益が単に合理化されることよりも自然保護に対する、やむにやまれぬ基礎である可能性がはるかに高いのである――

最後に、ここに、純粋に［物質的］功利主義的な理由から自由になった自然保存を支持する議論がある。汚染した空気は癌のもととなるから、単にきれいな空気にする、というだけのことではない。汚染した水がわれわれが捕まえたい魚を殺すから、水をきれいにする、というだけのことではない。……自然の生態系を保存するのは、身体と魂が選択され、そのもともとの系統発生のすみ家で機能されているように、それらが機能する機会を与えるためである。……非人間的生の多様性が与える刺激が正気と狂気とを区別することなどありうるであろうか。

イルティスの問いは、バイオフィーリア現象をめぐるわれわれの理解が依然として薄弱な状態にあることを暗示している。将来の調査が、洗練され深まりを見せれば、われわれ自身の疑問に対してイルティスの反応がどの程度のものであったかがわかろう（1973：7）――

われわれは、こう期待してもよかろう。つまり科学は［いつか］、生きた環境を求める人間の欲求に関する諸前提を観客的に証拠だてるであろう。その前提は現在、臆病な直観を介して推測する以外にないものである。また、そのうち葉もしくは愛らしい花が壊れたビール瓶とはたいへん異なる影響を及ぼすのは何故か、という問いに対して複雑な神経学的根拠が見つかるだろう。

われわれ人間が基本的に自然に依存していることに関する、こうした認識が大切であるということは、現代の日本と合衆国における一般大衆の間で明示された、自然界に対する鑑識眼の貧弱さを見ればわかる。この二つの主導的な経済大国に住む大多数の人々は、人間の身体的、認識的、情緒的、精神的発展を育むとき、自然が価値を有していることを限られた範囲でしか認識していなかった。ほとんどのアメリカ人と日本人は、生命の生物学的基盤から自らが遠く離れていることを表明し、また、その関心を、生物、自然群集の狭い部分に限定している。このようにある種と風景を強調する姿勢は、意識を地球規模で根本的に変化させるためには、十分な基礎とはならないことは明らかである。その変化は大規模な生物の貧困化と環境破壊へと向かう現代の傾向に対抗しうる変化なのである。

参考文献

Anderson, R., b. Hart, and L.Hart. 1984. *The Pet Connection*. Minneapolis : University of Minnesota Press.

Bean, M. 1983. *The Evolution of National Wildlife Law*. New York : Praeger.

Bettelheim, B. 1977. *The Uses of Enchantment*. New York : Vintage Books.

Booth, A., H. Booth, and H.M. Jacobs. 1990. Ties that bind : Native American beliefs as a foundation for environmental consciousness. *Env. Ethics* 12 : 27–43.

Campbell, J. 1973. *Myths to Live By*. New York : Viking Press.

Driver, B., and P. Brown. 1983. Contributions of behavioral scientists to recreation resource management. In I.

Altman and J. Wohlwill (eds.), *Behavior and the Natural Environment*. New York : Plenum Press.

Dubos, R. 1969. *Ecology and Religion in History*. New York : Oxford University Press.

Dunlap, R. 1978. *Environmental Concern*. Monticello, Ill. : Vanace Bibliographies.

Eiseley, L. 1946. *The Immense Journey*. New York : Random House.

Eisner, T. 1991. Chemical prospecting : a proposal for action. In H. Bormann and S. Kellert (eds.), *Ecology, Economics, Ethics : The Broken Circle*. New Haven : Yale University Press.

Felthous, A., and S. Kellert. 1987. Childhood cruelty to animals and later aggression against people. *Amer. J. Psychiat*. 144 : 710–717.

Foresta, R. 1984. *America's National Parks and Their Keepers*. Baltimore : Johns Hopkins University Press.

Gadgil, M. 1990. India's deforestation : patterns and processes. *Soc. Nat. Res*. 3 : 131–143.

Hardy, T. 1988. Entomophobia : the case for Miss Muffet. Entom. *Soc. Amer. Bull*. 34 : 64–69.

Higuchi, K. 1979. *Nature and the Japanese*. Tokyo : Kodansha International.

Hillman, J. 1991. *Going Bugs*. Gracie Station, N.Y. : Spring Audio.

Iltis, H. 1973. Can one love a plastic tree? *Bull. Ecol. Soc. Amer*. 54 : 5–7, 19.

——. 1980. Keynote address. *Trans. Symp. : The Urban Setting : Man's Need for Open Space*. New London : Connecticut College.

Jung, C. 1959. *The Archetype and the Collective Unconscious*. New York : Pantheon Books.

Kaplan, R. 1983. The role of nature in the urban context. In I. Altman and J. Wohlwill (eds.), *Behavior and the Natural Environment*. New York : Plenum Press.

Kaplan, S. 1992. The restorative environment : nature and human experience. In D. Relf (ed.), *The Role of Horticulture in Human Well-Being and Social Development*. Portland, Ore. : Timber Press.

Kaplan, R., and S. Kaplan. 1989. *The Experience of Nature : A Psychological Perspective*. Cambridge : Cambridge University Press.

Katcher, A., and A. Beck. 1983. *New Perspectives on Our Lives with Companion Animals*. Philadelphia : University of Pennsylvania Press.

Kellert, S. 1976. Perceptions of animals in American society. *Trans. N.A. Wild. & Nat. Res. Conf*. 41 : 533-546.

——. 1978. Characteristics and attitudes of hunters and anti-hunters. *Trans. N.A. Wild. & Nat. Res. Conf.* 43 : 412-423.

——. 1979. *Public Attitudes Toward Critical Wildlife and Natural Habitat Issues*. Washington : U.S. Government Printing Office.

——. 1980. *Activities of the American Public Relating to Animals*. Washington : U.S. Goverment Printing Office.

——. 1981. *Knowledge, Affection and Basic Attitudes Toward Animals in American Society*. Washington : U.S. Government Printing Office.

——. 1983. Affective, evaluative and cognitive perceptions of animals. In I. Altman and J. Wohlwill (eds.), *Behavior and the Natural Environment*. New York : Plenum Press.

——. 1984a. Public attitudes toward mitigating energy development impacts on western mineral lands. *Proc. Issues & Tech. Mang. Impacted Western Wildlife*. Boulder : Thorne Ecological Institute.

——. 1984b. Urban American perceptions and uses of animals and the natural environment. *Urb.Ecol*. 8 : 209-228.

——. 1985a. Attitudes toward animals : age-related development among children. *J. Env. Educ*. 16 : 29-39.

——. 1985b. Birdwatching in American society. *Leis. Sci*. 7 : 343-360.

——. 1985c. Historical trends in perceptions and uses of animals in 20th century America. *Env. Rev*. 9 : 34-53.

——. 1986a. The contributions of wildlife to human quality of life. In D. Decker and G. Goff (eds.), *Economic and Social Values of Wildlife*. Boulder : Westview Press.

——. 1986b. Marine mammals, endangered species, and intergovernmental relations. In M. Silva (ed.), *Intergovernmental Relations and Ocean Resources*. Boulder : Westview Press.

——. 1986c. Social and perceptual factors in the preservation of animal species. In B. Norton (ed.), *The Preservation of Species*. Princeton : Princeton University Press.

——. 1986d. The public and the timber wolf in Minnesota. *Trans. N.A. Wild. & Nat. Res. Conf*. 51 : 193-200.

——. 1987. Attitudes, knowledge, and behaviors toward wildlife as affected by gender. *Bull. Wild. Soc*. 15 : 363-371.

——. 1991a. Public views of wolf restoration in Michigan. *Trans. N.A. Wild. & Nat. Res. Conf*. 56 : 152-161.

——. 1991b. Public views of marine mammal conservation and management in the northwest Atlantic. *Int: Mar. Mamm. Assn. Tech. Rpt*. 91-04. Guelph, Ontario.

——. 1991c. Japanese perceptions of wildlife. *Cons. Biol*. 5 : 297-308.

——. 1993a. Public attitudes toward bears and their conservation. In C. Servheen (ed.), *Proc. 9th Int. Bear Conf*. Missoula : U.S. Fish and Wildlife and Forest Services.

——. 1993b. Attitudes toward wildlife among the industrial superpowers : United States, Japan, and Germany. *J. Soc. Iss*. 49 : 53-69.

——. 1993c. Values and perceptions of invertebrates. Submitted to *Cons. Biol*.

Kellert, S., and A. Felthous. 1985. Childhood cruelty toward animals among criminals and noncriminals. *Hum. Rel*. 38 : 1113-1129.

Leopold, A. 1966. *A Sand County Almanac*. New York : Oxford Universiy Press.

Lévi-Strauss, C. 1970. *The Raw and the Cooked*. New York : Harper & Row.

Lopez, B. 1978. *Of Wolves and Men*. New York : Scribner's.

Luther Standing Bear. 1933. *Land of the Spotted Eagle*. Lincoln : University of Nebraska Press.

Maslow, A. 1954. *Motivation and Personality*. New York : Harper & Row.

McVay, S. 1987. A regard for life : getting through to the casual visitor. *Phil. Zoo Rev*. 3 : 4-6.

Minami, H. 1970. *Psychology of the Japanese People*. Honolulu : East-West Center.

Mordi, R. 1991. *Attitudes Toward Wildlife in Botswana*. New York : Garland publishing.

Murota, Y. 1986. Culture and the environment in Japan. *Env. Mgt*. 9 : 105–112.

Myers, N. 1978. *The Sinking Ark*. New York : Pergamon Press.

Öhman, A. 1986. Face the beast and fear the face : animal and social fears as prototypes for evolutionary analyses of emotion. *Psychophysiol*. 23 : 123–145.

Orians, G. 1980. Habitat selection : general theory and applications to human behavior. In J. Lockard (ed.), *The Evolution of Human Social Behavior*. New York : Elsevier.

Prescott-Allen, C., and R. Prescott-Allen. 1986. *The First Resource*. New Haven : Yale University Press.

Rolston, H. 1986a. Beauty and the beast : aesthetic experience of wildlife. In D. Decker and G. Goff (eds.), *Economic and Social Values of Wildlife*. Boulder : Westview Press.

——. 1986b. *Philosophy Gone Wild*. Buffalo : Prometheus Books.

Rowan, A. 1989. *Animals and People Sharing the World*. Hanover, N.H. : University Press of New England.

Satio, Y. 1983. The aesthetic appreciation of nature : Western and Japanese perspectives and their ethical implications. Doctoral thesis, University of Michigan. University Microfilms, Ann Arbor.

Schaller, G. 1982. *Stones of Silence*. New York : Viking Press.

Schneirla, T. 1965. *Principles of Animal Psychology*. Englewood Cliffs, N.J. : Prentice-Hall.

Schulz, W. 1986. Attitudes toward wildlife in West Germany. In D. Decker and G. Goff (eds.), *Economic and Social Values of Wildlife*. Boulder : Westview Press.

Seielstad, G. 1989. *At the Heart of the Web*. Orlando : Harcourt Brace Jovanovich.

Shepard, P. 1978. *Thinking Animals : Animals and the Development of Human Intelligence*. New York : Viking Press.

Singer, P. 1977. *Animal Liberation*. New York : Avon Books.

Steinbeck, J. 1941. *Log from the Sea of Cortez*. Mamaroneck, N.Y. : P.P. Appel.

Ulrich, R. 1983. Aesthetic and affective response to natural environment. In I. Altman and J. Wohlwill (eds.), *Behavior and the Natural Environment*. New York : Pleum Press.

Ulrich, R., et al. 1991. Stress recovery during exposure to natural and urban environments. *J. Env. Psych*. 11 : 201-230.

U.S. Fish and Wildlife Service (USFWS). 1990. *1990 National Survey of Hunting, Fishing and Wildlife-Associated Recreation*. Washington : Department of the Interior.

Watanabe, H. 1974. The conception of nature in Japanese culture. *Science* 183 : 279-282.

Wilson, E.O. 1984. *Biophilia : The Human Bond with Other Species*. Cambridge : Harvard University Press.

第二部　情動と美学

第3章　バイオフィーリア、バイオフォービア、自然の景観

ロジャー・S・ウルリヒ

自然との接触が人間にとって良い、もしくは益になると信じるのは古くから広く行きわたっている考え方である。古代エジプトの貴族の庭、メソポタミアのペルシア人住居にある壁に囲まれた庭、中世中国の商人の庭などが示しているのは、昔の都市の人々は自然との接触を保つために、かなりの努力をしたということである（Shepard 1967; Hongxun 1982)。過去二世紀、いくつかの国においては、自然と接触することが心理的幸福感を育み、都会生活のストレスを減少させ、肉体の健康を増進するといった考え方が、町の中に公園や他の自然を作ったり、市民が使用するために野生を保存することを、ある程度正当化する理由になった（Parsons 1991; Ulrich et al. 1991)。こうした考え方はバイオフィーリア仮説の初期の形態と考えられるかもしれない。しかし、E・O・ウィルソンのバイオフィーリアの解釈(1984）は、人間は自然に注意を払い、親しみ、あるいは他の形で肯定的に反応するという傾向によって特徴づけられる、という命題にとどまっていない。彼のバイオフィーリアの定義には、人間の自然に対する肯定的な反応には一部、遺伝性の基盤がある、という命題も含まれているのである。

本章は、バイオフィーリア仮説を、自然の景観を眺めることと関係する心理的、生理的、または健康

関連の反応と結びついた理論や経験的事実の関係で検証する。多くの議論の焦点となっているのは、植物、水、あるいは、他の自然物に支配される景観のような非動物的自然に対して人間の視覚的経験がもつ効果である。第一節は、進化観を概観し、それは後続の節において、バイオフィーリア仮説に適合する、行動科学的実験結果を検証するための枠組みを提供する。この思想的眺望の際立った特徴は次のような立場である。すなわち、バイオフィーリアの遺伝的要素を支持する理論的主張が説得力をもつには、ある種の危険な自然現象に対するバイオフォービア的反応が人類の遺伝的素質となっていることも提唱される必要がある。この立場にしたがって、最初の数節においてはヘビのようなある種の自然の刺激に対する否定的あるいはバイオフォービア的反応には一部、生得の基盤があるということを示唆する研究成果を見ることにする。

　バイオフォービアにおける遺伝的役割の経験的証拠を調査することによって、バイオフィーリアに関する理論的概念への次段階の踏台が与えられる。この探究のあと、この章の主要な節において、無害な自然の景観に対するバイオフィーリア反応の一般的な三つの型に関する概念的議論と実験結果が検討される。三つの型とは、愛好／接近反応、元気回復またはストレス解消反応、高度の認知機能の発揮である。バイオフィーリア反応の議論に続いて、自然の景観が除去されたときに失われるかもしれない人間の利益について考察する。最後の節では、自然が人々に与える有益な効果について理解を深めるような研究を論じ、バイオフィーリアにおける遺伝的役割の可能性に経験的な光をあてうる研究方法を示唆する。

進化論的観点

自然の景観に対する肯定的な反応が一部、遺伝的基盤をもつかもしれないという推測は、そのような反応が進化の過程で適応のために意義があったということを意味している。言いかえれば、もしバイオフィーリアが遺伝子プール〔ある生物種集団を構成する全個体がもっている遺伝子全体〕から表出されるとすれば、それは初期の人類のある種の自然の要素や背景に対するバイオフィーリア的反応素因が適合や生存の機会に寄与したからである。この章の基本構想は、人間の進化過程における自然状況と結びついた恩恵と危険の両方が、自然のある種の刺激や形態に対するさまざまな適合反応――肯定的／接近（バイオフィーリア）反応と否定的／忌避（バイオフォービア）反応の両方――をたやすく習得したり、時間がたってから思い出した個体に有利に働くべく、決定的な役割を果たしている、という議論である。この観点は、初期の人間の自然の生活圏が危険と利点の両方を含んでいたということを、確かに認めている。本章の内容と構成に影響を与える総論は以下のとおりである。バイオフィーリアに対する、生得の素因の理論的説明が説得力と一貫性をもつためにはおそらく人間の進化の過程で生存に関わる脅威を構成するようなある種の自然の刺激に対する適応のための生物恐怖反応についてもバイオフィーリアの場合と同じように遺伝的素因が提唱されねばならない。

ある種の自然の刺激に対する恐れ、あるいは病的な反応とも言えるものまでが遺伝的基盤をもつ、という考え方は新しいものではない。チャールズ・ダーウィン〔一八〇九―一八八二　イギリスの生物学者。『種の起源』によって進化論を提唱した〕（Darwin 1877）がこの仮定を初めて推し進めた人物だと言っても恐らく驚くことはないだろう。バイオフォービアに関するこの後の数節では、焦点は主として恐怖と関連した動物に対する反応にあてられ、これと比較して物質的環境はわずかしか扱わない。この方法は、初期の人類にとって多くの危険は肉食動物と関係していたという論点にそっている。対比的に、後半のバイオフィーリアに関する節の焦点は、自然の景観に対する反応に主としてあてられており、この方法は初期の人間の生存に決定的に影響する恩恵の多く（食物、水、安全）は物質的環境の性質と結びついているという命題に合致する。生存のために重要な恩恵は動物とも関連しているが、動物に対するバイオフィーリア的反応は、本書の他の章で説明される。

バイオフィーリアとバイオフォービアの基盤が一部遺伝的であることは生物的予備学習に――そして、おそらく、とりわけある種の自然の刺激に対する反応の特徴（たとえば非常に短い反応時間）に――反映されているという考え方がある。それは特に現代の都会の刺激についての学習や反応の性質には見られないものである。セリグマン（Seligman 1970, 1971）によって初めて提唱されたように、予備学習理論は、人間や動物がある種の物体や状況に遭遇したときに生存を促すような連想や反応をたやすく速く学び、肯定的に保持するよう進化が前もって定めていると主張する。たとえば次のような仮説が可能である。すなわち人間はヘビやクモや高さのような危険と結びついた刺激や状況に対する適応のための恐怖／忌避反応を簡単に習得し、また忘れることはないであろう。工業国における最近の大規模な環境変化によって、恐怖や恐怖症の対象の真の危険は大部分除去されてはいるが、それにもかかわらず恐怖／忌避反応が持続しているのは、それらの反応が遺伝子プールに表出されているからである。セリグマンの理論は、進化の過程で比較的中間的であった――すなわち生存にとって脅威としても恩恵としても主たる重要性をもたなかった――刺激については、予備学習はあまり明確でないと示唆している。強調すべきは、予備学習理論は、あらかじめ予期された自然の刺激に対する適応反応が自発的に、あるいは学習することなしに現われるとは言っていないことである。むしろ、「消去」や忘却への抵抗によって特徴づけられるような反応を引き出すには、ある条件づけが必要である。

セリグマン（1970）が言っているのは、ある種の対象に対しては肯定的な反応が生物的に準備されているかもしれない、ということであるが、予備理論のほとんどすべての実験は、恐怖に関連する刺激についての嫌悪の反応、特に恐怖や恐怖症に焦点を当てている。後に続く数節では、バイオフォービアと関連する予備学習の調査および行動遺伝学の研究から得られた成果を調べることにする。ここでは、バイオフォービアという用語は進化の過程でおそらく危険となった、ある種の自然の刺激に対する否定的／忌避的反応を否定的な情報や接触に基づいてすぐに連想し、また持続的に保持するよう一部、遺伝子によってあらかじめ定められていること、と定義する。われわれがバイオフォービアの研究成果を調べることから始めるのは、バイオフォービアの研究は比較的進んでおり、自然に対する遺伝子の役割に光を当て、また将来のバイオフィーリアの研究に重要となるであろう理論や優れた研究方法を生みだしているからである。

バイオフォービア

臨床心理学や精神分析学の多くの証拠（Costello 1982 ; and McNally 1987）は、大部分の恐怖症的症状には、進化をとおして人類を脅かした、ある種の事物や状況（ヘビ、クモ、高さ、閉所、血）に対する強い恐怖が含まれることを示している。この発見は、データが得られる工業化社会全体に見られるようである。西欧社会において最も一般的な恐怖症はヘビとクモの恐怖症かもしれない。開発途上国には恐怖症の広がりや対象となる事物についてのしっかりしたデータが欠けている。ここで注目しておくべきことは、ある社会についてしっかりしたデータが得られない場合には、文化的習俗の観察から、たとえばインドのコブラ神殿の創造（本書第12章）をもとに、この国にはヘビに対する恐怖や恐怖症が普通には見られない、と推測することはできないということである。反対に心理学的理論に基づいて、そのような神殿や関連儀式は、危険かつ魅惑的な動物に結びついた不安を減じるための複雑で行動的な対抗努力を表わしているかもしれない、と論ずる方が根拠のある議論である。

研究成果

生物的に準備された学習が、バイオフォービアに役割を果たすという考え方は、いろいろな国で何人かの調査者によって行われた多数の実験によって支持されているが、その中でもっともよく知られた研究者はスウェーデンとノルウェーのアーン・オーマンとその協力者である（Öhman, Erixon, and Löfberg 1975 ; Öhman 1979 ; Öhman, Dimberg, and Öst 1985）。ほとんどすべての研究はオーマンによって開拓された独創的なパブロフ〔一八四九―一九三六　ロシアの生理学者。条件反射を研究し、大脳生理学を確立した〕式条件づけの方法をさまざまな形で用いてきた。これらの実験に典型的に見られるのは、恐怖に関連した刺激と恐怖に無関係か中間的な刺激のそれぞれのスライドに対して条件づけられた（すなわち度重なる接触や経験を通じて習得された）防御、嫌悪反応の比較である。反応は、ふつう皮膚の伝導力や心拍数といった自律神経系統の指針によって査定する。典型的な実験の最初の部分では、防御反応は恐怖に関連した刺激（ヘビやクモ）か、あるいは中間的な刺激（幾何学的図形）を示すことによって、またおのおののスライド表示を、ふつうは嚙まれることに似た電気ショックである嫌な刺激（「条件づけられていない」刺激）と組み合わせることによって、条件づけが行われる。この段階の実験は防御／嫌悪反応の習得の速さと規模に関して、恐怖に関連した刺激と中間的な刺激との比較を可能にする。最初の習得段階に続いて、同じ刺激がさらに一〇～四〇回与えられるが、電気ショックを課すことはしない。この「消去」段階によって、先に習得された防御／嫌悪反応を忘れることへの抵抗という点で、恐怖に関連した刺激と中間的な刺激を比較することができる。

このような条件づけの実験を批評してマクナリー（McNally 1987）は、結局のところ、この実験結果が示しているのは、次のことであると結論した。ヘビやクモのような前近代的な危険を伴う刺激に対しては、条件づけられた反応が、中間的あるいは恐怖と無関係な刺激と比べて、必ずとは言えないがときどき、より急速に習得される――ただし忘れること（消去）に対しては一貫してより抵抗的である。言い換えれば、セリグマンの予備学習理論は、反応習得の容易さや速さに関してはせいぜいあいまいにしか支持されていない。しかし生物学的予備学習理論は、忘れることに対する一貫した強い抵抗という点では、かなりの支持をえている。そのことは、進化をとおして人類にとって脅威となったと思われる、ヘビやクモのような自然の刺激に対して習得された反応において明らかである。

この点で次のような議論があるかもしれない。ヘビやクモに対して条件づけられた反応の持続性が強いのは、生物学的に準備された学習ではなく、むしろ恐怖を連想させるものについての「通常の」学習に基づくものであり、それには、これらの刺激が激しく否定的で危険であるとする深く浸透した文化的条件づけも含まれるのである。この可能性を試すために、個人をヘビやクモのような恐怖に関連した前近代的な自然の刺激や、さらに危険度の高い（たぶん、より文化的に条件づけられた）拳銃や高電圧鉄条網のような近代的刺激にさらす条件づけ実験が行われた（Cook, Hodes, and Lang 1986 ; Hugdahl and

Karker 1981)。これらの実験結果は、生物的予備性の考えをさらに支持することになった。危険な近代的刺激に対して条件づけられた防御反応は、ヘビやクモに対する反応に比べて、より急速に消滅するか忘れられてしまうからである。

適応反応の代行的習得

バイオフォービアの注目すべき側面は、さまざまな型の代行的な条件づけ、あるいは学習の経験をとおして反応が習得されるということにある。いくつかの研究が示すところでは、被験者に向かってショックを与えると言っただけで、恐怖に関連した刺激に対する反応は十分効果的に習得される。ただし恐怖と無関係か中間の刺激についてはその限りでない（Hugdahl 1978 を見よ）。代行的条件づけの研究において、ハイジとオーマン（Hygge and Öhman 1978）は、恐怖に関連した自然の刺激（ヘビ、クモ、ネズミ）と恐怖と無関係の自然の刺激（たとえば木の実）のスライドのどちらかに対して恐怖の反応を示す自称恐怖症の実験者／俳優に個人を接触させた。その結果、人々がより持続性のある防御反応を習得するのは、実験者が恐怖に関連したスライドに対して、恐怖と無関係なスライドとは対照的な反応を示した場合であるということがわかった。同様に、ミネカと彼女の協力者たちは、アカゲザルについていくつかの研究を行い、猿は恐怖に関連する刺激（たとえば、おもちゃのヘビ、おもちゃの鰐）に対しては恐怖／嫌悪反応を示すが、おもちゃの兎のような恐怖と無関係な刺激に対しては示さないという代行条件づけの強力な証拠を提示した（Mineka et al. 1984 ; Cook and Mineka 1989, 1990）。

人間についての研究は、自然の対象に対して、別の人間が生物的に準備されていると思われる恐怖もしくは嫌悪の反応をするのを観察するだけでも——あるいは、その物体に対する接触の、おそらくはいやな結果（たとえばショック）についての情報を受け取るだけでさえ——適応のための防御／嫌悪反応を条件づけるのに十分である、ということを示している。これらの研究成果が意味している重要な点は、人間もしくは霊長類の集団にとって、代行的な習得は、生物的に準備されている反応がもつ適応のための重要性、あるいは生存に関連した重要性を大いに増すかもしれないということである。この議論を示すために、狩猟採集集団の中の、毒ヘビに嚙まれた一人の原人の例を考えてみよう。嚙まれた経験は、おそらくその人間にヘビに対して恐怖／嫌悪でもって反応する持続的性向を条件づけるだろうが、この反応は、毒が致死のものであったら、当の人物には何ら適応的価値をもたないであろう。しかし、その集団の他の構成員は、この嚙まれた事件を目撃することによって、また、この人物に対する毒の効果を観察することによって、あるいはまた他の人物からこの事件や、苦痛を伴い死に至らしめるその結果についてなまなましい情報を得ることによって、忘れ難い恐怖／嫌悪反応を習得する可能性があるだろう。そのような代行的条件づけが、集団の構成員を通じて起こったという限りにおいて、たぶん致死事件は集団の生存の機会を増すことになるだろう。

防御／嫌悪反応を条件づけるうえでの脅威情報の効能を示す研究成果に照らしてみると、いきいきとした口承民間伝承（本書第7章）、ある種の危険な生物や物体に焦点を当てた神話、あるいは、その他文化的に伝達された情報（本書第6章）のもつひとつの重要な適応機能は、適応のための恐怖／嫌悪反応を代行的に条件づけることであるかもしれない、という示唆もあながち推測にとどまらない。このように、ある文化伝統は、生物的に準備された学習と結びついて、ある社会を通じて適応的反応の習得を達成するための、かなり効果的な方法として機能し得るかもしれない。人々がバイオフォービア的刺激と直接の——危険な——接触をする必要なく、効果的な条件づけがなされるので、傷や死の形式による損失が減少することになるであろう。ある特定の文化において準備されている危険な自然現象についてのいきいきとした物語や神話を繰り返し語ることによって達成される反復的接触は、ある種の自然の刺激に対して持続的に保持される嫌悪反応を条件づけるうえで非常に効果的である条件づけ研究における反復的な習得の試みとだいたい並行すると考えられるかもしれない。

バイオフォービア刺激の非意識的な処理

バイオフォービアのもうひとつ注目すべき側面は、準備されている恐怖に関連する刺激に対しては非意識的、自動的な処理が行われる可能性があるが、恐怖と無関係な刺激に対しては行われない可能性があることを提示した、いくつかの研究によって明らかにされた。オーマンは一連の論文において詳細な理論的議論を推し進め、次のような問題提起をしている。人間は、近よってくるヘビや他の食肉獣がいることを示す手がかりを非常に速く、自動的あるいは非意識的に処理する能力をそなえた、生物的に制御された食肉獣のための防御システム——たとえば対になり前方に向いた目——を進化の残照としてもっている（Öhman 1986）。この非意識的処理仮説を経験的に評価するために、オーマンと彼の仲間は、嫌悪感についてのパヴロフの条件づけ法の変形を用いたが、これは「逆の隠蔽」方法になる。これらの実験の多くは、忌避／防御反応が前近代的な危険な刺激（ヘビのような）のスライドと、中間的もしくは危険と無関係な刺激のスライドとに対して、通常のやり方で条件づけられるような段階から始まる。しかし、実験の後半段階では、それと同じ条件づけをされたスライドが識閾下で〔意識にのぼらないほど短い時間〕（一秒の一万五〇〇〇―三万分の一）提示されたあと、認識されるか他の方法で意識的に処理され得るような、別の刺激または環境のスライドによって「隠蔽」される。

これらの逆の隠蔽の実験結果は、最初の条件づけのあとに、ヘビやクモを含む自然の環境を識閾下で提示すると、正常あるいは恐怖症でない人の強い防御／忌避反応を引き出すことができることを常に示唆している（Öhman 1986；Öhman and Soares 1993a）。動物に対する恐怖や恐怖症をもった人の場合には、条件づけは実験のずっと以前に起こったと考えられる。この点に関して、ヘビを恐れる、クモを恐れる、そしてそれらの対照（または統制）〔実験すべき項目の調査のために、その実験群と比較できるように統制された、照査基準となる群〕となる何も恐れない人々についての最近の研究によると、恐れる集団にその特定の恐れの刺激に対する防御反応を引き出すには、隠蔽された識閾下の提示だけでも十分であることがわかっている（Öhman and Soares 1993b）。これらの研究が示しているのは以下のような結論である。生理的および感情的な指標によって明示される一貫した恐怖／防御反応は、かなり特定された自然の脅威の刺激を認識あるいは意識することさえなく起こりうるのである。中間的または恐怖と無関係な自然の刺激に対してはそのような反応は存在しない。

生物学的に準備された刺激に対する非常に速い反応の問題について、ディムベルク（Dimberg 1990）は顔面用の電子ミオグラフ〔筋運動記録器〕を用い（Cacioppo, Tassinary and Fridlund 1990）、準備されていると思われる刺激（ヘビ、クモ、怒った顔、幸福な顔）に対する特定の情緒的反応が刺激の提示後四〇万分の一秒かそれ以下で容易に識別できることを示した。この極端に速い情緒的／生理的反応が、人間／自然交流が純粋に「制御された」意識的な認知であるという観点に合致するとは言い難い（Ulrich et al. 1991）。

景観の奥行き／空間的広がりに対する準備

この点までのバイオフォービアの論議の焦点は、動物に対するときの生物的予備反応にあてられていた。しかしながら、機能的／進化的観点は、おそらく初期人類の物質的環境のある種の性質も、危険の起こりうる可能性と生存できる機会に対して大きな影響力をもっていたであろう、と示唆している。この点に関して、進化を通じて自然環境の視覚的な奥行き／空間的広がりの特徴が、監視、隠れた脅威との近接、逃避の機会といった危険と関連する重要な要因に影響を与えてきたという問題を提起できる。この議論の結果として言えることは、人間は、隠れた危険を含み逃避の機会をせばめる可能性のある空間的に制限された環境に対して、穏やかな嫌悪／忌避または警戒でもって反応するよう生物的に準備されているかもしれない、ということである（Ulrich 1983）。しかし、強い持続的恐怖／忌避反応を習得するための部分的遺伝性素質は適応には向かないかもしれない。多くの囲われた場所に結びつく避難所の恩恵（Appleton 1975；本書第4章）や、食物を得る機会の利用に強い妨げになるだろうからである。これらの議論は、自然の景観に対する愛好あるいは審美的傾向の多くの研究とだいたい一致している。それらの研究は、西洋と東洋の社会の人々は、空間的に制限された環境を一貫して嫌うが、中程度あるいは高度の視覚的奥行きか開放感をもつ場所にはきわめて好意的に反応することを示している（Ulrich 1983, 1986a）。まちがいなく、多くの人々は、囲われた場所でのおびえや他の無条件の嫌悪の刺激を一度ならず経験している。そのような刺激は、その後、空間的に制限された状況に穏やかな嫌悪と警戒で反応する予備素質を条件づけるかもしれない。

　後半の節でのバイオフィーリアの議論には、人々はなぜ空間的に開けているサバンナのような景観に肯定的に反応するのかを説明する説が出てくるであろう（本書第4章も見よ）。進化過程での開かれたサバンナの決定的な利点は、たとえば隠れた食肉獣の脅威にまぢかで遭遇する可能性が少ないということと結びつくような危険性の比較的な低さである。サバンナには脅威に関連した挿話は、どちらかといえばあまりなかったかもしれないが、進化の観点からは次のような仮説が立てられる。すなわち、原始時代のひとりの人間が開けたサバンナで危機一髪、怪我あるいは他のトラウマ〔精神的、心理的な傷害となる衝撃〕的経験をした（たとえば子供が迷子になるか親と別れわかれになる）事件があると、その人間は用心深くなるとかあまり好きでなくなるといった、「忘れられない」適応反応素質を獲得するはずである。この議論の変形がクライン（Klein 1981）によって提示されているが、そこでは幼児や子供が、母親から引き離された空間にいることと恐怖や警戒とを結びつけるのは適応のためであろう、と主張している。そのような空間では食肉獣や他の危険に遭いやすいからである。

生物的に準備された学習が、自然環境の全体としての奥行き／空間的広がりをもった性質に反応するうえで、役割を果たしているかもしれないという仮説を評価するために、ウルリヒ、ディムベリ、オーマン（1993）は、実験室の環境的奥行きのシミュレーターを用いて嫌悪の条件づけの古典的な実験を行った。人々は、おおいをかぶせた観察口をとおして、彼らの目の前から一メートルと離れていない大きな背景映写スクリーンに写し出されるあまり奥行きのない（一メートル）、またはかなり奥行きがある（一〇〇メートル以上）自然の場面のスライドを観察した。すべての場面は、緑の植物でおおわれており、奥行きのない例もある例も複雑さや明るさにおいては等しかった。被験者の腕はスクリーンまでのびる平面のうえにくつろいだ状態で置かれ、指先はスクリーン下の部分に届くように、ただし見えないようになっていた。指先にとりつけられた電極が、条件づけられていない刺激として嚙まれたようなショックを与えた。

実験結果は、あまり奥行きのない環境よりも奥行きのある環境に対して条件づけられた自動的な防御／忌避反応の方が、忘却への抵抗が強いことを有意に示している。強化されていない（ショックのない）映写に対しては、奥行きのある場面の方が、ない場面より感情の自己評価が有意に肯定的であった。ショックを与えたあとは、両方の空間的なカテゴリーについて、感情反応は明白に否定的な方向へ移行したが、依然として奥行きのある環境の方が、ない環境に対してよりも肯定的に評価された。この結果はこれまでの結論をある程度、支持している。すなわち、人間は、奥行きがあり、空間的広がりをもった自然環境における嫌な経験にしたがって、持続する防御／用心の態度を獲得するよう生物的に準備されているかもしれないが、強い恐怖／忌避の態度はその限りではない。この研究成果は、われわれの広場恐怖症（ここでは開かれた場所に対する恐れと狭意に解釈している）の理解に適合するように思われる。これは、もっとも人を衰弱させ、代償の高い恐怖症のひとつなのである。

双子の研究と行動遺伝学的方法

条件づけの研究に加えて、行動遺伝学的方法を用いた研究を含む人間の双子の調査は、バイオフォービアが一部遺伝的基盤をもっているという説得力のある証拠を提出した。これらの研究成果の一般的背景として、次のことを言っておくべきであろう。過去一〇年間の双子の研究は、肥満、個性、生理学的（自律）反射を含む広範囲にわたる人間の性格や特徴において、遺伝子の特性が主要な役割を果たすことを示唆している。一例として、いくつかの双子の研究の批評（Loehlin et al. 1988）は、さまざまな形態の神経症的状態の約半分は遺伝学で説明される、と結論している。

バイオフォービアについて言えば、家族の歴史と双子についての第一波の研究によって、いくつかの恐怖や恐怖症は家族のものであり、一部は遺伝的原因をもつことを強く示す証拠の型が提出された（Rose et al. 1981 ; Moran and Andrews 1985 ; Fyer et al. 1990）。しかし、これらの研究の多くは、十分に進んだ統計的方法や、十分な量のサンプルを用いていなかったので、異なる型の恐怖症に対する遺伝的、環境的危険因子の相対的な寄与を説明することも、予備理論を評価することもできなかった。最近では、たくさんの双子のサンプルや、進んだ多変量統計法（multivariate statistical methods）を用いたいくつかの研究で、この欠点が克服されている。これらの研究成果や、そのバイオフォービアにとっての意味を議論するまえに、順序として行動遺伝学的方法について簡単に説明しよう。

行動遺伝学研究は、概して人による変化が大きいという特色をもつ反応、特徴、さまざまな興味（たとえばヘビ恐怖症、広場恐怖症、情緒性、個性）に焦点を当てる（Gabbay 1992）。そして、その研究が因果関係への洞察を含む詳細な推論をしようとするのであれば、次に必要となるのは個人の間の、または組になった人々の間の類似／相違を決定し得る多量の個人のサンプル（数百または数千）である。このサンプルは、概して一卵性と二卵性の双子からなるが、家族や親戚をも含めた非常に大きなサンプルを用いることもできる。これらの必要条件が満たされたなら、データを集める段階に取りかかる。この過程は、普通、問題となる変数の存在／不在、および大きさについての情報を得るための個人に対するインタヴューと、恐怖症が始まったときのその人の年齢のような、他の型の情報を集めることを含んでいる。最後に、データは多変量遺伝学統計モデル（たとえばＬＩＳＲＥＬ）を用いて分析される。それによって、遺伝的効果、家族の（共通の）環境的要因、個人特有の環境的効果の寄与が認められ、それについての因果論的見方が可能になるかもしれない（Heath et al. 1989 ; Neale et al. 1989）。

ここで概略を述べた方法を用いて、ケンドラーとその仲間（1992）は、二一六三人のアメリカ人の女性の双子のサンプルによって、異なる型の恐怖症の遺伝疫学研究を行った。三分の一（三三・四パーセント）の個人が、何らかの型の恐怖症を示すような個人史を提供した。異なる多変量モデルから得られた結果は、全体として次の点を示した。すなわち動物恐怖症（ヘビ、クモ、昆虫、コウモリなどに対する恐怖）と広場恐怖症の場合では、遺伝的因子が主要な役割を果たしており、遺伝の可能性は動物恐怖症では三〇パーセント、広場恐怖症では四〇パーセントと推測される。ケンドラーとその仲間は、この結果はバイオフォービア「傾向」が遺伝するという解釈を強く支持している、と結論した。いかなる型の恐怖症の家族の集束も大部分が遺伝的因子に基づくものであって、家族内あるいは共通の環境因子（すなわち一組の双子の両方が経験する共通の家の状況のような環境因子）に基づくものではないからである。

重要なことは、この結果が生物的予備学習理論と一致することである。なぜなら「個人に特有の」嫌悪、あるいはトラウマの経験は、恐怖症の引き金となる決定的な役割を果たしていると思われるからである（Kendler et al. 1992）。トラウマ的できごとは動物恐怖症にきわめて特有のものである――たとえばヘビについての嫌な経験はヘビ恐怖症と結びつくだろう。対照的に、広場恐怖症についての病因となる経験はそれほど特殊ではない。進化の観点から見れば、後者の結果が驚くにはあたらないのは、開けたサバンナにおける嫌悪あるいはトラウマ的経験は、食肉獣の攻撃から子供のときの迷子の経験まで広範囲にわたるさまざまなできごとに基づいているからである。

最後に、この研究成果は、多様な恐怖症の始まる時期は多様であるという、先行研究（たとえばMarks 1969）から得られた結果を確認している。ヘビ、クモ、そして他の動物恐怖症については、始まりは概して子供時代に起こっている（恐怖症の七〇パーセントは一〇歳までに始まる）。始まる年齢は、広場恐怖症では遅い（約六〇パーセントは一五歳から三〇歳に始まる）。ここで言及しておくと、蓋然性の高い機能進化論的説明が進歩しており、多様な恐怖症の多様な開始時期を説明している。たとえばオーマン、ディムベリ、オスト（1985）は、動物に対する恐怖が幼い子供の時期に始まるよう生物学的に準備ができているのは適応のためである、と議論している。幼い子供は、特にヘビや他の食肉獣に攻撃されやすいからである。

バイオフォービアの研究成果の要約

簡単に要約すると、多くの実験室での条件づけの実験の結果は次の考え方を支持している。人間は進化過程で生存に関連する危険を示すと考えられるある種の自然の刺激や状況に対して、適応のための動物恐怖症的（恐怖／忌避）反応を習得するように、そして特に「忘れ」ないように生物学的に準備されている。バイオフォービアの適応のための重要な特徴として、ある種の恐怖に関連した自然の刺激に対する反応は比較的忘れないのに、恐怖と無関係な刺激に対してはその限りでないということが、代行的な条件づけ、あるいは学習の経験をとおして獲得される。さらに、最近の研究によって、生物学的に準備された恐怖に関連する自然の刺激の処理は、非常に速く、自動的に、もしくは「無意識的に」起こることが示唆されている。大多数の条件づけ研究は、恐怖に関連した食肉獣の刺激に焦点を当ててきたが、同様に、人間が、サバンナのような奥行きが深くて、空間的広がりのある環境での嫌な経験にしたがって、持続する防御／用心の態度を獲得するように生物学的に準備されているかもしれないという、数の限られた証拠が存在する。

行動遺伝学その他による人間の双子の研究は、バイオフォービアにおいて遺伝的因子が主要な役割を果たしているという説得力のある証拠を提示した。同様に、最近の行動遺伝学の研究成果は、バイオフォービア「傾向」は遺伝するという解釈を支持し、明らかに生物的予備学習理論とも一致している。したがって、バイオフォービアが一部は遺伝的であり、予備学習に顕在するという考え方は、条件づけの研究と行動遺伝学の研究の両方に支持されているのである。このような結果は、バイオフォービアの生物的予備学習による解釈を、かなり信頼できるものにしている。注目すべき点は、異なる分野でなされているいくつかの調査が、まったく異なる研究方法（嫌悪の条件づけと行動遺伝学方法）を用いているのに、だいたい同じような結論に達したということである。

もし、人間が、バイオフォービア――すなわち、ある種の生き物と自然の状況に恐怖あるいは嫌悪をもって反応すること――に対して一部遺伝的素因をもつとすると、バイオフィーリア仮説の蓋然性に疑問をいだかせることになるのだろうか。実際のところ、バイオフォービア研究のもつ意味はその正反対である。逆に、バイオフォービアについての長年の緻密な科学的探求が、進化を通じて生存に関して決定的な危険となる刺激に対する否定的な反応には遺伝的な役割があるという証拠をひとつも提示できなかったとすれば、利益となる自然の刺激に対して肯定的に反応することには一部は遺伝的素因がある、と提唱することなど現在は考えられないだろう。バイオフォービアにおける強固な遺伝的役割を示唆する研究成果は、バイオフィーリア仮説の筋道の正しさとその明かるい見通しまでも意味しているのであり、今からはこの仮説に焦点をあてることにする。

バイオフィーリアと自然の景観

先に説明したように、このバイオフィーリア議論は、動物というより自然の物質的環境に中心を置いている。まず初めに、バイオフィーリアについての理論と研究はバイオフォービアほど進んでいないことを、繰り返し述べておかなくてはならない。遺伝的因子が果たしうる役割について直接証拠を与えてくれる行動遺伝学方法のような研究方法はまだ試みられていない。さらに、生物的予備性とバイオフォービアに関する多量の条件づけ研究に比べると、自然に対する肯定的あるいはバイオフィーリア的反応に関しては予備学習理論を直接試した研究が不足している。後者の不足は、通常パブロフの肯定的な条件づけ研究は嫌悪の条件づけ実験より行うのが難しい、という事実に一部起因する。実験室において直接的で強度に肯定的で、まだ条件づけられていない刺激を作りだすことは、直接的で否定的で条件づけられていない刺激を提供するよりも問題が多いからである。

しかしバイオフィーリアの科学的研究の不足にはもっと基本的な理由がある。心理学は驚くほど豊かな理論と科学的研究方法の宝庫をもっていながら、人間と自然環境の交流を研究することにはほとんど興味を示してこなかった。この点で、環境心理学は心理学の中では小さくて周辺的な二次的分野である。景観構成のような自然の設定に焦点を当てる学問分野は小さく、バイオフィーリア仮説のさまざまな様相を厳密に調査するのに必要な行動科学の方法または他の研究方法の専門家を欠いているのである。加えて、アメリカ合衆国の基金組織はどこも（米国農務省林野庁のわずかな例外を除いて）、自然環境の経験に関連して人間に有益な効果となるかもしれないものの研究に基金を与え奨励することが重要だ、と考えることはなかった。これらの要因によって、多くのバイオフィーリア関連の研究が、現在まだ未熟な状態にあることが説明される。ある種の限られた問題の調査がやっと始まったばかりであるが、それは、科学的、社会的にかなりの重要性をもつことになるかもしれない。それは、たとえば自然の区域が限られると失われてしまう可能性のある人間の利益や価値を特定することである。

このような障害にもかかわらず、自然環境に対するある肯定的反応の面に関する科学的な研究は、この二〇年間に、特に景観の美を愛好するという分野においてはしだいに広がりを見せ、進歩してきた。後半の節で調べられた経験的結果から明らかなように、美的な好みについて一貫して文化を横断する型があって、バイオフィーリアは一部は遺伝的な基盤をもつという仮説の状況証拠となっている。しかしながら、遺伝仮説と予備説を直接に試すような研究（たとえば条件づけの実験）がないので、ここでバイオフィーリアに関して持ち出される概念的命題は、バイオフォービアに関して提案されたものに比べて、どうしてもより思弁的かつ全般的になる。

おおまかに言って、ここで展開される概念的な議論は、生物学的予備学習をもっとも重要であるとする、バイオフォービア／バイオフィーリアの「対照的」枠組みのうちの後の半分に相当している。バイオフィーリアに関する基本命題は次のとおりである。進化の過程において自然環境と結びついたある種の報償や恩恵は生存にとって非常に決定的なものであって、脅威とならない自然の形態と要素に対する適応のために、さまざまな肯定的／接近反応を獲得し、それを保持する素因をもった個体に有利に働く。その結果、近代人は進化の名残りとして自然に対するある肯定的反応を学習し、たやすく持続的に保持できるように生物的に準備されている可能性があるのに対し、都会的または近代的な要素や形態に対しては、そのような準備が見られない。このことは、バイオフィーリア仮説の科学的評価の側面に対するひとつの一般的方法が、都会的、近代的環境や刺激と比較して自然環境に対する肯定的な反応に予想される特異性質を調査することである、ということを意味している。

生物的予備学習は、自然の脅威とならない景観に対する少なくとも三つの、適応にとって概して肯定的な（バイオフィーリア的な）反応で役割を果たしている、という考えがある。その三つとは、愛好／接近反応、回復またはストレス解消反応、そして、人が緊急を要しない仕事に携わっているときに発揮する高度の認知機能である。第一の型の肯定的反応――愛好／接近――に関しては、かなりの量の研究があり、回復に関しての研究は数が限られてはいても増えているが、これら二つの型のバイオフィーリア的反応において予想される遺伝的因子の役割は、まだ直接経験的には支持されていない。三番目の型の肯定的な反応――高度の認知行動の発揮――は、この反応を経験的に評価する研究はまだ進行中なので、仮に提示しただけである。ここに述べたことは、これら三つの型の肯定的反応が自然環境に対するバイオフィーリア的反応のすべてを網羅していることを暗示してはいない。バイオフィーリアの研究はまだ初期段階にあり、今後の研究によって他の重要な型の肯定的反応が明らかになるであろう。

愛好／接近反応

ここで示すのは、食物、水、安全といった主たる必需品と結びついているという理由で、生存に有利に働く自然の要素や構図に対して、愛好／注目／接近の反応を容易に習得し、その後、持続的に保持するように、人間には一部は遺伝的な素因があるということである。オリアンズ（Orians 1980, 1986）は、熱帯雨林や砂漠のような他の生息地と比較して、なぜサバンナ環境が初期の人間にとって主たる利点をもっていたかを、これら主要な必需品のより有利な組み合わせを与えてくれるという観点から、説得力のある説明を行った（本書の第4章も見よ）。これらの点は、人間の進化の大部分がサバンナで起こったことを示す多くの証拠と一致する。開けたサバンナは他の生息地より初期の人間が直立の姿勢、二本足の運動、腕の自由運動に適していた（これらについての人類学的研究を概観するには、Lumsden and Wilson 1983 を見よ）。熱帯雨林と比べるとサバンナは地上にすむ人間に豊かな植物や動物の食料を提供しただけでなく、視覚的広がり、逃げる機会（Appleton 1975；第4章）、監視（Appleton 1975）、隠れた食肉獣の脅威に近くで遭遇する可能性の低さ等の理由で危険も少なかった。バイオフォービアについての先の議論の言い方を用いると、熱帯雨林と比べてほとんどのサバンナはバ、イ、オ、フ、ォ、ー、ビ、ア、的特性が低いという特徴があって、それには空間的閉鎖性が少ないことや、ヘビ、クモ、その他の恐怖に関連した刺激と近くで遭遇しにくいことも含まれる。これら生存に関連した重要な恩恵という観点から、オリアンズ（1980）、アプルトン（1975）他は、近代人は、空間的広がり、木がまばらに生えたかいくつか茂みがある、比較的均一な草地の地面といったサバンナか、あるいは公園のような特性をもった自然環境を好んだり、見たがったりする、一部遺伝的な素質を保持している、という考えを述べている。先のバイオフォービアについての議論に示されているように、また人間は、空間的に開けた環境にはおそらくめったにおこらない脅威に関連する事件の話と結びつけて、サバンナに対して持続する警戒姿勢（ただし強い恐怖、忌避または嫌悪ではない）を獲得するように生物的に準備されている可能性もある。そのような話は、開けた光景に対する人間の好意的反応を「忘れられないほど」軽減するかもしれない。しかし、その人は依然として空間的に制限された環境よりはサバンナのような開けた環境の方を好むはずである。

さらに機能的進化観は、人間は水や空間的広がりをもった自然の環境に肯定的に反応するはずだ、と提案している。東アフリカの発掘から得られたたくさんの証拠によると、初期のヒト科動物でさえ彼らのキャンプを水辺に設定した（Leakey 1980；Brown et al. 1985）。生存に関連した恩恵には、飲み水がすぐ手に入ること、安全と防御の利点、狩りをする動物をひきよせるもの、そして魚、貝、甲殻類と結びついた食物の生産性が極めて高い場所（海岸、河口、サケのいる川）が含まれる。コスとムーア（Coss and Moore 1990）は、進化の過程で飲み水を見つける能力が主要な選択原因として作用した、と論じている。したがって、現代の子供も大人も水のある光景に強い好みを表明し、景観における水のある種の光学的特性、特に光沢に敏感に反応する。

もっと一般的な機能進化的予言によれば、おおまかな分類の自然要素——特に水、緑の植物、花——は、ガラスやコンクリートといった、ほとんどの近代的合成要素より視覚的に好まれるだろう（Ulrich 1983；Kaplan and Kaplan 1989）。これらの自然要素が好意と注意を誘う傾向にあるのは、進化を通じてそれらが二つの生存のための必需品、すなわち水と食物の存在か、または発見の可能性のいずれかを、直接、間接的に示していたからである。植物に関しては、食物や水の見つかりにくい不毛の、または砂漠の環境に特徴的な色や形をもった植物に比べて、緑か、いくらか青っぽい植物をもつ環境に対する好みが強くなる傾向にあるだろう。

研究成果

過去二〇年間に、国際的には何百にも及ぶ多くの研究文献が、自然と都会の景観に対する感情的な反応に焦点を当てている（批評と記事の集成については、Zube, Brush, and Fabos 1975；Daniel and Vining 1983；Ulrich 1983, 1986a；Smardon 1988；Kaplan and Kaplan 1989；Nasar 1988；Ribe 1989を見よ）。これらの研究のほとんどすべてが感情もしくは情緒を帯びた評価尺度を用いてデータを得ている。その中でもっとも一般的なのは、好み（好意）、心地よさ、景色の美しさである。これらと、他の言語による尺度より得られた結果の相関は高い（Zube, Pitt, and Anderson 1975を見よ）。

大多数の研究は、たいてい人々を実際の環境ではなく、カラーのスライドや写真による景観場面のシミュレーションに接触させている。現地での現実の光景の評価と同じ環境のシミュレーションに対する反応とを比較して、スライドや他のシミュレーションを使用することの正当性を査定する研究がいくつかある。多くの研究が、現地での静的な環境の評価が、カラースライドの評価と高い相関にあると見ているが、正当性の問題は完全には解決されていない。(たとえば Taylor, Zube, and Sell 1987 ; Hull and Stewart 1992 を見よ)。

すでに概観した概念的議論に沿った、特には目を引かない自然の光景のさまざまなサンプルに対する好意/採択についてのいくつかの研究は、ヨーロッパ、北アメリカ、アジアの大人のグループが外見上、サバンナか公園に似た環境に一貫して高い好意をもって反応したことを明らかにした (Rabinowitz and Coughlin 1970 ; Ulrich 1977, 1983 ; Ruiz and Bernáldez 1982 ; Hultman 1983 ; Yi 1992 を見よ)。そのようなサバンナに似た眺めは、田舎の地域や都会の周辺の場所、また町中にさえ見られるが (ニューヨーク市のセントラルパーク〔マンハッタン島中心部にある公園〕に一部あるように)、中程度から上の程度の奥行きや広がり、比較的に平坦か一様な広さの草地か地面、まばらな数本の木か数箇の小さな茂みといった典型的な特徴をもっている。これらの結果は、特に森の景観に対する好意/採択反応に焦点を当てた重要な研究文献の結果と類似する (Ribe の批評を見よ)。様々な国で行われた多くの研究が、観察者はサバンナか公園に似た環境にいくらか類似した森の環境を好むことを明らかに示している。それには視覚的広がりと地面を一様におおう草と、幹の直径の太い成熟した木と比較的少量の切り枝や切り倒された木が含まれる (たとえば Daniel and Boster 1976 ; Arthur 1977 ; Patey and Evans 1979 ; Savolainen and Kellomäki 1984 を見よ)。

先の概念的議論と一致する、もうひとつの信頼できる結果は、水を特徴とする自然環境がとりわけ高レベルの好意または好みを引き出すということである (Shafer, Hamilton, and Schmidt 1969 ; Brush and

Shafer 1975; Civco 1979; Penning-Rowsell 1979; Bernáldez, Abelló, and Gallardo 1989; Chokor and Mene 1992を見よ）。注目すべきは、幼い子供が水に対して強い肯定的な反応を示すことである（Zube, Pitt, and Evans 1983）。多くの経験的証拠がズーブと彼の同僚の結論を支持している。すなわち水は可視景観の主要素であり、ほぼ常に肯定的反応を強める（Zube, Pitt, and Anderson 1975）——ただし水の形態が危険を含む（荒れた海）か、見るからに明らかな汚染を伴っていない限りである（Ulrich 1983; Lang and Greenwald 1987）。

対照的に、自然環境に対する一貫して好みの低さと結びつけられる特性には、厳しく制限された奥行きとともに、秩序のない複雑さと地面の荒々しい感じという動きを妨げるようなもの（たとえば、小さな木がすき間なく植わっていたり、多量の木が切り倒され、見透すことのできない密な下層木のある森林環境）が含まれる。この点に関連して、チョコルとメーネ（1992）の調査結果では、ナイジェリアの都市および田舎の居住者の多様なグループが、空間的により開けた熱帯雨林の光景にくらべ、空間的に制限された密な熱帯雨林の眺めには低い好みを示した。温帯の、あるいは北部の森林環境の場合には、北アメリカとヨーロッパのグループでは、ある程度の視覚が広がりうる幹の太い木が立つ場所にくらべて、切り開かれた地域ははるかに好まれなかった（たとえばRutherford and Shafer 1969; Daniel and Boster 1976; Echelberger 1979; Hultman 1983; Savolainen and Kellomäki 1984; Ribe 1989）。同様に、チョコルとメネのナイジェリアの研究（1992）は、油田開発事業によって広い地域の植物が滅ぼされた自然景観に対して人々が低い好意度で反応したことを発見した。自然の物質的環境で好意を著しく低下させるもうひとつの特徴は、脅威とか危険とか判断された環境である（Ulrich 1983）。しかし、刺激を求める（Zuckerman, Ulrich, and McLaughlin 1993）ようなある種の人々、それには多くの若い男性が含まれるが（Bernáldez, Abelló, and Gallardo 1989）、この種の人々は危険を呼ぶような特性、あるいは挑戦的と評価されるような特徴（断層地形、渦巻く水）に対して、どちらかと言えば肯定的に反応し、あまり嫌わない可能性がある。

好意／好みの一致の程度

景観に対する好みの科学的研究は一九七〇年頃、さまざまな社会科学やデザイン学の分野に現われ始めた。これらの分野は伝統的に、人間の好み、思想、行動を決定する圧倒的な要素は知識や文化である、と力説してきた。景観に対する反応を形作る主要なメカニズムは学習であると見なされたので、〈田舎の背景〉対〈都会の背景〉、とりわけ〈田舎の文化〉対〈都会の文化〉といった変数の関数として、集団や個人の間の自然の景観に対する好みの大きな違いが研究によって明らかになることは十分予測されたことであった。年齢（Zube, Pitt, and Evans 1983）、民族性、刺激を求める個性（Zuckerman, Ulrich, and McLaughlin 1993）のような変数の関数として、統計的に有意味な差異を報告した研究もあるが、これらの違いは、集団の類似性とむすびついた変異度に比べると、通常、小さいものであり、その類似性の方が景観の物質的特性に関連している可能性があることになる。したがって、結局のところ、過去二〇年間に現われた研究成果の型は、学習あるいは経験に関連した変数の関数として、当初、期待された大きな差異とまっこうから対立するものになった。このたくさんの研究によって支持された支配的な結論は、自然の光景に対する反応の類似性は、たいてい個人、集団、ヨーロッパ、北アメリカ、アジアの文化の多様性にわたる差異をはるかに超えるということである（たとえばShafer and Tooby 1973；Daniel and Boster 1976；Ulrich 1977；Wellman and Buhyoff 1980；Hull and Revell 1989を見よ）。

一例として李による最近の研究（Yi 1992）は、韓国とテキサス州の農民、牧畜業者、農業に従事しない都会の集団を含む多様な集団において、文化および職業の差異が自然の景観の好みに影響を与える役割を果たすかどうか調査した。一人ひとりに、韓国とテキサスのさまざまな自然環境を写したカラー写真集が見せられた。写真集には、一方の文化には強い肯定的な連想をもつが、他方の文化にはもたない特徴を含む韓国とテキサスの数ヶ所の光景が含まれていた――たとえばテキサスの人は知らないが、韓国人には有名な仏教寺院の場所として知られている特別な山のある韓国の景色があった。このように、文化的影響が有利に働くような工作をしたにもかかわらず、李の結果が明らかにしたのは、すべての集団における美的な好みの一致度の高さであった。文化や職業に原因をもつ差異は統計的には有意であったが、比較すると小さく、ほとんど差異を説明できなかった。水の特徴あるいはサバンナのような性格をもつ景観を特に強く好むという点に関しては、すべての集団が似通っていた、と述べておかなくてはならないだろう。

スライドや写真で示されたさまざまな自然の景観に住みたいかどうかについて、さまざまな集団や文化を比較した研究がある。感情のしみこんだ美的な好みと比較して、住まいの好みの査定はおそらくもっと慎重な知覚あるいは評価を伴い、したがって、個人の経験や他の学習にもっと強く影響されるはずである。予想したとおり、いくつかの研究によると、住むことを好んだ環境には異なる文化間で比較的大きな差異があることがわかった（Sonnenfeld 1967）。バイオフィーリア仮説と特に関係のある住まいの好みの研究において、ボーリングとフォーク（Balling and Falk 1982）は、幼い子供から大人まで年齢の広がりがあるアメリカ人集団に多様な自然のバイオーム〔生物群系〕のカラー写真を見せた。彼らの研究結果は、最も幼い子供（七歳と八歳）がもっとも好んだ環境はサバンナであったことを示している。

美的な好み――〈自然の景色〉対〈都会の景色〉

自然の景色の好みと都会の景色の好みとを比較する多くの研究から得られた結果は、バイオフィーリア仮説の遺伝的側面を、状況次第ではあるが、説得力をもって支持する、ひとつの型を示している。この研究は、ヨーロッパ、北アメリカ、アジアのさまざまな集団が、都会の、または建築物のある眺めより、自然の地形の景観を好む強い傾向をもつことを明らかにした。前者が植物や水のような自然の要素を欠いているときには特にそうである（たとえばKaplan, Kaplan, and Wendt 1972 ; Zube, Pitt, and Anderson 1975 ; Wohlwill 1976, 1983 ; Bernáldez and Parra 1979 ; Ulrich and Addoms 1981 ; Hull and Revell 1989を見よ）。自然の平凡な景観でさえ、自然こそないが完璧な建造物環境のどれよりも一貫して高い評価を受けている。自然環境に対する好みの程度は一般に都会の眺めに対する好みよりはるかに高いので、二領域の点数分布はほとんど重ならない（Kaplan, Kaplan, and Wendt 1972 ; Ulrich 1983）。この型は、特徴のない自然の景観と比較的魅力的なスカンジナビアの町の風景に対する美的な好意とを比較した研究（Ulrich 1981）にも明らかである。同様に、チョコル、メーネ（1992）による開発途上国――ナイジェリア――における景観の好みの研究によって、都会の住民と田舎の住民の多様な集団が、自然のない都会の様々な景観に比べて、自然の景観に対して非常に好意的に反応することがわかった。しかしながら、その同じ研究において、おもに自然の要素（大木、花壇、緑の植物、造園）が支配的であるが、高収入者の住居を含む郊外の景観は、密生した熱帯雨林のような、ある種の比較的荒々しい地形よりも高得点であった（Chokor and Mene 1992）。

いくつかの研究は、自然の地形に、何か人工的な要素――たとえば送電塔、送電線、大きな広告看板や掲示板、目立つコンクリートやアスファルトの道路面――を導入すると、視覚的な好みに強い否定的効果を与えることを明らかにした（Clamp 1976；Hull and Bishop 1988 を見よ）。さらに、自然の景観に対する人の美的な好みは都会の大気汚染によって強く否定的な影響を受ける。汚染は自然の地域の雰囲気を損ない、目にみえる細部の質を落とし、視界を狭め、ある場合には植物を殺したり成長を妨げたりし、それによって景観を変え、おそらく生物の多様性を減じることになる（Latimer, Hogo, and Daniel 1981）。

この一般領域の研究はまた、人は自然の要素や環境と建造物の要素や環境とに対して、奥行きとか複雑さといった他の視覚的特性とは無関係に、基本的に異なる形で反応するという強力な証拠を示した。多次元評価や因子分析のような多変量方式を用いた多くの研究が示唆していることは、戸外の環境の知覚や分類に対する影響において、自然の特徴と建造物の特徴の対立が中心的な役割をもっているということである（Kaplan, Kaplan, and Wendt 1972；Ward 1977；Wohlwill 1983 を見よ）。これらの方法は、異なる国々で調査された集団について、〈自然〉対〈建造物〉という景観の分類が、多様な眺めのサンプルに対する感情の評価が得られるとき顕著な重要性をもつものとして現われることを典型的に示した。この研究はまた、人々が「自然である」と反応する視覚的形態や要素に光を当てた。この点に関しては、「自然の」領域は工業社会の人々にとっては広く、荒野をかなり越えて牧草地、穀草畑、森のある公園、ゴルフコースのような、明らかに人が作った多くの環境を含んでいるように思われる。一般的に言って、ヨーロッパ、北アメリカ、日本の大人の集団は、その地形が主として植物、水、山であって、建物、自動車、広告看板のような人工的な特徴がないか、目立たなければ、そして、主要な目に見える輪郭や縁がまったく直線であったり整然としておらず曲線であったり不揃いであれば、その景色は自然であると反応する傾向にある（Ródenas, Sancho-Royo, and Bernáldez 1975；Ulrich 1983, 1986a；Wohlwill 1983 を見よ）。

自然を含む都会の光景に対する美的反応

アメリカ、ヨーロッパ、日本、そして限られた範囲ではあるがアフリカで行われたいくつかの研究は、都会の光景に対する美的な好みを自然の要素をもつ場合ともたない場合とで比較した。この仕事の多くは、都会または建造物のある環境に対する好みに樹木や他の植物が与える効果に焦点を当てている。一般に、研究結果が示すところでは、通常、人々は自然を含む都会の光景の方に、同じような都会の光景で自然を欠いているものよりも高い好感度を与えている（研究の調査についてはUlrich 1986a；Smardon 1988；Schroeder 1989）。たとえば樹木やそれと関連する植物の存在によって、居住地域や通路、商業道路や街路、駐車場などの都会の環境に対する好意は実質的に増加する（たとえばNasar 1983；Schroeder and Cannon 1983；Anderson and Schroeder 1983；Asakawa 1984；Lambe and Smardon 1986；Sheets and Manzer 1991；Chokor and Mene 1992）。何人かの調査者は、サバンナ的な特徴をもつ都会の公園が都市地域では目に快い環境として特に好まれることを見出した（Ulrich and Addoms 1981, Herzog, Kaplan, and Kaplan 1982を見よ）。同様にケネディ（Kennedy 1989）は、砂漠の町ツーソン〔アメリカ、アリゾナ州の市〕に長い間住んでいる人々でさえ、まばらな木、草の生えた平坦な地面、その他のサバンナ的な性質をもった景色に高い好感度を示すと報告している。同じケネディの研究において、ツーソンの住民はサボテンや茶色がかった砂漠の植物のある景色に比べて、比較的緑色の濃い植物を含む環境に対して高い好感度を示した。犯罪が大きな問題である都市地域では、習得された恐怖／危険の連想によって、前方の見通しを阻む密生した植物をもつ環境に対する否定的な反応が強まっている（Schroeder and Anderson 1984；Hull and Harvey 1989）。

バイオフィーリア仮説にとっての意味

景観に対する美的な好みに関するたくさんの研究文献は、さまざまな集団と文化が脅威のない自然環境に対して肯定的に反応することがわかったという意味で、バイオフィーリア仮説の一部に強い直接的支持を与えている。さらに、この領域における主要な発見は、バイオフィーリアが部分的に遺伝子の基盤をもつかもしれないという命題とほぼ矛盾しない。ただし、この支持は間接的で状況次第のものである。適応のための進化という観点と一致する形で研究成果が明らかにしているのは、ある種の自然環境（サバンナのような環境、水のある環境）に対する肯定的反応という説得力のある型である。その環境は、食物、水、安全といった主たる必需品の有利な組み合わせを提供するという点で、あらゆる原始人に、おそらく生存のための恩恵を与えたのであろう。いくつかの研究は、サバンナのような景色や水に対する高い好感度は幼い子供にも明白である、と報告している。さらに、食物や水の手に入る率が低く、バイオフォービア的または危険と関連した特性との接触を招くという理由で、進化の過程であまり有利ではなかったと思われる自然環境に対しては、多様な集団と文化が低い好感度で反応するという点で一致を見せている。バイオフィーリア仮説の側面と一致する目覚ましい研究成果は他にもある。多様な集団と文化にわたって、自然のない都会の環境より、目立たなかったり平凡であっても自然の景色の方を好む傾向、あるおおまかな種類の自然の要素（植物、水）が人工的な要素より肯定的反応を誘うという型、そして自然の要素と人工の要素という対立、これらは物質的環境の知覚的分類において役割を果たす。

進化の過程で生存に有利に働いたと思われるある種の自然環境に対する肯定的な反応を示す説得力のある証拠があるにもかかわらず、この研究は、バイオフィーリアは一部、遺伝的基盤をもつかもしれないという考え方にせいぜい間接的な支持しか与えていない。これらの結果を解釈するうえでは、非西欧文化についてはは限られたデータしかないので注意が必要である。さらに、景観の好みの研究に用いられる方法は、予想される遺伝因子の役割を明らかにする場合には適さない。この点に関しては、この研究成果についての別の解釈——たとえば異なる集団と文化にわたって、学習の経験は人類学的文献が示唆するよりもずっと類似しているという議論——を除外するわけにはいかないだろう。それでも、自然の景観に対する肯定的な美的反応という点で、西欧の、およびいくつかの非西欧の文化を通じて、かなりの相応関係があるという証拠が着実に増加しつつある現在、文化の観点またはその他の学習に基づく観点は明白な弱点を示すようになってきている。景観の好みについての全体的な研究成果の記録を見れば、学習に基盤をおくことに限った説明よりも、学習と遺伝の両方の影響を包含する概念的見方に、おそらく一致しているように見受けられる。

回復的反応

原始時代の人間にとって日々の生活は静かな牧歌的環境でのピクニックの延長ではなかった。それは、生存のために必需品を手に入れるための、疲れる、しばしば苛酷な活動であり、脅威とのストレスの多い遭遇を伴っていた。先のバイオフォービアの議論が強調したように、食肉獣は決定的脅威であった。他の危険やストレスの多い事件は、直接、間接的に物質的環境と結びついていた（激しい嵐に出会う、迷う、水を発見できない）。さらに別のストレスの多い状況は、しばしば階級や社会的序列において優勢を確立することに関連して、他の人間との攻撃的な遭遇によって（Öhman 1986）、また場合によっては、他の人間集団との対立抗争のゆえに（Chagnon 1977）起こったかもしれない。

機能的進化観

この見解は、ある種の自然環境に対して回復反応をする能力を獲得することは、たとえば肉体のエネルギーの新たな充塡を促し、危険な脅威と遭遇した後のストレス反応を急速に鎮め、また、他の人間と敵対的に接触したあと攻撃性を減じるというような、おそらく原始時代の人間にとって主要な利点をもっていた、と意味している（Ulrich et al, 1991）。この観点によると、バイオフィーリア的回復的反応の範疇のひとつの重要な機能は補足的であると性格づけることができる。すなわち回復的反応能力は、先行した苛酷な状況に適応するようにふるまうことから生じる疲労や、他の有害な効果からの回復を促進させる役割のゆえに、部分的に生存の機会を高めるのである。この見方によれば、回復反応は、原始時代の人間が、後続する状況において効果的に反応する能力をふたたび獲得できるようにしたであろう。

この論理的道筋を説明するために、危険な食肉獣に出くわし、その動物に追われ、木に昇って逃れたサバンナの原始人という、いくらか極端な例を考えてみよう。別の所で詳細に作られた枠組み（Ulrich 1983 ; Ulrich et al. 1991）の理論的説明にしたがって、個人の反応の初期レベルの重要な部分は恐怖と興味／注目を含む急発進の情緒的反応であろう、と考える。この反応は、後続する意識の処理に主要な影響力をもったであろうし、生理システム（自律的、神経症内分泌の骨格筋肉のシステム）における適応のための運動を始動させるうえで、また適切な回避または逃避の行動を非常にすばやく動機づけるうえで中心的な役割をはたしたことであろう（Ulrich et al. 1991）。個人にとって直接的な利益（生存）は大きいが犠牲を強いるものでもあり、このことは他の反応様式にくらべて強く否定的な情緒状態とエネルギーを消費させる生理的運動または興奮という点で明らかである。もし、食肉獣が去り、脅威が消えても、適応のための補足として回復——ストレスからの「息抜き」——が必要であろう、と理論は示唆している（Ulrich 1983 ; Ulrich et al. 1991）。この例における回復の利点には、たとえば、より肯定的方向の情緒状態への移行、生理的運動の有害効果（血圧低下、ストレスホルモン循環レベルの低下）の緩和、生理的な高ぶりと行動に消費されたエネルギーの再充填などが含まれる。このエネルギーの再充填は今度は、たとえば食物、水、またはその地域の他の恩恵を利用する行動を維持するために重要になりうる。さらに、疲労を与える困難やストレスを与えるものに反応することは、ときには認知機能や認知行動の連続的な衰退を伴うので（Glass and Singer 1972 ; Hockey 1983）、回復は認知行動の獲得として現われることがある（Kaplan and Kaplan 1989 ; Hartig, Mang, and Evans 1991）。

多くの状況における適応のための回復反応の配合要素には、自然環境に対する注目／興味があり、それには、好意または肯定的感情のレベルの高まり、恐怖や怒りのような否定的方向をもった感情レベルの低下、生理的興奮（たとえば交感神経系活動）の高レベルから中レベルへの減少が伴う（Ulrich 1979, 1981, 1983）。機能的進化観に従うと、そのような回復はかなり急速に——要求する状況と関連するストレス反応の強さと時間とによるが、しばしば数時間ではなく数分以内に——起こると予測される（Ulrich et al. 1991）。原始人にとって回復反応は主要な利点をもっていたので、近代人も多くの脅威のない自然環境に対する回復反応を容易に獲得し、保持するように生物的に準備されていたかもしれないが、ほとんどの都会または建造物の要素や形態にはそのような準備された反応を示さない、と考えられている。

自然の大半の景色は大半の建造物の環境や近代的刺激よりは回復を促す効果をあげやすいが、ある種の自然環境は心休まるものではない。たとえばヘビのようなバイオフォービア的刺激を含む環境は、回復的ではなくストレスに満ちた恐怖／忌避反応を誘うであろう。一方、安全や低危険度と結びついた特性は、回復を生むのに効果的な目に見える自然環境の特徴である。これら安全と関連した特性には、空間的広がり、静かにゆっくりと流れる水、そして、おそらく小さくて燃え広がらない火が含まれる（原始人にとってたき火の安全さや他の利点は、そのような刺激に対して注目、好意／接近、回復反応する素因をもつ個人に決定的と言えるほど有利に働いたと推察しても間違いではないであろう）。安全とならんで回復は、おそらく比較的に食物や水が手に入りやすいことと結びつく環境（たとえばサバンナのような環境）によって促されるだろう。この特性が原始人にとって、明日、何を食べられるかという不安が少ないという理由で、部分的に回復に貢献しただろうことは当然、推測できよう。

野外リクリエーションのストレス減少効果

ストレスを定義する方法は多数あるが、ここでは、過酷で幸福に脅威を与える状況に対して、人々が心理的、生理的に、しかも、しばしば行動を伴って反応する過程という意味にとる（Evans and Cohen 1987）。短期間の穏やかなストレスがあるような状況が人間の行為を改善することもあるが（Hockey 1983）、ここではストレスは主として否定的な状態であり、心理的幸福、行為、健康に対する有害な効果を防ぐために時間をかけて緩和するべきものと解釈する。ストレスの治癒や回復といった用語は交換可能に用いられるが、回復は幅広い概念で、ストレス治癒状況あるいは過度の生理的興奮と否定的な方向の情緒的興奮（不安）からの回復に限らず、刺激不足や長引く退屈からの立ち直りも指すことができるだろう（Ulrich 1981, 1983; Ulrich et al. 1991）。

リクリエーション経験についての多量の研究は、人々がストレスに対抗し、またストレスと無関係の他の要求に合わせるうえで、自然環境における余暇活動が重要な助けとなることを説得力をもって示している。野生地域でリクリエーション活動をしている人についての一〇〇を超える調査結果は一貫して、ストレス減少は感知できる重要な利益のひとつであることを示している（調査についてはKnopf 1987; Ulrich, Dimberg, and Driver 1991を見よ）。同様に、都会の公園や他の自然環境についての多くの研究によっても、ストレスからの回復が主要な利益として感知されることがわかってきた（Ulrich and Addoms 1981; R. Kaplan 1983; Schroeder 1989）。この種の研究は、野外リクリエーションが回復を促すという強力な証拠を提供しているが、自然環境そのものの役割は明らかにしていない。普通、リクリエーション経験は複雑なものであり、自然環境のストレス緩和への寄与と運動のような他のメカニズムの効果とを区別することは難しい。さらに多くの研究はリクリエーションをする人の自己抽出サンプルを使用しているので、回復効果がさまざまな集団の人々に現われていると言えるかどうかははっきりしていない。

とはいえ、いくつかのリクリエーション研究は、回復の利点の一部が自然の環境に接することから生じることを示している（Ulrich and Parsons 1992）。これらの結果は、ある種の自然の形態と要素は回復を誘ううえで他のものより効果があるという、先に述べた概念的議論を確認する方向にある。特にリクリエーションをする多くのひとは、サバンナに似た特性や水の特徴をもった環境に接することと結びつけて、「気の休まり」や「心の平安」のような状態を報告する。この点に関しては、いくつかの公園の研究は、ストレス緩和の評価とその地域のサバンナ的な概観と自然的要素——まばらな木、芝、開けた空間——に関連した質問項目との間には有意味な関連があることを発見した（Ulrich and Addoms 1981）。シュレーダー（1986）は、シカゴ近郊のモートン樹木園の訪問者が報告する最も共通する感情が空間、緑色の植物、大木をもつ地域での経験と最もしばしば結びつく平穏と静けさという感情であることを発見した。多種多様の公園の型に関するスウェーデンの研究によると、さまざまな公園使用者の異なる集団が水のある環境を含むサバンナに似た環境に対して「心休まる」と反応した（Grahn 1991）。

ハーティグと彼の協力者は、運動のように、ある種のストレス緩和の変数について統制を行いながら、公園のような自然地域を経験することがもつ回復効果について報告した（Hartig, Mang, and Evans 1991）。彼らは、まず個人に厳しい認知作業を課してストレスを作り出してから、(1)樹木や他の植物に包まれた都会周辺の自然地域を四〇分歩く、(2)比較的魅力的で安全な都会の地域を同じ時間歩く、(3)四〇分間雑誌を読むか音楽を聴く、三通りの回復効果を測定した。その調査結果では、無作為で自然を歩くことを当てられた人が、他の二つの条件に当たった人よりも肯定的方向の情緒状態を報告し、そして認知作業（校正）においても好成績を収めたことを示している。

フランシスとクーパー＝マーカス（Francis and Cooper-Marcus 1991）はまったく異なる方法を用いて、サンフランシスコ地域に住む大学生のサンプルを調査し、彼らがストレスがたまったり、憂鬱になったときに探し求める環境を確認した。彼らのうち大多数（七五パーセント）は、自然環境か自然要素か自然形態が優位にある都会環境のいずれかの野外の場所（たとえば都会の森のある公園、自然景観が見晴らせる場所、湖または海のような水のほとりにある場所）を挙げた。

自然環境を眺めることの回復効果

自然環境の回復への影響の直接的証拠は、ストレスをもつ個人が異なる野外の景色を見ることの効果を分析した、いくつかの研究から得られている。これらの研究は、先に概観した機能的進化観と一致しており、脅威のない自然の景観を眺めることは、自然を欠いた無害な都会の、または建造物のある環境を眺めることに比べてストレスからのより速い、より完全な回復を促す傾向にあることを示している。この研究のあるものは、野外の環境の相対的に要素の独立した視覚的特性（複雑さ、情報率、奥行き）の予想される効果に対して統制を行っており、それによると、自然要素対人工要素の差異が報告された示差的回復作用において役割を果たしていると思われる。一般的にこの小さいが発展しつつある領域の研究が示しているのは、自然の景観に対するバイオフィーリア的反応は美的好みや好意をはるかに超えて、情緒状態の肯定的な方向へのゆるい移行と生理的システムの行動レベルにおける肯定的な変化とを含むということである。

ある初期の回復研究は、期末試験に臨むという穏やかなストレスを経験したアメリカの大学生の集団に焦点を当てた（Ulrich 1979）。自己評価の質問を用いて、緑の植物の支配する、どちらかというと平凡な田舎の自然環境（サバンナのような環境は含まれていない）のカラースライドのさまざまな見本を眺めるか、あるいは木や水といった自然の要素を欠いた無害な都会の眺めに接するかの、どちらかと結びついたストレス回復が査定された。調査結果は、特徴のない自然の眺めが被験者の注意をより効果的に保ち、より大きな心理的回復——恐怖や怒り／攻撃性といった否定的感情のより大きな減少と、肯定的感情のより大きな増進とによって示される——を促したことを示唆している。ハニイマン（Honeyman 1992）は再度この研究を行い、植物の目立つ都会の景色からなる第三の回復条件をつけ加えた。彼女の結果が示すのは、これらの都会の環境が自然を欠いた都会の景色より回復を生むということである。スウェーデンで、ストレスのない大学生を用いて行われた研究（Ulrich 1981）では、自己評価のデータによって同じように、自然を欠いたスカンジナビアの町の景色よりも、日常的な自然の景色の方がただ眺めているだけの冗長な期間をつうじて被験者の注意を効果的に保ち、肯定的な方向の情緒状態を作り出すことが示された。重要なことは、これらの自己評価の結果がアルファ周波域における脳波（EEG）を記録することによる同じ研究から得られた結果に、だいたい収束するということである。これらの脳波データは、人々は自然の景観と接しているときには、より目覚めた状態で休んでいることを示している。シーツとマンザー（Sheets and Manzer 1991）も、ストレスのない被験者を使い、目立った樹木またはほかの地形的特徴がある場合とない場合における、アメリカの都会の街路の風景のもつ情緒反応と認知評価を調査した。彼らの結果は、植物の存在が街路の眺めに対する反応を実質的にかつ肯定的に変え、植物のある風景に接している間には高いレベルの肯定的方向の感情が報告されていることを示している。ハーツォグとボズレイ（Herzog and Bosley 1992）は、ストレスのないアメリカ人学生の集団が、ある景観に「平静」であるという感情的評価を与える場合、比較的穏やかな水面をもつ多量の水を示す風景にたいする評価がもっとも高いことを発見した（この研究ではサバンナのような風景は検討していない）。

多数の測定技術を用いて、〈自然〉対〈都会〉のそれぞれの環境の経験にみられるストレス減少効果を査定したある研究において、一二〇人の人に、まずストレスのたまる映画を見せ、それから、自然環境または自然を欠いた都会の環境の六本のカラー、音声入りのビデオテープのうちの一本を見せるという回復条件を無作為に割り当てた（Ulrich et al. 1991）。環境を提示しているあいだのストレス回復に関するデータは、感情状態の自己評価と四つの生理学的測定とによって得られたが、その測定とは、心拍数、皮膚伝導力、筋肉の緊張（frontalis）、脈拍走行時間（心臓収縮による血圧と強い相関をもつ体外測定）である。言語的、生理的を問わず、すべての測定の結果が収束し、ストレスからの回復は、人々が自然環境（芝のある公園のような景観と顕著な水の特徴をもつ環境）に接触したとき、より速く、より完全であることを示した。自己評価の結果に関しては、自然環境に接した人は、都会の環境に接した場合と比べ、肯定的な感情のレベルが高く、怒り／攻撃性と恐怖のレベルが低かった。生理学的指標の場合には、自然環境の回復作用が大きいことは、皮膚伝導力の変動、低い血圧（より長い脈拍走行時間）筋肉の緊張の大きな減少などによって示されている。注目すべきことは、自然環境と都会の環境では方向の異なる心臓の反応があり、自然に接しているときの方が感覚的摂取／注目が高いことを示唆したことであり、生理学的結果の全般的な型は、自然環境への反応には副交感神経系の要素が顕著である可能性を示している。副交感神経に支配された反応は、外の環境に関する持続的ではあるが重荷にならない知覚の敏感さ、および体力の回復や維持と関連している（Lacey and Lacey 1970）。都会の環境の回復段階の提示期間には、はっきりした副交感神経の介入の証拠は見られなかった。もうひとつの注目に値する結果は、自然に接触しているときの回復の起こる速さである。都会の環境に比べ、たった四分から六分、自然に接しただけで、あらゆる生理学的測定で有意の回復が起こることが明らかであった。

脅威のない自然の景観とわずかな間の視覚的接触をしただけでも、ストレスの回復を促すことができるという結果は、病気治療の状況で激しいストレスを負っている患者が、数分の短期間、自然の眺めに接するという、いくつかの研究からも得られている。ヘールワーゲンとオリアンズが行った、歯科恐怖症の治療セミナーにおける患者の不安についての試験的な研究において（Heerwagen 1990）、心拍数測定と感情の自己評価を含むデータは、待合室の壁になにも掛かっていない日に比べ、空間的に開けた自然の景観を描いた大きな壁画のかかっている日の方が、患者は、ストレスを感じることが少ないことを示した。コス（Coss 1990）は、外科手術の前の拘束室の担架に横たわる激しくストレスを負った患者に異なる天井画を見せる効果を研究した。彼の研究成果は、「穏やかな」絵（主として水または他の自然の局面）に接した患者は、絵がないという統制された条件か、あるいは美的に心地好い「興奮させる」ような野外の風景（たとえば風に向かって体を傾けているヨットの乗り手）に接した患者よりも、わずか三分から六分後で心臓収縮による血圧が一〇から一五ポイントも低くなることを示している。カッチャーとその協力者による歯科手術を受けようとしている患者の研究によって、別の形態の自然の要素——魚のいる水族館——を眺めながらの短期間の瞑想が不安と不快感を有意に減少し、手術中の患者の協力度を増すことが明らかになった（Katcher, Segal, and Beck 1984）。

スウェーデンの病院における神経症患者に対して行われた、異なる型の壁絵がどのような効果をもつかをめぐる予備的研究は、自然の風景の肯定的な影響に関するさらなる洞察をうみだした（Ulrich 1986b）。さまざまな種類の様式や主題をもつ絵画や版画が広く飾ってある病棟で、治療が必要なほど不安になっている者を含む短期の患者の研究が行われた。面接のデータは、患者は自然の要素（田舎の景観、花の挿してある花瓶）が支配的である壁絵には肯定的に反応するが、要素があいまいであるか、はっきりしないような抽象画や版画には否定的に反応する傾向にあることを示している。一五年間にわたる記録の分析によって、絵画や版画に向けられた患者の強い否定的反応や行動に関する情報が得られた。これらの行動には、職員に向かっての強い不平や肉体的攻撃（たとえば壁から絵をひきはがし、額縁をこわす）すら含まれる——それは、これらの患者が攻撃的ではなく、暴力をふるう傾向が全然ないことを考えると、劇的な行動であると言える（病棟には鍵がかけられていない）。そのような攻撃の的になったのは七つの絵や版画であるが、それがすべて一貫して示している型は抽象的な要素であった。病棟の一五年の歴史において、自然を描いた絵画に攻撃が向けられたことはないようである。

自然の風景を眺めることの、健康に関連した効果

前節で概観したいくつかの研究は、脅威のない自然の風景と短期間でも接触すると、おだやかなストレスから、そして激しいストレスからさえ回復が促されることを示している。自然の眺めの回復効果は、人々が高いレベルのストレスまたは不安を経験しているとき、そして病院、刑務所、ある種のストレスの高い労働環境のような閉じ込められた環境において長期間を過ごさなければならないとき、おそらく最大であろう（Ulrich 1979）。これら、および他の状況において、脅威のない自然を長期間または、ひんぱんに眺めることは、ストレスの心理的、生理的、ひいては行動的要素においても肯定的効果をもたらし続ける。やがてこれらの効果は、健康のより高いレベルにおいて明らかになるかもしれない。

この点に関して、いくつかの病院と刑務所の研究結果は、長期間、窓から得られる自然の眺めに接すると、健康に関連した重要な影響が得られることを示している。刑務所、そして特に病院は自然を眺めることの効果について現実の環境における科学的調査の最良の機会を提供する。それは、これらの環境においては、健康に影響を与える他の変数（たとえば運動）について統制し、日常的な問題として集められたさまざまな健康に関するデータを用いることが可能だからである。ペンシルヴァニアの病院で、胆嚢の手術から回復しつつある患者を検査したある研究は、窓から自然が眺められる部屋を与えることが治療的影響をもつかどうかを調べた（Ulrich 1984）。年齢、性別、体重、喫煙、入院歴のような、回復に影響を与える可能性のある変数に密接に適合させた一組になった患者たちについて回復のデータの比較がなされた。患者たちは、窓からの眺め以外は同一の部屋を間違いなく無作為にあてがわれた。おのおのの組の片方は小さな落葉樹が立っているのが眺められた。もう片方は茶色のレンガの壁を見ることができた。窓から自然の眺めを得られた患者は、手術後の入院期間が短く、看護婦のノートには否定

的なコメント（「患者は動転している」「励ましが必要」）がはるかに少なく、投薬を要する持続的な頭痛とか吐き気のような軽い手術後の合併症に関しては点数が低いという傾向であった。さらに、壁を眺めた患者は強力な痛み止めの注射を多く必要とし、それに対して木を眺めた患者はアセトアミノフェンのような軽い経口鎮痛剤を与えられるほうが多かった。いくらかそれに似た結果が、事故や病気のためにひどい障害をもった（それゆえ、おそらくストレスのある）患者の質問調査から得られているが、それは、病院の窓からの眺めのうち特に強く好まれた部類に自然の要素が支配的である風景が含まれていることを示している（Verderber 1986）。

ムーア（Moore 1982）は、刑務所の研究において、その房が刑務所の庭に面しているのと近くの農場や森の眺めがあるのとで囚人の健康管理の必要度がどのように変わるかを調査した。彼の報告によると、自然の眺めのある囚人が病気になって医者を呼んだ例はあまり報告されていない。同様に、ウェスト（West 1985）は、房の窓からの自然の眺めは——刑務所の壁、建物、他の房の囚人の眺めと比べて——頭痛や消化不良のような健康と関連するストレス症になりにくいことと結びついていることを発見した。

この方向の研究の延長として、オウティ・ルンデンと私（Lundén 1990）は、病院の集中治療室において自然の眺めの模倣を含む視覚的シミュレーションに接することが開胸手術患者の手術後の経過に関して健康を増進するかどうかを調査した。スウェーデンのウプサラ大学病院において、心臓ポンプを伴う開胸手術を行った一六六人の患者に、自然の絵（水のある開けた眺めか半ば閉ざされた森の風景）または曲線か直線の形が目立つ抽象画のかかっている視覚的刺激のある状況、あるいは白いパネルがあるか絵がひとつもない統制された状況が無作為に当てられた。われわれの得た結果は、開けた水の眺めに接した患者は、統制された集団や他の型の絵に接した集団に比べ、手術後の不安がずっと少なかったことを示している。陰になった場所をもつ、比較的閉ざされた森の環境は統制状況に比べて有意に不安を減少するとは言えなかった。直線による抽象画は統制状況よりも強い不安と結びついた。将来は、この研究から発して、生理的（たとえば血圧）と行動的（痛み止めの使用や手術後の滞在の長さ）の両面で、多様な健康の指標に基づいた結果を提示する報告がなされるだろう。

バイオフィーリア仮説にとっての意味

荒野と都会の公園でのリクリエーションの経験についての研究は、回復の恩恵が少なくとも部分的には自然環境との接触に基づくことを示唆し、バイオフィーリア仮説と一致する証拠を生みだした。これらの結果は、回復は特にサバンナのような特性か、荒々しくない水の特徴をもった自然環境と結びつく傾向にあるという意味で、前述の概念的議論と一致する。回復についての説得力のある証拠は、野外の環境を眺めるストレスのある人とない人の、情緒的そして場合によっては、生理的な効果を分析した数少ない研究から出てきた。この領域の研究が示したのは、自然の景観に対する回復反応は肯定的な方向の情緒状態への移行を伴い、生理的な行動における肯定的な変化を含むかもしれないということである。これらの変化には、ストレスあるいは心配の多い思考を阻止または緩和するような、持続的な注目または知覚的摂取が伴うことが多い。いくつかの研究結果は、ある種の高ストレス状況が長引いた場合には、回復的バイオフィーリア反応が健康に関連した重要な影響を含み得ることを示唆している。

自然の風景に対する回復の、またはストレス減少の反応は、先に概略を述べた機能的進化観と一致する多くの特徴をもっている。おそらく、これらの特徴は人類の進化の過程で際立って適応に役立つものであっただろうが、それには、回復作用の速さ、恐怖や攻撃性のような否定的な方向の感情の効果的緩和、重荷であり有害な交感神経系の運動の抑制（たとえば血圧の低下）、エネルギーの維持や再充塡と結びつく副交感神経系の顕著な介入の可能性などが含まれる。機能的進化観と一致するもうひとつの結果は、脅威のない自然環境は自然を欠いた建造物的あるいは近代的環境より完全で速いストレス回復を促すということである。さらに、サバンナに似た特性や相対的に静かな水をもった環境を含む空間的に開けた自然環境は、奥行き不足のような安全性の低さと結びつく特性をもった自然環境に比べると、回復反応をより効果的に引き出すことを示すいくつかの研究があるが、概念的議論はそれにも適合する。

これらの結果は、また脅威のない自然の景観に対する回復反応は、遺伝的基盤を一部分もつかもしれないという考え方ともおおむね一致する。ここで言っておかなくてはならないが、心理学において影響力のあるひとつの理論的見方は——覚醒または刺激の理論（Berlyne 1971 ; Mehrabian and Russell 1974）であるが——自然の回復効果についての別の説明として、直接ためされ、大きな欠点のあることがわかっている（Ulrich 1981 ; Ulrich et al. 1991）。そして、心臓の反応の分析から得られた限られた証拠に基づくと、自然環境についての肯定的な連想や記憶を伴う入念で活発な認知過程から回復作用が生ずるとは思われない（Ulrich et al. 1991）。加えて、ある種の文化的学習ないし他の学習に基づいた議論——たとえば自動車、小売店、その他、近代的要素に対するメディアによる宣伝に想定される、肯定的条件づけ効果を考慮するような議論——は、都会の環境と比較して自然環境がもつ優れた回復効果を示す結果とはなかなか一致しない。しかしながら、この領域のバイオフィーリア研究はまだ発達の初期段階にあり、研究結果は少なく、他の学習基盤の説明に重大な疑いを投げかけることはできない。この未発達の領域においては、異なる文化、多様な人口集団、幼い子供についての調査不足が顕著に見られる。もっと基本的レベルで、予備学習仮説を調べるのに条件づけの方法を用いた研究はまだなく、自然に対する回復反応に遺伝因子が役割を果たしているかどうかを比較的直接に評価することができるような行動遺伝学の方法を用いた研究もない。

高度の認知機能に対する効果

ここ数十年、ストレスの否定的な現われには認知作業の活動の減少が含まれ得ることが知られている(Glass and Singer 1972; Hockey 1983)。多くの研究は、たとえば限られた情報に狭く注意を集中させることが必要であり、多様な情報の統合を含まない校正のような「低度の」認知作業について活動の低下を調査した。予期されたことであるが、この研究もまた、ストレスからの回復が作業の活動の低度の進行を伴うことを示した。自然と認知活動に関しては、一九世紀の影響力のある造園家で設計者のフレデリック・ロウ・オルムステッドが、自然を眺めることがストレス回復を生み、知的行動の回復や知的な疲労からの回復につながる、という彼の本能的な確信について先見の明をもって書いている(Olmsted 1865)。いくらか似たような形で、R・カプランとS・カプラン(1989; R. Kaplan and Talbot 1983)は、長く、方向づけられ、そして注意を集中する必要のある仕事に携わっていても、自然と接触することによってその知的疲労からの回復が促されることになろうと推測した。ハーティグとその協力者の研究は、都会の環境に比べると、自然の環境によってストレスからより多くの回復が得られることが、校正のような低度の作業における活動の進み具合に現われることを示している(Hartig, Mang, and Evans 1991)。

ストレスや疲労からの回復に関連した活動の進み具合とはまったく別に、進化の過程での生存に関連した決定的な利点のゆえに、人間は、ある種の自然環境における緊急でない作業(たとえば道具を作る）に従事するときに、高度の認知機能を発揮するための一部遺伝的な素因をもつかもしれない、という試験的な提案がなされている。「高度の」認知機能には、多様な材料を統合するとか、それ以前には関連のない情報や概念を、柔軟な方法で結びつけることが含まれる。高度の機能は遠く離れた連想の形成と創造的な問題解決に必要である。効果的な連想機能が創造性において中心的役割を果たすという考えは広く存在し、創造性の連想理論に反映している（Mednick 1962）。簡単に言うと、この影響力のある理論が主張しているのは、創造性とは概して無関連の要素の新規の結合を含むということである。

自然環境との接触が高度の認知機能を高めるかもしれないという考え方は、バイオフィーリア反応における「候補」分野として試験的に提案された。回復反応と好意／接近反応についての先の議論では、経験的研究を多く利用することが可能である。しかしながら、認知的統合または創造性の仮説を検討するための研究はまだ進行中なので、本節はもっぱら推測に頼ることになるだろう。適切な経験的証拠を欠いているにもかかわらず、概念的議論をするだけの理由があると思われるのは、自然環境が金銭的、非金銭的両方の価値において、かなり高い評価を得ることを正当化するであろうという点で優れた意味合いをもつからである。

機能的進化観

多くの人が、長期間の記憶能力や言語といった認知手段の増進が、進化の過程で決定的に利益をもたらし、人類と文化の急速な進歩において中心的役割を果たしたことを強調している（たとえば Lumsden and Wilson 1983）。おそらく、認知能力におけるこのような進歩とともに、高度の認知機能または創造性のための能力の増進が、人類と文化の進歩において決定的に重要であったにちがいない。多様な情報を柔軟に統合し、前もって学習した情報を効果的な方法で新しい状況に適応し、また創造的な問題解決を行う能力の高まりは、とりわけ過去五万年ほどの間で、人類の進歩の多くを推進した発明の増加において確実に中心的役割を果たした。別の言い方をすると、高度の認知機能や創造性のための能力がなければ、長期間の記憶、言語能力、脳の特殊化、文化を通じての知識の伝達といった他の重要な進歩をいっしょにしても、人類の歴史にどのようにしてあれほど印象的な発明——道具作り、兵器、狩りの策略、食物の貯蔵と輸送、植物の栽培など——が起こりえたのかをうまく説明することができないように思われる。他の進歩では、記憶、伝達、そして、しばしば発明の応用の説明はできても、創造性は説明できないし、発明の起源についての適切な説明も与えられない。人間の高度の認知機能能力の増進を想定すると、多くの技術的およびその他の発明にきわめて説得力のある説明を与えることができる。

進化の過程で高度の認知機能をもつという利点は、おそらく創造的な人物が選択されるためにきわめて決定的に作用した。初期の人間の狩猟や採集の集団において、進んだ創造的問題解決や統合的思考の能力のある人物は集団全体の生存の機会を増すことができただろう。創造的な構成員のいる集団は、認知機能が低、中程度の作業をするのに限られた個人からなる集団よりも、おそらく、より急速に進歩し、よりよい生存の機会をもったであろう。

もし、自然選択が人類一般において高度の思考能力の発達に有利に働いたとすれば、自然の物質的環境は高度の作業についての人間の活動を促したり、あるいはたぶん邪魔したりするうえで、いかなる役割を果たしたのであろうか。この質問に答えるには、これら機能的進化観の推測より少しそれて、認知科学の研究を議論する必要がある。それは、人の情緒状態が、高度および低度の作業についての活動を含む、事実上、思考のすべての局面に強い効果をもつことを示している。最近、私の同僚が提示した基本的な根幹となる議論（L. G. Tassinary, pers. comm., March 1991）によると、ある種の自然環境が肯定的な情緒状態を引き出すことがわかっているので、そのような環境との接触は、環境のもつ人の情緒状態を変える能力によって、創造的問題解決や高度の認知機能を容易にするかもしれない。

創造的問題解決における情緒状態の効果

アイセンと彼女の同僚の研究を筆頭に、ますます多くの研究が説得力のある説明をしているが、肯定的な情緒状態と否定的な情緒状態は、記憶から情報を呼び起こすうえで、また創造的問題解決一般において、確実に異なる効果をもつ（概説についてはIsen 1990を見よ）。肯定的な情緒状態は、肯定的な連想および、かなり「中間的」情報または連想をもった多様な情報域にきっかけをすぐに与えることができる。否定的な方向の感情は、情報の呼び出しにきっかけを与える効果がずっと少ない。悲しみのような否定的情緒は、比較的少量の否定的——中間的ではなく——他の情報とほとんど関連のない情報にきっかけを与える（Isen 1985）。

肯定的な情緒状態に関する二番目の重要な発見は、より相互関連のある情報を、より多量に取り戻すきっかけを与えることに加えて、否定的な感情に比べて肯定的な感情が離れた連想、統合、異なる材料の関連の知覚、創造性などを容易にするということである（Isen et al. 1985）。さまざまな研究によって、肯定的な感情は創造性や高度機能のテストで人々の点数を有意に上げるが、否定的な感情は活動を低下させることがわかっている。否定的な情緒は注目の焦点を狭め、情報の統合を阻み、したがって創造の邪魔をする。しかしながら、肯定的な感情が、注目の焦点が狭く、連想を拒否するような低度の作業の活動を増進させる、ということはないようである。ある場合には、肯定的な情緒は、実際には低度の作業の活動を低下させるかもしれない。

自然、肯定的な情緒状態、創造性

先の節で論じたように、ますます多くの研究によって、脅威のない自然環境がストレスのある個人にも、ない個人にもその情緒状態にたいてい肯定的な移行を引き出すことがわかってきた（Ulrich 1979, 1981 ; Hartig, Mang, and Evans 1991）。これらの発見は、いま概観した認知科学の研究と結びついて、脅威のない自然環境との接触が創造性や高度の認知機能一般を容易にするという、説得力のある仮説を提示している。

本章の主要な議論である機能的進化の議論のひとつに戻って、人類の進化の過程で好まれ、かつ回復を促す環境は、安全とともに食物や水といった主たる必需品を豊富に提供してくれるような環境であったことを思い出してもらいたい。同様にそのような環境は初期の人間が肯定的な情緒をもっと頻繁に経験した環境であり、おそらく創造性をもつことが極めて有利であり（道具づくりにおけるように）、重点的な、ただし緊急でない作業のための機会を与えてくれる環境であっただろう。たぶん、次のように考えても憶測にはなるまい。サバンナのような環境、すなわち荒々しくなく、水があり、おそらく小さな火に近接しているような環境で、緊急でない作業か行動に従事しているとき肯定的感情を経験し、したがって創造性と高度の機能一般に関して有意に「賢い」個人にとって、進化は有利に働いたであろう。近代人は、進化の一部遺伝的名残として、自然を欠いたもっとも建造物的な環境に比べ、もっとも脅威のない自然環境に接するとき——特に、たった今、引用した特徴をもつ自然環境に接するとき——おそらく、より肯定的な情緒状態にあり、したがって創造的思考において「より賢い」と言えるだろう。

もし、これらの考え方が、将来の研究によって、経験的支持を得ることになれば、たとえばハイテク工場の研究者が、公園のような（サバンナのような）眺めか、水の特徴をもった眺めを窓から広く見られるような仕事場におけるほうが創造的であり、それゆえ、しばしば生産的になる傾向があるかどうかを調査することも当然可能であろう。同様に、これらの従業員が週末に長く続く肯定的感情を生み出す自然環境を旅した後で、月曜日に創造的問題解決において以前より優れていることが多いということも推察できる。ラ・ホイア〔カリフォルニア州、サンディエゴにあるリゾート地〕にあるサルク研究所で働く分子生物学者は、彼らの窓から、たとえば太平洋が眺められたら、あるいは実験室に行く前に浜辺で朝の散歩ができたなら、よりよい考えを生みだすことができるだろうか？　ノーベル賞を得たいくつかのアイデアが研究者の頭に浮かんだのは、散歩の途中か他の形での自然との接触中であることを示す挿話情報もある。おそらく公園またはサバンナのような大学のキャンパスがもたらす恩恵には、美的好みや、ある場合にはストレスや疲労からの回復にとどまらず、創造性を促す肯定的な情緒状態を支えるという利点も含まれる。これらの推測は別にして、私は最近L・G・タシナリーに率いられた研究プロジェクトに参加して、サバンナのような環境を含む脅威のない自然環境との接触が、情緒状態の肯定的移行を引き出し、したがって創造性についての連想テストの得点を増すという、基本的仮説の調査を行っている。これは、肯定的感情を引き出し、創造性において短期の増進を生みだすことが、先の研究で示された（Isen 1990）他の形の肯定的刺激または強化（おいしいデザートを食べる、モーツァルトの音楽を聴く）と同じくらい、あるいはそれ以上に自然が効果的であるかどうかを決定するために必要な研究である。もし自然が短い接触期間に創造性を高めるのであれば、中心的な問題は、長い経験期間に高い創造性を維持するうえで自然の風景がより効果的であるかどうかということになる。たとえば労働者が一日中モーツァルトの同じ作品を聴くことになると、創造性を高める効果はかなりすぐに消えてしまいそうである。しかしながら、人間が自然に接したとき、高い創造性を得るよう一部遺伝的な素因をもっている場合、労働環境がサバンナのような環境か水の特徴をもった空間的に開けた自然地域を提供するならば、高揚効果が完全に衰退することはないかもしれない。

自然評価の意味

自然の景観に対するバイオフィーリア的反応についての先の数節は、自然の金銭的、非金銭的評価にとってどういう意味をもつのであろうか？　この議論の出発点となるのは、評価と経済理論において広く受け入れられた立場である。いかなる「財産」も——公的であれ私的であれ——その社会的、金銭的価値をまちがいなく総合的に算定するには、その財産の価値のさまざまな属性や規模についての情報をもたねばならない（Ulrich 1988）。多くの自然環境の場合、その環境が公的財産であれ私的財産であれ、限られた数の経済的価値属性はきわめて容易に規定することができ、それに基づいて天然資源を取り出し、開発し、利用することによって実現される、ある短期間の経済的利益についてしっかりした算定を行うことができる。そのような経済的価値の例には、北アメリカの原生林の伐採から生じる収入、荒野の石炭鉱脈採掘、そして熱帯雨林地域の伐採、材木の販売、土地の農地転用などに結びついた賃貸収入が含まれる。

これらのはっきり定義された短期間の経済的価値とは対照的に、自然の地域が除去されたり、ひどく被害を受けたりしたときに失われる、長期間の金銭的、非金銭的価値の多くについては、われわれはほとんど知らない。多くの自然環境はほぼ確実に無数の重要な金銭的、非金銭的価値の属性をもっているが、それらに関する情報がほとんどなく、多くの場合それらは認められもしないし、ましてや正確に測定されることはない（Ulrich 1988）。われわれの現在の知識状態が意味しているのは、自然の除去に伴う大きな非金銭的、そして、しばしば金銭的な価値の損失――おうおうにして短期間の利益をかなり上回るかもしれないような損失――と思われるものについて、上位にいる人間も大衆も多くの情報に基づく算定を行うことができないということである。もし、自然環境がそれとはわからない価値をもつのであれば――あるいは、それらがよく理解されていないために価値算定において考慮されていない重要な利益を生むのであれば――自然環境はひどく過小評価されているかもしれないということになる。この観点で、バイオフィーリア的反応のいくつかの重要な型の研究は、自然の非金銭的、金銭的価値の一部をよりよく理解するために貢献し、したがってより健全な価値評価の基盤を提供するはずである。そして、その評価は以前の評価よりしばしばはるかに高いものとなるだろう。

自然、都会を問わず、いかなる物質的環境の価値を査定するうえでも、環境のもつ利益や価値に似たものを生みだすことのできる代替物が、どの程度、利用可能であるかを評価することは理にかなっている。その環境が特別であるか代わりのものが簡単に手に入らないならば、その環境は概してより高い価値が付与されるであろう。さまざまなバイオフィーリア反応について調査した先の節の研究は、自然環境の多くの価値属性のうち、いくつかのものに対する代替物の利用可能性に関する洞察の基盤を提供している。視覚的あるいは美的好みの場合、さまざまな集団と文化にわたって自然を欠いた大多数の都会または建造物の眺めよりも、凡庸な自然の風景のほうを好むという一貫した傾向があることを思い出してもらいたい。ある種の自然の眺め――サバンナのような風景や水の特徴をもった環境――は、ほとんどすべての都会の景観より、高い美的好意を引き出す。実際、それに匹敵しうる得点を得たのは相対的にほんのわずかな都会の眺めだけである（たとえばニューヨークのビルの夜景）。それゆえ、圧倒的多数の自然の目立たない都会の景観は、バイオフィーリア反応の好意／採択の範疇の観点から見ると、明らかに自然環境の代替物とはならない。さまざまな国の自然の地域が、いろいろな形態の都会の発達によって除去されるにしたがい、景観の視覚的な質や美的好みの利点の損失はほとんど代替不能になっている。

代替の問題と回復的バイオフィーリア反応に関しては、特別目立つところのない自然環境でさえ自然をもたない都会の環境より速く完全にストレス治癒を促進するということを思い出してもらいたい。脅威のない自然との接触期間において、回復的反応の集合に含まれるのは、さまざまな構成要素のなかでも、より肯定的方向の情緒状態への大まかな感情移行、持続的な注目と知覚的摂取、異なる身体組織における行動レベルの肯定的変化などである。生理学的方法や感情の自己評価によって示される回復の一般的規模について言えば（Ulrich et al. 1991）、自然環境の代わりに、ある種の環境以外の代替物が利用可能である。たとえば径口鎮静剤は大きな心の休息を生むことができる。ただし発症は自然の眺めとの接触ほど急速ではない。さらに、自己安静技術の訓練を受けたあとでは、人によっては目立ったところのない自然環境によって引き出されたレベルと同様か、それより大きいストレス回復が達成できる。

しかしながら、物質的環境だけを考慮するならば、自然の代替物を見つけられるかどうかのほうが大きな問題である（Ulrich 1988）。現在、調査は数本の研究に限られているが、その結果は、自然のない都会の環境では日常的な自然環境に見合うだけのストレス回復効果をもったものさえ認めるのが難しいことを暗示している。建造物の、すなわち近代的要素の視覚的刺激は、それがたとえば活気ある都市の通りであるか美しく設計された建物の正面であるかにかかわらず、副交感神経に支配された反応を引き出すという点で、ゆっくりと流れる水のある自然環境の適切な代替物にはなりそうにない。肯定的な感情、持続的ではあるが重荷にならない知覚的摂取、エネルギーの再充塡や維持などをを含む反応の結合を引き出すという観点から見ると、自然をもたない建造物的、都会的環境には自然のほとんどの景観の能力に見合うものはわずかしかない。もし、将来の行動遺伝学研究やその他の方法が、回復的バイオフィーリア反応が一部、遺伝的基盤をもつことを示すことになれば、ある種の反応の特性は、おおむね自然の要素や形態に独特のものであることがわかるであろう。たとえばサバンナのような眺めや水のある環境は、常習状態にとって比較的耐力ないしは抵抗力のある注目／興味反応や肯定的情緒反応を引き出すうえで、一貫して都会的または建造物の要素より効果的であることがわかるかもしれない。この点でも、都会の風景が回復作用を生むという点で不満足な代替物であることがわかったなら、自然環境にかなり高い価値を付すことは当然であることが多い。その場合、問題となるのは、すでに述べた自然破壊と自然の、たとえば都会化による置き換えである。

バイオフィーリア、バイオフォービア、保護

地球は無数の生態系や地理的地域における生物の多様性の破壊に関して前例のない危機を経験している、という認識がますます広がっている（Wilson 1992）。生物の多様性の保護に関する多くの問題のなかで、自然破壊と生物の絶滅を緩和するための政治あるいは他の支持を動機づけるうえで重要なことは、大衆が異なる自然環境に対して異なる情緒が絡んだ態度を示すことである。バイオフィーリア反応とバ

イオフォービア反応について述べた先の節は、ある種の環境に対して肯定的情緒にあふれた態度を教育、育成することは比較的容易でありうることを意味している。しかしながら、生物の多様性の保護にとって、最も重要な地球環境、すなわち熱帯雨林の場合はもっと困難であるかもしれない。

原始時代の人類は、いくつもの適応のための確かな理由のゆえに、雨林を去り、サバンナへと移動した（Orians 1980, 1986）。二本足で直立の姿勢をもった地上生物にとって、サバンナの環境は豊富な食物と水を多く提供するという見地から、雨林や砂漠よりも多くの利点をもっていた。サバンナは雨林よりも生物の多様性は少なかったが、その生物量の生産性はむしろ高く、このことは地上に住む人類にとって簡単に手の届く食物の高い生産性と関連している。対照的に、熱帯雨林の優れた生物多様性と生物量の多くは、地表よりはるかうえの森の天蓋に集中しており、その位置は地上に住む原始人にとって不利を表わしていた。言い換えれば、今日、非常に重要な多くの理由で高く評価されている雨林の生物の大いなる多様性は（Wilson 1992）、初期の人類にとっては、生存との関連では、それに相当する高い利点を意味してはいなかったのである。

雨林の生物の豊かな多様性は、初期の人類にとって明らかにもうひとつ欠点をもっていた。すなわち、大きな危険との結びつきである。それは高いレベルのバイオフォービア的属性によるものであり、それには閉ざされた空間、およびヘビやクモそして恐怖に関連した他の刺激を含む、隠れた脅威と至近で遭遇する可能性の高さが含まれる。対照的に、多くのサバンナは、おそらく低レベルのバイオフォービア属性と危険という特徴をもち、それには、あまり閉ざされていない空間、監視と逃亡の機会の多さ、ヘビや肉食獣との至近での遭遇の少なさなどが含まれる。同様に、ある種の病気も、乾燥したサバンナより、暑く湿った雨林に大きな危険をもたらしたかもしれない。これらの議論の基盤にある考え方は、この章の初めで述べたように、近代人は進化の名残として、サバンナのような属性をもつ環境や水の特徴をもつ空間的に開けた環境に肯定的に反応するということである。このことは、次のような可能性を意味する。すなわち感情および情緒的態度までも引き出すことができるような情報や視覚的イメージを提供することによって、そのような環境を保護するため大衆的支持を促すことが比較的容易になるかもしれない。一部、遺伝的に予備知識を与えられているか、あるいは生物的に準備されているために、そのような感情は明らかに肯定的に持続して保持される傾向をもつからである。

しかし、この機能的進化観は、生物的に準備された学習が熱帯雨林の真価に対する一般の人の理解を促す試みを妨げる（あるいは、せいぜい混乱した役割を果たす）かもしれないことも意味している。ひとつの理由は、人類がそれに対する肯定的反応を獲得し、持続して保持するよう生物的に準備されているのかもしれないある種の視覚的特性の結合、たとえば空間的広さや一様に草で覆われた地面のようなものが雨林にはないからである。もうひとつの重要な理由は、雨林についての視覚的なイメージや生態的情報は、ある種の遺伝的に予備知識を与えられているバ、イ、オ、フ、ォ、ー、ビ、ア、反応と、おそらく否定的な方向の感情過多の態度とを招きやすいということである。ヘビやクモのような危険に結びついた刺激に対する恐怖／忌避反応は、一部、遺伝的であり予備学習に現われるという確実な証拠があることを思い出してもらいたい。したがって、一般の人を閉ざされた空間、むずむず這い回る動物、ヘビや他の危険に結びついた刺激に接触させれば、熱帯雨林に関する強い注目を引く可能性が多いように見えるが、人々の反応、態度、知識の情緒的趣旨は、しばしば一部否定的なものになるであろう。バイオフォービアにおける強固な遺伝的役割を示す研究に照らしてみて、よく考えられた教育プログラムでさえ、雨林の危険に結びついた特性や生き物の真価に対する大衆の理解を育てるのに十分成功を収めたとは言えないのは、生物的に準備された否定的に反応する素因を克服することが困難だからである。

雨林のバイオフィーリア的特性の視覚的イメージや他の情報も同じように目立った注意を引くのであれば、熱帯雨林に対する大衆の理解を促進させる試みはおそらくもっと成功するであろう。これらの要素には、たとえば緑の植物、草木の花、鳥のような無害で魅力的な動物が含まれる。雨林と生き物の破壊に伴う環境の被害を明確に描き出すような視覚的イメージや他の情報が含まれることが適切であろう。この点で、伐採された環境や荒れ果てて草木のない地域の風景——雨林も含まれるが——は嫌われることを思い出してもらいたい。死んだ動物のいる眺めは強い否定的な情緒反応と嫌悪さえ引き出す (Lang and Greenwald 1987)。

研究の必要と有望な方向

E・O・ウィルソンのバイオフィーリア仮説は大まかに二つの命題からなっていると解釈できる。第一に、人類は自然に肯定的に反応する傾向によって特徴づけられる。第二に、この傾向は一部、遺伝的な基盤をもつ。きわめて一般的なレベルにおいて、この定義は自然の景観に関して相応する二つの範疇の研究の必要を意味する。自然の景観との接触に結びついた利益の理解を増す研究と、バイオフィーリア反応が一部、遺伝的であるという命題を検証する研究である。これら二つの基本的研究の必要は、投げかけられる疑問、そして特に最も適切な研究方法に関して、大きく異なった問題事項を示す。たとえば、ある研究方法は自然環境の経験に付随すると思われる健康に関連した利点を明らかにする、すばらしい可能性はあるが、バイオフィーリア仮説の遺伝的構成要素の調査には効果的でない。

第一の範疇の研究は、本章で言及した肯定的反応、特に回復および健康関連の効果についてのわれわれの理解を広げ、深めるための研究プログラムを必要とする。この方向は、自然との接触から生ずる人間のための重要な利益を確定し、自然環境と人々の健康との信頼できる結びつきを確立することによって、自然保護の論理的根拠を強化することがきわめて有望であるゆえに、なによりも優先すべきであると認められる。一例として、潜在的に重要な研究方向のひとつは、自然環境を眺めることのストレス減少効果が血圧のような中心的神経系の指標に明らかに現われることを示した、前述の研究成果によって示唆されている。これらの結果を見ると、将来の研究によって、回復またはストレス減少の効果は、コルチソル（cortisol）、エピネフリン（epinephrine）、そしてたぶんノルエピネフリン（norepinephrine）といったストレスホルモンのレベルの有益な減少のように、内分泌組織にも現われることが発見されてもおかしくはない（Parsons 1991; Ulrich et al. 1991; Frankenhaeuser 1980）。循環する高レベルのストレスホルモンは、免疫組織の機能抑制を含む健康に関して、さまざまな有害な効果をもっている（Parsons 1991; Kennedy, Glaser, and Kiecolt-Glaser 1990）。したがって、回復反応が神経性内分泌組織を巻き込むことがわかれば、たとえば長い期間ストレスを経験している人々は高い免疫組織機能を生み、それゆえ時がたてば健康と活力を増進させるようなストレス減少効果をもった自然環境と、しばしば、しかも長い間接触することから利益を受けるだろうということは当然予想される。もし、将来の研究プログラムが、これらストレス減少作用が血圧低下、低レベルのストレスホルモン、高い免疫組織機能といった肯定的な生理的変化を伴うことを示すならば、多くの国々において比較的簡単に自然と接触する人間にとっての利益と人々の健康や幸福の法的解釈とが折り合うことであろう。このようにして、法制度は、自然環境保護のためにより効果的な道具となるであろう。この一般的研究方向の重要な付随物として、異なる文化とさまざまな人口集団にわたって、そして幼い子供の間で、回復と健康関連との利点を調べる研究が明らかに必要である。さらに、どの自然環境が回復または健康に関連した反応を引き出すかを発見することも重要である。

おおまかに言って、自然に対する未知の肯定的反応を確定する研究が必要である。この点で、脅威のない自然に接触することが創造性と高度の認知機能を高めるという仮説は納得できるし、評価に値する。もし、自然／創造性仮説が経験的な支持を得ることになれば、この研究方向は、ある状況においては有意味な経済的価値の生成に自然環境が重要な役割を果たせる、ということを示す研究へと進んでいけるだろう。すべての型のバイオフィーリア反応について肯定的反応を引き出すうえで、生物の多様性が自然環境の有効性とどの程度まで関連しているかを査定する研究が必要である。当然、多くの研究が注目していいもうひとつの疑問は、自然環境を眺めることの肯定的作用（回復、創造性）が、伐採された森林や自然をもたない都会の環境のような、ひどく傷ついた自然の環境に接することによってかなり弱まる——あるいは、全然生まれてこない——かどうかということである。美的好みに関しては、この問題についての知識がかなりある一方で、回復と健康と結びついた反応と、予測される創造性の高まりのようなバイオフィーリア反応とについては、さらに多くの研究が必要である。建造物のある風景や、質の落ちた自然環境は回復的あるいは他の肯定的反応を引き出す働きが悪いとわかったなら、多くの政策決定の状況において、自然保護にはっきりと高い価値を与えることがますます当然のことと認められるであろう。一例として、研究によって原生林の木立は低血圧とストレスホルモンのレベル低下を含むストレス緩和作用をもつが、伐採された木立の眺めはこれら肯定的な効果をもたないと示されたならば、生理的健康に関する重要な公益の潜在的損失は伐採に反対する論拠になろう。

最後に、本物の環境と比べて自然環境のシミュレーション（カラー写真、ビデオテープ）の回復的反応および他の肯定的反応を引き出すうえでの有効性に関する重要な研究課題がある。短期間の美的好意や回復を引き出すという点で、シミュレーションが、ときには本物の自然の、少なくとも部分的な代替物になりうるという証拠がある。本物の環境が、たとえば短期間の接触中にストレスを治癒するうえでシミュレーションを超えた働きをどの程度までするかを検討する研究が必要である。シミュレーションは長期の接触状況においては有効性を多く失うのであろうか？　長期にわたって接触する状況では、本物の環境の方が、それに内在している進行する視覚的変化と多感覚的刺激（たとえば季節に結びついた植物の変化）によって、肯定的な反応を維持するうえでシミュレーションよりも効果的だということはありそうである。

　バイオフィーリアについての研究は発展の比較的初期段階にあり、自然に対する肯定的な反応が一部、遺伝的基盤をもつという命題に納得できるような支持を与えてくれる発見はまだ現われていない。おそらく、今日、手に入る最も説得力のある発見は、さまざまな集団と文化にわたって目立った型のあることである。それは、自然のない都会の風景より、日常的な自然の風景を好むことと、原始人にとって生息地として、おそらく生存に関連した主要な利点を提供したある種の自然環境を特に強く好むことを明示している。多くの理由によって、文化相互および集団相互の研究がさらに必要とされる一方、この一般的方法は、遺伝的仮説に関しては、せいぜい挑発的な型の状況次第の支持しか生みだせない。文化相互の研究は遺伝的疑問を解くには限界がある――文化相互研究に典型的に付随する統制の問題のためだけでなく、主として、そのような研究が直接バイオフィーリア反応とむすびつく遺伝情報を取得していないからである。

効力と実行可能性の観点から、行動遺伝学の方法は遺伝的仮説を検証するための最も有望な手段を提供してくれるかもしれない。このバイオフィーリア研究方法は学際的な調査チームを必要とするだろう。どちらかと言うと、金がかかるかもしれない。しかし、様々な国々に存在するすばらしい双子の記録を利用できる。バイオフィーリアの問題に行動遺伝学の方法を適用することは、多くの点で簡単であるけれども、双子のより少いサンプルに基づき、しっかりした研究をするには、個人間の幅広い多様性によって特徴づけられる反応に焦点を当てることが求められるだろう。自然の景観に対する美的好みの場合には、通常、異なる人々の好みを特徴づける、中程度から高程度の類似性が行動遺伝学の方法の統計学的な力に反して作用するだろう。しかしながら、この欠点は双子の膨大なサンプルを用いることによって、おそらく克服できる。行動遺伝学の方法の少なからぬ能力を十分に利用するためには、まず個人間に高い可変性を示すようなバイオフィーリア反応を確定する（あるいは肯定的反応の特別な局面を特定する）。そのような変数の例は強い肯定的情緒反応、興味、そして、おそらく示差的な率の反応の常習性を含むかもしれない。人々をふるいにかけ、ある種の反応に関して広い多様性をもちそうないくつかの集団に割り当てるための質問事項を開発することが可能であるかもしれない。そのような質問事項は、自然に対するある種の情緒過多の態度における集団差に関するケラートたちの仕事に基づいて開発されるだろう（Kellert 1980）。

バイオフィーリア仮説の遺伝的側面を表わすのにもうひとつの有望な研究方法は、忌避的とは対照的に肯定的なパヴロフの条件づけである。この実験室の方法は、バイオフィーリア反応が生物的に準備された学習においても姿を表わすことがありうるという命題を試すのに用いられる。それゆえ、肯定的な条件づけの実験は、たとえば肯定的な反応が、中間的な前近代の刺激や近代の有利な刺激よりも、サバンナに似た眺めや水のある環境といった前近代的で有利であるような自然の刺激に対して、たやすく条件づけられ、消滅についても抵抗が強いかどうかを評価できるだろう。顔面の電子ミオグラフィ（EMG）〔筋運動描記法〕のような心理学的技術が肯定的情緒反応の条件づけの規模を測定するために用いられるだろう。肯定的な条件づけ研究は有望であり、たしかに試みられるべきであるが、この方法は、忌避的な条件づけがバイオフォービアの場合にそうであったように、おそらくバイオフィーリアを調査するためには有効ではないだろう。実験室で膨大な肯定的刺激を作り出すことには、強く直接的な否定的刺激を提供するより問題が多いからである。

　バイオフィーリア研究の総合的プログラムは、乳幼児を含む幼い子供の自然の刺激に対する反応の研究を含むことになるだろう。子供の発達の分野は注目／興味のような反応や情緒を測定する非言語的方法のすばらしい目録を生みだした。とても幼い子供に情報率、鮮さ、そしてたぶん色において匹敵する脅威のない自然の刺激、抽象的刺激、近代的刺激のスライドを見せたなら、子供は、たとえば自然環境を知覚的に、より多く摂取する証拠を示すであろうか？　もし、そうであれば、その結果は、バイオフィーリア一部遺伝基盤説にとって、たとえば大人の文化相互的研究よりも説得力のある証拠となるであろう。異なる年齢集団の子供の研究も必要である――バイオフィーリア反応において遺伝的因子が役割を果たすのであれば、ある種のバイオフィーリア反応を獲得する傾向が年齢に関連していることによって、その性質が発達する可能性が明らかになる。ここで注目すべきことは、人間の行動の一部生物的基盤をもつと思われる他の多くの型――たとえば恐怖症や幼児期の情緒現象――も、年齢関連の発症性質をはっきりもつということである。人が実際にある年齢でバイオフィーリア反応を獲得しやすいという場合、その期間中での自然学習経験の剝奪（直接接触の欠如、多様な学習の欠如、不適切な教育）は

「生物に無関心な」大人に成長する重要な要因となるであろう。

考慮に値するもうひとつの研究方法は、高解像度ＰＥＴスキャナー（陽電子放射断層撮影法（positron emission tomography）――（Druckman and Lacey 1989 ; Zappulla et al. 1991）を用いる自然の刺激と、近代的あるいは人工の刺激を処理するうえで予想される異なる脳の活動位置の調査である。ここで議論した三つの研究方法――行動遺伝学、肯定的条件づけ、幼児の研究――と比較して、ＰＥＴ研究は、バイオフィーリア仮説の遺伝的側面を照射する立場からは見込みが薄いだろう。それにもかかわらず、異なる刺激を眺める機能としての脳活動（新陳代謝、血液の流れ）の位置に実質的な差異が見出されるかもしれず、それは対自然反応における生物的役割の証拠と解釈できるかもしれない。遺伝の問題を表わすためのＰＥＴ研究の効用は、脳の深い（そして古い）組織の高解像度スキャンを可能にする技術の進歩が達成されれば増大するであろう。遺伝の問題とは無関係に、ＰＥＴ研究は最終的には行われることになるだろう。それらは自然環境に対する反応について重要な情報を生み出す可能性が大きいからである。

もし、バイオフィーリアがほんとうに一部、遺伝的基盤をもつのであれば、遺伝の寄与はだいたい二〇から四〇パーセントの範囲であり、それぞれのバイオフィーリア反応によって変化するだろうと推測される。さらに、年齢に関連した、あるいは発達的発症の性質が当然あるだろう。ある機能進化論的議論は、差異の可能性は遺伝的因子の役割におけるジェンダーの機能であると示唆している（ここでは性差を扱っていない。それには、本章の範囲を超える多くの主題についての研究を議論することが必要になるからである）。ここで提議された理論的命題が意味しているのは、一部、遺伝的なバイオフィーリア反応は自発的に現われるものでも、学習のないところで現われるものでもなく、むしろ生物的に準備された肯定的反応を獲得するためには、そして、それが持続して維持される特徴をもつためには何らかの学習と条件づけが必要だということである。ここでは、バイオフィーリアが、決定論的あるいはすべてに優先するという意味で、遺伝的であると示唆しているわけでは決してない。部分的にしか遺伝的素因が備わっていない肯定的反応を獲得するには学習が必要であり、その反応は習慣的学習、経験、文化によって修正されるのである。

二〇年前に行動科学者が、人間は自然に肯定的に反応するよう一部、遺伝的素因をもっていると、真剣に議論していたならば、多くの心理学者はその考え方に疑惑を抱いたことであろう。ほんの数年前でも、研究者が、たとえば女性のアルコール中毒には遺伝的因子が顕著な役割を果たしているとか、幼児は数学にたいして生物的あるいは生得的才能をもっているという理論的命題を提出したならば、その考え方は多くの社会科学者からあざけりをもって迎えられたことであろう。しかしながら最近では、行動科学と脳科学の主流の理論方向は、生物的あるいは遺伝的因子がアルコール中毒や数学の才能のみならず、人間の行動や反応の他の多くの側面においても役割を果たすことを納得させるような研究が次から次へと現われることによって変わってきた。多くの重要な問題については、二極的な自然／養育の区別から学習と遺伝子の両方の重要な役割を認識する折衷観へと議論が移行してきた。いくつかの主要な分野においては、中心的疑問はもはや遺伝的因子が役割を果たすかどうかではない。むしろ主流の理論的議論や研究についての議論は、ますます遺伝子の役割を受け入れるようになり、質問は次のようなものになる。遺伝子の寄与は二〇パーセントだろうか、それとも五〇パーセントだろうか。

この発想の意味深い移行を背景にして、人間は自然に対して肯定的に反応するよう一部、遺伝的素因をもつかもしれないという命題は、いまや多くの科学者にとって正当なものであるように思われる。自然環境は人類の進化を通じて日常経験の枠組みを提供し、重要な恩恵や障害と危険の源であった。進化が対自然反応の一部、遺伝的な素因の形で近代人に跡を残しているかもしれない、という考え方を示すことには、たとえば遺伝子の特性が喫煙や個性に役割を果たすことを発見しようとするのと、少なくとも同じくらい蓋然性がある。われわれが人間の自然にたいする肯定的反応についての理解を広げ、その一部、遺伝的基盤の問題を評価する必要は科学的研究の主要な新しい方向を表わしている。それは、われわれが人間としての自身をよりよく知り、人々が自然環境から引き出す主要な利益を発見し、自然破壊から生じる人間の利益の損失を測定する助けとなるような方向である。

謝辞

本章で議論した考え方や研究は数年間にわたって発展してきたものであり、何人かの同僚、友人、特にアーン・オーマン、ルイス・タシナリイ、ウルフ・ディムベリ、オウティ・ルンデンとの相互のやりとりから恩恵を得ている。また、有益なコメントを与えてくれたヨン・ロディーク、ラス・パーソンズにも感謝する。本章は、マドリッドのオートノマ大学のフェルナンド・G・ベルナルデス教授との意見交換からも得るところが大きかった。彼の不慮の死によって、科学界は自然の景観に対するバイオフィーリア反応研究の第一人者を失ったのである。ここで論じた研究の一部は、NSF（National Science Foundation）［米国科学基金］補助金 SES-8317803 の研究費とUSDA［米国農務省］林野庁ロッキー山脈森林荒野実験局との一連の協力協定の支援を受けた。

参考文献

Anderson, L. M., and H. W. Schroeder. 1983. "Application of Wildland Scenic Assessment Methods to the Urban Landscape." *Landscape Planning* 10 : 219-237.

Appleton, J. 1975. *The Experience of Landscape.* London : Wiley.

Arthur, L. M. 1977. "Predicting Scenic Beauty of Forest Environments : Some Empirical Tests." *Forest Science* 23 : 151-159.

Asakawa, S. 1984. "The Effects of Greenery on the Feelings of Residents Towards Neighborhoods." *Journal of the Faculty of Agriculture, Hokkaido University* 62 : 83-97.

Balling, J. D., and J. H. Falk. 1982. "Development of Visual Preference for Natural Environments," *Environment and Behavior* 14 :5-38.

Berlyne D. E. 1971. *Aesthetics and Psychobiology.* New York : Appleton-Century-Crofts.

Bernâldez, F. G., and F. Parra. 1979. "Dimensions of Landscape Preferences from Pairwise Comparisons." In *Proceedings of Our National Landscape : A Conference on Applied Techniques for Analysis and Management of the Visual Resource.* USDA Forest Service General Technical Report PSW-35. Berkeley : Pacific Southwest Forest and Range Experiment Station.

Bernâldez, F. G., R. P. Abellő, and D. Gallardo. 1989. "Environmental Challenge and Environmental Preference : Age and Sex Effects." *Journal of Environmental Management* 28 : 53-70.

Brown, F., J. Harris, R : Leakey, and A. Walker. 1985. "Early *Homo Erectus* Skeleton from West Lake Turkana, Kenya." *Nature* 316 : 788-792.

Brush, R. O., and E. L. Shafer. 1975. "Application of a Landscape Preference Model to Land Management." In *Landscape Assessment : Values, Perceptions, and Resources,* edited by E. H. Zube, R. O. Brush, and J. G. Fabos. Stroudsburg, Pa. : Dowden, Hutchinson, and Ross.

Cacioppo, J. T., L. G. Tassinary, and A. J. Fridlund. 1990. "The Skeletomotor System." In *Principles of Psychophysiology : Physical, Social, and Inferential Elements,* edited by J. T. Cacioppo and L. G. Tassinary.

New York : Cambridge University Press.

Chagnon, N. 1977. *Yanomamö : The Fierce People.* 2nd ed. New York : Holt, Rinehart & Winston.

Chokor, B. A., and S. A. Mene. 1992. "An Assessment of Preference for Landscapes in the Developing World : Case Study of Warri, Nigeria, and Environs." *Journal of Environmental Management* 34 : 237–256.

Civco, D. L. 1979. "Numerical Modeling of Eastern Connecticut's Visual Resources." In *Proceedings, of Our National Landscape : A Conference on Applied Techniques for Analysis and Management of the Visual Resource.* USDA Forest Service General Technical Report PSW–35. Berkeley : Pacific Southwest Forest and Range Experiment Station.

Clamp, P. 1976. "Evaluating English Landscapes—Some Recent Developments." *Environment and Planning* 8 : 79–92.

Cook. E. W., R. L. Hodes, and P. J. Lang. 1986. "Preparedness and Phobia : Effects of Stimulus Content on Human Visceral Conditioning." *Journal of Abnormal Psychology* 95 : 195–207.

Cook. M., and S. Mineka. 1989. "Observational Conditioning of Fear to Fear–Relevant Versus Fear–Irrelevant Stimuli in Rhesus Monkeys." *Journal of Abnormal Psychology* 98 : 448–459.

——. 1990. "Selective Associations in the Observational Conditioning of Fear in Rhesus Monkeys." *Journal of Experimental Psychology : Animal Behavior Processes* 16 : 372–389.

Coss, R. G. 1990. "Picture Perception and Patient Stress : A Study of Anxiety Reduction and Postoperative Stability." Unpublished paper, Department of Psychology, University of California, Davis.

Coss, R. G., and M. Moore, 1990. "All That Glistens : Water Connotations in Surface Finishes." *Ecological Psychology* 2 : 367–380.

Costello, C. G. 1982 "Fears and Phobias in Women : A Communiry Study." *Journal of Abnormal Psychology* 91 : 280–286.

Daniel, T. C., and R. S. Boster. 1976. *Measuring Landscape Esthetics : The Scenic Beauty Estimation Method.*

USDA Forest Service Research Paper RM-167. Ft. Collins, Colo.: Rocky Mountain Forest and Range Experiment Station.

Daniel, T. C., and J. Vining. 1983. "Methodological Issues in the Assessment of Landscape Quality." In *Human Behavior and Environment,* vol. 6 : *Behavior and the Natural Environment,* edited by I. Altman and J. F. Wohlwill. New York : Plenum.

Darwin, C. 1877. "A Biographical Sketch of an Infant." *Mind* 2 : 285-294.

Dimberg, U . 1990. "Facial Electromyography and Emotional Reactions." *Psychophysiology* 27 : 481-494.

Druckman, D., and J. I. Lacey ; eds. 1989. *Brain and Cognition : Some New Technologies.* Washington : National Academy Press.

Echelberger, H. E. 1979. "The Semantic Differential in Landscape Research." In *Proceedings of Our National Landscape : A Conference on Applied Techniques for Analysis and Management of the Visual Resource.* USDA Forest Service General Technical Report PSW-35. Berkeley : Pacific Southwest Forest and Range Experiment Station.

Evans, G. W., and S. Cohen. 1987. "Environmental Stress." In *Handbook of Environmental Psychology,* edited by D. Stokols and I. Altman. New York : John Wiley.

Francis, C., and C. Cooper-Marcus, 1991. "Places People Take Their Problems." In *Proceedings of the 22nd Annual Conference of the Environmental Design Research Association,* edited by J. Urbina-Soria, P. Ortega-Andeane, and R. Bechtel. Oklahoma City : EDRA.

Frankenhaeuser, M. 1980. "Psychoneuroendocrine Approaches to the Study of Stressful Person-Environment Transactions." In *Selye's Guide to Stress Research* vol. 1., edited by H. Selye. New York : Van Nostrand Reinhold.

Fyer, A. J., S. Mannuzza. M. S. Gallops, L. Y. Martin, C. Aaronson, J. M. Gorman. M. R. Liebowitz, and D. F. Klein. 1990. "Familial Transmission of Simple Phobias and Fears : A Preliminary Report." *Archives of*

General Psychiatry 47 : 252–256.

Gabbay, F. H. 1992. "Behavior-Genetic Strategies in the Study of Emotion." *Psychological Science* 3 : 50–55.

Glass, D. C., and J. E. Singer. 1972. *Urban Stress : Experiments on Noise and Social Stressors.* New York : Academic Press.

Grahn, P. 1991. *Om Parkers Betydelse* [On the importance of parks]. Göteborg : Graphic Systems AB .

Hartig, T., M. Mang, and G. W. Evans. 1991. "Restorativc Effects of Natural Environment Experiences." *Environment and Behavior* 23 : 3–26.

Heath, A. C., M. C. Neale, J. K. Hewitt, L. J. Eaves, and D. W. Fulker. 1989. "Testing Structural Equation Models for Twin Data Using LISREL." *Behavior Genetics* 19 : 9–35.

Heerwagen, J . H. 1990. "The Psychological Aspects of Windows and Window Design." In *Proceedings of the 21st Annual Conference of the Environmental Design Research Association,* edited by K. H. Anthony , J. Choi, and B. Orland. Oklahoma City : EDRA.

Herzog, T. R., and P. J. Bosley. 1992. "Tranquility and Preference as Affective Qualities of Natural Environments." *Journal of Environmental Psychology* 12 : 115–127.

Herzog. T. R., S. Kaplan, and R. Kaplan. 1982. "The Prediction of Preference for Unfamiliar Urban Places." *Population and Environment* 5 : 43–59.

Hockey, R., ed. 1983. *Stress and Fatigue in Human Performance.* New York : John Wiley.

Honeyman, M. K. 1992, "Vegetation and Stress : A Comparison Study of Varying Amounts of Vegetation in Countryside and Urban Scenes." In *The Role of Horticulture in Human Well-Being and Social Development,* edited by D. Relf. Portland, Ore.: Timber Press.

Hongxun, Y. 1982. *The Classical Gardens of China.* Translated by W. H. Min. New York : Van Nostrand Reinhoid.

Hugdahl, K. 1978. "Electrodermal Conditioning to Potentially Phobic Stimuli : Effects of Instructed Extinction."

Behavior Research and Therapy 16 :315-321.

Hugdahl, K., and A. C. Karker. 1981. "Biological vs. Experiential Factors in Phobic Conditioning." *Behavior Research and Therapy* 19 : 109-115.

Hull, R. B., and I. D. Bishop. 1988. "Scenic Impacts of Electricity Transmission Towers : The Influence of Landscape Type and Observer Distance." *Journal of Environmental Mamagement* 27 : 99-108.

Hull, R. B., and A. Harvey. 1989. "Explaining the Emotion People Experience in Suburban Parks." *Environment and Behavior* 21 : 323-345.

Hull, R. B., and G. R. B. Revell. 1989. "Cross-Cultural Comparison of Landscape Scenic Beauty Evaluations : A Case Study in Bali." *Jourual of Environmental Psychology* 9 : 177-191.

Hull, R. B., and W. P. Stewart. 1992. "Validity of Photo-Based Scenic Beauty Judgments." *Journal of Environmental Psychology* 12 : 101-114.

Hultman, S.-G. 1983. "Allmänhetens Bedömning Av Skogsmiljöers Lämplighet För Friluftsliv" [Public judgment of forest environments as recreation areas]. Swedish University of Agricultural Sciences, Section of Environmental Forestry Report 27. Uppsala : Swedish University of Agricultural Sciences.

Hygge, S., and A. Öhman. 1978. "Modeling Processes in the Acquisition of Fears : Vicarious Electrodermal Conditioning to Fear-Relevant Stimuli." *Journal of Personality and Social Psychology* 36 : 271-279.

Isen, A. M. 1985. "The Asymmetry of Happiness and Sadness in Effects on Memory in Normal College Students." *Journal of Experimental Psychology : General* 114 : 388 -391.

——. 1990. "The Influence of Positive and Negative Affect on Cognitive Organization : Some Implications for Development." In *Psychological and Biological Approaches to Emotion,* editcd by N. L. Stern, B. Leventhal, and T. Trabasso. Hillsdale, N. J.: Lawrence Erlbaum Associates.

Isen, A. M., M. M. S. Johnson, E. Mertz, and G. F. Robinson. 1985. "The Influence of Positive Affect on the Unusualness of Word Associations." *Jourual of Personality and Social Psychology* 48 : 1413 -1426.

Kaplan, R. 1983. "Thc Role of Nature in the Urban Context." In *Human Behavior and Environment,* vol. 6 : *Behavior and the Natural Environment,* edited by I. Altman and J. F. Wohlwill. New York : Plenum.

Kaplan, R., and S. Kaplan. 1989. *The Experience of Nature.* New York : Cambridge Universiry Press.

Kaplan, S., R. Kaplan, and J. S. Wendt. 1972. "Rated Preference and Complexity for Natural and Urban Visual Material." *Perception and Psychophysics* 12 : 354-356.

Kaplan, S., and J. F. Talbot. 1983. "Psychological Benefits of a Wilderness Experience." In *Human Behavior and Environment,* vol. 6 : *Behavior and* the *Natural Environment,* edited by I. Altman and J. F. Wohlwill. New York : Plenum.

Katcher, A., H. Segal, and A. Beck, 1984. "Comparison of Contemplation and Hypnosis for the Reduction of Anxiety and Discomfort During Dental Surgery." *American Jourual of Clinical Hypnosis* 27 : 14-21.

Kellert, S. R. 1980. "Contemporary Values of Wildlife in American Societry." In *Wildlife Values,* edited by W. W. Shaw and E. H. Zube. Fort Collins, Colo.: Center for Assessment of Noncommodity Natural Resource Values.

Kendler, K. S., M. C. Neale, R. C. Kessler, A. C. Heath, and L. J. Eaves. 1992. "The Genetic Epidemiology of Phobias in Women." *Archives of General Psychiatry* 49 : 273-281.

Kennedy, C. B. 1989. "Vegetation in Tucson : Factors Influencing Residents' Perceptions and Preferences." Unpublished doctoral dissertation, Department of Geography and Regional Development, University of Arizona, Tucson.

Kennedy, S., R. Glaser, and J. Kiecolt-Glaser. 1990. "Psychoneuroimmunology." In *Principles of Psychophysiology : Physical, Social, and Inferential Elements,* edited by J. T. Cacioppo and L. G. Tassinary. New York : Cambridge Universiry Press.

Klein, D. F. 1981. "Anxiety Reconceptualized." In *Anxiety : New Research and Changing Concepts,* edited by D. F. Klein and J. G. Rabkin. New York : Raven Press.

Knopf, R. C. 1987. "Human Behavior, Cognition, and Affect in the Natural Environment." In *Handbook of Environmental Psychololgy,* edited by D. Stokols and I. Altman. New York : John Wiley.

Lacey, J. I., and B. C. Lacey. 1970. "Some Autonomic—Central Nervous System Interrelationships." In *Physiological Correlates of Emotion,* edited by P. Black. New York : Academic Press.

Lambe, R. A., and R. C. Smardon. 1986. "Commercial Highway Landscape Reclamation : A Participatory Approach." *Landscape Planning* 12 : 353-385.

Lang, P. J., and M. K. Greenwald. 1985. "International Affective Picture System : Technical Report 1A." Gaineville : Center for Research in Psychophysiology, University of Florida.

——. 1987. "International Affective Picture System : Technical Report 1B (Slide Set B)." Gainesville : Center for Research in Psychophysiology, University of Florida.

Latimer, D. A., H. Hogo, and T. C. Daniel. 1981. "The Effects of Atmospheric Optical Conditions on Perceived Scenic Beauty." *Atmospheric Enrironment* 15 : 1865-1874.

Leakey, M. 1980. "Early Man, Environment and Tools." In *Current Argument on Early Man,* edited by L.-K. Königsson. New York : Pergamon Press.

Loehlin. J. C., L. Willerman, and J. M. Horn. 1988. "Human Behavior Genetics." *Annual Review of Psychology* 39 : 101-133.

Lumsden. C. J., and E. O. Wilson. 1983. *Promethean Fire : Reflections on the Origin of Mind.* Cambridge : Harvard University Press.

McNally, R. J. 1987. "Preparedness and Phobias : A Review." *Psychological Bulletin* 101 :283-303.

Marks. I. M. 1969. *Fears and Phobias.* New York : Academic Press.

Mednick, S. A. 1962. "The Associative Basis of the Creative Process ; " *Psychological Review* 69 : 220-232.

Mehrabian, A., and J. A. Russell. 1974. *An Approach to Environmental Psychology.* Cambridge : MIT Press.

Mineka, S., M. Davidson, M. Cook, and R. Keir. 1984. "Observational Conditioning of Snake Fear in Rhesus

Monkeys. ; *Journal of Abnormal Psychology* 93 : 355-372.

Moore, E. O. 1982. "A Prison Environment's Effect on Health Care Service Demands." *Journal of Environmental Systems* 11 : 17-34.

Moran, C., and G. Andrews. 1985. "The Familial Occurrence of Agoraphobia." *British Journal of Psychiatry* 146 : 262-267.

Nasar, J. L. 1983. "Adult Viewers' Preferences in Residential Scenes : A Study of the Relationship of Environmental Attributes to Preference." *Environment and Behavior* 15 : 589-614.

——. 1988. *Environmental Aesthetics : Theory, Research, and Applications.* New York : Cambridge University Press.

Neale. M. C., A. C. Heath. J. K. Hewitt, L. J. Eaves, and D. W. Fulker. 1989. "Fitting Genetic Models with LISREL : Hypothesis Testing." *Behavior Genetics* 19 : 37-49.

Öhman, A. 1979. "Fear Relevance, Autonomic Conditioning, and Phobias : A Laboratory Model." In *Trends in Behavior Therapy*, edited by P. O. Sjödén, S. Bates, and W. S. Dockens. New York : Academic Press.

——. 1986. "Face the Beast and Fear the Face : Animal and Social Fears as Prototypes for Evolutionary Analyses of Emotion." *Psychophysiology* 23 : 123-145.

Öhman, A., and U. Dimberg. 1984. "An Evolutionary Perspective on Human Social Behavior." In *Sociophysiology,* edited by W. M. Waid. New York : Springer Verlag.

Öhman, A., U. Dimberg, and L.-G. Öst. 1985. "Animal and Social Phobias : Biological Constraints on Learned Fear Responses." In *Theoretical Issues in Behavior,* edited by S. Reiss and R. R. Bootzin. New York : Academic Press.

Öhman, A., G. Erixon, and I. Löfberg. 1975. "Phobias and Preparedness : Phobic Versus Neutral Pictures as Conditioned Stimuli for Human Autonomic Responses." *Jouraal of Abnormal Psychology* 84 : 41-45.

Öhman, A., and J. J. F. Soares. 1993a. "On the Automatic Nature of Phobic Fear : Conditioned Electrodermal

Responses to Masked Fear-Relevant Stimuli." *Journal of Abnormal Psychology*. In press.

——. 1993b. "Unconscious Anxiety : Phobic Responses to Masked Stimuli." *Psychophysiology*. In press.

Olmsted, F. L. 1865. "Preliminary Report upon the Yosemite and Big Tree Grove." Report to the Congress of the State of California. Reprinted in *The Papers of Frederick Law Olmsted*, vol. V : *The California Frontier, 1863-1865*, edited by V. P. Ranney, G. J. Rauluk, and C. F. Hoffman. 1990. Baltimore : Johns Hopkins University Press.

Orians, G. H. 1980. "Habitat Selection : General Theory and Applications to Human Behavior." In *The Evolution of Human Social Behavior*, edited by J. S. Lockard. New York : Elsevier North-Holland.

——. 1986. "An Ecological and Evolutionary Approach to Landscape Aesthetics." In *Meanings and Values in Landscape*, edited by E. C. Penning-Rowsell and D. Lowenthal. London : Allen & Unwin.

Parsons, R. 1991. "The Potential Influences of Environmental Perception on Human Health." *Journal of Environmental Psychology* 11 : 1-23.

Patey, R. C., and R. M. Evans. 1979. "Identification of Scenically Preferred Forest Landscapes." In *Proceedings of Our National Landscape : A Conference on Applied Techniques for Analysis and Management of the Visual Resource*. USDA Forest Service General Technical Report PSW-35. Berkeley : Pacific Southwest Forest and Range Experiment Station.

Penning-Rowsell, E. C. 1979. "The Social Value of English Landscapes." In *Proceedings of Our National Landscape : A Conference on Applied Techniques for Analysis and Management of the Visual Resource*. USDA Forest Service General Technical Report PSW-35. Berkeley : Pacific Southwest Forest and Range Experiment Station.

Rabinowitz, C. B., and R. E. Coughlin. 1970. "Analysis of Landscape Characteristics Relevant to Preference." *Regional Science Research Institute Discussion Paper Series*, no. 38. Philadelphia : Regional Science Research Institute.

Ribe, R. G. 1989. "The Aesthetics of Forestry: What Has Empirical Preference Research Taught Us?" *Environmental Management* 13 : 55-74.

Rődenas, M., F. Sancho-Royo, and F. G. Bernãldez. 1975. "Structure of Landscape Preferences : A Study Based on Large Dams Viewed in Their Landscape Setting." *Landscape Planning* 2 : 159-178.

Rose, R. J., J. Z. Miller, M.F. Pogue-Geile, and G. F. Cardwell. 1981. "Twin-Family Studies of Common Fears and Phobias." In *Twin Research 3 : Intelligence. Personality, and Development,* edited by L. Gedda, P. Parisi, and W. E. Nance. New York : Alan Liss.

Ruiz, J. P., and F. G. Bernãldez. 1982. "Landscape Perception by Its Traditional Users : The Ideal Landscape of Madrid Livestock Raisers." *Landscape Planning* 9 : 279-297.

Rutherford, W., and E. L. Shafer. 1969. "Selection Cuts Increased Natural Beauty in Two Adirondack Forest Stands." *Journal of Forestry* 67 :415-419.

Savolainen, R., and S. Kellomäki. 1984. "Scenic Value of the Forest Landscape as Assessed in the Field and the Laboratory." In *Multiple-Use Forestry in the Scandinavian Countries,* edited by O. Saastamoinen, S.-G. Hultman, N. E. Koch, and L. Mattsson. Communicationes Instituti Forestalis Fenniae, 120. Helsinki : Finnish Forest Research Institute.

Schroeder, H. W. 1986. "Psychological Value of Urban Trees : Measurement, Meaning, and Imagination." In *Proceedings of the Third National Urban Forestry Conference.* Washingron : American Forestry Association.

——. 1989. "Environment, Behavior, and Design Research on Urban Forests." In *Advances in Environment, Behavior, and Design,* vol. 2., edited by E. H. Zube and G. T. Moore. New York : Plenum.

Schroeder, H. W., and L. M. Anderson. 1984. "Perception of Personal Safety in Urban Recreation Sites." *Journal of Leisure Research* 16 : 177-194.

Schroeder, H. W., and W. N. Cannon. 1983. "The Esthetic Contribution of Trees to Residential Streets in Ohio

Towns." *Joumal of Arboriculture* 9 : 237–243.

Seligman, M. E. P. 1970. "On the Generality of the Laws of Learning." *Psychological Review* 77 : 406–418.

——. 1971. "Phobias and Preparedness." *Behavior Therapy* 2 : 307–320.

Shafer, E. L, J. F. Hamilton, and E. A. Schmidt. 1969. "Natural Landscape Preferences : A Predictive Model." *Journal of Leisure Research.* 1 : 187–197.

Shafer, E. L., and M. Tooby. 1973. "Landscape Preferences : An International Replication." *Journal of Leisure Research* 5 : 60–65.

Sheets, V. L., and C. D. Manzer 1991 "Affect, Cognition and Urban Vegetation : Some Effects of Adding Trees Along City Streets." *Environment and Behavior* 23 : 285–304.

Shepard, P. 1967. *Man in the Landscape : A Historic View of the Esthetics of Nature.* New York : Knopf.

Smardon, R. C. 1988. Perception and Aesthetics of the Urban Environment : Review of the Role of Vegetation." *Landscape and Urban Planning* 15 : 85–106.

Sonnenfeld, J. 1967. "Environmental Perception and Adaptation Level in the Arctic." In *Environmental Perception and Behavior,* edited by D. Lowenthal. Resource Paper 109. Chicago : Department of Geography, University of Chicago.

Taylor, J. G., E. H. Zube, and J. L. Sell. 1987. "Landscape Assessment and Perception Research Methods." In *Methods in Environmental and Behavioral Research,* edited by R. B. Bechtel, R. W. Marans, and W. Michelson. New York : Van Nostrand Reinhold.

Ulrich, R. S. 1977. "Visual Landscape Preference : A Model and Application." *Man-Environment Systems* 7 : 279–293.

——. 1979. "Visual Landscapes and Psychological Well-Being." *Landscape Research* 4(1): 17–23.

——. 1981. "Natural Versus Urban Scenes : Some Psychophysiological Effects." *Environment and Behavior* 13 : 523–556.

——. 1983. "Aesthetic and Affective Response to Natural Environment." In *Human Behavior and Enrironment,* vol. 6 : *Behavior and the Natural Environment,* edited by I. Altman and J . F. Wohlwill. New York : Plenum.

——. 1984. "View Through a Window May Influence Recovery from Surgery." *Science* 224 : 420-421.

——. 1986a. "Human Responses to Vegetation and Landscapes." *Landscape and Urban Planning* 13 : 29-44.

——. 1986b. "Effects of Hospital Environments on Patient Well-Being." Research Report 9 (55). Trondheim, Norway : Department of Psychiatry and Behavioral Medicine, University of Trondheim.

——. 1988. "Toward Integrated Valuations of Amenity Resources Using Nonverbal Measures." In *Amenity Resource Valuation : Integrating Economics with Other Disciplines,* edited by G. L. Peterson, B. L. Driver, and R. Gregory. State College, Pa.: Venture.

Ulrich, R. S., and D. Addoms. 1981. "Psychological and Recreational Benefits of a Neighborhood Park." *Journal of Leisure Research* 13 : 43-65.

Ulrich, R. S., U. Dimberg, and B. L. Driver. 1991. "Psychophysiological Indicators of Leisure Benefits." In *Benefits of Leisure,* edited by B. L. Driver, P. J. Brown, and G. L. Peterson. State College, Pa.: Venture.

Ulrich, R. S., U. Dimberg, and A. Öhman. 1993. "Spatially Restricted Versus Open Natural Environments as Conditioned Stimuli for Autonomic Responses." In preparation.

Ulrich, R. S., and O. Lundén. 1990. "Effects of Nature and Abstract Pictures on Patients Recovering from Open Heart Surgery." Paper presented at the International Congress of Behavioral Medicine, 27-30 June, Uppsala, Sweden.

Ulrich, R. S., and R. Parsons. 1992. "Influences of Passive Experiences with Plants on Individual Well-Being and Health." In *The Role of Horticulture in Human Well-Being and Social Development,* edited by D. Relf. Portland, Ore.: Timber Press.

Ulrich, R. S., R. F. Simons, B. D. Losito, E. Fiorito, M. A. Miles, and M. Zelson. 1991. "Stress Recovery During Exposure to Natural and Urban Environments." *Journal of Environmental Psychology* 11 : 201-230.

Verderber, S. 1986. "Dimensions of Person-Window Transactions in the Hospital Environment." *Environment and Behavior* 18 : 450-466.

Ward, L. M. 1977. "Multidimensional Scaling of the Molar Physical Environment." *Multivariate Behavioral Research* 12 : 23-42.

Wellman, J. D., and G. J. Buhyoff. 1980. "Effects of Regional Familiarity on Landscape Preferences." *Journal of Environmental Management* 11 : 105-110

West, M. J. 1985. "Landscape Views and Stress Response in the Prison Environment." Unpublished master's thesis, Department of Landscape Architecture, University of Washington.

Wilson, E. O. 1984. *Biophilia.* Cambridge : Harvard University Press.

——. 1992. *The Diversity of Life.* Cambridge : Harvard University Press.

Wohlwill, J. F. 1976. "Environmental Aesthetics : The Environment as a Source of Affect." In *Human Behavior and Environment,* vol. 1, edited by I . Altman and J. F. Wohlwill. New York : Plenum.

——. 1983. "The Concept of Nature : A Psychologist's View." In *Human Behavior and Environment,* vol. 6 : *Behavior and the Natural Environment,* edited by I. Altman and J. F. Wohlwill. New York : Plenum.

Yi, Y. K. 1992. "Affect and Cognition in Aesthetic Experiences of Landscapes." Unpublished doctoral dissertation, Department of Landscape Architecture and Urban Planning, Texas A & M University.

Zappulla, R. A., F. F. LeFever, J. Jaeger, and R. Bilder, eds. 1991. *Windows on the Brain : Neuropsychology's Technological Frontiers.* Annals of the New York Academy of Sciences, vol. 620, New York : New York Academy of Sciences.

Zube, E. H., R. O. Brush, and J. G. Fabos, eds. 1975. *Landscape Assessment : Values. Perceptions, and Resources.* Stroudsburg, Pa.: Dowden, Hutchinson, and Ross.

Zube, E. H., D. G. Pitt, and T. W. Anderson. 1975. "Perception and Prediction of Scenic Resource Values of the Northeast." In *Landscape Assessment : Values, Perceptions, and Resources,* edited by E. H. Zube. R. O. Brush, and J. G. Fabos. Stroudsburg, Pa.: Dowden, Hutchinson, and Ross.

Zube, E. H., D. G. Pitt, and G. W. Evans. 1983. "A Lifespan Developmental Study of Landscape Assessment." *Journal of Environmental Psychology* 3 : 115–128.

Zuckerman, M., R. S. Ulrich, and J. McLaughlin. 1993. "Sensation Seeking and Affective Reactions to Nature Paintings." *Personality and Individual Differences*. In press.

第4章　人間、生息地、美学

ジュディス・H・ヘールワーゲン／ゴードン・H・オリアンズ

一九八四年に、E・O・ウィルソンは、人間を進化した有機体と見ると、他の見方では不可解な多くの人間の行動について、なぜ新しい展望を開くのか、ということについての個人的な見解を発表した。たとえば人類の文化に非常に広く行き渡っている根深いヘビに対する恐怖を考察して、ウィルソンはこう言った。「われわれとヘビとの特殊な関係を説明するために、われわれはフロイトの理論に頼る必要はない。もとからヘビは夢や象徴の媒介物であったわけではない。この関係はまさに逆であり、したがって、調べやすい。人間の毒ヘビとの経験が遺伝的進化によって脳の構造に同化した後で、フロイト的現象を引き起こしたのである」（Wilson 1984 : 98）。

人間と生息地

景観と景観の美学についての研究も、進化観という方法をとったとき新しい洞察が可能になる。ウィルソンは、「多くの生息地を探索すればするほど、ある共通の特徴が意識下で私の注意を引き、保持しているのを感じる」（p. 106）と言っている。ウィルソンは、脳に遺伝のプログラムが配線によって固定されていると主張しているわけではなく、われわれの反応と学習された対応は、われわれの進化の歴史によってある方向に傾いている、と示唆しているのである。何年もの間、私たちはこの不確かな領域を探索してきた（Heerwagen and Orians 1986 ; Orians 1980, Orians and Heerwagen 1992）。本章では、過去の努力を要約し、概念的分析を展開し、いくつかの新しい仮説と試行を提案し、未来を展望する。

私たちの基本的な方法は、人間の景観への反応を適応問題解決観から見ることである。人間の脳を、太古の環境に存在した好機や困難を適切に分析し対応するよう特に設計された、進化した器官と見るならば、人間と自然界との相互関係を新しい見方で眺め始めたということになる（精神の適応的性質の詳細な分析については Tooby and Cosmides 1992 を見よ）。われわれの祖先は、現代の快適さや便利さのない環境に住んでいた。彼らの生存、健康、生殖における成功は、環境の情報を賢く見付け出し、利用する能力にかかっていた。彼らは、有生、無生の環境からの信号を解釈し、周りにある状況に対する彼らの反応行動を調整する方法を知らねばならなかった。

この問題解決観は、われわれと自然との交流はきわめて複雑になりうると示唆している。われわれの自然界の経験には、楽しみや喜びとともに恐れや嫌悪がある。それゆえ、本当の問題はバイオフィーリアが存在するかどうかではなく、むしろバイオフィーリアがとる特定の形式である。私たちは、自然界に対する肯定的、否定的両方の反応に注意を向け、動物、植物、生息地、生態系に対する行動や感情において、人々がいかなる状況のもとで、ある決まった方向に動くのかを発見する必要がある。

生息地の選択は景観の美学についての私たちの理論的かつ経験的研究の概念的中心である。人間を含む多くの生物の生命の決定的な段階は生息地の選択である。ある生き物が適した場所に入ったならば、他のすべてのことが簡単になるであろう。生息地の選択は物体、音、臭いの認識にかかっており、それに対して生物は、まるで将来の行動と成功にとってのそれらの意義を理解したかのように反応する。反応は最初は情緒的感情であり、それが拒否、探索、環境のある種の利用へとつながる。経験的データが示すように、これらの反応の強さが住む場所を即座に決定する鍵になるとしたら、ある生息地がこれらの情緒状態を喚起する能力は、そこに住む生物の生存および生殖において期待される成功と肯定的に相関をなすように展開するはずである。適した生息地は強い肯定的反応を呼び起こす。劣った生息地は弱い、あるいは否定的な反応を喚起するはずである（Orians and Heerwagen 1992）。

生息地の選択に対する進化論的方法およびその重要な付随物である景観の美学の概念的基盤は比較的単純であるが、生息地の査定は生物にとっては困難な過程である。通常は環境の現在の状態が重要であるが、将来の状態はさらにもっと重要になり得る。この理由のために、多くの生物は未来をよく予言できる特徴を用いるように進化する――どのくらい先までかは見込まれる用途による。たとえば、多くの鳥が居住の主要な手がかりとして一般的に用いている型は、樹木が密で枝が直立して並んでいることであり（Cody 1985；Hildén 1965；Lack 1971）、食物の供給は直接査定しようとはしない。繁殖を維持する食物は、生息地を選択しなければならないときには、しばしば存在しないからである。

成功と相関しているが、実際には、それを決定するものではない特徴の使用も、景観に対する人間の反応の特徴である。しかしながら、人間の世代の時間は長く、子供は親に一〇年以上も依存する。われわれの進化の歴史の大部分において、人間が占めた生息地がその場所に永久的に居住するのに十分なほど長期間当てにできる資源を提供したことはまれである。在来の場所を一年ごとに再訪することはあっても、地域をひんぱんに移動することが決まりであった（Campbell 1985；Lovejoy 1981；Blumenschine

1987)。

われわれの祖先に必要なことは、われわれと同じである。適切な食物と水を発見し、物質的環境、食肉獣、敵対する同種の生き物などから身を守ることである。われわれは現在これらのアメニティ〔快適な環境〕を、祖先より広い範囲の環境に、そして、より多くの手段によって求めている。それにもかかわらず、進化観から見ると、われわれが機械化された都会の環境に住み始めてから、いく世代もたっていないのである。われわれが景観に対して進化を基盤とする反応の型をもつ限りにおいて、その型はこれら新しい環境によって修正されていないはずである。むしろ、これらの環境は遠い過去から受け継いできた好みにしたがって、環境の方を修正してきた動物の観点から眺めるべきであろう。

景観の美学の歴史

美学史はエドモンド・バーク〔一七二九―一七九七 イギリスの政論家〕の哲学的探究（Burke 1757）にまで逆ぼるが、引き続く二世紀の間自然は無視され、もっぱら人間の芸術的創造に注意が向けられた（Rose 1976）。実際、一九七六年に哲学者のR・W・ヘップバーンは、現代の美学の論文はほとんどが自然の美ではなく芸術について書かれている、と述べた。

自然の無視は、西洋の思想を何世紀にもわたって支配した有力な考え方――すなわち文化的象徴と芸術形式が美学的経験を創造する――の副産物である。それゆえ、美学の研究は芸術家と哲学者の領域と考えられ、環境に対する美学的反応の生物物理学的基盤を探究するいかなる試みも無益で、思想的に危険であると見なされた。コスグローヴ（Cosgrove 1984 : 1-2）が、支配的であった見方をうまく要約している。「景観はそれ自身の歴史をもったものの見方であるが、その歴史とは経済や社会というより大きな歴史の一部としてのみ理解され得るものである」。コスグローヴは、「景観の思想」の発展を西暦一四〇〇年から一九〇〇年までの西洋文明内の資本主義社会に特有なものと見ている。他の社会や、この問題については西洋文明の台頭に先立つ古代の社会は、景観の美学の研究には無関係であると見なされている。

人間が環境を見る見方や、われわれが環境的対象物に付す象徴に対する文化の強い影響を疑うものはいないだろう（Appleton 1990）が、進化生物学は寄与するものを何ももたないと想定するのであれば、われわれは、たとえばヘビの象徴を、ウィルソンによって提唱された観点からではなく、フロイトの用語で考えなければならなくなる。

居住可能性の手がかり

英語の美的（*aesthetic*）は、「知覚する」を意味するギリシア語の動詞 *aisthanomai* の形容詞形から派生している。こうして、「美的な快楽」は、文字どおりには「知覚に結びついた、あるいは知覚から生じる喜び」を意味する。自然と結びついた美的快楽と情緒的誘惑の感覚は、ウィルソンの見方によると、「バイオフィーリアの中心的問題」である。

美の思想は比較的最近に美学に付与された二次的連想である（Appleton 1990）。この連想から生じる危険は、それが次のような仮定につながるかもしれないということである。すなわち美とは大きさ、形、きめ、重さといった特徴において比較しうる、われわれが「美しい」と呼ぶ対象の本質的特徴であって、対象の特質と人間の神経組織との間の相互作用の産物ではない。美が対象の本質的特性であると信じる調査者は、対象の性質と美的反応の間に統計的な相互関係を見出そうとする傾向にある。そのような方法が現在、広く行われているのは、たいていはアンケート調査によって引き出した大量のデータをコンピュータで容易に記憶し操作できるからである。

アンケート調査と統計分析は明らかに役に立つが、それらは次のような観点からなされるべきである。人間が環境を評価するのは必ずしも意識的にではないが、生存と生殖の成功に肯定的に寄与する行動を追求するための機会を与えてくれるという条件によってである。このことは環境は形態ではなく、機能の点から考えられるべきだということを意味している（Appleton 1975）。アプルトンは三つの機能的概念──見晴らし、避難場所、危険──を確定し、そのうえに彼の環境美学の理論をうち立てた。彼の観点は景観と建築の学者たちを刺激し、多くの活動を引き起こした（Hildebrand 1991 ; Jakle 1987）が、人間が行う複雑な環境の評価のほんの一部しか扱っていない。アプルトンの枠組みは初めて接する環境についての最初の評価と探究を分析している。その焦点は情報を集める機会と安全に環境の査定が達成されることとにある。私たちはその枠組みを広げて、人間が環境の居住可能性を査定するために用いる情報の型の考察を含めることにする。

私たちは別のところで（Orians and Heerwagen 1992）、自然に対する人間の反応の研究には二つの相補的枠組みが役立つことを示している。ひとつの枠組みは初めて接する景観の探究に関する。もうひとつの枠組みは情報が関係をもちうる時間の枠組みを扱う。私たちは探究の過程を三段階に分割した。第一段階はある景観との最初の遭遇に伴うものであるが、さらに、その地形を探検するか、無視して先へ進むかの決定である。この段階での反応は非常に感情的なもので、ほとんど瞬間的なものだということが知られている（Ulrich 1983 ; Zajonc 1980）。もし最初の段階への反応が肯定的であれば、それに第二段階の情報収集が続く。この段階の間は認知が著しく目立ち、調査の過程は数日続くかもしれない。第三段階は、ある一連の活動を遂行するための、その環境にとどまる決定にかかわる。関係する活動によって、滞在の長さは短かったり、あるいは生涯続いたりする。

環境情報はかなりさまざまな時間の長さにわたって関係する。天候、獲物、食肉獣、友達になる見込みのあるものの到来の知覚といったいくつかの環境の手がかりは一時的な状況に固有のものである。これらの手がかりには、もし好機をつかみ危険を避けるのであれば、すばやく対応しなければならない。他の環境の手がかりは、よりゆっくり起こる変化を合図する。その例には植物の生長生殖周期と動物の繁殖活動における季節の変化が含まれる。これら季節の手がかりを評価し、それに反応することは環境においてうまく機能するために不可欠であるが、反省と計画には時間をかけることができる。極端なものとして環境の永続的特徴に結びついた手がかりがある。その例には地勢、湖、川、植生構造が含まれる。これらの特徴はすべて変化するが、その変化は非常にゆっくりである。

いくつかの理由によって、これらの手がかりすべてに対する人間の反応はきわめて多様である。人々の必要は年齢や当面の状況にしたがって変化する。ピクニックを計画している家族は、近づく嵐に対して、雨不足のために収穫物がしおれている農民とは違った見方をするかもしれない。ただし両者とも、雨が降り始めたら濡れない場所にいることを好むであろう。ある人物の現在の生理的状態は水、食物、避難場所などの重要性の感覚に影響する。人類の歴史の大部分にわたって、男性は狩猟者であり、女性は採集者兼子供の養育者であったので、男性と女性は、その見晴らしと避難場所の機会に関して異なる環境評価をすることが予想される。環境の手がかりに対する反応が非常に多様であるために、単純な理論では人間の反応の複雑さを説明できそうにもない。しかし、それで型の探究が無駄であるということにはならない。探究の焦点をしぼるために、私たちは環境の居住可能性の主要な構成要素を考察することにする。

資源の入手可能性

環境が食物と水を供給する能力はその居住可能性の必須条件である。第一段階では、大きな哺乳動物や鳥、花が咲き実のなる植物、水といった形式で、これらの資源について直接の情報が手に入るかもしれない。間接的な情報は、地形の手がかり（崖はよい眺めを与え、その底には水があるかもしれない）、人間の占拠のしるし（もし他の人々がそこに住んでいるのであれば、生命を支える資源が入手可能であるに違いない）、水鳥や他の動物の存在（これらは水や他の資源の存在の信号である）といった形式で手に入る。

さらに多くの居住性の情報が調査の過程で得られるかもしれない。第二段階では、将来の資源についての情報、特に季節の観点からの情報を集めることができる。花の咲く植物は潜在的な食物源である (Peters and O'Brien 1981 ; Peters, O'Brien, and Box 1984)。さらに、それらは果実と蜂蜜を将来、入手できることのしるしであり、一方で、いつどこで果実が見出せるかについての手がかりも与えてくれる。草の緑や樹木や灌木の葉は、将来の大きな哺乳動物の居場所となることを予言するものとして利用できる。はっきりした乾期のある熱帯地域では——われわれの祖先の生息地であるが——近づく嵐は食物や水の場所と入手可能性の変化の合図となり、それは本拠地や狩猟の軌道を移動する決定を行うために用いられる。

避難場所と食肉獣からの保護

特に夜間における物質的環境からの避難場所と食肉獣からの安全とは、人類の歴史を通じて環境の査定と評価の主要な要因であった。洞穴と火は両方の目的にかない、登ることのできる木は最近まで人間にとって重大な脅威であった地上の主な食肉獣からの安全を提供した。これらの環境的特徴は相対的に永続性があるという理由で、調査（第二段階）と占拠（第三段階）の両方の過程で安全にとって重要であった。実際に、アプルトン（1975）の見晴らし／避難場所理論は、調査を始めるべき安全な場所であるという証拠が、初めて接する環境に対して最初の肯定的反応を喚起する主要な特徴であると述べている。

危険の手がかり

環境は調査と占拠の両方の過程で危険をもたらす。気候、天候、火事、危険な食肉獣の存在、移動の障害などの特徴は直接、感知されるかもしれない。他の危険は動物や人間の行動によって示されることがある。たとえば油断なくあたりを見回しているカモシカは食肉獣をみた可能性があるが、落ち着いて草を食んだり、休んだりしているカモシカは安全を示している。他の人のびっくりした表情や、恐怖を表わす体のしぐさは、他の集団の構成員に実際に見える前に危険を警告する。対照的に、安心して幸福な人々はすべてがうまくいっていることを示す。そのような間接的な手がかりは、概して一時的な状況の合図となっているが、多くの直接的手がかりは、より長い時間にわたってあてはまる。ある環境が、避難場所、食物、水をもたないことを示す欠陥の手がかりも同様に重要である。この点に関しては、地獄は基本的なアメニティを欠いているように描写され、天国はそのような資源が豊富にある、ということに注目すると興味深い。天国と地獄の絵画は、画家がどの程度、生息地の快楽と苦痛、豊富と欠乏、安楽と危険を表わす直接的、間接的手がかりを用いるかを示している。

道探しと移動

ある環境を探索したいという気になるには、人はその一般的特徴に肯定的に反応する（第一段階）ばかりでなく、移動の道筋を知覚しなければならない。見知らぬ環境に入るまえに——あるいは絵画や写真に描写された景観に入ることを想像するまえに——人は概して、はなはだしい危険に遭わずに情報が集められる場所に至る道筋を決定する。これらの場所はアプルトンの言う周囲の環境の眺め（見晴らし）を提供する魅力的な避難場所である。もし道筋がその環境の観察者の現在の位置からは見えない部分の展望を開く見込みがあれば、探究の興味は増大しやすい（Kaplan and Kaplan 1982）。入りにくいか、入ることが危険であるような環境は、たとえ重要な資源を内蔵していても、第一段階で否定的な反応を喚起する傾向にある。

居住可能性と美学の検証

いま述べた概念は検証可能な仮説としての枠組みを与えられているので、科学的に利用できる。この調査領域の性質は、いかなる検証もそれ自身単独では完結しないというものである。しかしながら、いくつかの検査をして、もし一貫した結果が得られるならば、仮説に長所があるという確信は増すことになる。ここで私たちは、景観の美学についていくつかの仮説を提供し、絵画、景観構築、栽培における樹木や葉の大きさと形の選択、花に対する人間の反応と操作の分析を用いて検証する。

背景となる要因

どこへ行くのか、そこへどのように行き着くのか、いかなる活動をするのかについての決定は、年齢、性別といった個人的要因や、一日の時間あるいは天候状態などの状況的事実によって大きく影響される。景観の好みの究極的な目標は、環境についての決定を生存と健康を高めるような方向に導くことにあるので、人間の心理は、その人の現在と未来の必要と目標に関連した情報を提供する手がかりに敏感に反応する。環境に適応する機能を導く心理的なメカニズムは意識的な過程でさえないかもしれない。そのメカニズムが効果的であるために必要なことは、それが正しい時と場所において正しい行動を生みだし(Staddon 1987)、しかも祖先の環境において肯定的で目的にかなった状態を生む結果をもたらしたような状況において正しい行動を生みだすことである(Toby and Cosmides 1990)。

われわれの祖先が非常に敏感に反応した、ひとつの環境的手がかりは一日の時間である。昼から夜への移行の合図となった状況に注意するということは、毎日の採集、狩猟活動の期間、きまって長い距離をさまよった種の個体にとって強く適応すべきものであった。われわれの祖先が定期的に用いた空間の種類(社交の場、屠殺場、本拠地)については議論が続いているが、動、植物食糧が必ずしもとれた場所で消費されたわけではなく、普通はあとで消費したり、集団の構成員の間で交換したりするために安全な場所に持ち帰られたということは、だいたい一致した意見である(Binford 1985 ; Isaac 1983)。睡眠や休息の場も普通は食料獲得の土地から離れた位置にあった(Bourliere 1963)。

これらの条件においては、日没は夜のために安全な場所に戻ることを強く合図するであろう。暗闇はほとんどの人々にとって常に恐ろしいものであった。人間の視覚組織は昼間の活動に適応しており、夜は自分の主要な環境知覚手段に頼ることができないので、われわれは弱く頼りない気分になる。人間を襲う食肉獣の多く（ハイエナ、大きなネコ、野犬、毒ヘビ）は夜行動物であることを考えると、われわれの弱さはいっそう明白である。闇を恐れる理由は十分ある。こうして、夜の到来を告げる手がかり――たとえば日没――は強い動機となる。しかしながら、日没に対する特定の反応は、人が家の近くにいるか、それとも護るものもなく家から離れているかによって異なる傾向にある。沈む陽によってできる濃く長い影には、日中より奥行きの知覚がよくなるわずかな期間を提供し、そのおかげで、環境内のすばやい移動が可能になるという利点がある。いったん地平線の下に陽が沈んでしまうと、環境の細部や色ははっきりしなくなり、見分けにくくなる。

反対に、日の出は同じような緊急な反応にはつながらない。昇る陽は夜を過ごした避難場所から眺められるのが普通である。日の出は光が増す時であり、環境内の移動や危険の察知を助ける視覚により何時間も十分に知覚できることのしるしとなる。

風景画を仮説検証に用いる

風景画は新たに遭遇した場所に対する情緒反応を生みだすことを意図しているので、環境の好みと美学についての進化仮説を探究する理想的な形式である。絵を見る人は見知らぬ景観に直面するが、自分がその中にいると想像し、それを探究しようとする。明らかに、ほとんどの風景画は肯定的な情緒反応を生みだすよう計画されている。それゆえ、風景画はその見晴らし／避難場所という要素および、それが表わす移動の機会という要素に関して分析できる。

時刻の信号に対する人々の反応についての予想を検証するために、私たちは、日没と日の出の四六枚の絵画の内容分析を行った。絵画は展覧会に基づいた本から選び、広い範囲の画家を代表していた。しかしその一冊は、たくさんの日没と日の出の絵を描いたフレデリック・チャーチ〔一八二六―一九〇〇〕の絵のみがのっていた。検証したのは以下の仮説である。

1 日没の風景画には避難場所の象徴が多いはずである。日の出の絵には、画家が時刻を明確に示すことができるならば、避難場所の象徴はずっとすくないかもしれない。

2 人物のいる日没の絵は、場面が静かな場所として眺められるなら、特に太陽が地平線の下に沈んでしまっているなら、彼らが夜を過ごしたいと思っている場所に非常に近いところに人物を描くであろう。日の出の状況にいる人物は、同じような時間の制約が存在しないので、もっと多様な状況にいることが示されるだろう。避難場所が示されたとしても、人物はそこから出て行くところであろう。

3 緊張感の強い日没の絵は、避難場所から離れていたり、迫ってくる闇に対する注意の欠如を示すような活動に従事している人物を描く。

要素の分析において、われわれは、見晴らしと避難場所についておのおのの絵を採点し、景観における人物の位置と行動を記録した。避難場所に関しては、点数には、その場所の位置、型、近づきやすさ、目立ち具合を含めた。見晴らしの象徴には、場面の中の地平線の量、状況の開け具合、広大な眺めを可能にする丘、山、塔、その他「二次的見晴らし」(Appleton 1975) の存在も含まれた。見晴らしと避難場所に加えて、われわれは空の状態にも注目し、その状態には空の色と雲の存在も含まれた。

日没 (n=35) は、日の出 (n=11) よりはるかに一般的である。後から考えると、これは当然である。

日没が提供する情報は日の出によって手に入る情報よりはるかに価値があり、緊急の注意を必要とする(一方、夜遅くまで仕事をすると、画家は日の出過ぎまで、よく眠っていたいかもしれないという可能性は排除しない)。

予想したとおり、日没の絵は避難場所の象徴の比率が高かった。避難場所の得点が高い絵は、日の出の絵の九パーセントに比べ、六六パーセントであった(chi-square[カイ2乗分布]=10.89, p=.004)。避難場所の型と位置の分析は、日没の絵にはより人工的な避難所(主として家だが、教会もある)があって、建物の四六パーセントが景観の前景か中景にあることを示している。対照的に、日の出の絵の五五パーセントには建造物の避難場所はなく、前景に建物のある絵はひとつもなかった。日没の絵の中の避難場所の目立ち具合も明らかであった。建造物の避難場所のある絵のうち四六パーセントは窓に灯りがあり、一二パーセントは煙突から煙が出ており、七パーセントは煙と灯りのある窓の両方があった。これらの信号が存在しないときは、画家は、避難場所を背景から目立たせるために、強い明暗を用いた(たとえば暗い植物に対して白い家)。

訳注

ここでは仮説の検証に統計的検定の方法が用いられている。偶然がからむ有限の観測結果に基づいて想定された仮説に黒白をつけるのは困難なので、まず観測結果が偶然によって生起する確率を計算し、それがあらかじめ定められた値を下回る場合には、偶然に支配されておらず、結果を偏らせる原因がある(仮説が正しい)と考える。ある結果が生起する確率として用いられるのが検定統計量であり、割合を比較する場合に用いられる検定統計量がカイ2乗統計量である。偶然によってこの値を得る確率がpであり、これが基準(0.05, または0.01)を下回れば、結果が偶然によるものではないといえる。後に現われるtは、二つの平均値の差が有意性の(Fは、三つ以上の平均値間の差の有意性の)検定のために用いられる検定統計量である。

人物に関する仮説を検証するために、われわれは、場面の中のおのおのの人物の位置と活動に注目し、可能である場合には、人物が男性か女性か子供かを特定した。当然のことながら、外に出るのが望ましくない時間なので、日没は日の出より人物が少ない。日没の絵には合計九三人（一枚の絵の平均は二・六）、日の出の絵には四八人（平均四・四）の人物がいた。日の出の情景のうち一枚を除いたすべて（九一パーセント）に人物がいたが、日没は七〇パーセントであった。さらに、日の出の二パーセントに比較して、日没の六三パーセントでは、人物が避難場所のなか近くにいた（chi-square＝50,000, p＝.0000）。

人物が、避難場所からはなれている三枚の日没の絵のうち二枚は、心休まるとは言えない情景を描いている。ジェローム・トンプソン〔一八一四―一八八六 アメリカの画家〕の『マンスフィールド山の遅れたパーティ』は、三人の男性と三人の女性が風景のはるか高みの断崖にいて、太陽が地平線の下に姿を消し、闇が山々の片側を覆っているところを描いている。男性のひとりが心配そうな顔をしながら彼の時計を指差している。この絵の説明には次のような言葉がある。「すわった若い男性は彼の懐中時計を持ち出し、時間が遅く（沈む陽によっても暗示されている）、暗くならないうちに、下山しなければならないことを警告している」。

マーティン・ジョンソン・ヒード〔一八一九―一九〇四 アメリカの画家〕による『リンの草地』では、三人の男性が貝採りをしていて、避難場所はみえず、陽は地平線の下に沈んでいる。付随する文章はこういう。「絵に描かれているのは、無限に広がる地平線を背景に、干上がった沼で貝採りをしている三人の男性である。……これらの活動は時ならぬ日没の時間に行われており、空のドラマによってその出来事が無意味になってしまう可能性がある。泥を掘っている二人の男性は、『ジョージ湖の人物』を思わせるような様子で、周囲に無頓着であるが、背景の状況を考えると、彼らの無知は深刻な状態であると思われる」。

避難場所の魅力は、その位置や目立ち具合によるばかりでなく、見る人にとっての近づきやすさによっても影響を受ける。ある状況においては、避難場所は不当な侵入を妨げるために（危険な峰の上に位置する僧院や砦の場合のように）、意図的に遠くはなれているかもしれない。しかしながら、もし画家が日没時に平穏の感情を引き出そうとするならば、避難場所は簡単にたどり着ける場所にするべきである。いくつかの選択が存在する。避難場所に通じる小道や道路があるか、あるいは地面が開けていて、背が低く簡単に横切ることのできる草で覆われている。われわれは避難場所の近づきやすさを、高、中、低で評価した。近づきやすさの程度が高い場合は、小道や開けた地面によって示された。中は潜在的な障害（丘か森）が超えられることを意味した。低は避難場所に到達する方法が示されていないか、遠いか、あるいは地形が横断し難いことを意味した。日没の絵の避難場所の九二パーセントあまりは、きわめて近づきやすかった。日の出の絵からも同じような結果が得られた。

見晴らしと避難場所における性差

生殖および生計維持活動に関する両性の間の実質的な差異を考えると、男性と女性は環境を異なったやり方で利用し、査定するはずである。男性も女性も避難場所に魅力を感じるが、いくつかの理由で、男性より女性の方が閉所や保護された場所に親近感を示す。妊娠や子供の世話に絶え間なく携わっているために、女性（そして、その世話になっている子供）は食肉獣に襲われる危険が大きい。避難場所によって、彼女らがこのような危険に曝されることは少なくなる。女性はまた妊娠と授乳によって、ますますエネルギーが必要になる。避難場所、特に頭上をふさいでくれるような場所は、太陽や厳しい天候のような深刻なエネルギーの流出となりうるものから救済を与えてくれる。避難場所はまた母と子にとって、きわめて無防備な時期である出産期間を保護してくれる。

最後に、男性に比較して体が小さいために、女性は食肉獣との遭遇において不利である。このような条件におけるもっとも賢い策略は、なによりもまず食肉獣の環境に入る危険を冒さないことによって遭遇を避けることである。進化の過去において人間を食する主要な食肉獣の多く（大きなネコやハイエナ）は、避難場所を与えてくれる森林地帯ではなく、開けた草原やサバンナで狩りをした。食肉の動物に加えて、女性は生殖の利を得ようとする人間の男性の攻撃の危険にも曝されていた（女性に対する男性の攻撃についての進化の基盤の議論に関しては、Smuts 1992 を見よ。男性の性的強制から身を護るための逃げ場（refugia）の使用については、Gowaty 1992 を見よ）。しっかりと閉ざされた場所が望ましい活動もあるかもしれないが、女性も男性も身動きできなくなることや、不意を襲われることを避けるために、見通しが効いて、周囲との視覚的接近が可能である避難場所を好む。女性にとって「開けた」避難場所は、密生した藪では簡単に迷子になってしまう小さな子供の守をしているときに決定的に有利である（Hawkes 1987）。

男性と女性の環境の好みに影響を与え得るもうひとつの要因は、人類の歴史を通して持続している労働の性的分化である。生計維持における性差と、生計維持と社会的行動および生殖のための行動との複雑な関係について大量に文献があるにもかかわらず（Tooby and DeVore 1987）、生計維持活動の策略と環境に対する進化した対応との間の関係についてはあまり注意が払われてこなかった。進化の過程を通じて、男性は狩猟者であり、女性は採集者であったのだから、環境に対する好みは生計維持の役割と一致しているはずである。とりわけ男性は進化の過去において、大量の獲物の群れを支えた開けて見晴らしが優先する景観に強い親近感を抱くだろう。女性は植物、果実、青菜を生み出す可能性のある、より植物の繁茂する生息地を好むだろう。

この景観の型の両方とも、初期の人類が繁栄したアフリカのサバンナに存在した。この生息地には開けた草原、まばらな下草、川や湖に近い密生した森林がモザイクのようにちりばめられている（Butzer 1977; Blumenschine 1987）。まばらな木、丘、岩が露出した開けた草原は、狩りをするのに理想的な生息地である。広い展望が遠方への移動を計画するのに必要な空間を提供するのに対し、樹木や高所は、そこから動く動物の跡をたどるための場所を与えてくれる。そのような見晴らしはまた、食物や伴侶のための潜在的競争者となる他の人間集団を視覚によって査察することを可能にする。何人かが提唱しているように（Toby and DeVore 1987）、男性と男性の競争が人間の行動の進化に決定的役割を果たすとすれば、競争相手を前もってよく見ることができるということは、戦略計画を練るのにきわめて有利であろう。

私たちは男女の風景画の内容分析を行うことによって性仮説を検証した。特に一八世紀、一九世紀の風景画の最盛期には、男性の画家に比べて女性の画家はずっと数が少ないが、アイルランドとフランスの女性の絵画のサンプルと同時代のアイルランドとフランスの男性画家の絵とを比較することができた。私たちは、見晴らしと避難場所の象徴と風景の中の人物の位置とに関するデータを集めた。合計一〇八枚の絵を分析した。五二枚は女性、五六枚は男性の画家によるものである。主要な見晴らしの象徴には、開けた景観、眺めのよいところ（丘、山、岩の露出）、少なくとも絵の幅の半分の長さの地平線の眺めなどが含まれる。主要な避難場所の象徴には、家や他の建物、特に前景で植物に覆われている空間（木の天蓋や森林）が含まれる。

女性の絵のほぼ半数に主要な避難所の象徴があったが、それに比べ男性の絵はたった二五パーセントであった（chi-square=6.89, p=.03）。男性の絵は中位の範疇に入るものが多い。かくして、予期したように、男性は避難所をまったく拒否するわけではないが、女性に比べてどうしても必須だと思うことが少ない。同様に、これも予期したように、男性の絵画は見晴らしの方により関心がある。彼らの絵のほぼ半数は主要な見晴らしの範疇にあり、それに対して女性の絵は四分の一である（chi-square=12.07, p=.002）。男性の絵の約四分の三には中くらい、または主要な見晴らしの象徴があるが、女性の絵は半分以下である。見晴らし指向は絵画に見られる地平線の量を計ることによっても、査定できる。男性の風景画では、地平線が少なくとも絵の半分の幅を覆っている絵が五八パーセントあった。これに対し、七五パーセントの女性の絵には地平線がないか、あるいは、のぞき穴ほどであり、地平線が広く見渡せたのはたった一四パーセントであった。

見晴らし／避難場所の象徴に加えて、風景のなかの人物の配置における性差も査定した。絵は合計一六六人の人物を含んでいた（男性二一パーセント、女性四九パーセント、子供一一パーセント、小さすぎたり、遠すぎて確定できないもの一九パーセント）。私たちは、女性の人物は避難場所に位置づけられやすいし、男性は開けた空間に配置されることが多いだろうと予想した。データはこの予想を確証した。男性の人物のほぼ半分が開けた空間にいたのに比べ、女性の人物はたった一四パーセントであった。男性は見晴らしと避難場所の位置に同じように分かれていたが、大多数の女性（八六パーセント）は避難場所にいた（chi square=7.40, p=.006）。確定できない人物について予測はしなかったが、そういう人物はほとんど例外なく男性の絵に見いだされた。

この性による偏りは男性によって描かれた絵と女性によって描かれた絵と比較したとき一層強く現わ

れた。女性の画家は男女両方の人物を避難場所の近くにおく傾向があった。女性の絵の中の女性の人物のたった六パーセントが開けた空間にいたのに比べ、男性の絵では三五パーセントであった（chi square＝9.00, p＝.002)。男性の画家は、自分の描く男性の人物の六二パーセントと女性の人物の二六パーセントを開けた空間に配置した。

日没と日の出の絵のなかの人物の分析もまた、女性の人物の半分以上が避難場所の近くに位置しているのに対し、男性の人物の二九パーセントがそうしているにすぎないことを示している。興味深いことに、日没の絵には一一人の女性の人物しかいないが、男性の人物は五八人もいる。この割合は、夜は女性が家から離れるのに適さない時間であることを示している。

風景画における性差の分析は、私たちの仮説を確証しているが、この結果は環境に対する進化した反応というよりは文化的要因から生じたと解釈することも可能である。女性の生活は一八、一九世紀には現在よりもっと制約されていた。だから、女性が避難場所を描く傾向は、男性の画家より、家の近くにとどまっていたことを反映しているかもしれない。それにもかかわらず、当時の女性が、少なくとも時折は家をあえて離れ、公園や田舎で開けた空間やパノラマの眺めを経験したことは疑いがない。彼女らがそのような場面を描こうとしなかったという事実は、機会の欠如を示すものではない。それは単に興味の欠如を表わしているにすぎないのである。

景観のデザイン

建物の持ち主はよく景観のデザイナーを雇って、彼らの土地を美的に心地よいものにする。デザイナーには、しばしば巨額の支出をともなうので、景観のデザイナーが推奨する種類の変更を見て教えられることは多い。ハンフリー・レプトン〔一七五二―一八一八〕は、一八世紀のイギリスの造園家であるが、彼は顧客に彼らの地所の「前」と「後」の絵を見せ、これらの絵と、それに付随する文章を赤いカバーで製本した（Repton 1907）。これら「レプトンの赤い本」は進化の仮説を検証するのに貴重な資料である。もし人間がある種の景観や景観の要素に本能的偏見をもつのであれば、彼らの訴えを強化すべく環境に付け加えられた特徴のなかに、この偏見が見られるであろう。レプトンの例が特に興味深いのは、彼の操作の多くが、デザインを潜在的顧客にとって、より魅力的なものにするためだけになされているからである。実際、変更のうちのあるものはレプトンの実行力を超えていた――たとえば地所の草地にきまって羊や鹿の群れを加えたり、現在の木の形を時には変えて、より魅力的なものにするというものであった。

この点を心に留めて、私たちはレプトンの赤い本の数冊の内容分析を行った。完全な分析を行うためには、アメリカやイギリスの無数の図書館を歩き回らなければならないだろうが、私たちは予備的分析を行うために、「前」と「後」のデザインの一八のサンプルを入手することができた。検証したのは以下の仮説である。

1 景観はよりサバンナに似るように変更される（たとえば開けた空間にまばらな樹木と下草）。
2 閉ざされた森は視覚的な接近と見透しを増すように開かれる。
3 遠望、特に地平線の眺めが開かれる。
4 現在、何もなければ、避難場所が加えられる。
5 移動の容易さを示す手がかり――小道、橋、道路――が加えられる。
6 もし、ない場合には、水と大きな草食哺乳動物が加えられる。さらに、動物は危険に対して緊張や心配がないことを示す状態に置かれる（聞き耳をたてたり、走っているのでなく、寝そべっているか草を食んでいる)。

予想したとおり、レプトンは彼のデザインのほぼ半分において開けた空間に木や下草を付け加えた。その二六パーセントにおいて、水辺に下草が付加されているが、そのようなデザインの特徴は風景の避難場所的性格を増し、水を飲むこと、休息、水浴などに注意を向けているときに人々を保護するものである。レプトンはまた、しばしば樹木を開けた空間に移動させることによって、草原／森のまっすぐな接線を切り開いた。これらの特色はすべて、人間が何百万年も暮らした生息地であるサバンナの環境の特徴である（Butzer 1977 ; Foley 1989)。レプトンは景観の四二パーセントの木を地平線へ移動し、眺めが開かれるようにもした。そして、彼は四つのデザインにおいて密林を開き、見通しをよくした。彼はその書『景観造園の技術（*The Art of Landscape Gardening*』1907 : 97）に、木が多すぎると「場所が陰鬱で湿っぽく見える」と記している。彼が水の特徴に加えた変更は、彼のデザインのなかでも目覚ましい側面のひとつである。レプトンは水を付加した。水の特徴を拡張するか、より目立つようにした。四八パーセントのデザインにおいて水の要素への視覚的接近を強調した。彼の水は開けた場所にあり、しばしば縁に木の茂みがあるのが特徴であった。さらに、彼はしばしば小川に岩を加え、「狭くて、よどんだ小川に、きわめて好ましい、さざ波のたつ生き生きした効果」を与えた。レプトンは、「そのようなだましによってのみ、芸術は自然のもっとも心地よい作品を模倣することができるのである」と記している（1907 : 96)。

レプトンは風景の魅力を増すために動物や船を添加することで彼の顧客の間で悪名が高かった。私たちが分析したデザインの中で、彼は約二〇〇頭の大きな草食哺乳動物を加えている。四つの風景においては船を加えた。彼は、人々は船や動物の付加にしばしば反対したと述べているが、自分ではその行為物の使用は、これらの変更が風景の魅力を増すためのトリックにすぎないので、特に興味深い。彼の動を「両方とも改良の真の目標であり、風景に活気を与える」(1907：42) と言って弁護している。彼の動

「前」と「後」の分析

風景画家は、しばしば彼らの描く風景を変えて、より大きな魅力やドラマを与えようとする。一九世紀、イギリスの有名な画家であるジョン・コンスタブル〔一七七六—一八三七〕は、この点に関して特によいデータ源である。それは、彼がしばしば彼の完成作品と比較できる風景のスケッチを制作したからである。もちろん、スケッチは実際の場面と近似していると仮定する。

私たちは、「前」と「後」の分析を可能にする詳細さをもって描かれた九組のスケッチと絵画を見付け出すことができた。絵画の内容分析を行い、スケッチに描かれた景観に対して加えられた、あらゆる変更を記録した。その結果は、コンスタブルの景観の変形が本章で提示する進化論的解釈ときわめて一致していることを示している。もっともひんぱんに加えられた変更には家、人物、動物の付加、そして地平線や避難場所が広く見えるようにする植物の変更、水の特徴をより目立たせるようにする変更が含まれる。九組のうち七組において、コンスタブルは木の天蓋を開いて、幹や枝の配置が目立つようにしている。彼はまた、ある場面では壮大な虹を、二枚の絵では高く湧きたつ雲を描き加えている。

九組のうち六組では、避難所の状況の変更が伴っていた。コンスタブルは、四枚の絵で建物を加え、二枚で避難場所を切り開き（その前方の灌木を移動して）、二つの場合で明るい色を塗ることによって、避難場所が目立つようにした。(合計すると、六つでなく八つの変更になる。コンスタブルは二枚の絵で避難場所の変更を多数行っているからである。) 場面に加えられた動物には、羊の群れ、六頭の馬、

数等の牛、二匹の犬、一頭の大きな鹿、鳥の群れがいる。六枚の絵で合計二〇人の人物が描き加えられた。

コンスタブルの木には特に興味をそそられる。前景の木の葉の除去は、そうしなければ見えなかった複雑な枝の配置を露にしている。彼は、幹や枝をはっきり見せるために、しばしば葉のない木をスケッチした。私たちにとって、コンスタブルの木の構造に対する興味は特に面白い。それは、人間の生息地の選択についての私たちの初期の研究が、木の形の美的判断に関するプロジェクトだったからである。

木の形の分析

人類の進化の過程の大部分において、木は日常生活で中心的役割を果たしてきた。木は食物と日陰の源であり、安全な寝場所、食事場所をもたらし、地形を調査するのに有利な地点を提供した（Bourliere 1963 ; Isaac 1983 ; Shipman 1986）。人々が技術に熟達するようになると、木は隠れ場所、武器、道具、薬なども提供した（Lee 1979）。人間の生活における木の中心的役割を考えると、木の魅力がその機能的特質と関係するのかどうかを問う価値はある。多くの研究が、木は人々の環境の質の概念において、ひときわ目立つものであることを示しているが、次の質問を投げかけた研究は少ない。すべての木には同じように肯定的反応を生み出す効果があるのだろうか。

生息地の選択の基本モデルから得た議論を用いて私たちの仲間が（Orians 1980）、人類の進化にとって良質の資源を提供する環境の木の形の特徴の方が劣った生息地を特徴づける形よりも好ましい、という説を述べた。アフリカのサバンナにおいて、木はその高さより、大きく広がった天蓋、高さに限りのある幹、その幹の半分以下まで下がる枝、小さい葉、枝が層をなす構造をもっている。より乾燥したアフリカの生息地の木の多くは幹がまったくなく、しばしば枝の密生して込み入った型をもっている。対照的に、東アフリカのより湿った状況の木は幅よりも高さがあり、幹も高く、枝の型は層をなすのではなく一様である。

サバンナ仮説の予備的検証において、オリアンズ（1986）は、良質なアフリカのサバンナの木と、日本庭園に使用するために選ばれた木とを比較した。二つの仮説が検討された。ひとつは、庭で使用するために選ばれる木は、選ばれない木より自然に生えている状態でサバンナの木に似ているであろう。二番目の仮説は、それに続く木の生長形態の修正は、剪定であれ遺伝子操作であれ、操作されない個体に比べて、サバンナのモデルにもっと似せる傾向にあるだろう。最初の仮説を裏付けたのはカエデ（*Acer*）であったが、オーク（*Quercus*）は、選ばれたものと選ばれなかったものと比べて一般的生長形態に違いはなかった。第二の仮説を強く裏付けたのは日本庭園に使用された針葉樹であった。庭園の針葉樹は高さより幅が大きくなるよう剪定によって調節されている。幹は枝が地面に近づくよう形を変えられ、葉は多くのサバンナ種の葉に似た、はっきりした層をなすよう刈られている（Orians 1986）。

私たちは、これら予備的な結果を、木の形の写真に対する人々の反応を測定することによって補足した。G・H・オリアンズとE・N・オリアンズは、東アフリカの良質なサバンナに特徴的で、その種の形を全般的に表わすアカシア・トーティリス（*Acacia tortilis*）の写真を大量にとった。一連の写真から私たちは、高さ／幅の割合、幹が二股に分かれる高さ、天蓋の層の程度が異なる一組の樹木を選び出した。木の種は一定に保ったので、これらの変種の重要性は比較的一様な背景に対して査定できた。私たちは四つの仮説を検証した。

1　幹の低い木は幹の高い木より魅力的であろう。

2　中くらいの密度の天蓋をもつ木は、密度の低い木や高い木よりも好まれるであろう。
3　天蓋の層の厚い木は、薄い、あるいは中くらいの木より魅力があるだろう。
4　高さに比較して、天蓋の幅が広い木は予想以上に好まれるだろう。

この研究で用いた刺激は、写真質問事項に印刷された白黒の写真である。すべての木の写真はほぼ同じ距離、似たような空の状況下で撮影された。樹木を完全に切り離すことは不可能であったが、個々の木に焦点が当たるよう念入りに試みた。背景に目立つ山や丘がある写真はすべて除去した。これらの特徴が好みの判断に影響することがわかっていたからである。

私たちは、おのおのの主要な範疇（幹の型、天蓋の密度、天蓋の層）は変化しているが、他の範疇はできるだけ一定になるように写真を選択した。たとえば天蓋の層と全体の形を一定にし、幹の型を変えた。最終的な質問のために選んだ木の一つひとつを、私たち二人がそれぞれの主要な方面について独自に評価した。完全に一致した木だけが研究のために選び出された。この研究は主として魅力評価の方法に基づいている。私たちは、特に美的判断を考慮していたので、より一般的な〈好き／嫌い〉の次元ではなく、〈魅力的／魅力的でない〉という次元を使用することを意図的に選択した。さまざまな理由で、人は魅力的と判断した点とほとんど関係のない特定の木を好きになることがある。たとえば裏庭の木と似ているとか、住んだことのある場所を思い出させるとか。

私たちは、おのおのの木の四つの寸法を測定した。すなわち、天蓋の幅、天蓋の高さ、木の高さ、幹の高さである。測定はミリメーター定規を用いて写真で行った。その後、データは天蓋の幅／天蓋の高さの割合、天蓋の幅／木の高さの割合、幹の高さ／木の高さの割合に変換した。これらの測定から天蓋の特徴と幹の高さの客観的査定方法が得られた。被験者の評価は六点尺度で行った。一から二は「魅力的でない」、三から四は「中くらいの魅力である」、五から六は「非常に魅力的である」。尺度には、それぞれの中間に小数点があり、被験者が、たとえば三とか四でなく、三・四と評価することができるようにした。

合計一〇二人が調査に答えた。七二人はワシントン大学書店の前で選び、三〇人はキャンパスのレストランで抽出した。年齢は一八歳から六〇歳までの範囲であった。人々に近寄って、環境美学における樹木の役割についての質問事項に回答してくれるかどうか尋ねた。彼らが同意すると、調査を行った。調査の指示は次のように書いた。「付随する写真質問事項において、何本かの木の相対的魅力を評価してください。各ページに六本の木があり、評価の尺度がその下にあります。その木の「魅力」についてあなたの意見に、もっともよく該当する尺度の点数に〇をつけてください」。彼らには、各ページの木を評価してから次のページに行くように、そして、いったん次のページに進んだら戻らないように頼んだ。

私たちの分析は、幹の高さ、天蓋の層、天蓋の幅／木の高さの割合が、魅力の点数に有意に影響したことを示している。天蓋の幅／天蓋の高さの割合は、予想に反して魅力の評価に有意味な効果をもたなかった。写真質問事項の最終版の印刷が暗く、天蓋のいくつかが元の写真より密に見えてしまったため、天蓋の密度の持つ重みは評価できなかった。

すべての木の平均点を検査するのに加えて、七本のもっとも魅力的な木と七本のもっとも魅力的でない木の比較も行った。表4-1に見るように、もっとも魅力的な木は大きな、あるいは中位の層をなす天蓋をもち、もっとも魅力的でない木より幹が低く、天蓋の高さ／木の高さの割合が高かった。木の視覚的分析は、もっとも魅力的でない数本の木は、折れた枝、曲がった幹、左右対称性が非常に悪い天蓋

表4-1　最も魅力的な木と最も魅力的でない木との比較

	7つの最も魅力的なもの	7つの最も魅力的でないもの	t	p
平均的魅力値	3.91	2.9	12.58	.000
幹の高さ／木の高さの割合	0.17	0.33	8.24	.000
天蓋の幅／木の高さの割合	1.93	1.53	5.89	.000
天蓋の幅／天蓋の高さの割合	3.63	3.56	0.20	.83

をもっていることを示している。

簡潔に言えば、この研究は以下を示している。ある木の形は他の形より明らかに魅力的である。美的な質は、幹の高さ、天蓋の層、木の天蓋の幅に対する木の高さの割合に基づく。天蓋の幅／天蓋の高さの割合は、魅力の点数に有意に作用しなかった。資源破壊（葉の落ちた枝）あるいは不健康（枯れた枝、変形）は、魅力の点数に否定的な影響を与えた。私たちは、木の健康状態については特に予想をしなかったし、実際に木の状態を一定に保とうとした。しかしながら、干ばつ状態や生息地の喪失に関連した、象による集中的な食料集めのために、折れたり葉の落ちた枝のような因子を完全に除去できなかった。木の状態に関してサンプルを一様にしようとする努力にもかかわらず、被験者は容易に欠点を感知した。

もし過去の進化において、木が保護と環境の視覚による査察および食物のために重要であったならば、これらの必要にもっとも影響を与えやすい特徴は幹の型、天蓋の形、健康のしるしである。低い幹は高い幹より登りやすい。傘のような天蓋の方が狭く高い天蓋より、太陽や雨からよい避難場所を与えてくれる。私たちの予備的調査の結果は、木と人間の関係についての機能進化観と一致する。

植物の特徴の人為的選択

何千年もの間、人々は、食物、繊維、美的快楽の源泉としての植物の価値を増すために人為選択を手がけてきた。多くの研究は、植物栽培の主要な要素である植物の食べられる部分の質と量を増すために企てられた変化に集中している。それにもかかわらず、人間の生活における植物の美的役割も十分重要であり、遺伝的選択あるいは剪定によって植物全体あるいは葉や花の形や大きさを修正するために、かなりの努力が費やされてきた。そのような選択の一例として、日本カエデ（アセル・パルマツム *Acer palmatum*）の栽培変種において生み出された変化の分析を提示する。この種は正式の日本庭園で広く用いられている種である。

良質のアフリカのサバンナにあるほとんどの木は小さく、まとまった葉をもつので、選択が葉の裂片の数と裂け目の深さを増すであろうと、私たちは予測した。選択が葉を小さくするであろうという予測を検証することはできなかった——葉の大きさを見積もるのに十分な情報はヴァートリーズの概様（Vertrees 1978）から得られなかった——が、すべての矮種の栽培変種が野生のアセル・パルマツムよりずっと小さな葉をもつことに気付いた。私たちは、人為選択が高さより幅のある樹冠を広げた木を優先するだろうとも予想した。

葉の色合いについての予測はもっと複雑であった。人類が進化した熱帯の環境では普通、鮮やかな色合いは新たに芽を出す葉に限られていた。新しい葉の芽生えは雨期の始まりとしばしば結びついており、それは資源の増加する時期であった。さらに、その時期の方が、すべての植物が緑の葉をもつ後の時期より、ある種の木や灌木の位置を確定しやすいかもしれない。一般に、葉が老いて落ちる時期の熱帯の植物の葉には目立つ色は見られない。多くの木において、鮮やかな色合いは花が咲くときの特徴である。

それは、大多数の熱帯の樹木は動物によって受粉される花をもつからであり、その多くは多量の花が咲いて、その結果、木全体が色で輝くが、それはほんの数日である。はっきりした乾期のある地域では、多くの木は乾期に花が開き、そのときは葉がないので一本一本が特に目立つのである。

花の咲く木が特に魅力があるのは、それらが進化の時期を通じて人々の主要な食物源だったからである。実際、花は植物が食べられるのを阻止するために葉に隠す毒素の多くをもたないのが通例なので、特に望ましい食物なのである。また、花の組織は花粉、花蜜、成長中の胚種の形で高いレベルの水と窒素を含む（Strong et al. 1984 ; Scriber and Slansky 1981 ; Bazzaz et al. 1987）。さらに、蜂蜜として濃縮された場合、花は最近まで唯一の主要な天然砂糖源であった。養蜂は何千年もの間、人類の文化によって行われてきた古い技術である。花は食べられないときでさえ、その多くが食べられる果実や木の実の将来の入手可能性を示す役割を果たす。それゆえ、われわれの祖先の間では、花の咲く木に注意を払うことは生存に肯定的な働らきをしたであろう。そして、花の時期は非常に短いので、現在そして未来の資源を確保するためには、絶えず花に注意している必要がある。

カエデは多くの熱帯の木とは異なり、選択の的としては劣っている目立たない風媒の花をもっている。しかしながら、葉は葉緑素で覆われているときでさえ赤や黄色の色素をもっていて、それらが通常、見えない季節にその色を目立たせるように選択されることはありうる。かくして、私たちは、日本カエデは花の代わりに夏の葉の鮮やかな色合いのために、選択されたのだろうと予測した。

私たちの統計は、ヴァートリーズによって集められた日本カエデの広範な概要（1978）から引き出された。「野生種」（*A. palmatum*）」は七つの裂片と緑の葉をもち、裂け目の深さは中くらいであった。ヴァートゥリーは、カエデの栽培種を「掌状（palmate）」、「裂状（dissectum）」、「深い切れ込み（deeply

表4-2　アセル・パルマツムの特徴

集合	栽培変種植物数	葉の色				裂け目の数					裂け目の深さb			
		緑,	赤,	紫,	他a	5	6	7	8	9	2	3	4	5
掌状	44	20	11	12	1	4	15	20	4	1	4	17	15	5
裂状	27	9	7	7	4			13	10	4				27
切れ込みの深い	39	11	9	13	6	1	5	29	3				3	36
線状裂片	10	5	4		1	7		3					1	9
矮種	20	12	2	1	5	16	2	2			1	7	8	4
合計	140	57	33	33	17	28	22	67	17	5	5	24	27	81

注　「野生種」アセル・パルマツムは7つの裂け目，緑の葉，2-3の裂け目の深さをもつ．a 「他」は斑入りや若い葉が成長した葉と色が違う場合を含む．
b　尺度，1＝浅いから5＝深い（ほとんど元まで）．
資料　ヴァートリーズのデータ（1978）

divided）」、「線状裂片（linearilobium）」、「矮種（dwarf）」と名付けて、グループに分類する。これらのグループで、それぞれの名を付けられた栽培種について、夏の葉の色、裂片の数、裂け目の深さを記録した。裂け目の深さは、一から五の尺度で採点し、その場合、一は非常に浅い裂け目、三は葉の付け根までの約半分が裂けている、五は葉のつけ根まで裂けていて、葉は、事実上、複葉である。「野生種」では、裂け目の点数は二から三であった。裂け目は個体の内部でも、また個体同士でも異なるが、三より大きな裂け目のある葉は自然界ではまれであった。

分析結果は、表4-2に示すとおりである。それは、葉の赤い色合いに対する強い選択があったことを明らかにしている。栽培種の半分以上が緑でない葉をもっていた。多くは若いときに赤みがかっていて、成熟すると緑になる葉をもっている。ヴァートリーズは、色とりどりの葉をもつさらに四〇の栽培種（表にはない）も説明しているが、その多くが赤い色をもっている。表4-2は、夏の葉の色の点を示していることを強調しておく。ほとんどすべての栽培種は、秋には赤やオレンジ色の葉をもつ。

予想に反して、裂け目の数の選択は弱かった。例外は「裂状」種で、この場合は、深い切れこみが元の裂け目を二つに分ける傾向があり、その結果、七から九の点数を生じた。しかしながら、裂け目の深さは強く選択されていた。「野生種」アセル・パルマツムと同じくらい浅い裂け目の変種は非常に少なく、変種の半分以上は葉の付け根まで裂けていた。これらの葉は掌状複葉に見える。さらに、「裂状」栽培種の多くの裂片はそれ自身深く裂けていて（それゆえ、その名が付いている）、葉が二重の複葉になっているように見える。

垂れ下がったり、地面に届きさえする形の選択は非常に強い。すべての「矮種」の栽培種は一メートル以下の高さで成熟する。高い形のものの多くは灌木状になり、成熟したときに高さより幅が大きくなり、垂れ下がる枝をもつように選択される。これは、ほとんどすべての「裂状」種、多くの「掌状」種に言えることである。対照的に、多くの「深い切れ込み」栽培種は直立形であった。

資源のしるしとしての花

花の栽培は人間の主要な企てである。病人の訪問には花がつきものであり、晩餐会には客は主人に花をもってくることが多い。実際に、人々は年間、花に何百万ドルも費やすのである。花が食物資源との長い間の連想のために強い肯定的感情を喚起するのだという、私たちの見方が正しければ、花に対する選択は資源の量を示すような特徴を増すことになるだろう。

花蜜の量は、花の大きさ、および花冠の不整斉——すなわち非対称形——と肯定的相関関係にある。

不整斉は花粉媒介者の進入を単一の通路に部分的に制限し、その結果、花粉を媒介者の体に正確に付けるように進化する。不整斉はまた、一定の潜在的花粉媒介者だけに進入を制限するかもしれない。媒介者はこれら複雑な花に進入し、開拓する方法を学ばなければならないが、いったん使い方を覚えると収穫率は高くなるだろう。実際、花粉媒介者の側の特殊化にあわせるように、不整斉の花の場合その植物は平均以上の量の資源を提供しなければならないのである。さもなければ、花粉媒介者はこのような花を訪れることが得になると思わないだろう。

私たちは、栽培過程での花の変化の分析はしていないが、おおざっぱな検査からでも、一般に花がその全体を大きくし、花の器官（特に、がく片と花弁）の数を増やすように選択されていることは明らかである。両方の変化とも資源の量が増すことを示すであろう。不整斉の花が対照的な花より魅力があるということは、それほど明白ではない。不整斉の花の最たるものである蘭は非常に魅力的であるのみならず、普通、大きくて、摘まれたあと、何日間ももつという望ましい特徴ももっている。それにもかかわらず、私たちの印象では、特殊な形をもつ花が特に魅力的とも望ましいとも見なされてはいない。花の形に対する選択は将来の調査の主題である。

魅力対嫌悪

バイオフィーリア現象に興味をもっている者にとって、明々白々のものが好奇心をかきたてるのである。自然と結びついた恐怖や快楽の多くは、それらがあたりまえのものであるために、一見すると科学的調査にふさわしくないように見えるかもしれない。しかしながら、よく考えてみると、いっそう興味深いのは、現代生活の実際の危険——銃、爆弾、麻薬、汚染された水——は、われわれの進化の過去から残っている危険（ヘビ、食肉獣、暗闇）ほど、悪夢や強い恐怖をひんぱんには生みださないということである。

われわれに快楽をもたらす物や場所についても同じことが言えるだろう。花、草を食むシカ、登れる木は、かつてほどには生存にとって欠くべからざるものではなくなったが、これらのアメニティにたいするわれわれの情緒的愛着は、いまや、われわれを狩猟、採集していた先祖から分かっている時空の溝を超えて生きながらえている。われわれ現代人は、われわれを熱帯の始源へと戻してくれる「夢の休暇」に法外な額の金を費やす。われわれが、わざわざ探す環境は水、緑の樹木、花、草に覆われ、素晴らしい夕日に飾られ、仕上げには、豊富な食物があるようなところである——それらすべてを快適な避難場所で身近な仲間といっしょに経験するのである。自然に対する情緒的愛着とその過程は、楽園への旅を可能にする現代のテクノロジーと同じくらい、人間の生活の一部なのである。

特に印象的なのは、最近のハリケーン、アンドリューによる南フロリダの荒廃に対する人々の情緒的反応の調査である。国中のメディアによる多数の記事は、自分たちのみずみずしい環境が、いまや木や花や動物を失ったという経験から生ずる人々の悲しみと喪失感を物語っている。家、店、職場を失ったことによる恐ろしい生存の重圧に直面している場合でさえ、人々は生活を快適なものにしてくれる自然のアメニティの喪失を嘆くのである。

人類はその歴史の九九パーセントを狩猟・採集者として過ごしてきたので、われわれが、なぜ、水や木に魅かれ、ヘビや暗闇を恐れるのか、という問いの答えは少なくとも部分的には自然とヒトの祖先との日常の関係にあるにちがいない。ここで、私たちは、景観の好みや美学を機能進化観から研究できる方法をいくつか示した。私たちは、景観の美学に対する現在の多くの方法とは違って、ある種の環境にすべての人が同様に反応するとは考えていない。実際のところ、進化的方法はまったく正反対の見方を提示するのである。人々の好みや評価の多様性は予測されるが、その多様性はでたらめではない。むしろ、それは、年齢、性別、親近感、肉体的条件、他人の存在といった生物学的に関連する因子の機能である。たとえば私たちは、環境の危険や捕食に対する特異な傷つきやすさに基づいて性別に関連した予測を行う。もし私たちの仮定が正しければ、人々の空間的に囲まれていることに対する好みは、社会的、肉体的、情緒的に傷つきやすい感覚と対応して、見晴らし、避難場所の連続に沿って前後に移動するだろう。かくして、子供と老人、そして肉体的に弱いか劣っているものは、他人に見られやすい開けた場所よりは避難場所を提供してくれる空間を好むのである。

人間と環境の相互作用に対する進化的方法は、反応が適正状態を促進するような方法で進化するという仮定に基づいているが、私たちは、適正状態を直接測定することを試みていないし、そうすることが利益になるとも信じていない。私たちの目的は、人間が自然界との相互作用において直面する問題を発見し、問題解決の過程の基本的構造——決定を行うのに用いられる情報の型や状況が反応に作用する方法——を明らかにすることにある。私たちの研究方法は、マール（Marr 1982）が視覚体系の研究において始め、ごく最近ではトゥビーとコスミデスが人間の精神の適応的機能に関する主要な理論的議論において敷衍した（1992）「計算の」枠組みを用いている。

人間の問題に対する機能進化的方法は環境に関連する多くの分野で関心を引きつけている。心理学（Nesse 1990）、医学（Williams and Nesse 1991）、栄養学（Harris and Ross 1987）の研究者たちが、石器時代における狩猟・採集者の生活様式という観点から現代の病気を眺め始めた。ネッセの精神分析学の仕事は情緒の適応機能に焦点を当てているが、環境の好みや評価と特に関連がある。彼は、恐怖、不安、憂鬱といった否定的な情緒の状態は、その場の状況に注意するようにと、精神がわれわれに命ずる方法かもしれない、と主張する。ある状況で、投薬がまったく適応を促さないことがありうるのは、それが否定的な状況を理解したり学習したりするのではなく、そこから逃げることを可能にするからである。ネッセは、主として社会的環境を扱っているが、私たちの研究は、環境の物質的生物学的特徴も、いまのところは十分理解されていないが肯定的、否定的、両方の情緒状態に対して影響することを示している。

環境と人間の反応の関係についてのいくつかの研究は、自然が時期を定めるために認識されたというだけではなくて、われわれの情緒的肉体的健康に強力な影響力をもっていたことをも示している（本書の第3章、Ulrich et al. 1992 ; Ulrich 1984）。その恩恵は自然との直接的な接触さえ必要とせず、ポスターやスライドを受け身で眺めることや、窓からの眺めによって経験できる。オフィス環境の視覚的装飾についての私たちの研究（Heerwagen and Orians 1986）は、窓のないオフィスに住む人は、自然の眺めが得られる窓のあるオフィスに住む人より、多くの自然のポスターや写真で職場を飾るということを示している（おそらく仕事のストレスを減らし、心理的機能を高めるために）。自然のポスターの広範囲にわたる魅力は、今日の多くの公共の建物において明らかである――特に医療施設と病院で――そこには景色、花、動物の絵が階段、廊下、待合室にあふれている。そして、室内の植物の効果についての研究はほとんどなされていないが、それらも肯定的効果をもつはずである。たとえば北西太平洋岸の七つのオフィスビルの居住後の評価によれば、調査された二六〇人の人々の半分はその職場の魅力を増すために植物や花を付け加えている（Heerwagen 1991）。

ことも多い。つまり人々と自然についての最近の研究の多くは有益な結果を中心にしているが、自然は恐怖や緊張を生むこともある。オーマン（Öhman 1986）、ディムベリ（Dimberg 1989）、コス（Coss 1968）等の仕事が特に啓発的である。三つの研究はすべて、動物や敵意をもった人間に対する情緒的、生理的反応を調べている。たとえばコスは、人々は大きくて脅威となる動物（飢えているように見えるライオンなど）にもっとも否定的に反応し、小さい動物や横向きに見えるものには肯定的に反応することを発見した。オーマンとディムベリは、古典的な条件づけのパラダイムを用いて、クモ、ヘビ、敵対する人間の顔に対する恐怖の反応を誘発し、それを持続させることができたが、花のような「中間的」な刺激や銃のような近代的な危険に対してはそれができなかった。実際に、ディムベリの研究が見出したのは、人々は花には中間的に反応するわけではなく、肯定的な情緒を示す傾向にあるということだが、この結果は私たちの枠組みから十分理解できる。

私たちが例示したように、自然環境の特徴に対する人間の反応は複雑であり、きわめて多様である。環境のさまざまな様相と美的判断との関係は単純であるという予測は必ず裏切られる。それにもかかわらず、私たちは、適切な仮説が提起され、検証されれば、興味深い反応の型が見つかることを示したと信じている。しかしながら、これらの仮説や検証は豊富な研究項目の表面だけをなでたぐらいのことしかしていない。たとえば年齢と結びついた変化の探究にはまだ着手していない。人はその生涯において、動くこともできず、親にまったく依存する生き物から、運動や自立の過程を経て、最終的には感覚能力や運動が制限された老人に達するのである。人生の旅においては必要が変化するので、環境に対する人の好みや情緒反応も変わるのである。

また、この方法を建造物のある環境へ適用する潜在的に有力な方向は考慮していない。居住地の選択の観点から見ると、建物や都市の環境は見晴らしと避難場所の両方を提供し、さらに、住民を多数の肉体的危険（階段）、社会的危険（人間を食い物にする人間）の両方にさらすことになる。物質的な環境の特性は人間の行動にとって意味をもつが、それはデザイナーにも環境デザイナーにも理解されず、利用されてもいない。グラント・ヒルデブラントの最近の仕事（Hildebrand 1991）は例外である。ヒルデブラントがアプルトン（1975）の見晴らし／避難場所理論を用いて、フランク・ロイド・ライト〔一八六七―一九五九　アメリカの近代建築家、旧帝国ホテルを設計した〕の家屋が一貫してもつ魅力を分析したことは、デザイナーが、いかに進化論的方法を用いて建造物のある環境に対する人間の反応を理解できるか、という一例である。

人々が情緒的にも生理的にも自然界と深く結びついていることを示す証拠は着実に増加している。ウィルソンが、バイオフィーリアで指摘したように、これらの結びつきは生物の多様性を保護するために重要な意味をもっている。生物が貧しくなった惑星は、人類の経済的選択を狭めるだけでなく、情緒的生活をも縮小することになろう。そして、それは事実上、回復不可能な損失なのである。ウィルソンの言うように、「現在進行中の、正すには何百万年もかかってしまうひとつの過程とは、自然の生息地の破壊による遺伝子と種の多様性の損失のことである」（1984：121）。進化した動物としての人間の研究は、この究極的な愚行を犯すことを避けるのに、おそらく役立つであろう。

謝辞

バイオフィーリア・シンポジウムの出席者に、特にエドワード・ウィルソン、スティーブン・ケラートの人間／自然関係についての活発で刺激的な議論に感謝の意を表わしたい。また、本論文や前の論文で表明した考え方について、洞察的意見を寄せてくれたロジャー・ウルリヒ、ジョン・トウビー、レダ・

コスミデスにも感謝したい。また、われわれの樹木研究に対する景観研究グループの支援にも感謝する。

参考文献

Appleton, J. 1975. *The Experience of Landscape*. London and New York : Wiley.

——.1980. "Landscape Aesthetics in the Field." In *The Aesthetics of Landscape*, edited by J. Appleton. Didcot, England : Rural Planning Services, Ltd.

——.1990. *The Symbolism of Habitat*. Seattle : University of Washington Press.

Balling, J. D., and J. H. Falk. 1982. "Development of Visual Preference for Natural Environments." *Environment and Behavior* 14 : 5–28.

Bazzaz, F. A., N. R. Chiarello, P. D. Coley, and L. F. Pitelka. 1987. "Allocating Resources to Reproduction and Defense." *BioScience* 37 : 58–67.

Binford, L. R. 1985. "Human Ancestors : Changing Views of Their Behavior." *Journal of Anthropological Archaeology* 4 : 292–327.

Blumenschine, R. J. 1987. "Characteristics of an Early Hominid Scavenging Niche." *Current Anthropology* 28 (4) : 383–407.

Bourliere, F. 1963. "Observations of the Ecology of Some Large African Mammals." In *African Ecology and Human Evolution*, edited by F. C. Howell and F. Bourliere. Chicago : Aldine.

Burke, E. 1757. *Philosophical Enquiry into the Origin of our Ideas of the Sublime and Beautiful*.

Butzer, K. W. 1977. "Environment, Culture,and Human Evolution." *American Scientist* 65 : 572–584.

Campbell, B. 1985. *Human Evolution*. 3rd ed. New York : Aldine.

Cody, M. L. 1985. "An Introduction to Habitat Selection in Birds." In *Habitat Selection in Birds*, edited by M. L. Cody. New York : Academic Press.

Cosgrove, D. 1984. *Social Formation and Symbolic Landscape.* London : Croom Helm.

——.1986. "Critiques and Queries." In *Landscape Meanings and Values,* edited by E. C. Penning-Rowsell and D. Lowenthal. London : Allen & Unwin.

Cosmides, L., and J. Tooby. 1987. "From Evolution to Behavior : Evolutionary Psychology as the Missing Link." In *The Latest on the Best : Essays on Evolution and Optimality,* edited by J. Dupre. Cambridge : MIT Press.

Coss, R. G. 1968. "The Ethological Command in Art." *Leonardo* 1 : 273-287.

Dimberg, U. 1989. "Facial Electromyography and Emotional Reactions." *Psychophysiology* 27 : 481-494.

Foley, R. 1989. "The Ecological Conditions of Speciation : A Comparative Approach to the Origins of Anatomically-Modern Humans." In *The Human Revolution,* edited by P. Mellars and C. Stringer. Edinburgh : University of Edinburgh Press.

Gowaty, P. 1992. "Battles of the Sexes and the Evolution of Mating Systems : Female Resistance to Male Control Selects for Frequency Dependent Reproductive Patterns." Paper presented at the Human Behavior and Evolution Society conference, Albuquerque, N. M., 22-26 July.

Harris, M., and E. B. Ross, eds. 1987. *Food and Evolution.* Philadelphia : Temple University Press.

Hawkes, K. 1987. "How Much Food Do Foragers Need?"In *Food and Evolution,* edited by M. Harris and E. B. Ross. Philadelphia : Temple University Press.

Heerwagen, J. 1991. "Post Occupancy Evaluation of Energy Edge Buildings." Final Report. Portland, Ore.: Bonneville Power Administration Project.

Heerwagen, J., and G. H. Orians. 1986. "Adaptations to Windowlessness : A Study of the Use of Visual Decor in Windowed and Windowless Offices." *Environment and Behavior* 18 : 623-639.

Hepburn, R. W. 1968. "Aesthetic Appreciation in Nature." In *Aesthetics in the Modern World,* edited by H. Osborne. London : Thames & Hudson.

Hildebrand, G. 1991. *The Wright Space.* Seattle : University of Washington Press.

Hildén, D. 1965. "Habitat Selection in Birds." *Annales Zoologici Fennici* 2 : 53-75.

Isaac, G. 1978. "Food Sharing and Human Evolution." *Journal of Anthropological Research* 34 : 311-325.

——.1983. "Bones in Contention : Competing Explanations for the Juxtaposition of Early Pleistocene Artifacts and Faunal Remains." In *Animals and Archaeology,* Part I : *Hunters and Their Prey,* edited by J.Clutton-Brock and C. Grigson. Oxford : B. A. R. International Series.

Jakle, J. J. 1987. *The Visual Elements of Landscape.* Amherst : University of Massachusetts Press.

Kaplan, S., and R. Kaplan. 1982. *Cognition and Environment : Functioning in an Uncertain World.* New York : Praeger.

Lack, D. 1971. *Ecological Isolation in Birds.* Oxford : Blackwell.

Lee, R. B. 1979. *The !Kung San : Men, Women, and Work in a Foraging Society.* Cambridge and New York : Cambridge University Press.

Lee, R., and I. DeVore, eds. 1976. *Kalahari Hunter-Gatherers.* Cambridge : Harvard University Press.

Lovejoy, C. O. 1981. "The Origin of Man." *Science* 211 : 341-350.

Marr, D. 1982. *Vision : A Computational Investigation into the Human Representation and Processing of Visual Information.* San Francisco : Freeman.

Nesse, R. 1990. "Evolutionary Explanations of Emotions." *Human Nature* 1(3): 261-289.

Öhman, A. 1986. "Face the Beast and Fear the Face : Animal and Social Feara as Prototypes for Evolutionary Analyses of Emotion." *Psychophysiology* 23(2) : 123-145.

Orians, G. H. 1980. "Habitat Selection : General Theory and Applications to Human Behavior." In *The Evolution of Human Social Behavior,*edited by J. S. Lockard. New York : Elsevier.

——.1986. "An Ecological and Evolutionary Approach to Landscape Aesthetics." In *Landscape Meanings and Values,* edited by E. C. Penning-Rowsell and D. Lowenthal. London : Allen & Unwin.

Orians, G. H., and J. H. Heerwagen. 1992. "Evolved Responses to Landscapes." In *The Adapted Mind :*

Evolutionary Psychology and the Generation of Culture, edited by J. Barkow, L. Cosmides, and J. Tooby. Oxford and New York : Oxford University Press.

Peters, C. R., and E. M. O'Brien. 1981. "The Early Hominid Plant-Food Niche : Insights from an Analysis of Plant Exploitation by *Homo, Pan,* and *Papio* in Eastern and Southern Africa." *Current Anthropology* 22 : 127-140.

Peters, C. R., E. M. O'Brien, and E. O. Box. 1984. "Plant Types and Seasonality of Wild-Plant Foods, Tanzania to Southwestern Africa : Resources for Models of the Natural Environment." *Journal of Human Evolution* 13 : 397-414.

Potts, R. 1987. "Reconstructions of Early Hominid Socioecology : A Critique of Primate Models." In *The Evolution of Human Behavior : Primate Models,* edited by W. G. Kinzey. Albany : State University of New York Press.

Repton, H. 1907. *The Art of Landscape Gardening.* Boston and New York : Houghton Mifflin.

Rose, M. C. 1976. "Nature as Aesthetic Object : An Essay in Meta-Aesthetics." *British Journal of Aesthetics* 16 : 3-12.

Scriber, J. M., and F. Slansky. 1981. "The Nutritional Ecology of Immature Insects." *Annual Review of Entomology* 26 : 183-211.

Shipman, P. 1986. "Scavenging or Hunting in Early Hominids : Theoretical Framework and Tests." *American Anthropologist* 88 : 27-40.

Smuts, B. 1992. "Male Aggression Against Women : An Evolutionary Perspective." *Human Nature* 3(1) : 1-44.

Staddon, J. 1987. "Optimality Theory and Behavior." In *The Latest on the Best : Essays on Evolution and Optimality,* edited by J. Dupre. Cambridge : MIT Press.

Strong, D. R., J. H. Lawton, and R. Southwood. 1984. *Insects on Plants : Community Patterns and Mechanisms.* Cambridge : Harvard University Press.

Tooby, J., and L. Cosmides. 1990. "The Past Explains the Present : Emotional Adaptations and the Structure of Ancestral Environments." *Ethology and Sociobiology* 11 : 375-424.

——. 1992. "The Psychological Foundations of Culture." In *The Adapted Mind*, edited by J. H. Barkow, L. Cosmides, and J. Tooby. Oxford and New York : Oxford University Press.

Tooby, J., and I. DeVore. 1987. "The Reconstruction of Hominid Behavioral Evolution Through Strategic Modeling." In *The Evolution of Human Behavior : Primate Models*, edited by W. G. Kinzey. Albany : State University of New York Press.

Ulrich, R. S., 1983. "Aesthetic and Affective Response to Natural Environment." In *Human Behavior and Environment*, vol. 6 : *Behavior and the Natural Environment*, edited by I. Altman and J. F. Wohlwill. New York : Plenum.

——. 1984. "View Through a Window May Influence Recovery from Surgery." *Science* 224 : 420-421.

——. 1986. "Human Response to Vegetation and Landscapes." *Landscape and Urban Planning* 13 : 29-44.

Ulrich, R. S., et al. 1992. "Stress Recovery During Exposure to Natural and Urban Environments." *Journal of Environmental Psychology* 11 : 201-230.

Vertrees, J. D. 1978. *Japanese Maples*. Forest Grove, Ore.: Timber Press.

Washburn, S. L., ed. 1963. *Social Life of Early Man*. Chicago : Aldine.

Williams, G. C., and R. M. Nesse. 1991. "The Dawn of Darwinian Medicine." *Quarterly Review of Biology* 66 (1) : 1-21.

Wilson, E. O. 1984. *Biophilia*. Cambridge : Harvard University Press.

Zajonc, R. 1980. "Feeling and Thinking : Preferences Need No Inferences." *American Psychologist* 35 : 151-175.

第5章　動物との対話——その性質と文化

アアロン・カッチャー／グレゴリー・ウィルキンズ

エドワード・ウィルソンの『バイオフィーリア』（Wilson 1984）の物語の流れには、アポロギア［論点］、すなわち、人間の感覚や動機、道徳的あるいは政治的問題についての主要な仮説が含まれている。この種の発見的議論は、道徳、宗教、政治の指導者や、ある種の科学者、つまり世界を感知する、あるいは世界に働きかける方法を変えたいと望むような人々の著述に必ず見出される。このような著作は説得や人集めのための効果的な手段ではあるが、現実についての中心的な仮説を検証するうえでは障害になることがある。そのあやまりを証明する可能性があると、道徳的問題、そして場合によっては論点の意義まで脅かすように思われるからである。

その提唱者にしろ反対者にしろ、彼らが道徳的問題と仮説をいっしょに論じたために、科学的概念の調査があいまいになり、政治化し、不能になることがある。社会学と社会的ダーウィニズムの融合、人間の知性や攻撃性の遺伝的基盤の研究を阻むような人種差別主義の傷跡、ジュラ紀の消滅についての思想と核の冬についての思想との結合、ヒトの記号使用能力の評価と人間の精神の特殊な性質を肯定あるいは否定する必要との関連などを考えれば十分であろう。さらに、バイオフィーリアの中心にある道徳的問題——生息地および種の保存——は、仮に他の種類の生命と関連をもつ先天的傾向が皆無であったとしても、あるいは人類が他の生命形態に敵対するかを無視するように遺伝的にプログラムされていたとしても、やはり避けられない問題である。後者の場合には、このような傾向に反対し、逆行し得る文化の型とはいかなるものかということを、考慮する必要があるだろう。

バイオフィーリア仮説の検証には、特別な注意が必要である。それは、現代の政治、道徳思想に広く行き渡った傾向、すなわち今世紀の膨大な技術的、政治的変化によって生成された不安に対して、現実的または神話的な過去に新しい価値を吹き込み、新しい道徳的権威を創造することによって対抗しようとする試みがあるからだ。アヤトーラ〔イスラム教の高い知識をもつ学者の称号。独裁者の意味もある。特にイランの原理主義的指導者を指す〕とセルビアの愛国主義者〔セルビアは旧ユーゴスラヴィアが解体して国家として独立したが、ボスニアのセルビア人がイスラム教徒に対抗して勢力拡大をはかり、紛争となった〕、ソルゼニツイン〔一九一八— 旧ソ連体制を批判して一九七〇年ノーベル文学賞を受賞した小説家。米国に亡命し、メディアを通じて米国批判も行っている〕とテレビの福音主義者〔テレビの伝導番組の説教師〕、自然保護主義者、考古学者、妊娠中絶反対者、シエラクラブ〔一八九二年カリフォルニアで創設されたアメリカの自然保護団体〕と共和党の政策委員会〔保守的な政策を立案〕など、これらすべてが歴史の中に権威を探し出そうとしている。

荒野、湿地、雨林、そして、それらに含まれる種を保護しようとするわれわれの特殊な課題は、ある程度までは過去を守り、また過去に教訓を求めようとするこの一般的欲求の顕われである。熱帯雨林の場合、われわれが保護しようと願っているのは独立した生物の進化の精密な記録であり、それは大部分これまで研究も記録もされておらず、それゆえ失われる危険のある記録である。われわれが他の生命形態に対する愛情の源を遺伝にもとめるとき、その愛情に作用する権威を過去に見出そうとしている。そのような偏見はわれわれ自身の仮定に疑問を抱かせることになり、ものごとを望むように見るために人間の傾向を制限するという結果をまねく。

もしバイオフィーリアという用語から倫理的な意味合いをはぎ取り、人類には「生き物に焦点をあわせる」先天的傾向があるという仮説のみを表わすようにするならば、その価値を道徳的課題とは切り離して査定することが可能であろう。無秩序行動や過剰活動の子供に関するわれわれの研究は、バイオフィーリアを生き物に焦点を当てる傾向としてのみ考え、結果として生ずる行動の無害あるいは破壊的側面について予見はもたないことが明らかに有利であることを示している（Katcher and Wilkins 1992）。動物に対する残酷さは、無秩序行動を定義する症状のひとつであるが、われわれの研究では動物に対する残酷さだけでなく、強烈な興味もほとんどすべての子供に共通していた。しかしながら、何人かの子供は、教育プログラムの前には動物を狩りして殺すことが好きだったが、今では動物の面倒をみることを楽しんでいる、と語った。ある生徒の言葉を直接引用すれば、「おかげで、動物に何かしたり、ネズミなんか殺したりしないようになった。だって、もしネズミが走っているのを見たら、ぼくは靴を手にもてば、それでネズミはおしまいさ。でも、それはしちゃいけないことなんだ。前には、よくネズミ取りをしかけて殺そうとしたけれど。おかげで、そんなことしないようになった」。

鳥に石を投げ付ける子供も鳥に餌をやる子供も、両方とも生き物に焦点をあわせる先天的傾向と思われるものに反応しているのである。動物と相互に関わるために用いる行動の選択は異なっており、学習された行動である。動物虐待の研究は、ペットを飼育の研究と同様、両方とも動物に対する先天的な興味を処理するための二者択一的かつ学習された行動であるという認識から得るところがあるだろう。

自然に対する人類の注意のはらい方を研究するひとつの方法に、そのような注意の生理的結果を観察することがある。ロジャー・ウルリヒ（Ulrich 1979, 1983; Ulrich and Simons 1986　本書第3章）は、自然環境を描いた静物画を眺めると得られるストレス減少効果について一定した大量のデータを説明した。

表5-1　患者の心地よさにおける催眠と注視の効果

グループ	注視	催眠	平均	標準誤差	有意の対比
1	水槽	なし	40.3	3.0	グループ2****, 5***
2	ポスター	なし	26.5	3.1	グループ1****, 3***, 4***
3	ポスター	あり	37.7	3.0	グループ2***, 5*
4	水槽	あり	38.3	3.0	グループ2***, 5*
5	なし	なし	29.9	2.7	グループ1***, 3**, 4*

注：高い数字＝多くの心地よさと休息

****$p<.001$; ***$p<.01$; **$p<.05$; *$p<.06$.

人々が何匹もの動く動物、特に水槽の中を泳ぐ熱帯魚を注視したときに同じ生理的変化が観察される。非常に簡単な実験（Katcher et al. 1983）では、水槽を観察すると、感受性の強い被験者と普通の被験者の両方において、血圧が休息のレベル以下に有意に下がる結果になることを示した。第二の実験（Katcher, Segal, and Beck 1984）では、口内の手術をうけようとしている患者に水槽の注視がどのような影響をもつか調べるために、より複雑な構成を用いた。被験者は手術前の半時間の予備処理の五つのうちの一つに無作為に割り当てられた。それらは、（1）水槽の注視、（2）森の滝のポスターの注視、（3）催眠による導入の後、同じポスターの注視、（4）催眠による導入の後、水槽の注視、（5）被験者に座り心地のよい椅子に座って休息するように指示するという対照〔実験を加えず、実験した場合と比較する基準となる〕統制状態である。それに続く第三臼歯の抜歯の手術の間、被験者の手術過程に対する反応は三種類の方法で記録された。反応は予備処理の性質を知らされていない観察者と口内手術外科医の両方によって採点され、手術後、患者が手術中の相対的な心地よさについての質問事項に回答した。

結果は、三つの反応結果測定法のすべてについて同じであった。ただし、患者の自己評価では大きな変化が見られた（表5-1を見よ）。二つの催眠状況は催眠のない水槽注視と有意の違いを見せていないし、この三つの状況とも、催眠のないポスター注視や統制処理よりも大きな休息と心地よさを有意に生みだしている。このように、水槽の注視は被験者の心を休めるうえで催眠と同じように効果的であり、催眠は水槽注視の効果を改善しなかった。

これらの結果は、他のアメリカの研究（DeSchriver and Riddick 1990）やヨーロッパの研究（Bataille-Benguigui 1992）によって確認されているが、それに対する文化を超えた検証は限られたものでさえなされていない。しかしながら、それらの研究によって、バイオフィーリアに関連した検証価値のある仮説が提案された。自然界ではあらゆる段階にわたる事象が二つの特性をもっている。まず、第一にヘラクレイトス〔古代ギリシアの哲学者。万物流転を唱えた。BC五三五―四七五頃〕の運動（Heraclitean motion）で、常に変化しているが、常に同じである。第二は相対的な安全性ないしは心地よさとの心理的な関連である。水槽の魚はその一例である。他の例は、泳ぐ水鳥、草を食む馬や牛、雲の切れ目によって作り出される光と陰の模様、暖炉の火、風に吹かれて波打つ草原や麦畑、岸に打ち寄せる波、餌を求めて往復する鳥。これらすべての事象は平穏さや危険の不在と結びつけられる。また、それらは危険を示す事象と劇的に対立する――傷つき死んでいく魚の不安定な動き、食肉獣から逃げるために飛びたつ鳥や走りだす動物、近づく嵐の黒雲、制御できない山火事、嵐の時、風や波によって生まれる模様。このような安全または危険を示す明白な型に対する感受性は、長い年月をかけた選択によって確実に増幅される。さらに、これら安全を示す自然の記号によって生みだされた注意力の休止状態は、より創造的で型にはまらない思考の型を促進する（Bachelard 1956；Crook 1991）。このように、池の生物の静かな動きのような現象に対する感受性の増幅は生理的安息状態の利点によって、あるいは、もっと重要なことであるが、よりよい問題解決法を通じて二次的な恩恵を提供できるだろう。

われわれが論じてきた二つの特性——ヘラクレイトスの運動と安全の連想——は別々のものであり、独立して研究できる。たとえばイー・フー・テュアン（Yi 1984）は噴泉のもつひとつの性質に注意を向けた。すなわち遡って流れる水であり、それは間欠温泉というまれな例外を除いて自然界には起こらないことであり、無害と危険のどちらの連想の歴史ももちえない。しかしながら、噴泉の水の運動は流れ落ちる滝の水と同じ催眠的魅力をもっているように見える。同様に、食肉獣の静かで反復的な動き——水槽内のサメ、獲物を狙って旋回する鳥、狼や大きい猫科動物の忍び歩き——すなわちヘラクレイトスの運動と潜在的危険を結びつけている動きを観察した、生理的結果の実験的観察は興味深いテストケースとなるであろう。コンピュータが作ったイメージがますます利用しやすくなったことで、さまざまな型の運動が意識してそれとわかる事象とは別に注意や覚醒のレベルに与える影響力を比較する機会が得られるであろう。かくして、無害な熱帯魚にサメの泳ぎの型を与えたり、激しい嵐による木の運動を木とはわからない物体によって、また嵐に特徴的でない光の型で模倣できるだろう。また、気の休まる状態を生みだす自然の型の一般的な特徴を探し出すことも可能であろう。被験者の注意を奪い、落ち着きを引き出す、コンピュータ作成のフラクタル構造の力を探求することも将来性のある方法である。波、炎、雲などがフラクタルで複製可能だからである。フラクタル構造は、波のような自然現象と音楽のような文化的作品の両方の心理的、認知的効果を関連づけることができるだろう。そのように複雑な事象を解剖してこそ、水槽注視の鎮静作用を生き物に対する反応傾向に帰することができるのである。

バイオフィーリア仮説探求のもうひとつの方法は、動物を用いたレクリエーションや治療プログラムに対する患者の多様な反応を調べることである。さまざまな機能あるいは内臓の症状をもった患者の間に極めて類似した反応の型があるならば、その型は先天的なものであるかもしれない。しかしながら、文化を超えたデータが存在しないので、証拠は暗示的でしかない。この方法は二つの対照的なグループを記述することによって示される。脳動脈硬化症やアルツハイマー病に準ずる慢性の脳症状をもった大人と自閉症の子供とである。

施設に入所した老人に対して与えられる手当ての変化のうちでもっとも驚くべきものは、居住動物とボランティア・グループとそのペットが規則的に入居者を訪問する動物訪問プログラムの頻度の増加であった。この動物訪問が増加したのは、一九七七年のS・A・コーソンとE・コーソンによる報告があった後からである。その報告は、憂鬱症や非社会的患者の訪ねて来る動物に対する肯定的社会反応を記述していた。それ以来、環境に反応せず、看護人に否定的で言葉さえしゃべらないような脳の慢性的病状をもつ患者に対して動物との接触がもつ強力な効果について何百もの診療報告があった。それらはどれも、このような社会的にひきこもった患者たちが次のようなことをした、と報告している。

- 動物に注意を向ける。
- 動物をもちあげ、なで、だきしめて、交流する。
- ほほえみ、笑う。
- 動物やボランティアに話しかける。

もちろん、すべての患者が反応するわけではないが、訪問を受けた大多数の患者はこの種の社会化を経験している。

アンジ・コンドレット（Condoret 1983）は、寡黙で非社会的な自閉症の少女が、教室に連れて来られた鳩に注意を引きつけられた後、治療に効果が現われ始めた経過について報告している。この報告の出版後、人間の治療士のことは依然として無視するが、動物に対しては反応する自閉症の子供の診療報告が続いた。これらの診療報告はレデファーとグッドマン（Redefer and Goodman 1989）の統制研究によって検証されたが、彼らは、自閉症の子供との外来患者治療セッションに犬が導入されたとき、自閉症的行動（自己刺激）の有意な減少と社会的反応の増加――最初に動物に対して、次いで治療士と動物に対して認められた――を観察した。セッションが進むにつれて、適切な会話の頻度の増加、動物や治療士との持続的な相互作用、より複雑な社会的行動が見られた。

われわれは、レデファーとグッドマンの仕事を確認し、治療施設に住んでいる重度の自閉症の子供にさえ犬が社会的反応を増加させたことを示した（Katcher and Campbell 1990）。われわれのサンプルの半分は話すことができないので、伝達には記号のみを用いた。われわれは、子供たちが特定の動物あるいは動物と取りあつかう人間の結合に対して異なった反応をする点にも注目した。われわれの調査結果は、自閉症の子供が特定の動物に注意を向けるまでには、さまざまの異なる動物を無視するかもしれないことに注目する診療文献（Condoret 1983）を確証している。捕獲されたイルカに対して奇跡的に反応した自閉症児についての新聞報道（Rousselet-Blanc and Mangez 1992）は、この反応が統制されていない診療研究の結果であり、イルカと他の鯨類に対して発展してきた信仰を暗示している。同様に、猫、犬、小鳥、小さな亀についてさえ目覚ましい結果が記録されているからである。

われわれの研究した患者のひとりは自己刺激にしか言葉を用いず、テレビのコマーシャルの意味もない音節や断片を果てしなく繰り返していた。この研究において、彼は受け身の度合が高い患者のひとりで、最初の二回のセッションではよく訓練された犬とその飼い主を無視しようと苦心していた。三回目のセッションでは、その犬を、活動過剰の若い犬、地域の水難救助会から連れて来たバスターという犬に変えた。見たところ、この犬も無視された。しかしながら、次のセッションでは、行動様式に他に何の変化もないのに、患者は熱心に治療室に駆け込み、数分とたたぬうちに、六か月ぶりに言葉をしゃべった。「バスター、おすわり！」単語は適切に用いられ、患者は動物とボール遊びをすること、ご褒美に食べ物をやることの両方を覚えた。彼は次のセッションでは自発的に犬と遊び始めるためボールを探し始めた。バスターといっしょに過したそのセッションと引き続くセッションにおいて、彼は動物と十分に遊び続け、バスターとボランティアの両方に慰めを求めて近づいた。

それゆえ、脳に慢性的な障害のある患者と、脳に先天的な機能障害のある自閉症の子供の場合、人間だけがいる環境へ動物を導入することで、注意の集中、社会的反応の増加、肯定的情緒、そして決定的なことに発話という結果をもたらすことができたのである。広範な多様性をもった精神機能障害についての結果（Beck, Saradarian, and Hunter 1986, Levinson 1969；Corson et al. 1977；Peacock 1984；McCulloch 1981）は臓器障害についての結果と同じである。患者についてのこれらの結果は、われわれの社会における動物に対する通常の反応という背景に照らして解釈すべきである。人々には動物に向かって、とりとめなく話すという根深い傾向がある。さらに、アメリカやヨーロッパにおいては、動物への話しかけは、人間相手に向けられた発話より、共感性の低い神経系活動、すなわち低い血圧と脈拍と結びつけられる（Katcher 1981；Baun et al. 1984；Grosberg and Alf 1985；Friedmann et al. 1983）。動物との対話は型にはまった声の特徴を伴う。小さい音、高いピッチ、発話の部分の最後で上昇する抑揚、動物が「返事する」ポーズを入れることによる疑似対話の創造（Katcher and Beck 1989）である。こうした声の特徴には典型的な顔の表情も伴う。なめらかな額、細めた目、作りものではないかすかな笑み。言葉は話すことのできない幼児に対して用いるものに似ている——母親言葉である（Hirsh-Pasek and

Treiman 1982)。また、アメリカとヨーロッパには、動物の存在が社会的交流を促すという証拠がある。正常な大人か障害のある子供に知らない人が近づいても、動物がいるところなら大丈夫である（Hoyt and Hudson 1980；Messent 1983；Hart, Hart, and Bergin 1987）。動物がいると他人に接近しやすいという傾向は、映写テスト（Lockwood 1983）または人物写真（Katcher and Beck 1989）による人間の姿の社会的魅力に対する動物の肯定的な影響の研究とによって確認されている。このように、治療状況における動物に対する望ましい反応はすべて、一般的な人間集団の中で伴侶となる動物との交流がもつ影響力を反映している。

最近、われわれは、ペンシルヴァニア州のドゥヴロー学校ブランディワイン・キャンパスで泊り込みで治療を受けていた九歳から一五歳までの少年と、動物の接触に関して構成された教育の作用とを調べた（Katcher and Wilkins 1992）。ほとんどの生徒は注意力欠如および活動過多障害（ＡＤＨＤ）の主要特徴を備えており、半分以上は行動障害や反抗的、挑戦的障害（ＣＤ、ＯＤＤ）をもつと分類されていた。今日のＡＤＨＤとその核となる問題の解釈においては、規則や結果による行動規制に生物的基盤にもとづく欠陥のあることが強調されている（Barkley 1990）。この障害をもった子供は、行動の結果に対する感受性の不備、不完全な強化計画による行動制御の不足、規則の支配する行動の欠如などに起因する可能性のある行動規制欠陥をもっている。バークレイ（1990：71）はこう報告している。「これらの欠陥は、仕事や刺激に対する反応の停止、開始、維持と、規則や指示に対する服従に対してそのような行動結果が遅れたり、弱かったり、存在しない場合においては特に問題を引きおこす」。この状況の目印のひとつは褒美や罰の効果が急速に消滅することである。ＡＤＨＤの子供の場合、行動制御を維持させようとするならば、きわめて新奇な強化形態や多種の強化報償の間の急速な転換が必要であるように思われる。

衝動的な行動を抑えたり、注意を持続的に向けることができないために、ADHDの子供は早くから親、兄弟、同年輩の子供、教師との抗争的で、報われない社会的交流をせざるをえない。ADHDとCDのあわさった共不健全性（co-morbidity）が頻繁に起こるのは、暴力や攻撃的強制によって行動制御が行われる家族や社会環境においてである。この経験によって子供は人間の動機に否定的な特徴づけを行い、それに基づいて行動しがちである。こういう子供たちは疑い深く、人を信じず、自分の怒りや反撃的衝動を他人に向ける。CDを定義づける症状のひとつは動物に対する残酷さである。

われわれは、統制と実験がクロスオーバーする計画を設定した。そこでは五〇人の子供にその学校の授業を補う二つの自発的な経験が無作為にわり当てられた。統制過程はロッククライミング、カヌー、水の安全を学ぶ野外のコースであった。実験的治療の方は授業期間の五時間の自然教育プログラムであった。六か月後、野外へ行く子供は自然教育プログラムに入れられ、最初の実験グループの生徒は正規の学校の授業に戻された。しかし自由時間に自分の動物を訪ねることは許された。部分的にクロスオーバーさせた理由は、子供をペットから隔てるのは倫理的でないと信じたからである。

自然教育プログラムの焦点は、小動物の集団を住まわせた一四フィート×三二フィートの建物にあった。動物には、ウサギ、アレチネズミ、ハムスター、ネズミ、チンチラ、イグアナその他のトカゲ、カメ、ハト、ヒヨコがいた。二人の自然教育者のうちのひとりは犬を連れており、通常いつもそばにいた。

子供たちには二つの一般的規則だけが与えられた。動物にやさしくしなければならず、それには動物園にいる間は小さな声で話すことが含まれる。動物と互いに敬いあい、お互いと動物を蔑む言葉を避けなければならない。これらの規則は、運動禁止と衝動制御を要求する行動を生みだすよう考案された。

小さな声で話し、やさしい態度をとり、個人の要求より動物の要求に注意を向ける。敬いという言葉を用いたのは、動物を人間化して規定する試みではなく、動物を仲介者として反省的に考える――すなわち動物の感情について考えることによって自身の感情について考える――ように子供をしむける方法であった。プログラムの教師は自分の役目を、子供たちが学ぶ手助けをするとともに、動物園の動物や子供たちが訪れる場所の世話をすることと規定した。

生徒に与えられた最初の課題は、動物の世話の一般的必要事項と動物を抱く正しい方法とを学ぶことであった。第二の課題は、一匹の動物について生物としての、また世話のための必要事項を学ぶことであった。その動物とは子供がペットとして選んだ動物である。ペットに決めた後、子供は二一の分野の知識と技術を覚えなければならない。技術分野には、ペットの体重や身長を計り、成長を図示し、食物や睡眠に必要なことを計算する方法、ペットを繁殖させ、母子を世話する方法、そしてペットをドゥヴローの他の特殊教育クラスの子供やリハビリテーション病院の大人に見せる方法を学ぶことが含まれていた。平均的な子供は、一学期間で、そのような分野のうち八つを完全に済まし、さらに三つか四つの分野を部分的に終えた。子供がいったんペットを自分のものとすると、学習に対する直接的報償は他になかった。

また、プログラムには、ドゥヴロー・キャンパスを通るハイキング、魚釣りやキャンプ旅行、地域の州立公園、ペット店、農場、獣医の訪問などがあった。これらの移動で子供たちは、水の循環、湿地、草地、林の一般的様相、土地の鳥、樹木、爬虫類、小哺乳類の名前を知ることを学んだ。動物園には、見つけてきた昆虫、両棲類、爬虫類のような野生生物の客のための空間があった。これらの動物は確認のために数日動物園に住まわせ、それから野生に戻された。プログラムの子供たちは、予定されている規則的時間に加えて、朝食、昼食そして放課後の自由時間に動物の世話をしたり、動物と遊んだりするために動物園を訪れることができた。

関連結果は次のようにまとめられる。動物は子供たちの注意を捕らえて保持しつづけた。動物園と野外へ行くグループとの間には出席に有意な差が出た。夏の間、動物園の平均出席率は九三パーセントであり、野外活動は七一パーセントであった（$t=3.4$；$p<.001$）。秋学期には、動物園の出席率は八九パーセント、野外活動は六四パーセントであった（$t=2.9$；$p<.01$）。野外活動のグループが動物園プログラムに移行したときには、出席率の有意な増加が見られた。野外活動では六七パーセントの出席率であった子供が、動物園プログラムには八七パーセントの時間出席した（$t=2.9$；$p<.01$）。

習得した技術分野の数、知識についての客観テストの点数、週ごとの進歩の評価といったさまざまな基準を用いて、われわれは八〇パーセントの子供が動物園教育プログラムに対し、診療的に見てよい反応をしたことを観察した。四年間も正規の学校の授業で何の進歩も見せなかった何人かの生徒が、動物園では学習課題を急速に達成した。子供たちの注意を引きつける動物の力は、プログラム出席のために学校からあき時間を与えられていない時でさえ、子供たちが自由時間に訪問する頻度を見ても明らかである。自由時間に動物園訪問のレベルが高く維持されていることは、動物園プログラムに対する診療的によい反応と大いに相関がある。一定して、学校や住居よりも動物園での方が衝動がよく制御された。住居と学校の両方では、子供たちは爆発的な発作のために、しばしば拘束したり薬を与えねばならないことがあった。学校に行っている間の回数から拘束が二四回は起こるとわれわれは予想したのであるが、動物園では拘束された子供はいなかった。教師たちは、別の場合には拘束したり薬を与えねばならなかった子供たちを落ち着かせるための治療的干渉として動物園訪問を利用した。

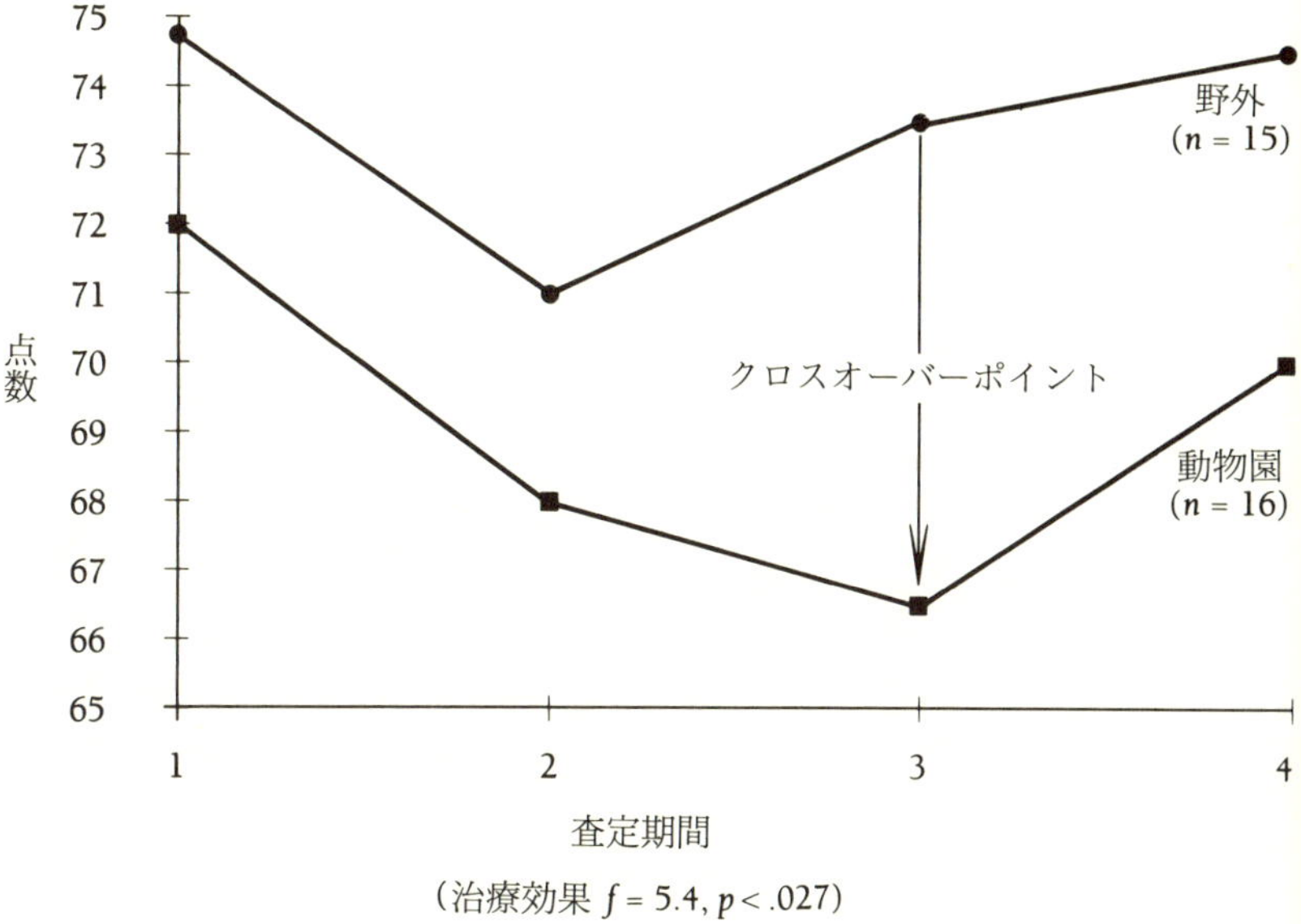

図5-1　総合症状レベル：アッシェンバッハの教師評価形式

子供の症状の重さを測定するために、われわれはアッシェンバッハの子供の行動チェックリスト（よく標準化され、かなり信頼できる道具）を用いた。症状の目録は居住地のカウンセラーと子供の正規の学校授業の先生との両方によって漏れなく作成された。教師は統制群と比較して、動物園群における症状の有意な低下を認めた（図5-1を見よ）。動物と接触するときの注意力と衝動性とに対する効果は、最初の六か月では学校の施設環境においてのみ明らかであった。その間、実験と統制の両群の行動は、午後や夕方、住居では悪化した。六か月間、生徒が動物園プログラムで過ごした後初めて住居においてもなんらかの進歩が認められた。

すべての診療データから次の結論が引き出される。

1　人間の状況に持ち込まれた動物は、

人間の注意や行動を大いに強化する。その効果は、他の効果が急速に弱まる集団においても持続する。

2 子供が動物と交流したり、観察したりする機会を与えられると、行動にもっと肯定的な変化が見られ、それは持続的になる。

3 人間の発話と非言語的情緒表現は動物の存在によって促進する。

4 子供は、動物と結びつきがあって、その世話に責任をもっている治療士や教師と親密になる。ADHDをもった子供の場合、他の社会的期待が任意のものとして拒否されるときでも、動物の世話に関して決められた規則は合理的なものとして受け取られる。

5 他の人間に対する社会的、情緒的反応がさまざまな行動機能障害によって危うくなるときでさえ、動物に対する敬意は変化しないままであるように思われる。この結果は、動物に対する反応を仲介する「プログラム」は、中央神経系内部で強く繰り返し表現されるので病気や傷に対してより抵抗力があるという可能性を示している。

人類の進化に関するある種の仮定と、いま、われわれが引用した現代人と動物の社会的関係の観察とに基づいて、バイオフィーリアの進化的役割について単純な仮説を立てることができる。この探究は二つの顕著な観察に基づいている。すなわち動物が人間の発話を喚起する傾向と人間が動物を親族と考える傾向である。この議論では、最初の言語使用は、自身や他人に見えない食物や危険の源に言及するために二通りに練り上げられたと仮定する。ひとつは、社会的知性を使用して、あたかも動物が人間がするように意図的に合図しているかのごとく、動物の行動を推論することである（擬人化した推論）。もうひとつは、ある種の動物に親近感をもつことである。

狩猟と採集の発展、食物を居住場所へ輸送する必要、人間の進化に特徴的な食物相互供給の型(Potts 1991)は、環境から入手される種類の情報をより高く評価することを必要とした。進化する人間は、獲物や他の食べられるものがある場所について互いに語り合う能力から大きな利益を得たであろう。実際、「まさにそのとおり」の物語を作り上げることが可能であり——われわれは、クローバーの例にしたがって、有史以前の精神や社会構造についてのいかなる仮定をも、仮定というより「まさにそのとおり」の物語と名付けるべきである——言語は狩猟と採集の付加物として便利なものとなったと想定される。このように、人間の言語はハチのダンスの再発明かもしれない。ただし、ハチは蜜を集めるだけだが、人間は広い範囲の植物や動物を収穫するので、より複雑さを必要とする。身振りの言語であれ、声の言語であれ、もし初期の言語の主要な機能が指示——見えない植物や動物の存在を示すこと——であるならば、動物を名付けることは人類の進化にとって決定的であった。このような言語と動物の結合が、聖書に語られている人類の最初の仕事の物語を特徴づけている(創世記二章一八節)。「主なる神は、野のあらゆる獣、空のあらゆる鳥を土で形づくり、人のところへ持って来て、人が、それぞれをどう呼ぶかみておられた。人が呼ぶと、それはすべて、生き物の名となった。人は、あらゆる家畜、空の鳥、野のあらゆる獣に名をつけた……」。

動物を名付けることで、狩猟と採集にまつわる相互活動の調整が容易になったかもしれない。しかし、動物の行動について正しい推測を行うためには、より洗練された言語使用が必要であった。知性は単一の現象ではなく、霊長類の社会的領域における推測能力は他の領域における知性と同質のものではない。サルは食肉獣の存在の危険を知らせるために警告の呼び声を使用し、それゆえ限られてはいるが動物の「名前」の語彙をもっていることになる(Cheney and Sayfarth 1990)。しかしながら、サルは環境から引き出す推測の種類ではかなり限られている——たとえばシミュレーションのヒョウが殺す光景、ニシキヘビの跡、ライオンが食べている光景はこれらの霊長類に警告を与えない。われわれの祖先は、まさにこの高度に発達した社会的知性によって、確実に人間性への道をたどり始めたのである。いったん動物を名付けることを学ぶと、その同じ動物、実際には自然全体を、知覚をもっており、対話をすることができるものとして眺めることによって、環境から学ぶ能力を大いに増進させた。生き物がわれわれに意図的に信号を送っていると考えられるとき、環境全体が社会的環境になるのである。

原始時代の人間は、動物、植物、あるいは世界のあらゆる特徴的部分の行動を理解するために、彼らの高度に発達した社会的知性を用いることができた。感傷的誤謬や擬人法的推測は人類の進化のうえで中心的な出来事のひとつである。われわれの祖先のひとりが最初に「もし、わたしがカメだったら、どこに卵を隠すだろう？」とか「空が怒っているように見える、洞窟に戻ったほうがいい」といったとき、彼は環境の調査でまったく新しい型の推測を始めたのである。擬人法的推測は、デカルト派の科学〔精神と物質を分化する二元論〕の狭い境界内では悪い評判をたてられてもしかたがないが、困難で、時には敵対する自然環境と協調するためには、大いに便利な道具である。ロックウッド（Lockwood 1989：49）は「応用擬人法」をこう説明した——「われわれ自身の種であれ他の種であれ、生き物であるとはどういうことかに対する個人的観点を、他の生き物であるとはどういうことかについての考え方を示すために用いることである。この過程は投影形式であり、社会的生き物としてわれわれが地上で生活できるようにする過程である」。

環境について推測するのに社会的知性を用いることは、狩猟、採集、肉食獣の回避、天候の予言などを容易にした。しかしながら、ある場合には動物は感覚をもつだけのものではなくなった。彼らは人間社会に採り入れられたのである。ルソー〔一七一二―一七七八 フランスの啓蒙思想家〕が言語の起源を隠喩に置くのはこの時点である。動物は人間の社会的世界を反映する鏡になった。社会的関係や社会への帰属のための策略は、抽象的な社会的、心理的特徴を具体的で明白なものにするために、生き物の顕著な形式を用いて表わされた。人間と自然界のこの重ね合わせがトーテミズム〔トーテム（部族の崇拝動物）信仰〕の真髄である（Lévi-Strauss 1974）。しかしながら、動物との親近感の創造は人間の社会的関係の複雑さを明らかにしただけではない。おかげで、人間の孤立化は少なくなり、世界はより快適な場所になった。動物の存在、その感触、その注目は、社会的対話の型の一部となり、人間の健康を維持するのに役立っている。

　長期間にわたる幼児の世話と人類の進化と並行するような、成人間の相互依存形式の発展は養育行動に対する生理的、心理的、社会的報償の発達によって促進されたのである。子供の生存が養育の質に左右されたことは明白である。しかし、養育は食物の供給と危険からの保護を含むにとどまらない。触覚による慰めと適切な社会的交流も重要である。実際、友好的な社会的相互作用はいまや成人の健康にも必要であると認識されている。社会的支持、家族構成、友情は成人の健康と幸福に強い影響力をもっている。『サイエンス』〔アメリカの科学雑誌〕で、ハウス、ランディス、ウンベルソンは、寿命や病気の割合と人の社会的支援のネットワークとの間の強いつながりを調べた（House, Landis, and Umberson 1988）。彼らの結論は次のとおりである。「社会的関係についての証拠は、特に将来の見込みに関する研究によれば、おそらくA型の行動様式を心臓病の危険因子として確定するように導く証拠よりも強いものである。社会的関係と健康に関する証拠は、喫煙をさまざまな病気による死亡率、疾病率に対する原因や危険因子として確立した一九六四年の医務長官〔米国公衆衛生局の〕報告における証拠にますます近似してきている。年齢調整を行った相対的危険率は、喫煙について報告された（すべての死亡原因に対する）相対的危険よりも高いものである」。

接触による慰めや交友関係が人々を健康にするのであれば、動物との交友関係――特に親類として扱う動物、すなわちペットとの接触――は健康を増進する。動物との交友関係が健康に違いを見せる直接的証拠さえ存在する（Friedmann et al. 1980；Siegel 1990；Anderson et al. 1992）。確かに、動物と対話したり、動物を親類と考えることが、ストレス緩和を通じて健康に作用しうることを示す間接的証拠はある（Katcher 1983）。人類がいつペットを飼い始めたかはわからない。また、動物を親類と考えることと実際に彼らを仲間として使うことの間の時期的関係もわかっていない。農業以前の人々の間にペットが存在していたことから、動物を仲間として使うことは家畜化にはるかに先立つことであったと推定される。

もし動物が歴史に、そして、おそらく神経構造に、そのように織り込まれているとすれば、生物の環境が無節操で破壊的な人間の行動によって苦しめられてきたのはなぜであろうか？　もし、われわれが、少なくとも数種の動物を親類として扱う遺伝的素質をもつとしたら、なぜわれわれは動物の多くを絶滅させておいて、その損失にこんなにも無関心なのであろうか？　バイオフィーリアが存在するとしても、なぜ人間の行動をそれほど強く決定しないのであろうか？

動物がわれわれの親類になったとき、その隠喩が意味しているのは、動物が永遠に人間という親類を養い続けるということである。餌食と食肉獣は家族のように結びつき、永遠に終わることのない対話をしている。個体は滅びるが、二種類の生き物は永遠につながっていると見なされる。狩猟者は個体を殺すが、狩猟者の部族は狩られる種の永続する生命に依存している。もしあらゆる相手の持続を必要とする終わることのない対話によって自然界と関係することになっていれば、われわれは今日の環境の悲惨な状態に脅えることはなかったであろう。しかし、われわれと動植物との相互関係を説明するのに、「親類」という範疇を用いることは、両者は「親類ではない」という範疇を暗示する。そして、「親類でない」は「害」という範疇に発展し、無慈悲な破壊がそれに続くのである。

「害」という範疇は、ある種の動物あるいは植物（雑草は害植物である）は絶滅することがありうる、または絶滅させなければならないと意味している。それらの永続にはもはや何の関心もない。絶滅が望ましい結末になる。動植物をまったく悪である、必要ない、価値がないなどと見なす傾向が顕著に現われるのは、すべての言語の基本的な部分となっている動物や自然の隠喩的使用にである。隠喩では、生き物は行動の複雑さをはぎ取られ、単一の属性、「善」、「悪」といったおおまかな属性を反映するまでに削ぎ落とされる。いかなる生き物もその行動の善悪を兼ね備えた全体性を反映する複雑さは精製されて単一のイメージになる。すなわち完全に善であるか悪であるかのいずれかとなる。人間は、複雑な社会状況の見取り図や人間や動物の複雑なイメージを、現実の断片しか反映しない隠喩的アイコンに還元することによって簡略化する。そのような複雑さを緩和するためのアイコンの使用は、意識的、無意識的思考の両方にとって重要な知的メカニズムである。隠喩や寓意で動物が役に立つのは、ひとつには、そのようなイメージを表わす際、動物が非常に便利であるからだ。かくして、「ライオンのように勇敢である」とか「ゾウのように賢い」と言える。実際は、ライオンはしばしば死肉を食べ、ゾウはまごまごして自身の生息地を破壊してしまうのにである。キプリング〔一八六五―一九三六　イギリスの作家、詩人。『ジャングルブック』など〕が秩序ある捕食を表わすのにオオカミやヒョウを用い、秩序のない捕食を表わすのに野生のイヌやトラを用いるとき、善い行動と悪い行動を単純に対照させるために動物のイメージを使用している。われわれが動物を絶滅させ、生息地を破壊しようとするのは、動物が果たす複雑な役割を人間の興味や必要によって定義した単純なイメージに還元しようとする、まさにこの普遍的傾向を反映している。コヨーテとオオカミは常に悪であり、羊や家畜は常に善である。

さて、われわれはほぼ円環を一周するところである。動物と仲間になりたいという先天的であるかもしれない傾向についての説明は、いかなる動物の地位をも親類から害へ――あるいは、より最近では親類から物へ――と転換しうる文化的分類の力を認識した。円環を閉じるためには、文化と人間の性質がいかに相互に作用するかを考慮し、生物多様性の保護のために、改めて道徳的、政治的問題を導入する必要がある。

世界の野生保護地域の減少しつつある不安定な状態は、他種の生命に関与したいという傾向がわれわれの脳にいかに深く根差しているにせよ、文化が共通の自然界に対する人間の行動の影響を決定するという圧倒的証拠を提供している。われわれの脆弱な環境を脅かす文化的指導の力に少しでも疑いをもったとしても、一九九二年の共和党全国大会初日の、パトリック・ブキャナン氏〔一九九二年及び九六年の共和党大統領候補に出馬した保守政治家。候補者にはなっていない〕の演説を聴けば、その疑いは晴れるだろう。環境保護主義は急進的フェミニズム、無神論、同性愛、その他あらゆる民主党の悪と明白に結びつけられた。それは、自由、ユダヤ‐キリスト教倫理、労働者の仕事取得の権利に敵対するものであった。環境保護に対する文化的、政治的反対は本書の領域を超えるが、われわれの子供たちの受ける科学教育がバイオフィーリアの倫理の発達をいかに阻害または促進するかは考慮したいと思う。

歴史的に見ると、われわれの現在の動物や生物環境との関係は特異なものである。動物はわれわれの生活にとって周辺的なものになったが、それはやっと今世紀になってからのことである。「なぜ動物を見つめるのか」（Why Look at Animals?）と題した見事なエッセイでジョン・バージャー（Berger 1980）

は、工業化社会における動物の周辺化の進行を記述している。動物の追放に対する哲学的正当化は一七世紀にデカルトによって枠組みを与えられていたが、工業化社会における動物の瑣末化は一九世紀に始まり、今世紀において大いに強化された。理由はたくさんある。しだいに人口の多くの部分が都市に移住したこと、牽引動物が機械にとって代わられたこと、生産動物の都市からの追放、農業の機械化とそれに続く農業労働力の喪失、森林や荒野の破壊の進行等。バージャー（1980：1）はこう書いている——「西ヨーロッパと北アメリカで一九世紀にこの過程が始まり、今日、二〇世紀の企業資本主義によって完結した。それによって以前人間と自然とを仲介していた、あらゆる伝統が破壊された。この断絶の前には、動物は人間を取り囲む最初の輪を形成していた。この言い方でさえ、すでに遠い昔のものであるように思われるかもしれない。彼らは人間社会の中心に人間と共にいたのである」。

われわれと自然の関係に対する、これら変化すべての結果は、近代科学の性格と、とりわけ子供たちに対する科学の教え方とによって増幅されてきた。近代科学は、リンゴのなかの虫のように、外観のもつ価値を覆してきた。それは、感覚が創造した世界の価値をなくし、感覚で世界を建設するために用いる共通感覚と、われわれを統括してひとつの政治的統一体（生息地と種の保護という道徳的問題を解決するために生物学者が統治しなければならない政治的統一体）にする言語との両方から決別した。ハンナ・アレント〔一九〇六―一九七二　ドイツ系アメリカ人の哲学者、政治学者。「全体主義の起源」、「人間の条件」など〕（Arendt 1958：283, 4）はこの近代科学、われわれ共通の世界、われわれ共通の対話の関係を次のように記述している。

> デカルトの理性は、「精神はそれ自身が生産し、ある意味でそれ自身のうちに保持しているものしか知ることができない、という暗黙の仮定」に完全に基づいている。それゆえ、その最高の理想

は、近代という時代が理解するように、数学的知識であるにちがいない。すなわち精神を超えて存在する観念形式の知識ではなく、この特定の瞬間に、それ自身以外によるものは感覚の興奮――あるいは、むしろ小さな刺激――すら必要としない精神によって生産された形式の知識である。この理論は、ホワイトヘッドが「退行した共通感覚の結果」と呼ぶものに他ならない。なぜなら、共通感覚とは、視覚が人間を可視世界に適合させるように、かつては他のすべての感覚をその親密なまで私的な刺激によって共通の世界に適合させる感覚であったが、今や世界とのいかなる関係ももたない内的能力になってしまったからである。今この感覚が共通と呼ばれるのは、たまたま、すべての人に共通であるからにすぎない。現在、人間が共通にもっているものは世界ではなく精神構造である……

というのは、今日の科学が、数学の記号「言語」を採用するよう強いられたからである。その言語は、もともと話し言葉の言説に対する略語としての意味しかもたなかったが、今は話し言葉に翻訳し直すことが不可能になった言説を含むのである。

この世界の疎外に対する解決は、ラッダイト運動〔一九世紀初頭の産業革命に反対する機械破壊運動〕がしたような、数学と科学を引き離すことではないことは明らかである。必要なのは教育と生命や自然の直接的感覚経験との結合である。学校での子供の時間は教科書と過ごされ、社会的であれ自然的であれ、出来事の経験とではない。子供が科学を学ぶのは言葉を読むことによってであり、世界における自分自身の場所を観察することによってではない。何年もの間、科学で優れた成績をとった後、学生は大学の医学部や歯学部に入るが、動脈と静脈を確実に区別することもできないのである。われわれの子供たちには、現在、教えているような目にみえないものの科学ではなく、自然史を教育するべきである。生き物が子供たちの注意を引きつける力は、子供たちが生物環境を理解し、世界の現象を尊重し、その世話に責任をもつ方法を学ぶのに役立つ。自然史はその近代的な形式においてさえ、生き物の忙しい活動のただなかで世界の表面に従事する。もちろん動物集団の研究に数学的公式が役に立つかもしれないが、言葉にならない数学的公式化を扱う前に、観察し、言葉に表わせる分類学、生態構造、動物行動の領域で世界について多くを学ぶことができる。

テレビのない子供時代を経験した者には、現代の子供にとって世界を見ることがいかに難しいかを認識するのに困ることがある。ビル・マッキベン（McKibben 1992）は、『消え行く情報の時代』で、テレビから抽出できる類の情報とアディロンダック山脈〔米国ニューヨーク州北東部の山脈〕の山のハイキングの経験とを明確に対立させている。テレビで育った子供は大量の情報にさらされるが、身近な環境について多くを学ぶことができない。世界の出来事について小さな二次元表現から学ぶことは多くても、世界内の自分の場所について直接の探検から学ぶことはあまりに少ないのである。

テレビの世界村の定義はまさに反対である――そこはこれ以上ないほど多様性の乏しい場所であり、そこでは、できる限り多くの情報が「伝達」を容易にするためにぬぐい去られる……山に住むということは特定の場所に住んでいるということだ。そこは小さな地域で、一、二マイル四方しかないが、その秘密を学び始めるにも多くの旅を必要とする。そこにはブルーベリーがある。そして、ここには大きなブルーベリーがある。沼にはここからは近寄れないが、反対側からは簡単に縁を回ることができる。道沿いに行けば、一〇〇の違った植物を通り過ぎる――私が知っているのは、そのうち二〇ぐらいだろう。小さな山脈について学ぶのに一生涯を費やすこともありうるだろうし、かつて人々はそうしていたのだ。(McKibben 1992 : 52)

動物の世話のしかたを教えられた行動過剰の子どもは、その経験を生物学と学び方とを学ぶために利用した。彼らは方法、事実、自然に対する新しい道徳的指針を獲得した。このカリキュラムが効果的であるとすれば、それは、子供たちが動物と自然を愛し、そのような関心を態度と教育に反映させるような人々に教育されたからである。自然は単なる主題ではない。それは教師と生徒に共通の世界であり、双方がそれに対して責任を負わねばならないのである。そのような教育によってこそ、他種の生命との対話を継続しようとする先天的傾向が、その生命を保護するという道徳的課題と結合されうるだろう。

もしバイオフィーリアが存在するとすれば、そのもっとも可能な存在形態は生き物の形態や運動に注意を向け、少なくとも動物に関しては、それらを社会的環境に組み込む傾向であろう。この傾向は非常に一般的であって、水の流れや雲の動きのような型にはまった動きを示す環境要素にまで及ぶ。さらに、この一般的傾向が環境の作用や効果にいかに組み込まれるかについては、当然、文化の指示が主要な決定要素となるだろう。ありうることだが、いかなる先天的バイオフィーリア傾向も人間の行動に対して、そのように弱い作用しかもたない、ということを現在われわれの環境の窮状が示しているのであれば、それほど文化的指導が強力であるのに、なぜ先天的メカニズムを探究するのか？　ひとつの理由としては、現代世界における社会理論の特殊な性質がある。社会理論は、再帰的に作用し、予想しえないやり方にせよ、人間の行動を形作る方法のひとつである。バイオフィーリアの存在を提起すれば、生物の多様性を保護するために、現在行われている社会キャンペーンを促進し、進行中の地球環境の悪化を遅らせる可能性が大いにあるだろう。バイオフィーリアの概念は、バイオフィーリアに基づく強い効果を示そうとする研究プログラムよりも、科学を教える方法を変えることによって、もっとも強い影響力をもつかもしれない。

生物科学の教育に、研究対象に対する責任という考え方が注入されるとき、E・O・ウィルソンのバイオフィーリアが提案した道徳的問題が始まると言っていいだろう。ハンナ・アレント（1963：196）は教育と責任の関係を次のように記述している。

教育とは、われわれが世界を十分に愛しているかどうかを決定する問題である。十分に愛しているなら、世界に対して責任感を抱き、同じ理由で世界を崩壊から救うであろう。再生と若さの新たな到来とがなければ、崩壊は避け難いからである。そして、教育とは、われわれが十分に子供たちを愛しているかどうかを決定する問題でもある。十分に愛しているなら、子供らを世界から追放せず、子供ら自身の工夫に任せ、子供らの手から何か新しい、われわれの予見しないことを手掛ける機会を奪うことなく、共通の世界を再生する仕事の準備をさせるであろう。

参考文献

Albert, A., and K. Bulcroft. 1987. “Pets and Urban Life.” *Anthrozoos* 1: 9–25.
Anderson, W., C. Reid, and G. Jennings. 1992. “Pet Ownership and Risk Factors for Cardiovascular Disease.” *Medical Journal of Australia* 157 : 298–301.

Arendt, H. 1958. *The Human Condition*. Chicago : University of Chicago Press.

——. 1963. *Between Past and Future*. Cleveland : World Publishing Co.

Bachelard, G. 1956. *The Psychoanalysis of Fire*. Translated by C. C. M. Ross. Boston : Beacon Press.

Barkley, R. 1990. *Attention Deficit Hyperactivity Disorder*. NewYork : Guilford Press.

Bataille-Benguigui, M. 1992. "Man-Fish Relationship in the Therapy of Conflict." *Proceedings of the International Conference on Science and the Human-Animal Relationship*. Amsterdam.

Baun, M., N. Bergstrom, N. Langston, and I. Thoma. 1984. "Physiological Effects of Petting Dogs : Influences of Attachment." In *The Pet Connection : Its Influence on Our Health and Quality of Life,* edited by R. B. Anderson, B. Hart, and A. Hart. St. Paul : Grove Publishing.

Beck, A. M., L. Saradarian, and G. F. Hunter. 1986. "Use of Animals in the Rehabilitation of Psychiatric Inpatients." *Psychological Reports* 58 : 63-66.

Berger, J. 1980. *About Looking*. New York : Pantheon Books.

Cheney, D., and R. Seyfarth. 1990. *How Monkeys See the World*. Chicago : University of Chicago Press.

Condoret, A. 1983. "Speech and Companion Animals : Experience with Normal and Disturbed Nursery School Children." In *New Perspectives on Our Lives with Companion Animals,* edited by A. Katcher and A. Beck. Philadelphia : University of Pennsylvania Press.

Corson. S. A., and E. Corson. 1977. "The Socializing Role of Pet Animals in Nursing Homes : An Experiment in Non-Verbal Communication Therapy." In *Society, Stress, and Disease,* editied by L. Levi. London : Oxford University Press.

Corson, S. A., E. Corson, P. Gwynne, and E, Arnold. 1977. "Pet Dogs as Non-verbal Communication Links in Hospital Psychiatry." *Comprehensive Psychiatry* 18 : 61-72.

Crook, J. 1991. "Consciousness and the Ecology of Meaning : New Findings and Old Philosophies." In *Man and Beast Revisited,* edited by M. Robinson and L. Tiger. Washington : Smithsonian Publications.

DeSchriver, M., and C. Riddick. 1990. "Effects of Watching Aquariums on Elders' Stress." *Anthrozoos* 4 : 44-48.

Friedmann, E., A. Katcher, J. Lynch, and S. Thomas. 1980. "Animal Companions and One-Year Survival of Patients Discharged from a Coronary Care Unit." *Public Health Reports* 95 : 307-312.

Friedmann, E., A. Katcher, S. Thomas, J. Lynch, and P. Messent. 1983. "Social Interaction and Blood Pressure : Influence of Animal Companions." *Journal of Nervous and Mental Disease* 171 : 461-465.

Giddens, A. 1990. *The Consequences of Modernity.* Stanford : Stanford University Press.

Grossberg, J., and E. Alf. 1985. "Interaction with Pet Dogs : Effects on Human Cardiovascular Response." *Journal of the Delta Society* 2 : 20-27.

Hart, L. A., B. L. Hart, and B. Bergin. 1987. "Socializing Effects of Service Dogs for People with Disabilities." *Anthrozoos* 1 : 41-44.

Hirsh-Pasek, K., and R. Treiman. 1982. "Doggerel : Motherese in a New Context." *Journal of Child Language* 9 : 229-237.

House, J., K. Landis, and D. Umberson. 1988. "Social Relationships and Health." *Science* 241 : 540-545.

Hoyt, L. A., and J. W. Hudson. 1980. "Dog-Guides or Canes : Effects on Social Interaction Between Sighted and Unsighted Individuals." *International Journal of Rehabilitation Research* 3 : 252-254.

Katcher, A. 1981. "Interactions Between People and Their Pets : Form and Function." In *Interrelations Between People and Pets,* edited by B. Fogle. Springfield : Thomas.

——. 1983. "Man and the Living Environment : An Excursion into Cyclical Time." In *New Perspectives on Our Lives with Companion Animals,* edited by A. Katcher and A. Beck. Philadelphia : University of Pennsylvania Press.

Katcher, A., E. Friedmann, A. Beck, and J. Lynch. 1983. "Looking, Talking and Blood Pressure : The Physiological Consequences of Interaction with the Living Environment." In *New Perspectives on Our Lives with Companion Animals,* edited by A. Katcher and A. Beck. Philadelphia : University of Pennsylvania Press.

Katcher, A., H. Segal, and A. Beck. 1984. "Comparison of Contemplation and Hypnosis for the Reduction of Anxiety and Discomfort During Dental Surgery." *American Journal of Clinical Hypnosis* 27 : 14-21.

Katcher, A., and A. Beck. 1989. "Human-Animal Communication." In *International Encyclopedia of Communications,* edited by E. Barnow. London : Oxford University Press.

——. 1991. "Animal Companions ; More Companion Than Animal." In *Man and Beast Revisited,* edited by M. Robinson and L. Tiger. Washington : Smithsonian Publications.

Katcher, A., and C. Campbell. 1990. "Social Interaction with Animals." Paper presented to the 1990 Meeting of the Pavlovian Society, Philadelphia.

Katcher, A., and G. Wilkins. "A. Controlled Trial of Animal Assisted Therapy and Education in a Residential Treatment Unit." Paper Presented to the Sixth International Conference on Human Animal Interactions, Montreal.

Levinson, B. 1969. *Pet Oriented Child Psychotherapy.* Springfield : Thomas.

Lévi-Strauss, C. 1974. *Le Totemisme Aujourd'hui.* Vendôme : Presses Universitaires de France.

Lockwood, R. 1983. "The Influence of Animals on Social Perception." In *New Perspectives on Our Lives with Companion Animals,* edited by A. Katcher and A. Beck. Philadelphia : University of Pennsylvania Press.

——.1989. "Anthropomorphism Is Not a Four Letter Word." In *Perception of Animals in American Culture,* edited by R. Hoage. Washington : Smithsonian Publications.

McCulloch, M. 1981. "The Pet as Prosthesis : Defining Criteria for the Adjunctive Use of Companion Animals in the Treatment of Medically Ill, Depressed Outpatients." In *Interrelations Between People and Pets,* edited by B. Fogle. Springfield : Thomas.

McKibben, B. 1992. *The Age of Missing Information.* New York : Random House.

Messent, P. 1983. "Social Facilitation of Contact with Other People by Pet Dogs." In *New Perspectives on Our Lives with Companion Animals.* edited by A. Katcher and A. Beck. Philadelphia : University of Penn-

sylvania Press.
Peacock, C. 1984. "The Role of the Therapist's Pet in Initial Psychotherapy Sessions with Adolescents : An Exploratory Study." Doctoral dissertation, Boston College Graduate School of Arts and Sciences.
Potts, R. 1991. "Untying the knot : Evolution of Early Human Behavior." In *Man and Beast Revisited*, edited by M. Robinson and L. Tiger. Washington : Smithsonian Publications.
Redefer, L., and J. Goodman. 1989. "Brief Report : Pet-Facilitated Therapy with Autistic Children." *Journal of Autism and Developmental Disorders* 19 : 461-467.
Rousselet-Blanc, V., and C. Mangez. 1992. *Les Animaux Guerisseurs*. Paris : J. C. Lattès.
Siegel, J. 1990. "Stressful Life Events and Use of Physician Services Among the Elderly : The Moderating Role of Pet Ownership." *Journal of Personality and Social Psychology* 58 : 1081-1086.
Tuan, Y. F. 1984. *Dominance and Affection : The Making of Pets*. New Haven : Yale University Press.
Ulrich, R. 1979. "Visual Landscapes and Psychological Well-Being." *Landscape Research* 4 : 17-23.
——. 1983. "Aesthetic and Affective Response to the Natural Environment." In *Behavior and the Natural Environment*, edited by I. Altman and J. Wohlwill. New York : Plenum.
——. 1984. "View Through a Window May Influence Recovery from Surgery." *Science* 224 : 420.
Ulrich, R., and R. Simons. 1986. "Recovery from Stress During Exposure to Everyday Outdoor Environments." *Proceedings of the Seventeenth Annual Conference of the Environmental Design Research Association*. Washington : EDRA.
Wilson, E. 1984. *Biophilia*. Cambridge : Harvard University Press.

第三部　文化

第6章　失われた矢を求めて——狩猟者の世界における心身の生態学

リチャード・ネルソン

北極圏直下、アラスカ内陸部の寒帯の森林のなか。一一月中旬の琥珀色の午後。気温は零下二〇度。空気中には霜の結晶が漂い、もっと寒くなることを示す前触れだ。五人——コユコン族インディアン——が例外的なほど大きなクロクマの死体に屈みこんでいる。二日間、彼らはコユコン川峡谷の広々と伸びた一帯を横断し、冬眠の穴に最近入ったばかりのクマを深し求めていた。この動物は、この時期、最高に食べごろの状態にあるが、発見はきわめてむずかしい。穴の入り口は一八インチ積もったパウダー・スノーの下に隠れ、微妙なわずかな手がかりを頼りにする以外、見つけることができない。表面上に草が顔を出していない場所だ。そこは遮断のため爪で掻きとられたところである。下の苔には、わずかな窪みがある。それは足跡がついたことをほのめかすものだ。

この朝もっと早い時刻に、狩猟者たちは最初の獲物をしとめた。満一歳の仔グマである。このグループのリーダーであるモーゼズ・サムが見つけた。彼は子供の時分からこのテリトリーで罠を仕掛け、父がずっと以前に作り上げた踏み分け道をたどってきた。モーゼズは六〇歳そこそこ。その土地を詳細に知っていること、クマの狩猟者としてとてつもない技術をもっていること、そして数々の成功をおさめたことで有名である。「クマに関して、他には誰も、そうした幸運はもっていない」、そうわたしは聞いている。「ある者は、それをもって生まれる。そして、彼はいつも、彼の動物たちに十分注意を払う――尊敬している。そのようにして、彼は、その幸運を保っているのだ」。

数分後、モーゼズはポケットから小さなナイフを取り出し、クマの頭の脇にひざまずき、両目の澄んだ円蓋に注意深く切れ目を入れる。眼の硝子液が指の上できらめく。「たとえ、われわれのひとりが間違いをしでかすか、何か誤ったことをしても、もうクマには見えないだろう」と彼は静かに説明する。

コユコン族の伝統には、殺した動物を適切に扱う規則が何百もある。たとえばクマの足は最初に切りとり、その霊がさまよい歩くことのないようにしなくてはならない。そして、体の一部は、村から遠く離れたところで催される男たちと少年の列席する一種の葬式の宴で、食べてしまわなくてはならない。コユコン族の狩猟者たちは、この動物の生命がゆっくりと衰えていくこと、それには意識があり、人間が自分の体をどのように扱うかわかっていることを知っている。これはクマの性的能力のある、そして注文のきつい霊に、とりわけあてはまることだ。

クロクマのもっと大きな親類について、コユコン族のある長老が、かつて、わたしにこう語ったことがある――「アメリカ・クマの毛皮のすべての毛には、それ自身の生命が宿っている。……だから、それはじっとしていることがない。それは我慢することができない。その生命全部がアメリカ・クマの毛皮から消えてしまうには数年かかる。そういう力をクマはもっているんだ」。

このエピソードをめぐり、いちばん重要な意見を述べるとすれば、それはたぶん、現代の欧米人がこれを風変わりだと思いそうだ、ということになろう。しかし、長期にわたる歴史上で、このような話はごく普通のことであり、それは自然界とわれわれの相互関係の本質であり、人間の経験のまさしく最重要点であった。人類の歴史の九九パーセントの期間、人類学者リチャード・リーとイルヴァン・デヴォア（1968：3）が指摘したように、われわれはもっぱら狩猟民、採集者として生きてきたのだ。相対的時間の物差しで言えば、農業は誕生してから一分しかたっておらず、都市社会はほとんど瞬きの域を越えない。

この観点から言うなら、過去数百万年にわたる人間の生活様式の多くは、都市化した西欧の人々の理解を越えたところにある。そして、そうした生活様式の基本は何かを理解したいと願えば、われわれのものとははるかに異なる伝統に眼を向けなくてはならない。

これが当てはまるものを想像するとすれば、われわれとは異なる生命形態と人間の関係以外にはない。たぶん、今日の社会ほど自然の共同体から深刻に疎外されている社会はなかったし、今日の社会ほど心が大きく隔たった位置から自然界を眺めている社会はなかった。また、維持環境との関係をこれほど陰気に懸念するようになった社会はなかった。このため、非人間的生命を人間が基本的に好むという姿勢を理解しようと努力する場合、われわれは大いに不利な状態にある。

ここで、わたしはこうも信じている。つまり、伝統的社会から、とりわけ多くの人々が日々親密に土地との接触を経験している社会から学ぶことが絶対必要である。なによりも野生の環境から生活の糧《かて》を収穫する人々である。つまり狩猟民、漁師、罠を仕掛ける者、採集民である。そうした共同体に、われわれは自分たちの科学的学問分野が獲得した知識に似たものを見つける。そうして、人間はいかに生命過程と係わっているかをめぐる重要な洞察、われわれが長いこと忘れてしまい、いまやっと再発見しかけている英知に基づく洞察が得られる。

これからの議論で、わたしが主として利用するのは、アメリカ原住民の教訓である。民族誌家としてわたしは彼らのもとで研究に従事してきた。この研究には、北部アラスカで四度の期間に行った集中的研究が含まれる。一年間にわたり北極の海岸沿いのウェインライト村でイヌピアク・エスキモー族のもとで行った研究（1964—1966, 1971, 1981）、チャルキイツキのグイッチイン・インディアン社会での一年（1969—1971）、コブク川のイヌピアク族の村アンブラーとシュングナクでの六ヵ月（1974—1975）、そして、フスリアとヒューズのコユコン族インディアンと数年間まとめて（1971—1984）行ったものである。

この調査のすべては人間と環境との関係に焦点を当てている。つまり動植物の知識、生活と生存の手段、自然界に集中する宗教的・霊的信仰、生態学的概念と保護上の実践活動、場所との類縁関係（アフィリエーション）、そして狩猟生活様式の道徳的もしくは倫理的次元である。

最初に、わたしは自分自身の限界と欠点とを強調しておきたい。人類学者は、故郷では権威と見なされるかもしれないが、彼が研究を行っている共同体の人々がそのように思うことはない。彼らの文化をめぐり学者が得る経験は一年もしくは二年を越えることはめったにない。これは徒弟の段階から先に進むには十分な期間とは言えない（わたしは便宜的に、また自分を指すのに、男性代名詞を使用する）。

さらに、狩猟・採集民と彼らが社会構成員を維持している自然共同体との入り組んだ相互関係を要約する言葉を見つけることは難しい。われわれの本と論文では、人間の生活様式がもつ、ほぼ無限に近い複雑さが数ページに削減されてしまう。われわれは、ひとつの隠喩が生みだせれば、そう願うことがせいぜいである。つまり、われわれが見抜けなかった大きくて、深い何かを暗示するイメージである。

ここに一例がある。ナバホ族のクラウス・チー・ソニーという名の長老は、民族誌学者カール・リッカート（1975：39）が記録した、「シカ狩の道」という宗教的伝統のテキストを暗唱していた。狩猟民に与えられる指示のひとつとして、神聖なシカ族に捧げられた次の言葉がある――「動物はわれわれの食べ物である。彼らはわれわれの思想である」。

この言葉を読むことは、戸口を通り抜け、野生の果てしない領域に歩いて入り込むようなことだ。それはあらゆる方向に開かれている。こうしたわずかな言葉は、最初のヨーロッパ人がやってくる前の北アメリカの多くの地に住んでいた人々、狩猟・採集民族の生活と精神と文化に動物――そして全体としての自然界――が広く行き渡っていたことをわたしに象徴するものである。

こうした共同体の間では、自然環境は文化と伝統の実質的すべての側面となって現われている。動物、植物、そして西欧人がオールドスタイルの環境と定義するものをめぐる知識の膨大で入り組んだ蓄積となって。生計を得て、自然環境が提供するものの加工に用いる、あきれるほどの多くの方法となって。生活の糧《かて》と生存と結びついた道具、武器、その他の技術の複合体となって。共同体の規模、可動性、そして一年の循環のような適用の型となって。社会組織の諸要素となって。たとえば家族と親族の構造、居住の型、社会組織、経済体制、法概念、そして政治として。一連の習慣となって――共同体の活動と共有から、深く染み込んだ個性の型に至るまで。言語と美的表現として――物語、詩、音楽、視覚芸術。地球の偉大な宗教的伝統のひとつとして、集合的に見ることが可能な信仰と儀式の複合体として。人々が周囲世界を概念化し、それと自分との関係を見る方法として。そして、生態学、資源管理、環境倫理、そして哲学という西欧人の概念に匹敵する知的伝統として。

狩猟・採集民の間では自然と文化とは入り組んだ形で編まれており、それは生きた細胞とその環境との交換に似ている。生命維持に必要な呼吸、水と養分の流れ、外部世界と内的肉体の混じり合いである。

これからさき、こうした文化の型のいくつかを、わたしが研究した共同体で表現されている通りに論じるつもりである。わたしは人と動物の関係に焦点を当てている。第一節はイヌピアク族エスキモーの実例を基にするが、伝統的狩猟の基礎になっている経験的もしくは科学的知識を取り扱う。第二節では、コユコン・アタバスカン族インディアンの伝統にある宗教的知識、環境倫理、そして自然保護の実践活動が記述される。そして、最後の節では、地上の生命とよりよく調和のとれた維持可能の関係を求めるわれわれの探究に、非西欧的な知的伝統がどのように貢献しうるかが考察の対象となる。

知識——狩猟民の眼

アラスカの北極の海岸に生活しているエスキモーは自らを「イヌピアク」と呼んでいる。これは「現実の人」という意味である。この名に恥じることなく、彼らは自らを誇りをもって眺めている。そして、そうあるのも当然と思える。エスキモーは、あらゆる人間集団のうちで、環境にいちばんみごとに適応している集団のひとつであり、地球上でいちばんむずかしい環境で長いこと生活してきたからである。彼らの故郷は、アラスカ西部と隣のシベリアから北アメリカ大陸を横断し、グリーンランドにまで伸びている。緯度は、いちばん厳しい高北極から、穏やかな亜北極の海岸に至る。植物が少ないため、エスキモーはどの民族よりも狩猟に多く頼っている。今世紀以前、いくつかの集団は、ほとんどもっぱら哺乳動物、鳥、魚を主食としていた。

もちろん、エスキモーが有名なのはその技術が巧妙で複雑であるからで、その技術にはカヤク、毛皮の服、銛、雪の家、そして犬のチームが含まれる。しかし、わたしは彼らの最大の才能、つまり彼らの適応上の成功の基礎は、それほど明快ではない知性の領域——精神と自然の結びつき——にあると信じている。北部アラスカのエスキモーに関して行ったわたしの研究で、何より印象的であったことは彼らが環境をよく知っているということである。その知識は、深さ、細かさ、正確さの点で注目すべきものである（Nelson 1969 参照）。

幾度にもわたり、イヌピアク族のひとりの狩猟員が、とりわけ賢いことをしたとき、自分の頭を指してこう断言した——「いいかい……、エスキモーは科学者だ」。はじめ、わたしは、それは誇張表現であると理解していたが、時がたつにつれ、彼は本当のことを言っていることがわかった。科学者たちが、しばしば彼の共同体を訪れていたので、科学の経験的方法をよく知っていると彼は言った〔イヌピアク族の狩猟をめぐるわたしの説明は男性を強調している。それは彼らが主たる狩猟員であるからで、女性は魚をとり、小さな獲物をとらえ、より大きな動物のほとんどの加工に責任をもっているからである〕。

伝統的なイヌピアク族の狩猟員は生涯をかけて知識を獲得する——自分の共同体の他の成員から、そして自分自身の経験と観察とからである。この関心は驚くことではない。それは彼らの生死は絶対的に当てにできる情報の膨大な蓄積の有無にかかっているからだ。はじめて、わたしがエスキモーとの生活にでかけたとき、彼らがわたしに語ってくれることが疑わしく思えることがよくあった。あるいは、彼らの言うことをまともに受けとることはむずかしかった。われわれ自身が有する科学的伝統に組み込まれている西欧の知識は、「民間的知識」としばしば名づけられるものより、ずっと実質的重みのある真理をもっている。どういうわけか、わたしはそう学んでしまっていた。しかし、滞在すればするだけ、彼らの主張を信用するようになっていった。それは経験が余りにもしばしば、彼らの言葉の正しさを示したからだ。

たとえば、フイリアザラシが凍っていない溝に顔を出すとき、その出し方で確実に天気の予測ができる、と狩猟員は言う。そして、突然、強風が吹いてくると、人は叢氷（パックアイス）の上をさまようことになってしまうので、正確な予言は生死の問題になりうる。アザラシが胸を水面に現わし、空に鼻を向け、急いでどこかへ行くわけでもない行動をとるとき、それは天候状態が安定していることを意味する。しかし、ほんのわずかしか顔をださず、頭を低く、鼻を水面に平行にし、一度しか姿を見せない状態にあれば、嵐が近付いている可能性がある。こうした指標は、他のものと組み合わされると、きわめて重要なものとなる。たとえば、そり犬がしばしば吠える、星が不規則にきらめく、そして南から潮流が流れてくることなどと。アザラシと嵐を自分で経験してみて、エスキモーが言っていたことは正しいとわかった。

何度も、わたしは見た。イヌピアク族の狩猟員がもつ表向きは神秘的な能力が、実は詳細な知識の研ぎすまされた刃の上にあることを。わたしは次第に懐疑的姿勢をなくし、訓練中のイヌピアク族の若者のよう、言われたことを堅実に応用しはじめていた。たとえば北極グマに襲われたら、その動物の「右」側に飛んで回ったことであろう。イヌピアク族の長老たちは、北極グマは左ききだと言っている。だから、右前脚を避ければ、わずかでも機会を得ることになる。右前脚は左前脚よりも動きが遅く、正確さに欠けるからだ。嬉しいことに、わたしは実地テストの機会に恵まれることはなかった。しかし、このような主張を吟味している際に、忘れてならないことは、エスキモーは数千年もの期間にわたり、北極グマと密に接してきたことだ。

イグリクという名の狩猟員は、北極グマを見つけたときのことを思い出していた。そのクマは氷の平板な広い地域にできていたアザラシの呼吸穴の脇で待っていた。察知されることなくクマに近付くことは望むべくもなかったので、彼は近くの氷の隆起に隠れ見守っていた。数時間が経過した。その動物は片足を上げてぐるぐると廻り、その足をしばらく上げたままにし、それから静かに脚を下におろし、次いでまた別の脚を上げた。このことから、イグリクは結論した。北極グマの足の裏は、張って間もない海氷の表面が湿り、塩けをもって冷たいので、それに敏感であるのだ、と。ついにこのクマが諦め、でこぼこの氷の方へ向かったとき、イグリクはその方向を予測し、ぐるりと先回りして、クマが狩猟しやすい距離にやって来るまで待った。

冬の間、ゴマフアザラシとヒゲアザラシは、数フィートの厚さの氷にトンネルのような呼吸穴を開けている。この動物が下から入って来るとき、この穴がイグルーのような形の円蓋で覆われていることがよくある。それは表面に水がはねてできたものだ。イヌピアク族の長老はわたしにこう話してくれた。北極グマは賢いから、こうした円蓋の周囲に穴を開け、それにまったく手を触れることなく薄い状態にしておく。そうすれば、一度強打するだけで氷が割れ、アザラシの頭蓋骨を砕くことができるのだ、と。これは本当、と思わずにはいられなかった。しかし、ずっと若い男が何マイルもクマの跡を追った話をしてくれた。道沿いにクマはアザラシの穴を次々と掘り、それぞれの穴で待ち、うまくいかないと次のところに移動し、また試みていた、と。

ウェインライトの村で生活しているとき、いちばん尊敬されていた狩猟員は七〇歳代のイグルクであった。彼は動物に対して実に素晴らしい感覚をもっていた。彼らの行動を理解し予言する天才であり、まるで彼らの心を見とおすかのようであった。もはや彼は俊敏に動くことなく、力も強くなかったが、春の移動期には北極クジラ狩りの一員となった。もっとも、彼の主たる役割は助言者であった。子供時代からイグルクは北極クジラを一〇〇頭も捕らえ、たぶん誰よりもクジラをよく知っていた。しかし、南からやって来るクジラを見つけるたびに、彼は潮吹きを数え、どれだけ長く水面下にいるかを計り、氷結していない溝に沿ってどれだけ遠くまで進むかに注目していた。すると、ついに北の方向に消えて行った。彼は決して厭きることなくクジラの研究をし、彼が知ったことを他の狩猟員に伝えていた。イグルクのような聡明な長老は大いに尊敬されていた。彼らは生きるための技術を獲得しており、その共同体の学識ある知識人には伝統の生きた図書館であったからだ。

こうした話から、狩猟員が辛抱強い観察と環境との密接な相互作用によって、どのように知識を蓄積するかがわかる。われわれの場合と同じように、イヌピアク族の間でもコミュニケーションは学習過程の極めて重要な一部となっている。年間をつうじて狩猟活動と環境現象がたえず議論の話題となっている。食事時の家族の間でも、互いの家を訪れたり、キャンプにいるときは友人の間でも、共同体の建物に集まったひとたちの間でも、いろいろな環境で一緒に働いている人々の間でも、一緒に狩猟し、罠をかけ、魚をとり、あるいは旅する人々の間でも、狩猟活動と環境現象が会話の中心をなすことがよくある。このようにして、情報は活動的な狩猟員の間で交換され、長老によって若者に伝え、教えられる。季節が変わるたびに、議論の話題も変わり、人々の興味の強さも変わる。たとえばクジラ捕りキャンプの一シーズンの間、わたしは狩猟になんの関係もない話がつづくのを耳にすることはほとんどなかった。

部外者はエスキモーのような土着民の知識を過小評価する傾向にある。この知識のほとんどは書き留められていないので、おおむね眼に見えもせず、近づくこともできない。しかし、イヌピアク族の専門狩猟員は、われわれ自身の社会で高度の訓練を受けた科学者のと同じくらいの知識をもっている、わたしはそう思う。もっとも、その情報は異なる種類のものであろうが。エスキモーの知識に基づくだけで、北極の動物——北極グマ、セイウチ、北極クジラ、シロイルカ、ヒゲアザラシ、フイリアザラシ、カリブー、ジャコウウシ、その他——の行動、生態、利用法をめぐり数巻の本が書けてしまうほどである。

これに相当する量の知識が、コロンブスの時代以前の北アメリカのすべての文化に存在していた。そのとき以来、極北においてすら、西欧式教育と文化の全面的な変化が深刻な被害をもたらしてきた。今では、子供たちはほとんどの時間を学校で過ごしている。ツンドラや海氷の上ではないのだ。テレビが村にやって来た。輸入食物が生存の規範を減少させる。たとえば銃やスノーモービルなどの技術が導入され、狩猟を成功に導く知識の量と技術の幅が減少している（同じことは、われわれ自身の文化にも当てはまる――農業経営と商業漁業はその実例である。技術がより洗練され複雑になるにつれて、われわれがここで議論している類の知識は減少しているのだ）。

ヨーロッパ人がやって来る以前の時代のことを考えれば、北アメリカに生息していた動物種のおびただしい数が想像される――シカ、ヘラジカ、クロクマ、オオカミ、ピューマ、ビーヴァー、コヨーテ、カナダガン、エリマキライチョウ、リョコウバト、カワカマス。それぞれは、部族共同体から、何百もの異なった形になって知られていた。全大陸は入り組んだ網状の知識で覆われていたのだ。全体的に見れば、これは自然界を熟知することから生まれた膨大な知的遺産であったことになる。悲しいことに、これまでほんのわずかしか記録されてはいなかった。

過去五〇〇年間にわたり、われわれは北アメリカの共同体で西欧の世俗的、宗教的教育を熱心に促進してきたが、お返しに彼らが教えることはほぼ完全に無視してきた。その結果、われわれは二つの偉大な知的伝統の均衡がとれた交換と合体の機会を失ってしまった。

他の北アメリカ人のように、イヌピアク族は、自然主義的な観察を徐々に増やすことによって知識を獲得してきた――年々、一生涯から一生涯、一世代から一世代、一世紀から一世紀へと。西欧科学では、それ以外の技術をよく使用する――かかりっきりになって行う専門化された観察、制御された実験、捕獲動物の研究、そして電波発信装置の首輪《ラジオ・カラー》やエレクトロニック・モニタリングのような技術的装置。こうした方法を使用することによっても、似たような情報は収集できる。しかも、ずっとわずかな時間で。分子生物学や細胞生理学のような学問分野が、狩猟・採集民の間には対応するものがないことを、わたしは忘れていない。しかし、また原住民の伝統には、われわれがまだ知らないことが多くある、とわたしは信じている。

エスキモーと動物の相互交換をさらに一歩進め、人々は動物に「ついて」学ぶだけでなく、彼ら「から」学んでもいる、とわたしはあえて示唆することになろう。すでに、われわれはアザラシを捕らえるのに北極グマがアザラシの冬の呼吸穴で待っていることを見た。もっとも、わたしは細部は省いているが。じっと黙っていること、穴の風下にいること、そして、いつアザラシが空気を吸いに浮上して来るかわかっていること、などだ。

春になると、北極グマはアザラシ捕獲に、これとはまったく異なる方法を用いる。春にはアザラシは日光浴のために氷の上を這い回る。そのときの戦術のひとつは、氷上を忍び足で十分の近さまで行き、アザラシが穴ないし裂け目に滑り込むまえに捕らえることである。ここでも、クマは成功するには、じっと黙っていて、自分の臭いを察知させず、適切なときに動き、隠れ場所を使い、そしてアザラシが辺りを見渡すときは静止していなくてはならない（長老によれば、接近するクマは前足を使ってその目立つ黒い鼻を隠しさえするという）。

エスキモーのアザラシ狩りの方法は、呼吸穴であれ、春の氷上であれ、本質的には北極グマのものと同じなのだ。これは、それぞれ独自に開発したものなのか、それとも一種の収斂進化なのか。あるいは、エスキモーの先祖が北極グマを見つめ、その技術を学んだというのか。人間が北極にやって来るずっと前に、クマは海氷環境への適応を完全にものにしていたのだから。

狩猟民の才能は、動物の行動を熟知し、それを自分の利益に変えられることに集中している。たとえばイヌピアク族の北極グマの狩猟方法は、氷上に寝そべるアザラシの真似をし、矢が届く範囲までクマが忍び寄るよう誘うことである。これは、クマが氷結していない溝のずっと遠いところ、あるいは近付いて来るものがあれば見えてしまう広大で平坦な地域にいる場合、それを捕らえるための唯一の方法かもしれない。

もう一例。北極グマはときどき人を襲う。とりわけ傷を負っている場合にはそうだ。正しくない反応をして、もっと直接的で、純粋にダーウィン的な結果が得られる状況を想像することは難しい。イヌピアク族の長老は、ときに弾丸がクマの頭をかすめたら、クマが頭を上げるまで待ち、それからその首を狙え、と警告する。これができないときには、膨れ上がった後軀を撃て、と。そこを撃たれると、クマは振り向いて傷を嚙み、首を露にするので致命弾が撃ち込めるからだ。ある男がこう言った。クマに襲われたとき、立ちあがって、この動物に向かってまっすぐ走った。それは、クマが立ち止まり——実際そうした——はっきりとした不動の標的となると、確信してのことであった。

前に、わたしは偉大な狩猟員イグルクのことを述べた。彼は動物を熟知しているので、動物たちの心に入り込むようにほぼ見えた。一九七一年四月、わたしはウェインライトの海岸から数マイル離れたクジラ捕りのキャンプにいた。陸の風のために、通例クジラが移動期に辿る溝が閉ざされてしまった。しかし、ひとつの大きな開口部が残っていたので、ここに男たちはキャンプを張った。二日の間、クジラの姿は見えず、全員は暖かいテントのなかでおしゃべりをしてくつろいでいた。その老人は眼を閉じ、カリブーの皮の柔らかいベッドで休んでいた。突然、老人は会話を遮った――「クジラがやってきたようだ。たぶん、ごく近いところに顔を出すだろう……」。

驚いたことに、全員が飛び起きた。誰ひとりとして、イグルクの言葉を除いて何も見ても聞いてもいなかったのだが。彼だけがあとに残り、他の者は急いで水際まで行った。わたしは最後にテントを出た。わたしが外に出た数秒後、広い輝く背中が開口部の反対側近くの静かな水面を割って現われた。その後クジラは潮を吹いた。

後になって、どうしてわかったのかとイグルクに訊ねると、こう答えた――「耳なりがしたのだ」。わたしは決して神秘的な考えをする者ではない。これ以外に説明できない。わたしの見たことを報告するしかない。その後、イヌピアク族の一隊の誰ひとりとして説明する者はいなかった。まるで通常のこと以外何も起こらなかったかのようである。

エスキモーは厳密な意味で経験主義者ではない、という点は重要である。彼らには複雑な宗教的伝統があり、自然のすべてに霊的な力が浸透していると見なしている。たぶんキリスト教の信仰が彼らの生活のこうした側面には、わたしはほとんど近付くことができなかった。たぶんキリスト教の信仰が彼らの祖先がもっていた様式の多くに取って代わっていたからであろう。とはいえ、長老たちは、われわれが超自然的であると呼ぶような動物の能力についてときどき話してくれる。たとえば男たちは自分の狩猟計画については注意深く語る。動物は遠くからでも聞いて、理解することができる、と言われているからだ。

イヌピアク族の狩猟員は、自分の技術を誇りにしたり、動物の品を落とすようなことを口にしないように教えられる。とりわけ大きく危険な動物の場合はなおさらである。たとえば北極グマ、クジラ、セイウチ。腹をたてた動物は失礼な者に復讐したり、あるいは避けたりする可能性がある。「セイウチを捕るとき、男のように振る舞ってはいけない。傲慢になってはいけない。謙虚になれ」、そうわたしは忠告を受けた。ときどき二、三頭のセイウチが浮氷の上で射殺されるが、群れの他のものは立ち去ろうとはせず、縁に顔を出して鼻を鳴らし、睨みつけている。男たちは立って、彼らに向かい、何ももたず両腕を広げ、いなくなってくれるように頼む。

イヌピアク族のひとりの長老が徒弟の狩猟員であったときに教えられた理想を思い出してくれた――「わたしが若い頃、老人たちはいつも、すべての鳥と動物を敬い、必要がなければ殺してはいけない、と語った。そうすれば長生きできるのだ」。

知恵――狩猟者の心

このことから、われわれは、狩猟の宗教的、霊的次元、つまり伝統的な知識のもうひとつ、精巧で重要な領域へと至る。ここで説明のため、わたしはコユコン族インディアンに向かうことにする。この種族は、アラスカのユーコンとコユコンの両河に沿った広大な荒れ地に住んでいる。コユコン族は北部アサバスカン族と呼ばれる人種の一種族に属す。このアサバスカン族には多くの異なる集団が含まれ、アラスカ内陸部全土およびブリティシュ・コロンビアからハドソン湾に至る亜北極のカナダを横断して分布している。

これから、自然との関係でコユコン族を導いている精神的概念はいかなるものかを記述することになる（Nelson 1983 も参照）。われわれ自身の社会と同じように、日々の行動をとる際、個人がこうした指針にどれだけ従うかにはいろいろと差がある。しかし、全体として見れば、コユコン族社会はこうした原則を介して自然的な共同体に縛られており、こうした原則が有用であることは周囲環境の健康状態を見ればよくわかる。

コユコン族はイヌピアク族のように膨大な量の経験的知識を所有しており、それは彼らの寒帯の森林地帯の祖国の全側面に及ぶ。この科学的情報は、五感を越えた領域から得られる、同じように膨大な量の知識と絡み合っている。コユコン族にとって動物、植物そして物質の世界は自然的な性質と超自然的な性質の両方を有している。環境には尊敬をもって扱う注意を払うべき有能な存在が住んでいて、感じたり腹を立てたりすることもある。

先に、巣穴にいる黒クマを捕らえたコユコン族の狩猟員のことを記述したが、彼らを考えてみよう。彼らは巨大な力が彼らに現われていたことを初めから知っていた。技術と巧みさだけで――あるいはまったく偶然に――クマを発見できる者はひとりもいない。コユコン族の世界では、動物は姿を「見せ」たり、「隠れ」たりするからである。特定種に関して言えば、狩猟者に「幸運」が訪れるか否かは、彼がそれに向けて尊敬を示しているか否かにかかっていて、尊敬していれば、調和もしくは恵みの状態にいられるのだ。コユコン族が、狩猟時に得られた幸運について話をするとき、彼らは「何かが自分に配慮した」(*bik'ohnaatltonh*) と言うことがある。この「何か」とはその動物の霊的力のことである。

クマの狩猟者がこの力に直面すれば、この動物に対して適切な行動をとるために、多くの規則に注意深く従う。屠殺の第一段階として、その眼に切れ目を入れ、その脚を取り去ることについては先に述べた。また、クマの生肉は厳に女性から離しておかなくてはならない。彼女たちの女性的霊性がすべてのクマを狩猟者から疎遠にしてしまう可能性があるからだ。コユコン族の女性は、狩猟をし、罠をかけるが、クマやその他の、ある霊的力をもつ動物、たとえばオオカミとカワウソを捕ることは禁じられている。

首尾よくいったクマの狩猟者は家にもどると、しばらく待って、次に「穴の中に何かを見つけた」というような謎めいたことを言う。これで、その動物の死に接して、自慢したり、非常な喜びを感じたりするそぶりを避けるのだ。つまり、自慢や喜びはエチケットに反することであり、そうすると狩猟者あるいは家族の者に狩猟の不運、病、また死すらもたらされる可能性がある。

クマがしとめられると、男と少年たちは数日以上、村から集団で離れる。つまり物語を交換し、クマ狩りの話をし、焚火でその動物のある部分を料理する。年長者は、この習慣はクマを称え、クマを狩猟する者を保護し、将来、クマが身を捧げてくれることを確実にするためだ、と言う。かつて、火の脇に座ったひとりの老人が、わたしにこう語ってくれた――「われわれがここで食べるのは、クマの生命の中心部だ」。

コユコン族によれば、ここの動物にはそれ自身の霊があり、それを怒らせてしまうと、その種の他のものすべてを疎遠にしてしまう可能性がある。自然に対する侵犯行為は、あらゆる種類の不運や個人的損害をもたらす可能性がある。霊的にいちばん力のある動物の場合は特にそうである――黒クマ、ヒグマ、クズリ、オオヤマネコ、カワウソ、そしてオオカミ。しかし、どの動物であれ、それを誤った扱いをしたり、尊敬しなかったりすれば、その霊を疎遠にする可能性があるのだ。ヤチネズミやルビーキタイタダキですらその力を認識すべきである。野生では誰もひとりではない。道徳的抑制の範囲外にある者はひとりもいないのだ。「われわれを見守っている何かが空気にはある」、村の長老はそう語った。

クマのように、数十の規則もしくはタブーが取り囲んでいる動物もいれば、ほんのわずかの規則しかない動物もいる。しかし、尊敬を払うという基本的規則は自然界のすべてに当てはまる――動物、植物、大地、水、空。ここに少数の実例がある。たとえば山とか星を指さしてはいけない。この説明として、ひとりの女性がわたしにこう語ってくれた——「あなたよりもとても大きい何かを指さしてはけっしていけません」。樺の丸太は皮を剝いだあと雪の下に埋めるべきで、裸のまま寒い空気に晒して置いてはならない。以下はタブーである。夜にムースの皮を剝ぐ。女性がオオヤマネコで作った服をきる。若者ないし多産な女性がアビからとった肉を食べる。ヤマアラシを故意に罠にかける（狩猟することはできるが）。子供のそばにクズリの死体を放置する（その霊の発散する力は子供を障害者にする可能性がある）。クマの生肉をイヌが食べられるような所に置く。家庭から出る屑と獲物の動物の骨を一緒に捨てる。完全なリストを作るには、このような規則を数百用意しなくてはならない。

必要があれば、動物を殺しても、植物を収穫しても、それは礼を失したことにはならない。自然の秩序——記憶を越えた時代に確立したもの——は、人間と他の動物は他の生命を摂取することで自らを養わなくてはならないと、命じている。しかし、人々は不必要な苦痛を与えないために可能なことはすべてすべきである。必要以上のものをとったり、自分に与えられたものを浪費したりしてはいけない。そして、伝統的規則にしたがって、すべての残骸を扱わなくてはならない。

人と自然の霊的な相互関係はいろいろに表現されている。たとえば動物は、ときどき印ないし前兆を見せる。もしオナガフクロウが狩猟者のうしろから飛んで通り過ぎれば、それは幸運を予言している。しかし、それが彼の行く道を横切る、あるいは彼の方に向かって来るなら、狩りは惨たんたるものとなろう。「実際のところ、そうしたものが、そうするのを見たくない」、とひとりの男が嘆いていた。「そういうときでも、わたしは外に出て、彼を叩くことができると思う。しかし、それでも、決して実行したことがない。いつも彼は正しいのだ。それを眼にしたら、家に戻るのがよい」。夜に、アカリスがキーキー鳴くのを聞けば、それは死が迫っていることの前兆。他方、北方フクロウを捕らえ、その背中の羽根に乾燥させた魚の小片を結びつけて放せば、幸運を呼ぶことができる。

ミヤマガラスが頭上を飛ぶのを見ると狩猟者はこう叫ぶことがある――「おじいさん（*Tseek'aai*）、あなたの包をわたしに落としてください」。もし、その鳥が翼をたたみ、荷物のつまったリュックサックを落とすかのように回転して飛べば、幸運を意味している。ミヤマガラスは大いなる善意の力をもっているので、人はしばしば彼らに援助と保護を求める。コユコン族のある女性はとてもひどい病気になったとき、ミヤマガラスに祈るのだと言い、こう説明した――「ちょうど神に語るようにです。そういうわけで、わたしたちはミヤマガラスに祈るのです」。

コユコン族の伝統では、大地を創造し、夢のような変容を介して、今日われわれが知っている世界に導いたのは大ミヤマガラスの「ドトソンサ」（Dotson'sa）とされている。こうした出来事は、「遠い時代」――創世記やダーウィンに相当するコユコン族の時代――の精巧な物語の中で語られ、ある種の動物、植物、そして物質の環境の諸要素が、どのように今日の状態になったかを説明している。（Attla 1983, 1990 参照）ある物語群を完全に語り終えるには数夜が必要になる。文字化されれば数百ページの長さになる。民間伝承（フォークロア）と神話（ミス）という用語ではこうした物語群の意をまったく十分には尽くしえないが、それに似た物語はすべてのアメリカ原住民の伝統の一部をなしている。それは世界観全体の基礎となっており、また人間と自然的な共同体との関係のイデオロギー的基盤となっている。

この伝統的世界観によれば、人間は他の生物と提携する傾向にあるという考えを越え……われわれの仲間の動物も人間と提携する傾向にあるという可能性に、われわれは導かれる。コユコン族のような人々の間では、人間と非人間の生命は絡み合っているという認識が深く根づいているので、両者の区別だては無意味のように見える。ひとつの生きた共同体があれば、そこにいるすべての生物――人間を含めて――は完全で機能的な構成員となる。

コユコン族の物語は西欧的思考を有効に逆転させ、「遠い時代」に全能なる「動物」存在によって人間が創造された、と説明している。「ミヤマガラス」が自然のすべてを意匠し、変容するにつれ、それが存在の二つの種類となり、区別だてが生じた。しかし、われわれの二つの世界は依然として密接に結び合っている――人間が動物の性質を有しているからというよりは、むしろ動物が人間の性質を有しているからである。「遠い時代」には、動物は人間で「あった」と語られている。われわれはひとつの社会で一緒に生活し、共通の言語を話していた、というのだ。

動物は、今も依然として、どんな遠くにいても人の話していることがわかる。この力は肯定的な影響力をもつ――たとえば祈りや要求に彼らが応えるとき。あるいは否定的な影響力をもつ可能性もある。たとえば誰かが狩猟について自慢し、それに係わった種《しゅ》を怒らせるときなど。動物も人間に似た個性をもち、それは「遠い時代」の彼らの行動の遺産である。たとえば魚のサッカーは泥棒であり、彼の盗んだものがその頭の奇妙な形をした一揃いの骨になったという。そうした性質――善もしくは悪――は少し感染力をもちうる。そのため、ある男はわたしにこう語った――「春になると、ときどき食べ物が不足する……が、そのとき、もしサッカーが網にかかっても、わたしは彼を食べるわけにはいかない」。

この世界観がどれだけの力と実在性をもつものか、それを言い表わすことは難しい。コユコン族のような人々は通常の日々の生活で、二つの次元――物質的次元と霊的次元――が十分に表現されている、きわめて重要な自然環境を経験している。上空を飛翔するミヤマガラスは単に鳥であるだけでなく、能力をもつ霊的存在であり、人間が所有する能力を越える力がそなわっている。森のはしにいるヒグマはおこりっぽい野獣であると同時に、超自然的力でもある。ミヤマシトドは「遠い時代」にその生命が動物＝人であったことを歌う。

コユコン族の間では人間と動物は一体に結びついており、これは部外者の理解を拒む。どんなに小さくて目立たなくとも、すべての動物は力を放射している。

わたしがグランパ・ウィリアムという名の老いた狩猟者と一緒にいたとき、見慣れない鳥（後で、若い北方モズであると推断した）が近くの梢にとまり、調子のいい歌声でしきりにさえずりだした。グランパ・ウィリアムにとって、この未知でおしゃべりな動物との出会いは、ひどく動揺を与える経験であった。なぜなら、このような出来事はいつもなら起こることがなく、危険の前兆を示す可能性があるからだ。数分後、彼はその鳥を見上げ、静かに嘆願するような声で話した――「あなたは誰ですか。わたしたちに何を話しているのですか」。彼は話しをやめ、じっと見つめ、次にこうつけ加えた――「あなたが誰であれ、われわれに幸運を願ってください。……われわれが良くあることを願い、われわれを保護の輪に取り囲んでください。あなたの孫なのですから」。

コユコン族の人々と一緒にいて、彼らの世界とわたしの世界の差異をこれほど強力に示すものはほとんど経験したことがなかった。つまり、ひとりの男が鳥に語りかけ、自分は年長者に対する子供であると言って、慈悲と保護を嘆願しているのである。驚異と驚嘆の念にかられた。……そして、常にわたしの手の届かないところにあるようにみえる理解力をほしいと思った。

ここの自然界では、現代の西欧社会の人々の間では知られていない次元が幅をきかしている。とりわけ、われわれの近代の科学、哲学、宗教の伝統では否定されている次元だ。われわれは精神の基盤となっている特定の世界観を文化的学習を介して獲得している。それは言語のようにわれわれの内部に深く存在し、呼吸行為のように意識的思考をはるかに越え、不随意な情緒的反応のように潜在している。

西欧の諸文化にいるわれわれは、自然界の認知方法を学習してしまっており、その諸次元は完全に物質的であり、経験的方法を介する発見に開かれている。しかし、コユコン族のような人々の間では、自然の別次元の可能性に出会うのである。それは誰かが月の裏側を巡って、われわれに語っているかのようである。彼らのように、この次元を経験もしくは理解することがたとえできなくとも、少なくともその存在の可能性は認めてもよかろう。

また、それが体現している知恵を認めてもよかろう。コユコン族の女性が網で魚を捕るとき、魚に感受性と意識があると認めて取り扱う。ひとりの男が罠にカワウソがかかっているのを見つけたとき、その動物に対するある種の道徳的責任を受け入れる。コユコン族の人々にとって、自然が最大の力を有し、人間はそれに対して自らを卑しめてはならない。この謙虚な姿勢を理解する鍵は尊敬の姿勢である——礼儀正しい無数の身振りを介して、また規則ないしタブーを厳守することを介してのものだ。厳格な道徳律は人間社会という飛び地を越えて伸びて生命共同体全体を包み込んでいる。

最近になって、この体系はコユコン族の村人が見せた生物学的調査に対する姿勢にも影響を与えた。近くの荒れ地での研究には、小哺乳動物の生け捕り、魚の転置、そしてカリブに無線首輪を使用することなどがあった。それぞれの場合、その方法は関係する動物を危険なほど怒らせるものであり、動物は人々を避ける、あるいは別のところに移動する、と彼らは感じていた。

食糧のために動物を殺すことと、それを捕獲、操作、解放することとは別物である。わたしの理解によれば、こうした介入は、動物の威厳をもって生きる固有の権利を犯すものである。コユコン族もイヌピアク族も、無線首輪の使用にきわめて激しく反対し、ある者は、そうすると、そうした動物を殺してしまうと言った。そのようにして、生きつづけるわけにはいかないであろうから、と言うのだ。

西欧人が物質的世界と定義しているものは、コユコン族とその他の多くの伝統的な種族の間では生きた共同体の一部と考えられている。コユコン族の伝統によると、「無生命の」環境の諸要素——大地、山、河、湖、氷、雪、嵐、稲妻、太陽、月、星——はすべて霊と意識を有している。足元にある土壌は、それに触れて、それを掘る傾向にある者を意識している。ある場所は力が漲っていて、ときには危険になり、ときには恵み深くなる。冬の寒さにも心があり、それを人々は怒らせたり、宥めたりする可能性がある。

春になって川の氷が割れると、人々はそれに語りかけ、その力を敬意をもって認めるのである。長老が、キリスト教と伝統的なコユコン族の短い祈りを捧げ、氷が速やかに下流に流れて行き、詰まって動かなくなり、洪水の原因とならないよう要請する。反対に、数年前、合衆国空軍は、ユーコン川に詰まった氷を爆撃して、洪水が共同体を襲わないようにした。それをありがたいことと思うどころか、幾人かの村人は、その後に起こった洪水は、このように傲慢にも物質的力を用いたせいだと非難した。結局、自然は人間よりも大きな力を主張するものである。人間が果たすべき適切な役割は、優しく謙虚に動くことであり、嘆願したり強制したりするとしても、常に闘争性は回避しなくてはならない。

それゆえ、コユコン族や似た伝統をもつ人々にとって、生命と生きた過程に対する愛好という包括的な概念は物質的宇宙をも含んでいる。A・アーヴィング・ハロウェル（1976：362）という人類学者がオジブウェー族〔アルゴンキン語族に属する北米インディアンの大種族で、スペリオル湖地方に住み、メキシコ以北で最大の種族〕の長老に質問をした――「われわれの周囲に見えるここの石はすべて生きているのか」。しばらく考えたあとで、この長老は答えた――「いや。でも、あるものはそうだ」。

文化的に定義された、ひとつの世界観の絶対性を奉じるのは、たぶん人間に普遍なことなのであろう。西欧社会に生きるわれわれは、伝えられてきた自然の性質についての真理を頼りに安心しきっている。たとえば環境に関する芽ぐみはじめたばかりの文献には、自然には精神が存在することをめぐる無限とも言えるほど多様な言説が見られる。環境は人間の存在に無感覚である――ありのままで、でたらめであり、目が見えず、口がきけず、無気力で、意識を失っており、同情に欠け、ときには残忍にさえなる。次のような多くの言説にわたしは出会った――「こうした山をどんなに愛しても、山はわたしの存在に無関心で、わたしの運命になんの関心ももってはいない」。

われわれは自然の美に接すると崇高な気持ちになり、それにしがみつき、それを保護しようと切望するであろうが、われわれは石の冷たさ、知らぬ間にわれわれを運び去ってしまう嵐、理由もなく殺す洪水にくっついている。われわれは自分たちが作りだした配慮のない世界にひとりで生きているのである。

われわれはこう確信しているにもかかわらず、人類学的文献を見ると、人類のほとんどが別の結論をもっていることがわかる。たぶん、われわれの科学的方法はひとつの絶対的真理への道を進んでいるのであろう。しかし、その他の可能性を受け入れ、われわれを異なる世界観に開くことには英知が存在する可能性がある。このように受け入れる重要な理由は、環境に対するわれわれの行動にある。自然に感受性と意識があるかどうかはわれわれは知ることができないが、そうであるかのように自分の行動を規制してもよいのではないか。コユコン族の人々と彼らを取り囲む自然の共同体とを結びつける謙虚、尊敬そして道徳的関心という基本的原則にしたがうことによって。

わたしがコユコン族のひとりの男に、カナダガンの個性について訊ねると、彼は優しく善良な性質の動物だ、と答えた。「あなたを張り倒す力をもってはいるだが、そうすることはないと思う」、そう結論を述べた。わたしにとって、こうした言葉には深い隠喩的英知があった。その典型が、コユコンン族の人々が自分たちを取り囲む世界に対してもつ自己規制である。彼らは西欧文化と対照をなしている。なぜなら、西欧文化では、環境を圧倒するわれわれの力にはその力を行使するための十分な正当性が備わっているからである。

コユコン族の環境との関係には、さらに一層徹底した実用的次元がある。つまり生態の活力、人間による使用、そして生産性の維持と関わる次元である。コユコン族経済で重要なほぼすべての動物種と食用植物種は、豊富さ、あるいは利用可能性の点で、顕著な変化を経験している。いくつかの種はかなり規則的に変動している。たとえばカンジキウサギが、およそ一〇年周期に個体数を変動させるなど。他のもの、たとえばカリブやビーヴァーは不規則的に変動する。輸入食が利用可能になる前には、コユコン族の人々は欠乏ないし飢饉の時期を経験していた。そのとき、重要な食物種は同時に個体数を減少させていた。気候が急変して寒くなり、備蓄食糧がなくなり、木の下で凍死した鳴鳥を集めて命を保った春のことを覚えている村人たちがいる。

こうした不確定な状況があるから、コユコン族の伝統には浪費を強く禁じる姿勢があるのは不思議ではない。もし動物を殺せば、注意深く屠殺して、食べられなくなったり、腐食動物に汚されることのない場所に貯蔵し、可能な限り十分に使用する。そうしないと、その霊は腹を立て、不運や病いをもたらす。肉は神聖な物質であり、そこにはいまだその動物の霊が漲っている。尊敬の問題として、ひとりの女性がこう忠告してくれた。大皿にのせた肉に布をかぶせてから外に出して、近所の家に運ばなくてはならない。

また、狩猟者たちは可能な限りのことを行い、傷ついた獲物をなくさないようにする。動物を浪費したり、不必要な苦しみを与えると罰を受けるからである。もし、誰かが人道的な理由から病気あるいは飢えた動物を殺す場合、象徴的に屠殺をし、藪で覆い、その霊を鎮めなくてはならない。「そうしないと、なんら理由もなく、それを殺したように見えてしまうからだ」。

浪費の回避はコユコン族の環境倫理に普通に見られるテーマである。もうひとつのテーマは、植物、動物の個体数の維持を助けるために、意図的に収穫を制限することである。根底にある原則は、収穫量の維持、管理というわれわれの考え方と本質的に同じである。コユコン族の人々は生態の過程を鋭く意識している。長老はその生涯の間、経済的に重要な種のほとんどの個体数の変化を目にしてきた。冬が以前の厳しさを失うと、彼らは天候が「年とった」と感じた。土地がより乾燥するのを目撃した――湖が草地になり、草地が藪に、藪が森になった。洪水が起きると、不毛の湖が魚の個体数を増やすことで再活性化するのを見た。火事のあと、植物、動物の共同体が連続して変化するのを目撃した。そして、収穫過剰と休閑の両方がいかなる効果をもつかを観察してきている。

コユコン族の村人たちは、こうした認識に基づいて自分たちの動物、植物の利用法を管理しようと企てている。たとえば、単純で常識的な実践活動について忠告をする。薪用に大きな木を伐採しても、比較的小さなものは残しておく。秋になって、大網でサケ科の魚をとる人々は、若いサケが逃げられるように目の荒い網を好んで用いる。もっとも、どのような大きさのサケもソリ犬を養うのには同じく価値がある。罠を掛ける者は、長期間にわたり最良の獲物があるよう期待して、毛皮獣の捕獲を規制している。特別の罠の設置は、たとえば大きなビーヴァーにだけなされる。そして罠は通例、二匹がかかれば取り除かれる。こうすれば、それぞれの巣に若いビーヴァーの中核が残ることになる。一年間で、罠の道筋でカワウソを捕獲しすぎた、そう自己批判する男がいた。また、生涯のほとんどの間、まったく同じ地域に罠を掛けていても、土地は自分が始めたときと同じくらい今日でも豊富である、と誇らしげに語る男もいた。

狩猟者はムースの捕獲量を需要にあわせて制限しようとしている。彼らも、いろいろな地域で狩猟を行い、一地域での過剰捕獲を避け、土地を選んで殺し、再生力を育てている。ある村出身の男たちは、春には黒クマを捕獲しないと決めていた。そうすれば、クマが最高に食べごろの状態になる秋に、もっと多く捕ることができる。明らかな理由から、人々は食糧が容易に手に入るときには、こうした慣習をきわめて厳格に守るが、今世紀はじめの春の食糧不足のような厳しい時期には、それほど厳格にはならない。

西欧の技術が利用できるようになる前でも、コユコン族の人々はある種を過剰捕獲する能力を有していた。たとえば伝統的な落とし穴と罠はきわめて効果的であるので、それを無制限に使用すれば、ムースのような大型種あるいはビーヴァーのような小型種に深刻な影響が及ぶ可能性があると思う。今日、この賢明な原則は、銃、スノーマシン、鋼鉄製罠、ケーブル製落とし穴、その他の現代的装置にも適用されてきている。

こうした保護の慣習の一部は生態のダイナミックスの知識に基づき、一部は道徳的原則と霊的信仰に基礎がある。そうした慣習は、有限で変化しやすいだけでなく意識をもつ環境を制限なく搾取することに強く反対する世界観から生じてくるのだ。「この土地は知っているのだ」とある長老がわたしに語った。「もし、それに何か悪いことを行えば、土地全体が知るのだ。いま、自分に何が起こっているか感じるのだ。すべてのものが地下で何らかの形でつながっているのだと思う」。

従来、アメリカ原住民の保護慣習という主題は論争の的であった。そうした慣習の効果を疑う分析者もいれば、その存在自体を疑問視する者もいた。わたしは、コユコン族の間での経験と調査をめぐっては確信をもって語ることができる。コユコン族にとって、保護倫理と収穫の維持管理は、実際のところ、環境に関係した基本要素である。民族誌的説明は、似たような伝統が他のアメリカ先住民の種族の間に存在している(あるいは存在していた)ことを強く示唆している(たとえば次の文献参照―― Vecsey and Venebles 1980; Humn and Williams 1982)。

証拠を判断するとき大切なことは、わたしが先に言及した点を忘れないことである。つまり、それぞれの土地に生まれついた共同体は他のどの共同体とも差異がなく、いちばん厳格な規則あるいは道徳的命令すら破る者もいる。コユコン族の間には厳格な人と罪を犯す人がいる。また、規則を遵守する者と破る者があり、その中間にはあらゆる個人的な差異がある。正統な位置にいる人でも動物に対する尊敬の規則を守らなかったことがあったのを回想することができる。その霊を怒らせ、自分に不運を呼んだという。さらに、社会全体では、厳格に自分たちの理想のいくつかは遵守し、他のものにはそれほど厳格ではない。そして、その厳守の程度は時代によって変化する可能性もある。

実際、アメリカ先住民が浪費、過剰収穫あるいは環境破壊の罪を犯すことがないと知ると驚きであろう。だからといって、こう結論づけることは誤りであろう。つまり、そうした違反をすると、こうした文化では保護倫理と慣習の存在全体が無に帰してしまう、と。

わたしの考えでは、民族誌的記録を見れば、アメリカ先住民の間に保護、土地への責務、そして宗教的基盤の環境倫理が伝統として広範に広がり、十分に発展していることがわかる。土地の倫理をめぐり、アルドー・レオポルドが雄弁に洞察力に富む形で明確に記述したこと（1949：201-226）は、アメリカ先住民の考えと重なる魅力的な実例であると思う。また、わたしは確信をもってコユコン族の人々について述べる。彼らにとって土地の倫理は環境に対する宗教的信仰、イデオロギーそして行動の基本となる原則である。

たぶん、アメリカ先住民の土地倫理とレオポルドの有名なエッセイで信奉されている倫理の両方は、科学的知識と環境哲学が融合した、同じようなものに基づいているのであろう。前者は多くの文化的文脈で不断に入念に表現されている。後者は単純さと英知で注目すべき信条に含まれている。しかし、一体にしてみると、二つは自然界と人間との関係をめぐる強力な言説となる。

ヨーロッパ人は、北アメリカを探検し、そこに定住するにつれ、この大陸の博物誌についての膨大な解説を集めた。はっきり響いているのは、広大に繁る乱されていない森林、のびのびと広がるプレーリー、驚くほど数も種も豊かな野生生物——つまり自然共同体の肥沃と多様性である。

今日でも、われわれは、最初のヨーロッパ人がやって来たときには、この大陸は原始の荒野であった、と言う。しかし、膨大な時間経過の間——一万二〇〇〇年から三万年といろいろに推定されている——アメリカ先住民はこの土地に住み、そこを集約的に利用してきた。つまり採集、狩猟、漁労、定住、耕作してきた。その大地を細部までことごとく学び、その知識と意味と記憶とを融合し、その土地を中心に彼らの生活様式の全側面を形成してきた。人間がこれほど長期にわたり、ひどく劣化させることなく自然共同体にその一員としての立場を維持できたこと、それは西欧的想像力をかなり動揺させることである。

わたしが言わんとすることは、アメリカ先住民がその環境を変えないで生きていた、ということではない。どの人間集団でもそんなことはできないであろう。狩猟は獲物の個体数に影響を与えた。採集は植物共同体に衝撃を与えた。定住と農耕の畑はもっと目に見える重要な変化の原因となった。たぶん、いちばん重要なことは、火を意図的に使用することで、大陸的規模で環境の全面的操作をしたことであったろう。たとえば火は、カリフォルニアのチャパラル〔カリフォルニア州南部に特徴的な低木の硬葉半灌木林からなる植生〕、東部の背丈の高い草のプレーリー、南東部のダイオウショウの森林、そしてカナダの亜北極の森林で獲物と可食植物を得るために居住環境改善に使用された。ヘンリー・ルイス（1977, 1982）やオマール・スチュワート（1954）のような研究は、インディアンの火が環境に及ぼした重要な影響だけでなく、彼らがもっている複雑な生態の知識をも明らかにしている。その知識をもとにインディアンは適応し、有利な結果が期待できるようにしているのである。

基本的点はこうである。人間社会でその環境に影響を及ぼすことなく存在しえる社会はないが、アメリカ先住民は途方もない期間にわたりその大陸に住み、しかもヨーロッパ人の言う「荒野」の状態に住みつづけていたのだ。これは、北アメリカの先住民とその環境を結びつける精神の適応――知識とイデオロギーを一緒に編んだもの――があったことを強く証明するものである。

コユコン族の長老が、わたしの先生をかってくれて、好んでこう語ってくれた――「どの動物も、あなたよりはるかに多くのことを知っている」。まるで自分が理解して信じていることを要約するかのように、また、わたしの意識のどこかにそれを埋め込みたいのだと言わんばかりに一切を話した。わたしにとってこの説教は、多くのアメリカ先住民の間にある自然との関係を要約している。それは、民族誌的文献を介して理解できるものである。そして、さらに文献を見ると、最初の帆船がこうした海岸に接近したとき、この大陸に生物の多様性と多産性があったことがわかるのだ。

合流点——失われた矢を見付ける

ヨーロッパの文化と技術は、数千年間にわたり北アメリカで支配的であった秩序を、五世紀という短かい期間で根本的に覆してしまった。たぶん、欧米人もあるレベルでは、彼らのうちに生命に対する深い愛好をもっている。もしそうだとすれば、それは他の価値と動機づけに従属してきたことになる。アメリカ先住民と比べて、欧米人は抑制もしくは道徳的関心をまったく無視し、生きた共同体を搾取してきた。

もちろん変化の兆しはある。過去一〇〇年間に生じてきた生態学的観点が今、科学の飛び地を越えて住民全般へと広がりつつある。環境倫理とそれに関係した多数の考えも学問領域の外に広がっている。しかし、たいていの場合、われわれの社会は依然として西欧的世界観に埋め込まれた状態にあり、その世界観のために自然共同体から分離し、非人間的生命から霊的に疎外されたままにある。われわれは自分で深刻で危険な孤独状態を創りだしてしまった。

人類学上の文献に基づくと、こう示唆することは理にかなっている。つまり——われわれの種の歴史と進化の期間全体をとおして——人間のほとんどは、コユコン族やその他のアメリカ先住民のそれとよく似た原則にしたがって自然世界を概念化してきた、と。

人類学者ロバート・レッドフィールドは、この世界観の三つの基本的特色を引き合いにだしている。まずはじめに、人間、自然そして聖なるものは完全に一体化している。われわれは、人間「と」自然という言い方はできない。人間は自然の「中に」いる、つまり完全にその一部であるからだ。また、聖性へのこうした接近方法を神秘主義とも呼ぶべきでない。なぜなら「神秘主義は、まずはじめに、人と自然の分離があり、その分離を克服する努力を暗示している」からである（Redfield 1953：105）。第二に、人間と環境の関係は対決というよりも環境順応に基礎を置いている。つまり人々はその周囲を抑制ないし征服したいと願ってはいない。むしろ、彼らは宥めること、訴えること、あるいは強制することを介して周囲と協力しようと求める。そして、第三はこうである（p. 106）――「人間と非人間はある道徳的秩序でひとつに結びついている。宇宙は道徳的に意味がある。それは配慮する。……人が自然に向かって実践的に行動するとき、その行動は道徳的要件によって制限されている」。

レッドフィールドによると、われわれ自身の現代社会が、こうした原初的世界観を放棄したことは、人間精神最大の変容の一つである（p. 108）――「人は宇宙の統一体から何か自然とは別のものとして……生じてきて物質的性質しかもたないものとしての自然と対決するようになった。そして、自然に対して、人はその意志を作用させた。これが起こると、宇宙はその道徳的性質を失い、人間には無関心なものとなった。つまり人を構わない体系になったのである」。

わたしの言わんとすることは、伝統的な人種を理想化することでも、彼らが調和と完全至福の世界に住んでいると暗示することでもない。実際、彼らは、そうしてはいない。しかし、コユコン族のような共同体では、人間の行動と（伝統的、現代的）技術の利用に対するイデオロギー的制約が、人間と環境の真に維持可能な関係を生みだしている。この関係にある人々は自然の共同体が提供するものによって養われ、その一方で、入れ代わっての自然の多様性と多産性が養われるのである。コユコン族のような事例をもちだせば、次の広範に受け入れられた見解など支持するわけにはいかなくなる。つまり、定義上、人間は破壊する者であり、環境を破壊しないで生存することはできず、地上にはわれわれに適切な場所がない。こうした自己批判の言葉は、「人間的」状況ではなく、むしろ農業と家畜化が引き起こした文化的状況――人類学者ヒュー・ブロディが「新石器時代の大災害」と呼んだもの――を反映している可能性がある。

産業化された農業社会の間に生じた世界観は生態の崩壊の縁にまでわれわれを連れてきた。リチャード・リーとアーヴィン・デヴォア（1968：3）はこう示唆している。もしわれわれが大異変を防ぐことができなければ、「将来の太陽系考古学は、われわれの惑星を、小規模な狩猟と採集の行われた、たいへん長期にわたる安定した時期のあとに、急速に絶滅へとつながった明らかに瞬間的に技術と社会の全盛期が起こった惑星として分類するであろう」。

わたしが示唆していることは、バイオフィーリア――つまり生命に対する愛好であり、深く浸透し、遍在し、包括的なもの――は、伝統的な狩猟、漁労、採集の文化の中核そのものにあるということである。コユコン族のような人々は、実質的に彼らの生活のすべての次元でバイオフィーリアを明示している。非人間的生命との結びつきが彼らの思考、行動、信仰の全域に浸透している。

実際のところ、そうした人々が自らのはるか外に立って、バイオフィーリアの一般的概念を想像し、それに名前を与えるということはできないことであろう。先行条件として、非人間的生命との提携関係からある程度は脱け出ていることが必要となろう。つまり自然界と緊密に結びついた者にとって、他の生物体から離れるという不可能な状態にいる必要がある。

たぶん、バイオフィーリアは大地の湾曲した縁のように、遠くから眺めてはじめて見えてくるのであろう。

しかし、他の生物への愛好は、水、食物、呼吸のように、われわれには欠かせぬものであろう。それはわれわれのうちに深く存在しているので、数世紀にわたる流浪という病いにかかってはじめて、われわれはそれについて考える地点に到達するのかも知れない。『バイオフィーリア』の結論でウィルソン(1984：185)はこう問いを発している――「人類は生物を救うに十分なだけ愛することができるか」。まぎれもなく、二〇世紀後半にこれほど重要な問いはない。しかし、歴史のほとんどの間、人間が生物を実際に愛していたことはほぼ確実のように思える。文化と精神のあらゆる側面にはバイオフィーリアが漲っていたのだ。

きわめて重要な問いは、バイオフィーリアは生得的で普遍的な人間の傾向であるかどうかではなく、人間文化のきわめて最近の一分野が、なぜ方向を変え、そこから離れたかということであろう。そして、われわれは、それなしでいつまで生き残れるかである。われわれは、人間の持続しうる生活様式を復活させようと努力しているので、イヌピアク族やコユコン族のような伝統的文化から学ぶことは多いと信じる。今日ですら、われわれは、自然の共同体で長期にわたり、うまくやってきた構成員を導いていた原則そのものへ戻りつつある。

その失われた英知を回復することができれば、バイオフィーリアという概念が称えている、生物に対する身体的、霊的愛好はわれわれの世界観に余りにも深く浸透している可能性があるので、もはや、それに名を与えることはないであろう。

アラスカの村々で過ごした数年間でいちばん強烈に思い出される記憶のひとつに、大いに異なる文脈で発言された二つの何気ない意見がある。北極の世界に欧米文化が侵入してきたことをめぐって交わされた会話を終えるとき、イヌピアク族のある老狩猟者はこう述べた――「白人は申し分なく天才であるが、……」。彼の声は、次第に消えいり、まったくエスキモー流に、沈黙で言わんとすることを伝えた――西欧文化には何かきわめて大切なものが欠けている、と。

数年後、わたしは、コユコン族のひとりの若い男と森の中を歩いていた。さりげない冗談を交わしているさなか、彼はこうわたしをからかった――「ディック、あんたは頭が切れるが、賢くはない」。次の数日間にわたり、この言葉は幾度も思い出された。これまで一度もその区別を考えたことがなかったが、この共同体の一〇代の若者にでも、その違いははっきりしていたのだ。この共同体の人々は、若者は多くを知ることはできるが、長老だけが賢くなれると認識している。彼の意見は個人的にわたしだけでなく、わたしの属する文化に対して向けられたのではないか、とわたしはいつも思ってきた。

知識と知恵のどちらが重要かについては、コユコン族とイヌピアク族のような人々は現代の欧米人よりはるかによく理解していると思う。西欧社会では、知識が最高の価値をもつことを強調している。つまり情報、事実そして経験的学問分野での発見である。すなわち触知できる物質的真理である。

われわれのよく知る伝統的社会では、人々は知識がきわめて重要であると認めている。だが、彼らは、英知の方がさらにいっそう重要であると判断するであろうか。わたしの古い辞典は、英知を「真であり、正しい認識の力。また、そうした認識に指令されている行動方針への準拠」と定義している。そして、

「賢い」の項目にはこう書いてある――「何が公正かつ適正かをはっきり見る。しっかりした判断をする……分別がある、思慮がある、……大いなる学識をもつ……神秘に精通している」。

北アメリカの先住民が、その土地に長期にわたって、うまく居住するために、基礎として英知の方が知識よりも重要であると受けとった可能性はあるのか。なぜ最初のヨーロッパ人旅行者は、ここに広大な拘束のない美を見つけたのか。つまり、野生種のとてつもない豊富と多様性、多数の無傷の自然共同体を見つけたのか。それを説明するのが英知であると言えるか。

われわれが環境とのバランスを失っていること、そして、生命に対する愛好を失っていること、このことは、知識の追求を唯一の目的としたことと英知の尊重を軽んじたこととをたぶん反映しているのであろう。そして、西欧科学への最大の望みは、われわれに知識をもたらすことではなく、アメリカ先住民の伝統に漲っている英知に似た英知を明示できることにあろう。

ひとつ謎々がある。コユコン族の人々が、「冬を短くするのに役立たせる」ために語る多くの謎々のひとつである――

待て、何か見える。わたしは失われた矢をいたるところに探している。

答――黒クマの穴の捜索。

わたしにとって、この謎々はコユコン族の人々と自然の関係の説明または隠喩である。失われた矢は、われわれが捨て去った自然界との身体的結びつきの意識を表象している。クマは生命との深い、たぶん霊に基礎をもつ提携関係を再発見する欲求を象徴している。科学的知識は雪に埋れた足跡を見つけ、草が浅く抜きとられた場所を慎重に探す方法であり、そうすることでわれわれは隠れた穴に行き着けるのである。しかし、調和のバランスが保たれなければ、つまり、その動物が姿を現わす恵みがなければ、知識は十分とは言えないであろう。

最後に、コユコン族の狩猟者がクマにもたらすのは謙虚と尊敬の英知である。

謝辞

次の人々に感謝を申し上げる。アラスカのウェインライト、アンブラー、チャルキイツイク(Chalkyitsik)、フスリア、ヒューズの人々。この方々は、数年間にわたり、わたしと生活と伝統を分かちあってくださった。わたしは自分がいかにわずかしか学んでいないかに気がつくほど、イヌピアク族とアサバスカン族インディアンの伝統を知らない。だから、わたしの研究に誤解と欠点があっても、わたしの先生方が理解を示してくださるように願いする。本文中であげた個人名は仮名である。

参考文献

Attla, Catherine. *As My Grandfather Told It : Traditional Stories from the Koyukuk*. Fairbanks : Alaska Native Language Center, 1983.

——, *K'etetaalkkaanee : The One Who Paddled Among the People and Animals*. Fairbanks : Alaska Native Language Center, 1990.

Hallowell, A. Irving. *Contributions to Anthropology*. Chicago : University of Chicago Press, 1976.

Hunn, Eugene, and Nancy Williams (eds). *Resource Managers : North American and Australian Hunter-Gatherers*. Boulder : Westview Press, 1982.

Lee, Richard, and Irven DeVore (eds.). *Man the Hunter*. Chicago : Aldine, 1968.
Leopold, Aldo, *A Sand County Almanac*. New York : Oxford University Press, 1949.
Lewis, Henry T. "Maskuta : The Ecology of Indian Fire in Northern Alberta." *Western Canadian Journal of Anthropology* (1977) 7 : 15–52.
——. "Fire Technology and Resource Management in Aboriginal North America and Australia." In E. Hunn and N. Williams (eds.), *Resource Managers : North American and Australian Hunter-Gatherers*. Boulder : Westview Press, 1982.
Luckert, Karl. *The Navajo Hunter Tradition*. Tucson : Univesity of Arizona Press, 1975.
Nelson, Richard. *Hunters of the Northern Ice*. Chicago : University of Chicago Press, 1969.
——. *Make Prayers to the Raven*. Chicago : University of Chicago Press, 1983.
Redfield, Robert. *The Primitive World and Its Transformations*. Ithaca : Cornell University Press, 1953.
Stewart, Omar C. "The Forgotten Side of Ethnography." In F. Spencer (ed.), *Method and Perspective in Anthropology*. Minneapolis : University of Minnesota Press, 1954.
Vecsey, Christopher, and Robert W. Venebles (eds.). *Indian Environments : Ecological Issures in Native American History*. Syracuse : Syracuse University Press, 1980.
Wilson, E. O. *Biophilia*. Cambridge : Harvard University Press, 1984.

第7章　植物相と動物相の物語の喪失——経験の消滅

ゲアリー・ポール・ナバーン／サラ・セイント・アントワーヌ

人類が獲得しつつある新しい知識は、直接的な口承的伝達によってしか広まることのない知識を補うことがない。この知識は、ひとたび失われると、再び獲得ないし伝達することはできないものである。子供の頃だけに学ぶことのできるものは、どのような本も教えることができない。そうしたものは、鳥のさえずりと飛翔に、耳と目を注意深く向けさえすれば、そして、それらに特定の名を与える方法を知っている誰かを見つけることができれば、いいのだ。

イタロ・カルヴィーノ（一九八三）

バイオフィーリアは多様な生命形態と接触したいとする人間の本能的欲求である、とこれまで説明されてきている（Wilson 1984）。それゆえ、バイオフィーリアはどの個人においても発現可能なはずである。しかし、もしバイオフィーリアと呼ばれるこの現象が他の生物に対する「遺伝的」愛好であるとすれば、なぜそれは、他のものではなく、ある特定の人々と文化に発現されるのであろうか。この問いに対する答え少なくとも三つ可能である。

まずはじめに、たぶんバイオフィーリアは、遺伝的に決定されているのではなく、一連の学習された反応である。あるいは第二に、バイオフィーリアは多数の遺伝子に基礎を置く一連の行動である可能性がある。その行動に対して、遺伝子のすべてではなく一部を特定の個人がもっている可能性がある。言い換えれば、人間のいくつかの遺伝的系統が、他の系統ではなく、バイオフィーリア的反応のために選択された可能性がある。第三の可能性は、ウィルソンのもともとの仮説と一致するとわれわれは信じるが、子供の環境の学習がバイオフィーリアの遺伝的基礎の発現を大いに条件づける。ある文化的、環境的文脈に適切な環境の引き金が存在しなければ、バイオフィーリアは十分に発現される見込みはない。

したがって、バイオフィーリアは、多様な文化と個人の範囲内で、その発現で異なった形態と意味合いを帯びる可能性があり、それは、他の生物体にどの程度さらされるか、そして、それと係わるかによって決まる。明らかにバイオフィーリアは、われわれが数十万年にわたり狩猟民、採集民として生活しているうちに進化してきたに相違ないが、今日の現代社会で支配的になっているまったく異なる状況は、他の生命形態に対して愛好の類似の発現型を誘発するには十分と言えないであろう。この可能性を査定する一つの方法は、自然界に対する反応と部族の長老のその孫の反応とを比較することである。長老たちはその生涯において、かなりの狩猟と採集の活動に従事してきており、孫たちはテレビ、包装済みの食品、その他の現代生活の衣装に十分さらされて成長してきた。遺伝的系統を一様にたもち、幼児期の発育期の環境条件を変化させることによって、どのように環境の影響がバイオフィーリアの発現に影響するかがわかってくるであろう。

そうした現実世界での世代間の差異を試すことは、われわれが当初予測したほど単純ではない。それにもかかわらず、同じ文化の異なる世代が有する民族、生物の知識、価値観、そして行動から推論すれば、いくつかの回答が得られる、とわれわれは信じている。しかしながら、この方法を有効にするには、バイオフィーリアが遺伝、文化の共進化を介して出現したため、人間の歴史過程で支配的であったに相違ない条件を明確に定義しなくてはならない。とりわけ次のような諸条件が、言語が出現して以来二〇〇万年間、狩猟、採集の先祖の間で強い影響を及ぼしたに相違ないと、われわれは仮定している。そして、言語の出現は適応情報を抽出する方法として物語の先触れとなった——

1　一〇万年とは言わないまでも、一万年間にわたり、人間の生存に明らかに影響を及ぼした数組の生物を代表する、印象的な、あるいは顕著な種が具体的に現存した。たとえば、われわれの神話体系あるいは意識においてすらイヌ科動物が目立つようになったが、そのためにはオオカミ、キツネ、コヨーテあるいはディンゴの個体数が、ヒト科の進化の時期のほとんどにわたり生育能力があり、広範に分散していたに相違ない。反対に、人類出現の初期に絶滅した巨大動物相が、われわれ人類の記憶に普遍的に存在しつづけていることはありそうにない。

2　人間は、しばしば、あるいは少なくとも重要な形で、こうした生物と接触した。そのために人々は、それを認識でき、名前をつけ、その特徴となる特性のイメージを保持できた。言い換えれば、野生のイヌ科動物は人間の居住環境で声と手のとどく範囲内を歩きまわっていたに相違ない。さらに、必要最少限の人間集団が、彼らの現前、足跡、糞あるいは毛皮を直接経験していたに相違ない。

3　こうした種をめぐる物語の口頭による伝達がひきつづき行われていた。こうした物語に文化的価値観が染み込んでいたとき、それはそれに賛成した者に選択的利点を提供していたことであろう。たとえばコヨーテ神話は、こうした生息密度の低い広範囲にさまよう雑食性の動物から自分たちの資源を安全にまもるよう、ある文化に対して念を押していたに相違ない。この動物は、ある点で人間住民と競争関係にある。さらに、両親は子供たちに、他の人間が見せる「コヨーテのような」行動は信用してはいけない、と教えたことであろう。

もしわれわれが、自然に対する人間の反応を説明するための作業仮説としてバイオフィーリアを受け入れるようになるとしたら、正式な訓練を受けた西欧の科学者だけでなく、自称「自然愛好者」も多様な生物に対する愛好を真に示していることを証明しなくてはならない。文化の全範囲にわたる人間も同じように愛好を示していなくてはならない。とりわけ文字使用以前の狩猟・採集の先祖の属性の少なくともいくつかを保持していた者は愛好者でなくてはならない。

この愛好の測定に役立つ有用なものは、一文化の種分類学の語彙がどれだけの規模と複雑さをもつかということである（Brown 1985）。なぜなら、人々は多様な生物に少なくとも正確に名をつけて、それについての文化的知識と価値を読みとれるようにしなくてはならないからである。周知のことであるが、その範囲内にある植物と動物に対して維持している名の数は、土着文化ごとに大いに差があり、この変化の原因の一端は、一文化の行動範囲内にある種の相対的豊富さにある。しかしまた、動植物名の語彙の規模は、人々が美的、霊的追求におけるだけでなく、生命維持の活動でも、他の種と相互関係をもつことにどれだけ多くの時間を費やすかによって決まる。

そうした語彙は、フィリピンの熱帯地域に住む農耕・採集民イフガオ族の生物相の名称をつけられた二七〇〇のカテゴリーから、ある寒帯の狩猟・採集民と温帯地域の都市の街の一集団の二〇〇以下のカテゴリーに及んでいる(Brown 1985)。ブラウンが認めていることであるが、よく知られた植物と動物に対する彼自身の語彙はイフガオ族の語彙よりも数倍少ない。西欧的訓練を受けた科学者で、見ただけですぐ五〇〇以上の生物の名があげられる者はほんのわずかにすぎないのではないか、と思っている。最大の分類は小規模の農耕民の間に現われる傾向がある。彼らは、家畜化と栽培化した種を「過剰分類」するだけでなく、有用な野生の植物と動物の豊かさを増大させるために荒れ地と畑の端を管理している(Berlin 1992 ; Anderson and Nabhan 1991)。小規模の農耕、糧食略奪者の社会の語彙は、植物の分類に対する多数の生態表示を含む傾向にあり、狩猟・採集民社会のそれよりも多い。このことは、農耕、糧食略奪者が、野生であれ育成したものであれ土地の種の形態的、行動的細部にはるかに注意を払っていることを示唆している。しかしながら、一文化共同体における民間分類的知識の深さは静的なものではない。生物多様性のように、時間をかけて変化する社会、環境の諸力に影響される可能性がある。

こうした社会、環境の諸力が過去二、三〇年間にわたり、どのようにバイオフィーリアの発現に影響を及ぼしてきたかを理解するため、われわれは、まず荒野の地域に生まれた一組の伝統的社会で作用しているバイオフィーリアの文化的環境の感じを得ようとした。生物の多様性の低い不毛の地域も原住民の想像力にある居住環境は決してさびれているものではない。しかし、単一の砂漠の文化における動物への反応の範囲内に見られる世代間格差は、異なる生命維持活動の戦略をとる文化間格差と同じくらい明白になるだろう。インディアンの数家族は、狩猟・採集民生活から都市の中央集中化した福祉体制生活依存に移行するのに三世代かかったが、その間に彼らの生物の知識は付随的に変化した、とたぶん見ることができよう。その変化は狩猟・採集民社会と都市社会の間の一般的差異を反映するものである。それゆえ、われわれは、インディアンのオーダム族とヤクイ族の伝統に従う長老の間に見られる砂漠の生物相の知識と、いちばん若い世代に見受けられる知識を対比しようとした。そうした対比によって、バイオフィーリアの発現に必要な三条件を失うと、どのような結果が生じるか評価できるものと期待している——

1　居住環境の劣化あるいは種の過剰利用による生物多様性の喪失
2　経験——他の生命形態との実地での本能的接触の経験——の消滅
3　動植物の物語の口承伝統の消滅

われわれの発見は、バイオフィーリアを促す遺伝子が、過去の文化と比べると、現代文化の間で十分に発現されるように刺激する環境的引き金がなぜ少なくなってしまったかを説明するのに役立つであろう。

生物多様性の喪失

合衆国とメキシコの国境地域にあるソノラン砂漠は、植物の生長形態あるいは適応戦略、そして単位地域毎の種の数度〔一定の調査内面積の種類別の個体数〕の点でたぶん世界でいちばんの不毛地域である（Shreve and Wiggins 1964）。しかしながら、その野性の植物の多くは過去一世紀の間に取り除かれるか変えられてしまった。そして、この地域の表面積のたぶん六〇パーセントもが今では外来種に支配されているありさまである。この地域で絶滅の危機にある一〇〇の植物種のほとんどは、最近の人為による地形変化に脅かされている。その変化の一端は、導入された家畜による過度の草食と帯水層の涸渇そして都市化などである

(Nabhan et al. 1991)。さらに、少なくとも一〇〇の脊椎動物種が絶滅させられたか、数が激減させられたかしている。そのほとんどは、以前は四季をつうじて流れていた川が干上がり、それと連動して川岸の回廊地帯が喪失した結果である（Tellman and Shaw 1991; Rea 1983; Davis 1982)。歴史に残る環境変化が、いくつかのカリスマ的種の数度と分布の厳しい削減の引き金になった。たとえば砂漠のオオツノヒツジ、ソノラン・プロングホーン、砂漠カメ、そしてアメリカドクトカゲなどである。今日明らかに、そうした生き物にアメリカ原住民も、最近移住してきた者も同様に接触する機会が減ってきている。

この砂漠国境地域の内部とその外部にある、文字使用前のアメリカ原住民社会は、南北アメリカにおける環境の劣化と種の絶滅の主要な動因である、としばしば非難されてきた（Redford 1985; Diamond 1986)。あるいは、存在しつづけてきた生態学的に唯一維持可能な社会としてロマンチックに描きだされてもきた（Orr 1992; Sale 1990)。通例、こうした社会と土地の生物相との相互関係のダイナミズムに関して提供された詳細は余りにも少ないので、どちらの考え方を受け入れることも拒否することもできない。こうした二つのイデオロギー的な決まりきった思考法の中間に広大な領域があって、そこではその土地の文化自体がどのように生物多様性を眺め、評価してきたかを垣間見ることができよう。

生息環境の異種混交と生物相の多様性に、現代のその土地の文化がどのような影響を及ぼしているかを研究したものは数少ないが、それを見ると、狩猟以外の要因が動物相の多様性と数度にいちばん強力な影響を及ぼしていることがわかる（Nabhan et al. 1983; Vickers 1988)。生息環境を管理するための土地の慣習によって、また収穫効率が低下しはじめたとき他の資源に切り替えることによって、動物数は絶滅レベルを越える状態に保たれてきた。そうした慣習によって、多数のアメリカ原住民文化は、数百年の間ほぼ同じ一組の資源に依存することができた。減少する資源を受動的に受け入れるのではなく、積極的に保護管理することが、アマゾン雨林地帯から北アメリカの砂漠に至るまで、多数の文化の行動特色となっている（Anderson and Nabhan 1991）。

合衆国とメキシコの砂漠国境地帯における生物多様性の関係で、われわれは、そこに居住する二つのユトアステク語族文化の間に見られるバイオフィーリアの指標を扱う。その語族はオオダム族（パパゴピア）とヤクイ族（カヒタン）である。こうした人種は一般に砂漠の農耕民であると考えられてきたが、歴史的には、その人口の構成員には、狩猟、採集、漁労そして近隣の恒常的農業の村の親族との交易によって生活してきたものもいる。事実、オオダム族の非農業一団は、野生の動物と植物をめぐる歌と物語を彼らの農耕の親族に穀物と交換に売っていた。こうした人々の口承文学は他の生き物への言及が豊かでありつづけている。

南西部のインディアンの物語手レスリー・シルコ（1987：87）が、二国にまたがる南西部の他の文化について記述したように、こうした文化は

世界とその世界にいる自分たちの文化は、数多くの物語の束からなる古えからの一連続物語の一部である、と認識していた。……たとえば人間と動物の創造とこの世界への出現についての物語は、毎年冬至の間、四日四晩にわたり再話されつづけている。……最初のヨーロッパ人の出現の話は……、かつて捕らえられた最大のミュールジカやトウモロコシ畑と鶏小屋で捕えられた不倫の男女をめぐる物語と、重要さの点で勝るとも劣らないものであった。……伝統的には、最年少から最年長の者まで誰でも、物語の話あるいは物語の一部を、たとえほんのわずかな細部であれ、耳を傾け、思い出したり、語ったりすることができると思われていた。このように、思い出して再話すること

は共同体の作用であった。鍵となる人物、つまり他の者以上に知っている長老が、不意に死ぬとしても、その体制は変化することなくつづくであろう。

もし、われわれが、オオダム族とヤクイ族の物語、儀式用の式辞そして歌の複写、公刊集成で言及されている植物と動物を見るなら（Russell 1975 ; Saxton and Saxton 1973 ; Giddings 1978 ; Rea 1983 ; Painter 1986）、どれだけ多くの分類上の綱がうまく表象されているかは驚くべきである。オオダム族は、大型のけばだった、あるいは恐ろしい動物だけに物語の焦点を当てるのではなく、植物の少なくとも二六の分類単位、無脊椎動物の一六の分類単位、爬虫類、両性類、魚類の一三の分類単位、鳥の二八の分類単位、そして哺乳動物の二〇の分類単位に言及している。オオダム族の口承文学に特徴が描かれている一〇三の民間分類単位のなかで表象されている土着の哺乳動物は七、大型家畜哺乳動物は三、大型鳥は八、そして経済的に重要な栽培植物は七だけである。

こうした数を見ると、オオダム族の神話体系が単に顕著な生き物あるいは経済的に重要な生き物に焦点を当てているだけでなく、土地の生物相と土地外部の生物相にまで広範囲に伸びていることがわかる。最近オオダム族の教育者ダニー・ロペス（私的コメント）がわれわれに語ったように、ある生き物は「物語で言及され、こうした動物が雨と関係しており、だから保護する必要があることを子供たちが理解するようにしている」。「雨動物」、たとえば泥カメ、サギ、ワシ、カエル、ツノトカゲなどを食べてはいけないとするオウダムのタブーを説明するとき、リー（1981 : 75）は次の所見を述べている――「雨は砂漠地の農業者、とりわけ乾燥地帯農業者の生活で欠くべからざる要因である。多様な植物と動物が複雑な雨の象徴体系に取り込まれている。パパゴ族にとって、ワシの綿毛は雨雲を表象している。

図表7-1　心身の病気／タブーと結びついた生物相
（伝統的な砂漠地帯のオーダム共同体による）

生物相	心身の病気	文化的な食物のタブー
シロバナヨウシュチョウセンアサガオ（*Datura* spp.）	X	
ウバタマ（*Lophophora williamsii*）	X	
キリギリス（Acrididae）		X
チョウ／ガ（Lepidoptera）	X	X
ハチ（Apoideae）	X	
ハエ（Diptera）	X	
ドロガメ（*Kinosternon* sp.）	X	X
アメリカドロトカゲ（*Heleoderma suspectum*）	X	X
サバクイグアナ（*Dipsosaurus dorsalis*）		X
チャカワラ（*Sauromalus obesus*）		X
ハリトカゲ（*Sceloperus magister*）		X
ツノタカゲ（*Phrynosoma* sp.）	X	
ガラガラヘビ（*Crotalus* sp.）	X	
ウズラ（Odontophorinae）	X	X
カエル／ガチョウ（Anseriformes）		X
サギ／シラサギ（Ardeidae）		X
シチメンチョウ（*Meleagris gallopavo*）		X
ミチバシリ（*Geococcyx californianus*）		X
アメリカワシミミズク（*Bubo virginianus*）		X
ワタリガラス（*Corvus* supp.）		X
ハゲワシ（Cathartidae）	X	X
ワシ／タカ（Accipitridae）	X	
リス（*Spermophalus* sp.; *Ammospermophilus* sp.）		X
ホリネズミ（*Thomomys* spp.）	X	X
ネズミ（*Perognathus* spp.; *Peromyscus* spp.）		X
カンガルーネズミ（*Dipodomys* spp.）		X
ノウサギ（*Lepus* spp.）	X	X
ヤマアラシ（*Erethizon dorsatum*）		X
ネコ（*Felis cattus*）	X	X
コヨーテ（*Canis latrans*）	X	X
イヌ（*Canis familiaris*）	X	X
キツネ（*Vulpes* spp.; *Urocyon* spp.）		X
クマ（*Ursus* spp.）	X	X

ベンケイチュウのワインは夏の雨だ。夏のワイン祭の間に歌われる歌「多様な植物と動物に触れている」は雲を引き降ろすのに役立つ」。

ある生物相が保っている心理的力の、たぶん最も明確な実例は、オオダム族が、余りにも危険であるので濫用できないと見なしている三五以上の植物と動物である（表7―1）。こうした種を途絶させてはいけないとするタブーに注意を払わないオオダム族には心身の「持続する病い」がかけられる（Bahr et al. 1973）。しかし、直接的な功利的重要さ、あるいは過剰利用されやすいかに関して、どの生物がタブーとなっているかを評価しようとすると、含めるための単一の生態的決定因は現われてこない（Rea 1981）。こうした生物のなかには、生息環境の性質を間接的に指し示すものもあるだろう。思考の材料としか思えないものもある。

ヤクイ族の口承文学は、植物の二九もの民間分類単位、無脊椎動物の一三の分類単位、爬虫類、両性類、魚類の一四の分類単位、鳥の一八の分類単位、そして哺乳類の二七の分類単位に言及している。こうした一〇八の民間分類単位のうちで、一八の大型哺乳動物と六の大型鳥が、七の栽培植物と同じように含められている。ヤクイ族のシカの歌をめぐる議論でエヴァーズとモリナ（1987）は、二つのイメージがヤクイの言語風景で中心的であると論じている――フヤアニア、つまり「荒野の世界」とセアアニア、つまり「花の世界」である。毎年、数千の参加者によって今なお儀式的に演じられるヤクイ族の物語と儀式では、フヤアニアとセアアニアに住んでいる数十の野生生物が、合衆国とメキシコの国境の両側のヤクイ族共同体による共同参加によって思い出され、敬意がはらわれている。こうした伝説上の世界に住むシカとその他の聖なる生物に向けた畏敬は、より古いヤクイ族共同体では、しばしば公然と見せられるので、たんに過去の名残ではなく、現代の生活の重要な構成要素でありつづけている。また、多くの植物と動物は、食物、薬あるいは儀式装具として使用される数以上が名で区別されている。

有用種の命名をはるかに越える民族分類学の数多くの実例を引き合いにだして、バーリン（1992）は、民族動物学の知識は方向性が基本的には功利主義的であるとするダイアモンドの以前の主張（1972）を拒否した。われわれはバーリンの次の洞察に同意する――「世界中の多様な地域の伝統的社会に見られる生物分類体系の印象的な……構造と内容は、人間が必然的に、おおむね無意識的に生物的現実の固有の構造を認識していることを基礎に説明するのが極めてもっともらしい」（1992：3）。

われわれは、オオダム族とヤクイ族の他の生命形態についての知識が彼らの環境の全種に及ぶわけではないことを明らかにしたい。オオダム族の農耕民と採集民が数世紀にわたり住んでいた砂漠のオアシスにおいて知られている植物に対する西欧科学の分類単位二五〇以上のうち、わずか八七の民間分類単位しかつけられていない。これらはリンネの種の九六に相当するものを表わしている（Felger et al. 1992；Nabhan et al. 1983）。背の高い植物の民間分類単位が一五〇から二〇〇、砂漠のオオダム族の狩猟・採集民と農耕民によって認識されており、これはリンネの分類単位の二五〇ほどを表わしている。ただし、村から略奪可能の範囲内には五〇〇もの種が存在するだろう（Nabhan 1983）。同じように、ピマ族インディアンが数世紀にわたり住んでいたギラ川中流の生息環境では、歴史的に、および最近の時代に二四〇以上の鳥が知られているが、そのうち七五のオオダム族の分類単位が記録されている。これはリンネの種の八五から九〇に相当する（Rea 1983）。

では、その土地の土着文化と、ソノラン砂漠の生物多様性から最も失われそうな傷つきやすい種との関係は何であるのか。オオダム地区の中心にあるオルガン・パイプ・カクタス国立記念碑近郊で、目下、絶滅危機にあると考えられている三〇以上の植物種のなかで、一八は歴史的に使用されていたが、今日、使用されているのは八にすぎない（Nabhan and Hodgson 1993）。これらの植物の二種はその北限地域では局所的には枯渇しているが、別のところでは伝統的な使用法はそれらの植物にほとんど影響を及ぼしてはいない。全体としては、現代の農業開拓と過放牧のような他の要因の方がこの二種がその分布範囲のほとんどで稀少であることをよく説明できる。同じように今世紀中に、ギラ川中流地域で局所的に絶滅した二九種の鳥のうち二五の喪失は、ピマ族の非インディアンの近隣者が引き起こした水辺の生活習性の劣化と結びつけられてきた。喪失の例で、ピマ族の狩猟あるいは農業慣習に帰因すると思われるものはない（Rea 1983）。これらの種の一一の喪失は、ピマ族の口承による歴史に記録されている。今世紀中に顕著に衰微した他の二五種の鳥類の中で、ピマ族の長老による口承の話は、九種で個体数が減少したことにコメントしている。オオダム族の長老ジョージ・ウェッブ（1959）はこう述べている――子供の頃に知っていたギラ川氾濫原の鮮緑色の草木や多様性と対照をなして、自分が最盛期を終えたのは「水のない床が砂の川」の隣である、と。「……すべてが緑であったところは何エーカーもの塵、何マイルも続く塵となり、ピマ族インディアンは、突然、絶望的に貧困になった」。デーヴィス（1982）とリー（1983）は、その他の動物の歴史的な話を多数編纂した。こうした動物は、最近非インディアンが引き起こした川の流れと地下水位の変化の結果、オオダム族とヤクイ族インディアン地区にはもはや現われない。

こうした統計と逸話は、オオダム族とヤクイ族が、歴史的にどれだけ砂漠の生物多様性に影響を及ぼしたかに十分答えるものではないが、その他の研究を見ると、肯定的と否定的な影響があったことがわかる――否定的なものは導入された家畜の過放牧を介して生みだされた（Felger et al. 1992; Nabhan et al. 1983）。しかし、生物多様性の喪失が、こうした文化にどのような影響を与えたのであろうか。オオダム族とヤクイ族の民族生物学的知識を概観して明らかなことは、こうした文化は多様な生命形態に強い関心をもっており、彼らの口承の歴史は、生物学多様性の喪失を局所的に敏感に指し示している。確信をもっては知らないこと——もし少なくとも知ることが可能だとしたら——は、こうした局所的に絶滅した種が、オオダム族とヤクイ族の口承の歴史、歌、夢に、どれだけ長く存続しつづけるかということである。いま彼らは生きている植物や動物との接触から引き離されてしまっているのだから。

経験の消滅

ピーター・シュタインハート（1989：816）がきわめて雄弁に述べたように、「動物はわれわれの思考に、われわれが思っている以上にはるかに基本的なものである。彼らは単に思考の織物の一部でなく、織機の一部である」。この織機が取り壊されたら、何が起こるか。

個体群の規模と範囲の衰微が人間種の心身に有害な結果をもたらすには、地球規模で植物と動物の種が絶滅する必要はない。昆虫生態学者ロバート・マイケル・パイル（1992：65）が注目したように、局所的絶滅が「経験の消滅」を引き起こす。つまり野生生物との直接的、個人的接触の喪失である。パイルの主張では、そうした直接的な経験を削減する状況は、自然の居住環境への不満か無気力か無責任という循環を生みだすのである。

今日の低世代年齢が自然界との直接的経験をどの程度まで失ったかを測定しようとして、われわれはオオダム族、ヤクイ族、アングロ族そしてスペイン系住民の子供たちの活動と心的態度を調査した。自然の直接経験の喪失が自然愛好の減少とどの程度まで相関関係にあるのか。要するに、経験の消滅は種の絶滅と同じほど容赦なくバイオフィーリアを危くしているのか。

われわれは、二つの国立公園から二五マイル以内に住む五二人の子供にインタビューをした。二つの公園とは、アリゾナ州アホ（Ajo）南部、合衆国とメキシコの国境地域にあるオルガン・パイプ・カクタス国立公園とツクソン（Tucson）の真西のアグアロ国立遺跡《モニュメント》である。調査は大規模でも、無作為抽出見本からのものでもないが、回答者は都市の砂漠共同体と田舎の砂漠共同体の代表的な面に相当するものであった。少しでも差異があるとすれば、この調査は、荒野と農耕地にかなり晒されている小規模共同体に住む子供に片寄ってはいた。

われわれは、ケラートとウェスターヴェルト（1983）の調査を出発点に用いたが、新しい問題点に取り組み、その土地の地理と動・植物相を取り込むために、問いを修正、拡大した。われわれは面談式インタビューを行い、子供らの支配言語に基づいてスペイン語か英語で質問を読みあげた。土着の子供たちの誰ひとりとして、オオダム族あるいはヤクイ族の言語を第一言語として話すものはいなかったが、ほとんどの者は、家で親族がこうした言語を話すのを聞いてはいた。

子供たちのほとんどは、野生生物と――狩猟、植物採集あるいは遊び半分の小動物捕獲を介して――何らかの直接的相互関係をもったことがあると主張したが、大多数は他の生物との経験のほとんどを他人の経験を想像して獲得しているように思われる。オオダム族の約三五パーセント、ヤクイ族の六〇パーセント、アングロ族の六一パーセント、そしてスペイン系住民の七七パーセントの子供たちが、野生状態よりもテレビや映画で多くの野生動物を見た、と回答した。疑いもなく、こうした数字は、野生もしくは広々とした空間に近づく機会がもっと少ない完全に都市化された集団の間ではさらに高くなろう。

われわれのサンプルからでもわかるが、明らかに各住民集団の子供の大多数がその生活において、野生の場所でひとりで三〇分以上過ごしたことはなかった（オオダム族の五八パーセント、ヤクイ族の一〇〇パーセント、アングロ族の五三パーセント、スペイン系住民の六一パーセント）。こうした傾向からわかることは、ひとりでいれば可能となる自然との個人的で、気楽で、自発的な相互関係は、今日ほとんど起こることはない、ということである。さらに、この子供たちの大部分は自然の宝を収集したことがない、と言った（オオダム族の三五パーセント、ヤクイ族の六〇パーセント、アングロ族の四六パーセント、スペイン系住民の四四パーセント）。たとえば、彼らの砂漠の周囲にある羽、骨、昆虫あるいは岩である。

地球規模の電子メディアがこの子供たちの自然に関する知識を支配している今日では、彼らは、テレビのドキュメンタリーでは供給できない類の土地の意識を失いつつある。一世紀前ソノラン砂漠に住んでいた人なら誰でも考えなくも知っていただろう基本的な事実は、今では住民の限られた一部にしか知られていない。雨が降るといちばん強く匂うのはどの植物であるかと訊ねると、オオダム族の二三パーセント、ヤクイ族の四〇パーセント、アングロ族の三八パーセント、スペイン系住民の四四パーセントは、オプチアン・サボテンだとか、知らないとか応答するだけで、かぐわしいクレオソートノキを正しく選べなかった。同じように、それぞれの二三、二〇、一五、そして一六パーセントが、砂漠の鳥は正午頃よりも早朝によく鳴くことを知らなかった。さらに、オオダム族の一七パーセント、ヤクイ族の二〇パーセント、アングロ族の〇パーセント、驚くべきことにスペイン系住民の五五パーセントが、ウチワサボテンの実が食べられることを知らなかった。皮肉なことに、この実は、合衆国とメキシコの国境地域では八〇〇〇年以上も主要な食糧源であったし、今でも市場で採りたてが売られており、この多くの子供たちが住んでいる近くの市場では、人気のある多様なポプシクル（アイスキャンデー）の香りづけにも用いられているのだ。

特に土着住民の間でテレビが潜在的にもっている諸問題は、医療調査員、教育者、そして社会学者からかなり注目されてきた。カナダの北西地帯のデネ民族に最近テレビが導入されたことについて、デネ族の教育者アーニー・レニー（Mander 1991：111 より）はこう意見を述べている――「学校とまたテレビで得るタイプの学習は、ただ座って吸収するタイプの学習です。しかし、家庭生活では……子供たちは両親から直接学びます。学習は行動から出てこなくてはなりません」。テレビもある正式の教育の学習方法も、これまで数世代の間とても成功していた土着の教育の方法と真っ向から対立している――たとえば長老のもとでの徒弟制と。

子供たちが環境を認知する能力そのものは、豊かに織られた風景の中での多感覚的経験を、本の二次元的世界あるいはテレビ、ビデオ、映画の視聴覚的世界に置き換えることで、低下してしまうだろう。アラスカでは、学校がはじめて本と視聴覚メディアをイヌイット族の子供に導入してから、一世代の範囲内に近視が起こった（Williams and Nesse 1991）。イヌイット族の子供は遺伝的に近視になりやすい傾向があるのかもしれないが、この状況は視覚発達の重要な段階で本とスクリーンが支配的になりはじめるまでは発現することはなかった。その段階では多様な刺激が必要とされる（Wallman et al. 1987）。荒野で豊かな視覚的刺激にさらされて成長していたイヌイットの狩猟・採集民は、その現在の住民の五〇パーセントの近視率に達することは決してなかった。シェパード（1982）は、成長初期の過程で野生と十分に接触していない個人には、知能的、情緒的病状も出て来る可能性があるのではないか、と考えている。

最後に、直接経験とテレビ、メディア化された教育とを置き換えてしまうと、子供たちは、自然界を自分で観察しなくなり、また、自然界について自分で考えなくなってしまう。そのかわり、テレビ番組の作者と編集者の観察と意見を受け継いでしまう。テレビのこの性質こそ、われわれの四つの異なる集団の間で驚くほど似た反応が見られたことを説明するだろう——その集団は過去には意義深いほど差異のある知識と価値観を反映していただろう。テクノロジー批評家ジェリー・マンダー（1991：97）はこう説明している——「おなじイメージを数百万人に植えつけることができることによって、テレビは観点、知識、趣味、欲望を同質化し、その多数の趣味や関心をそのイメージを伝達する人々の趣味と関心に似たものにすることができる」。

テレビが、生態のメッセージを伝えると公言しているときですら、それは直接的経験にとって代わることはできない。ロバート・マイケル・パイル（1992：66）が書いているように、「バナナナメクジに面と向かう方が、テレビでコモドオオトカゲを見るより、はるかに多くの意味をもっている。居間でサイが交尾しているのに、誰が隣の生物に注意を払うであろうか」。ピーター・シュタインハート（1991：11）の警告はこの点を補強するものだ——「セルロイドは経験の代替物とはならない。……もし、野生生物の映画がわれわれが野生動物に接近する唯一の方法になるとしたら、われわれの知性、感性、想像性はそれだけ劣ったものになるであろう」。テレビ画面に映しだされる異国風で非現実的な世界は、壮観さの少ない土地の野生生物から子供たちをひき離す恐れがあるだけでなく、そうした世界からは、あなた自身が自らの自然経験を方向づけるイメージ、音、匂い、観念を選択するとき目覚めさせられた個人的刺激も与えてくれはしない。

口承伝統の消滅

本章のエピグラフでイタロ・カルヴィーノが述べているように、「新しい知識は、直接的な口承的伝達によってしか広まることのない知識を補うことがない。この知識は、ひとたび失われると、再び獲得ないし伝達することはできないものである」。疑いもなく今世紀、言語の多様性とそれと関連した民間の科学的知識の蓄積は、生物の多様性自体がそうであるように危険に瀕してきた。自然界をめぐる人々の知識がその土着の言語で解読されるなら、その知識は別の国の言語では容易に伝えることはできない。後者は前者の土地の状況、生物相そして管理慣習を記述する特定の語彙を発展させてはいないからだ。最近アウエンハウアーとダウエンハウアー（1992：119）が概観した土着言語の消滅に文化が直面したとき、その土地の科学的知識は必然的に失われる。彼らはこう念をおしている。つまり、メキシコ以北で依然として話されているほぼ二〇〇のインディアン言語の半数あるいはそれ以上が、すでに衰微しているか危機的状況にある――「もしアメリカ先住民の言語が死滅すれば、地球上を歩き回っても、それを学ぶところはない。幾人かの学校教育行政官が依然として原住民言語の教育に反対して［口頭で］述べつづけている公的発言が、絶滅の危機にある鳥やカタツムリの種に対してなされたら、容赦されないであろう」。

数十世代、土着言語で語られてきた動植物相の物語は今、言語文化の変容が進行するにつれ失われようとしている。砂漠に住む子供たちを調査したところ、テレビと教室の学習が、以前は直接経験に割り当てられていた時間と位地にとって代わっているだけでなく、かつては長老が行っていた物語と個人教授に捧げられていた時間をも強奪したことがわかった。

ほとんどの子供たちは、祖父母ないし両親よりも本から植物と動物についての話を多く学んでいると感じていた（オオダム族で五八パーセント、ヤクイ族で一〇〇パーセント、アングロ族で四六パーセント、スペイン系住民で四四パーセント）。そして再びテレビの存在がはっきりした。動物の物語は本と家族とのどちらかから多く聞いたか、と若いスペイン系住民の少年アルヴロンに質問をしたところ、「どちらでもない。〈発見番組〉からだ」とすぐに答えた。かなりの割合の子供たち――オオダム族四七パーセント、ヤクイ族一〇〇パーセント、アングロ族六一パーセント、スペイン系住民五五パーセント）――が、植物と動物についての知識のほとんどは家族ではなく学校から得られる、と断言した。われわれが、ミスティ、アリゾナ＝ソノラ砂漠博物館の夏期自然プログラムの長年の後援者にその問題をもち出したとき、彼女もアルヴロンのように、どちらからも教えられていない、と答えた。テレビが最善の先生でした、と彼女は述べた。

物語る行為とその他の知識源とはどう違うのであろうか。ゼネ族の教育者バーバラ・スミスはマンダー（1991：112）にこう説明している――「伝承物語は人々がある方法で成長する手助けをしてくれる道具です。とても重要なのは、この経験の力であり感じです。……でも何かを博物館におさめたり、テレビで放送したりすると、確かにそれは見ることはできますが、実際にはその外側しか見ていないのです」。そこで、マンダーは続けてこう指摘している。物語る行為は子供の想像力にとって刺激となり、物語手の言葉に対する知的貢献を求める。単に情報を受動的に吸収するだけではない。

ヤクイ族の教育者フェリペ・モリナ（私的意見）はこう回想している。彼が成長期にあったとき、ヤクイ族の伝承物語は学校では「地位を高められる」ことも、信任を受けることも決してなかった。それどころか、西欧の科学的分析法が自然に関する学習のすべてを支配していた。彼はこう説明してくれた。「科学の授業では植物について、その各部の呼び方あるいは、生育の仕方を学ぶかもしれません。しかし、決して次の段階へは進みませんでした。つまり、植物をどのように〈世話〉するかについて話すことはありませんでした」。ヤクイ族の伝承物語はこの種の倫理を育成していたのです、と彼は言った。

この伝承物語の喪失に加えて、オオダム族とヤクイ族の間の言語的知識をおおまかに調査することによって、動物と植物の名に重大な喪失が起こっていることがわかった。これらの名は、アメリカ英語には見られない自然についてかなりの文化情報を符号化している。一二人のオオダム族とヤクイ族の子供たちに、よく知られた植物と動物の絵を見せ、彼らの土着言語でどれだけ名前をあげられるかと訊ねたところ、示した一七の土着の種のうち平均してわずか四・六しか知らなかった。前世紀末頃に生活していたオオダム族あるいはヤクイ族なら実質的にすべてが、一七種の名を全て知っていたであろう。農耕地の真ん中にある新しいヤクイ族共同体とメキシコのもっと貧しいオオダム族共同体の子供たちは、土着言語とそれが符号化した生物学的知識を喪失した最悪の世代を反映していると思われた。

たぶん注目に値することは、われわれがインタビューしたヤクイ族共同体は、文化と自然の混乱の極端な例を代表していたということである。マラナはヤクイ族原生の故郷から数百キロメートル離れた、最近若い家族が居住した地である。だから、そこに住む子供たちは、祖父母との伝統的な接触は減り、ヤクイ族の儀式、民間慣習そして言語にさらされる機会は減った。これで、子供の誰ひとりとして、祖父母と両親から多くの物語を学んだと感じないか、われわれのリストにあげた動物、植物のヤクイ族名を知らなかったか、その理由が説明できよう。さらに、この共同体は四方が農耕地に囲まれており、このことで、子供の誰ひとりとして、どの程度の時間であれ野生の場所に独りでいたことがない、と感じたかの理由が説明されるだろう。

この子供たちの大半と、調査対象となった集団全体の大半は、植物と動物について祖父母がかつて学んだより多くを学校で学んでいる、と感じていた（オオダム族五八パーセント、ヤクイ族六〇パーセント、そしてスペイン系住民六一パーセント）。この確信を共有したアングロ族集団は三八パーセントしかいなかった——たぶん、アングロ族の子供が、目下、受けている種類の学習とその祖父母が受けた学習との間に大差ないからであろう。それが真相だとするなら、彼らの祖父母の方がその年齢のゆえに賢く、経験も豊富であることになろう。しかし、その他の集団の場合、旧世代の口承伝達された土着の科学には、学校を通じて正式に伝えられる西欧科学と同じ位地が与えられていない可能性がありそうだ。

西欧の科学者が書き留めた偶然の観察ですら、そこから導かれる情報の方が、口承伝統の類似の情報よりも「事実」として扱われる可能性が高いのではないか、と思う。たとえばV・グラントとK・グラント（1983）は、数夜の観察で、スズメガはシロバナヨウシュチョウセンアサガオの花の蜜を吸った後まるで酔ったような行動をすることを「発見」した。だが、似たような情報は、少なくとも一世紀にわたり、オオダム族の口承伝統に存在していた（Russell 1975：x：「わたしはシロバナヨウシュチョウセンアサガオの花を飲んだ、／それを飲むと足がよろけた……／酔っぱらいのガ／酔っぱらいのガ／彼らも落ちて／羽をばたつかせている」）。これらの科学者や、その他の民間科学者が鋭く観察してきたにもかかわらず、その子孫は、物語や歌が科学的価値のある多くの情報を体現しているとは思ってはいないのだろう、とわれわれは示唆しているのだ。この発言を確証する証拠は逸話と推測にすぎないが、この点はもっと詳細な研究に向けて考察に値すると、われわれは考えている。

異文化比較の概念に向けて

〈バイオフィーリア〉という用語は、一九七九年に、『ニューヨーク・タイムズ・ブック・レビュー』紙で、現在の情況で初めて用いられたのだろう。最初に用いたE・O・ウィルソン自身は西欧科学のその道に通じた実践家であっただけではない。彼は、こう主張した（1984 : x）——「現代生物学は、バイオフィーリアの自律的目的に偶然一致している真に新しい世界の見方を生みだした」。だから、バイオフィーリアには、生命と生命に似た過程に焦点を当てる〈すべての〉人間の本能的傾向と仮定されているが、「この本能は」現代の進化生態学に通じている論理実証主義者の経験的洞察によって、「〈理性と一列に並べられる〉機会がある」。

われわれはこう仮定する。バイオフィーリアは、すべてではないとしても大半の人間社会で生みだされる可能性のある遺伝子＝環境の相互作用の表現型の発現である。しかし、ウィルソンからこう推論できるだろう。西欧的訓練を受けた科学者の方が非科学者よりも、ともかくも自分たちの本能的バイオフィーリアを発現する能力が大きい。あるいは、その点では、過去数十万年間のヒト狩猟・採集民よりも大きい。ウィルソンが彼の概念に西欧の科学的偏向をもたせるつもりであったかは疑問だ。この観念を公平に扱うためには、バイオフィーリアは、西欧の科学的能力に特有の用語よりも、民族中心的でない用語で入念なものにする必要があるだろう。あるいは少なくとも西洋科学以外の規範によって定義しなくてはならない。最近、デイヴィッド・オール（1992）が述べたように、数世紀にわたり生態が維持可能であったと推定されていた社会——アマゾン川の熱帯からアメリカ南西部の砂漠まで——はすべて、文字をもたない社会であり、口承で伝達された自然資源管理に関する民間科学による手引きしかなかった。非西欧社会がもつ文化実践集、神話、そして信条は確かにバイオフィーリアに関してはわれわれの遺伝子と適合する倫理を符号化している——そう仮定するならば、非西欧社会を評価するために、もっと普遍的な範疇を用いなくてはならない。同時に、われわれは、各文化は自然界の見解に関しては内的に同質的であると仮定するよりも、各民族個体群の内部に世代間差異があることを認めなくてはならない。

多様な民族集団がもっている自然の知識と、それに賛成あるいは反対する偏向に関する他の調査は、西欧科学の資料から導いた情報は事実として扱う傾向にあったが、観察に基づく、あるいは文化的に符号化された情報は単なる逸話として扱う傾向にあった。そうした偏向は少し用心すれば容易に回避できる。さらに議論をするため、バイオフィーリアの異文化比較の指標として提案しうる特色から次の四つをあげる——

1　他の生物の行動と適応の戦略と個人的に同一化する。
2　一文化とその土地管理の語彙のなかで荒野を肯定的に評価する。
3　生物相に関して物語る行為の口承伝統の継続。
4　どの種類であれ異種混交性と多様性に、だが特に人間の手仕事に操作されていない環境と生命形態に関心をもつ。

まさしくバイオフィーリアを示すこうした普遍的指標を環境教育プログラムで使用すべきである。最近、アルトゥロ・ゴメス・ポンパとアンドレア・クラウス（1992：272）が、西欧科学に精通した環境教育者についてこう述べた――「われわれは、環境問題とその解決に対するわれわれの認識は正しいものである、と決めている。それは西欧の合理的思考と分析に基づくから。［しかし］われわれの保護の概念には田舎の住民の観点が見あたらない。多くの環境教育プログラムは、都市世界の環境と諸問題に対するエリート都市的な認識によって強い偏向が加えられている。この取りあげ方は不完全なものであり……地方住民の認識と経験を無視している。この人たちはその土地といちばん密接に関係しており、周囲の自然環境を教師であり供給者として直接に理解している」。

正式の環境教育プログラムは、自発的で実地の自然経験や、世代間の物語る行為の豊かさに取って代わることはできないが、バイオフィーリアに対するある普遍的刺激をその構成に取り入れることはできる。そうしたプログラムには次の要素がなくてはならない――植物と動物に直接に触れること、家畜、栽培化種だけでなく、とりわけ野生種に強調を置くこと、伝統的知識と伝承を、好ましくは共同体の長老による客員授業を介してカリキュラムに組み込むこと。

チェロキー族の民俗学者ライナ・グリーン（1981：212）はこう論じている――「すべての集団は、それを〈信仰〉と呼ぼうと〈仮説〉と呼ぼうと、観察、実験、伝統に基づく〈科学〉をもっている。〈科学〉は〈シャーマン〉〈本〉を介して伝統的に伝えられる。……知識は〈体系〉に組織化されているが文化の表現と行動の全域に分配されている」。各文化の生物科学の伝統の豊かさは、その文化のバイオフィーリア発現と多いに関係がある。口承で伝えられた土着の科学伝統が、西欧科学と同じように敬意をもって扱われるまで、欧米の単一文化はひきつづき、地方の環境とその生物相に対する多様な人間の適応反応を消滅（絶滅）に追い込むことであろうし、その生物相も否定的影響をこうむるだろう。

参考文献

Anderson, Kat, and Gary Paul Nabhan. "Gardens in Eden." *Wilderness* 35 (194) (1991) : 27–30.

Bahr, Donald M. *Pima and Papago Ritual Oratory*. San Francisco : Indian History Press, 1975.

Bahr, Donald M., Juan Gregorio, David I. Lopez, and Albert Alverez. *Piman Shamanism and Staying Sickness* (*Ka:cim Mumkidag*). Tucson : University of Arizona Press, 1973.

Berlin, Brent. *Ethnobiological Classification : Principles of Categorization of Plants and Animals in Traditional Societies*. Princeton : Princeton University Press, 1992.

Brown, Cecil H. "Mode of Subsistence and Folk Biological Taxonomy." *Current Anthropology* 26(1) (1985) : 43–64.

Calvino, Italo. *Mr. Palomar*. Translated by William Weaver. New York : Harcourt Brace Jovanovich, 1983.

Curtin, L. S. M. *By the Prophet of the Earth*. Santa Fe : San Vicente Foundation, 1949.

Dauenhauer, Richard, and Nora Marks Dauenhauer. "Native Language Survival." In special issue on extinction. *Left Bank* 2(1992) : 115–122.

Davis, Goode P. Jr. *Man and Wildlife in Arizona : The American Exploration Period, 1824–1865*. Phoenix : Arizona Game & Fish, 1982.

Diamond, Jared M. *Avifauna of the Eastern New Guinea Highlands*. Cambridge : Nuttal Ornithological Laboratory, 1972.

——. "The Environmentalist Myth." *Nature* 324(1986) : 19–20.

Evers, Larry, and Felipe S. Molina. *Yaqui Deer Songs : Maso Bwikam*. Tucson : University of Arizona Press, 1987.

Felger, Richard S., Peter L. Warren, L. Susan Anderson, and Gary Nabhan. "Vascular Plants of a Desert Oasis : Flora and Ethnobotany of Quitobaquito, Organ Pipe Cactus National Monument, Arizona." *Proceedings of the San Diego Society of Natural History* 8(1992) : 1-39.

Giddings, Ruth Warner. *Yaqui Mith and Legends*. Tucson : University of Arizona Pess, 1978.

Gomez-Pompa, Arturo, and Andrea Kraus. "Taming the Wilderness Myth." *Bioscience* 42(1992) : 271-279.

Grant, Vern, and Karen Grant. "Behavior of Hawkmoths on Flowers of *Datura metaloides*." *Botanical Gazette* 144(2) (1983) : 280-284.

Green, Rayna. "Culturally-Based Science : The Potential for Traditional People, Science, and Folkfore." In M. Newall, ed., *Folklore in the Twentieth Century*. London : Rowman & Littlefield, 1981.

Kellert, Stephen, and Miriam Westervelt. *Children's Attitudes, Knowledge and Behaviors Toward Animals*. Washington : U. S. Department of the Interior, Fish and Wildlife Service, 1983.

Mander, Jerry. *In the Absence of the Sacred*. San Francisco : Sierra Club Books, 1991.

Nabhan, Gary Paul. "Papago Fields : Arid Lands Ethnobotany and Aguricultural Ecology." Doctoral dissertation, University Arizona, 1983.

——. *Enduring Seeds : Native American Agriculture and Wild Plant Conservation*. San Francisco : North Point Press, 1989.

Nabhan, Gary Paul, Amadeo M. Rea, Karen L. Reichhardt, Eric Mellink B., and Charles Hutchinson. "Papago Influences on Habitat and Botic Diversity : Quitovac Oasis Ethnoecology." *Journal of Ethnobiology* 2(2) (1983) : 124-143.

Nabhan, Gary Paul, Donna House, Humberto Suzan A., Wendy Hodgson, Luis Hernandez S., and Guadalupe Malda. "Conservation of Rare Plants by Traditional Cultures of the U. S. /Mexico Borderlands." In Margery L. Oldfield and Janis B. Alcorn, eds., *Biodiversity : Culture, Conservation, and Ecodevelopment*. Boulder : Westview Press, 1991.

Nabhan, Gary Paul, and Wendy Hodgson. *Pilot Research Project to Prepare an Ethnobotanical and Rare Plant Database System for Biosphere Reserves*. Technical Report NPS/WRUA/NRTR-92-48. Tucson : U. S.

National Park Service, in press, 1993.

Orr, David. *Ecological Literacy*. Albany : State University of New York Press, 1992.

Painter, Muriel Thayer. *With Good Heart-Yaqui Beliefs and Ceremonies in Pascua Village*. Tucson : University of Arizona Press, 1986.

Pyle, Robert Michael. "Intimate Relations and the Extinction of Experience." In special issue on extinction. *Left Bank* 2(1992) : 61-69.

Rea, Amadeo. "Resource Utilization and Food Taboos of Sonoran Desert Peoples." *Journal of Ethnobiology* 11 (1981) : 69-83.

——. *Once a River*. Tucson : University of Arizona Press, 1983.

Redford, Kent. "The Ecologically Noble Savage." *Orion Nature Quarterly* 9(3) (1985) : 24-29.

Russell, Frank. *The Pima Indians*. Tucson : University of Arizona Press, 1975.

Sale, Kirkpatrick. *The Conquest of Paradise*. New York : Knopf, 1990.

Saxton, Dean, and Lucille Saxton. *O'othham Hoho'ok A'agitha : Legends and Lore of the Papago and Pima Indians*. Tucson : University of Arizona Press, 1973.

Shepard, Paul. *Nature and Madness*. San Francisco : Sierra Club Books, 1982.

Shreve, Forrest, and Ira Wiggins. *Vegetation and Flora of the Sonoran Desert*. Palo Alto : Stanford University Press, 1964.

Silko, Leslie Marmon. "Landscape, History, and the Pueblo Imagination." In Daniel Halpern, ed., *On Nature*. San Francisco : North Point Press, 1987.

Steinhart, Peter. "Dreaming Elands." In Robert Finch and John Elder, eds., *The Norton Book of Nature Writing*. New York : W. W. Norton, 1989.

——. "Electronic Intimacies." *Audubon* (1991) : 10-12.

Tellman, Barbara J., and William W. Shaw. "The Natural Setting." In Robert Varady, ed., *Preserving Arizona's*

Environmental Heritage. Tucson : University of Arizona Press, 1991.

Vickers, William T. "Game Depletion Hypothesis of Amazonian Adaptation : Data from a Native Community." *Science* 239 (March 1988) : 1521-1522.

Wallman, Josh, Michael D. Gottlieb, Vidya Rajaram, and Lisa A. Fugate-Wentzek. "Local Retinal Regions Control Local Eye Growth and Myopia." *Science* 237 (1987) : 73-77.

Webb, George. *A Pima Remembers*. Tucson : University of Arizona Press, 1959.

Williams, George C., and Randolph M. Nesse. "The Dawn of Darwinian Medicine." *Quarterly Review of Biology* 66 (1991) : 1-21.

Wilson, Edward O. *Biophilia*. Cambridge : Harvard University Press, 1984.

第8章　ニューギニア人とその自然界

ジャレッド・ダイアモンド

わたしがこれから論じようとしていること、それは、ニューギニアとその他の南西太平洋諸島における、野生動物種と人々との関係をめぐるものである。わたしの議論の基をなしているのは、過去三〇年間のその一部を、こうした島々で過ごし、先住民と生活し、そして鳥の研究をした経験である。

いくつかの理由から、ニューギニア（その他の太平洋諸島とともに）は、バイオフィーリア仮説をためすための適切な経験的データを集めるには恰好の場所のように見える。まず第一に、人間はすべて、紀元前五〇〇〇年まで、石の技術に全面的に依存しており、それからやっと人間の集団が次々と金属を使用しはじめた。ニューギニア人は金属に切り換えた最後の集団の一つであった。全ニューギニア人は、一九世紀にヨーロッパ人による植民地化がはじまるまで、石の技術に依存していた。わたしの研究対象となったニューギニア人の集団のほとんどは、外部世界と接触をもつことがなく、一九五〇年代まで依然、石の道具を使用しており、ある集団などは一九八〇年代に至るまでひきつづきその途上にあった(Souter 1963 ; Connolly and Anderson 1987)。このように、ニューギニア人は、一〇〇〇〇年間にわたり支配的でありつづけた人間の状況を表わす、現存する最良のモデルをいくつか提供してくれる。

さらに、はじめは、ニューギニアの人々は、世界の人口の千分の一以下にすぎない範囲の限られたデータを提供しているにすぎないと思えるが、実際は、存続しつづけている人間の多様性の大きな一部を代表している。遺伝的、言語的、文化的、経済的、政治的あるいは生態学的に測定するにせよ、多様であると言える。この状況がいかに生じたか、それを正しく認識するために、次のことを思い起こしておこう。ニューギニアは少なくとも四万年の間、人々が居住してきており、植民地化の多数の波が押し寄せ、その波の子孫が依然、今日の太平洋に居住している（White and O'Connell 1982）。早期の植民者の波は、ニューギニア高地とビスマルク・ソロモン群島のいくつかの島々の現代の民族が生まれる一因になった。その後のオーストロネシア語族の波は、北部ニューギニアとビスマルクとソロモン島のほとんどに住む、現代の海岸地域民族が生まれるのに大きな一因になった。約三六〇〇年前、現代のポリネシア人の祖先がやって来た（Bellwood 1987）。こうした植民地化の多数の波から生じた人間の多様性に加え、ニューギニアのでこぼこした地形の結果、さらなる多様性がもとの場所に生じてきた。この地形のために、各峡谷の人間個体群は、それぞれ特色ある遺伝子、言語、文化、病気を発展させたのである。

たとえば現代世界に見られる五〇〇〇の言語のうち、約一〇〇〇がニューギニアに局限されている（Ruhlen 1987）。これらは単に方言ではなく、相互に理解不能の言語であり、その多くは相互に英語とハンガリー語以上も異なっているのだ。このように、ニューギニアは現代世界の言語の約二〇パーセントを、その一方で、世界の言語多様性の二〇パーセント以上を現に宿している。世界の別の所で話されている四〇〇〇の言語のほとんどはインド＝ヨーロッパ語族やフィン＝ウゴル語族のような一七の語族に属しているからである。この語族のそれぞれは、過去一万年以内に話されていた原言語もしくは言語群から派生してきている。このように、ニューギニアの外のほぼすべての言語は、わずか約一七の最近の祖語の一つにさかのぼるにすぎない。こうした状況が生じてきた理由は、少数の支配的人種が膨張した結果、他の諸言語が根絶されたことに求められる。とりわけ、農民、牧人そして中央集権化されて、軍事的に有能な国家に組織化された民族が増えた。とはいえ、ニューギニアの諸言語は、数十の独立した言語あるいは語系を代表すると思える。そして、それぞれは、証明された関係を、相互との、あるいは世界の他の語系との関係が証明されていないのだ (Foley 1986) それゆえ、ニューギニアは現代世界に存続してきた言語多様性のほとんどを現に宿している可能性がある。

でこぼこの地形と植民地化の多くの波のために、ニューギニアはまた文化の多様性も宿している。たとえば子育て体制は、極端な自由放任主義（赤ん坊が火に手を伸ばしてもほっておく）から、子供の自殺という結果になることも珍しくはない極端な抑圧主義まで及んでいる。性習慣も同じく多様化しており、慣行化された異性愛の乱交から、慣行化された子供／大人の同性愛にまで及ぶ。

ニューギニアの民族は経済的にも多様化している。少数の民族は依然として狩猟・採集民である。しかしながら、ほとんどのニューギニア諸人種と太平洋島民は、ある程度は農耕を営んでいるが、狩猟と採取で多くを補っている。農耕それ自体は変化に富んでいる――狩猟と採集に影の薄いものにされた不定期の焼き畑農業から、オランダに近い人口密度での集約灌漑農業にまで及んでいる。海岸地域の民族は魚と貝を多く消費し、他方、内陸地域の民族はいずれも消費しない。家畜動物は三種（ブタ、ニワトリ、イヌ）あるが、人々の蛋白質とカロリー需要には、ほんのわずかしか、あるいは、まれにしか役立ってはいない。

政治組織について言えば、伝統的なニューギニアは、村より大きい単位はないが、ポリネシアの数部分には、国家組織にほぼ等しい二つの諸島を初めとしてもっと複雑な組織がある。

生息環境の多様性に関しては、ニューギニアのほとんどは密林で覆われている。南ニューギニアには、北オーストラリアに似たサバンナ森林地帯が三か所ある。ほかの自然の生育環境には、海岸、川そして高山草原が含まれ、高地の大きな地域は人為改変された草原に包まれている。密林は低地熱帯雨林と湿地林から、モンタンガシ林、そしてモンタンブナ林へとその姿を変える。世界で損傷を受けていない熱帯雨林の最大地域のいくつかはニューギニアにある。わたしは、たとえばニューギニアの低地林上空を小さな飛行機で二〇〇マイルほど飛ぶ経験をしばしばもったが、流浪者の小屋一、二軒をのぞき、人間が居住している気配はなかった。バイオフィーリア仮説の他の議論のなかで、人間の生得の反応に影響を及ぼすと仮定されることから、サバンナの生息環境に大げさに注目していると思える見方にわたしは当惑している、と付言したい。人間は少なくとも一〇〇万年前にアフリカのサバンナからあちこちへ広がった。それから、長い時間……一万世代を経て……元来もっているサバンナに応じる反応に、突然出くわした新しい生息環境に対応する生得反応を置き替えてきた。行動が近代的であると証明された最初期のホモサピエンスは、オーストラリアのアボリジニの先祖であり、彼らは四万年から三万年前の間、オーストラリアのすべての生息地を占有していた――砂漠、海岸、熱帯雨林、乾燥林、マルガ地帯、内陸の雑木地帯、そしてヒース林と低温雨林、さらに周氷河の草原まで。

ニューギニアで、わたしが行ったフィールドワークは、動物の進化、生態、そして主として鳥の行動の研究からなる（Diamond 1972, 1973, 1984）。ニューギニアで過ごすほとんどすべての時間、わたしはニューギニア人たちといっしょにいる。なぜなら、森のなかで彼らとキャンプして暮らすか、彼らの村に住み、バードウォッチングに行くときは彼らに付き添われて歩き回るから。ニューギニア人と過ごす時間はほとんど絶え間なく、おしゃべりに費やされる。その内容の多くは、われわれそれぞれのライフスタイルの比較である——あなたは、自分の奥さんを得るのにお金をいくらほど払ったのかとか、子供が何人いるのかとか——、あるいは、その土地の動物や植物のそれぞれの種について、交替で、そして詳細に議論する。わたしは、ニューギニア人のお互いに向ける言動を見る機会もあった。これらの会話の多くには、社会関係や日常生活、そして、土地の動物と植物が関係していることがわかる。

わたしがニューギニア人と会話するときに使う主な言語は、現在のインドネシアのイラン・ジャワ地方である、ニューギニアの西半分で話されているインドネシア語（バハサ・インドネシア）、そして、現在は、独立国パプアニューギニアの一部である島の東半分で話されているネオ・メラネシア語（ニューギニア・ピジン英語）である。今日、ほとんどのニューギニア人は、島の半分のどちらに住んでいるかによって、この二言語のうちひとつを流暢に話す。わたしは、ひとつの土着言語、すなわちフォーレも少し学んだ。わたしは、訪れた地域ごとに、その土地の動植物種の名前を、その土地の言語でいつも学んでいる。なぜなら、人々が土地の動植物種を指すのにこれらの名をほとんど用いるからだ（Diamond 1966, 1984, 1989a, 1989b ; Diamond and LeCroy 1979）。インドネシア語とネオ・メラネシア語には、動植物につけた名前はほんのわずか、それも高レベルのものしかない。このようにして今まで、パプア語とオーストロネシア語プラス二つのポリネシア語の間でほぼ等しく分割されている七五のニューギニア民族と太平洋諸島民族の言語で、その土地の動植物種の呼び名を学んできた。

ニューギニア原住民が経験した生活様式や環境は、われわれの生活様式や環境と異なるので、その生活様式と環境に対する思いを伝えたい。今日の西欧工業社会に住む人々はその情報のほとんどを他の人々から間接的に、一方通行的に、テレビ、本、ラジオ、新聞、雑誌、そして講義などのメディアによって受信してきた。われわれの物理的環境のほとんどは人間が作りだしたかひどく修正されたものである。われわれの自然経験は、あるとしても、バードウォッチングやハイキング、釣り、あるいはフィールドワークに出かけるなど、稀な機会に限られる。われわれの主な関心は、工業化社会の構成物にある——特に貨幣経済、職業、政治。

対照的に、伝統的なニューギニア人と他の太平洋諸島の人々の場合、人々からの情報のすべては直接的、相互的な会話から得られるのである。結果として、ニューギニア人は、われわれヨーロッパ人よりも長時間お互いに話すことに費やしている。ニューギニア人が経験する物理的環境の多くは自然界である。その時間の多くを密林で過ごし、まだ寝ている時刻に五〇種もの鳥の声が聞こえるほど、彼らの家は森に近いところにある。彼らの関心ごとの大半は、直接の社会関係か、さもなければ生活必需品にあって、その多くは自然から得られている。このように、ニューギニア人と他の伝統的な太平洋諸島の人々にとって、自然界はわれわれの場合よりも、経験のはるかに大きな部分になっている。

自然界の知識

この自然との掛かりあいは、その土地の動物や植物の呼び名に反映している。陸上脊椎動物のほとんど——鳥類、哺乳類、爬虫類、両生類——は種レベルに名を与えられている。その土地の言語でつけられた名前の感じを与えてみると、以下が例になる——イ、ウォ、クウォク、スクリュー、ヒヒ、ピス・ピス、ユル・ビチュル・ビチュル、ワイ・スキルティ・スキルティ、クヌントリ・クントリ・クナイ、ディニガハウソゲリ、イ・ブロチット・カウレイ、ゴー・ゴー・ハリギ。フォーレ語を用いる人々がフォーレの地域に、定期的に現われる一二〇もの異なる鳥の種に一一〇のフォーレの異なる名前をあてていることにわたしは気づいた(Diamond 1966)。これら一一〇の名前のうち九三の一つひとつは西欧の生物分類学者が認めた鳥の種類のそれぞれに一致している。フウチョウもしくはニワシドリの四羽の性的に両形の種の雌雄に八つのフォーレ語の名前を分けてあてはめている。最後に、ひとまとめにしたフォーレの名前が九つあり、それぞれは西欧の分類学者が認めている二つかそれ以上の関連種にあてはめられている。もっとも、それぞれの場合で、フォーレ語族は、彼らの名前がいくつかの異なる種を含んでいることを知っている。

ニューギニアの一人種がもっている自然の知識のもっとも詳細な説明は、ニューギニアのカラムの人々のためカラム人、イアン・サエム・マジュネプとニュージーランド人の人類学者ラルフ・ブルマー(Majnep and Bulmer 1977)によって集収された。カラムは一四〇〇種以上もの野生の動植物を名前で区別している。マジュネプとブルマーの本は、バイオフィーリア仮説に興味がある人にとって不可欠な読み物である。

この詳細にわたる命名前システムは、習慣に関する詳細な情報と原野確認の鋭い能力とが伴っている。たとえば、ニューギニアで研究している鳥類学者の悩みの種の一つにワーブラー(ヨーロッパのウグイス科の鳥)属セリコルニス(*Sericornis*)(ヒタキ科)がある。これはくすんだ黄褐色のとても似た二〇の個体群であり、どのような関係性をもち、どのように種にグループ分けするかをめぐり分類学者は一世紀もの間、論議をしてきた。ニューギニア東部の高地でフォレの人々が居住している地域では、これらウグイス科の鳥のうち二種、つまりセリコルニス・ノウフイシ(*Sericornis nouhuysi*)(ヒタキ科のミヤマヤブムシクイ)とセリコルニス・ペルスピキルァトゥス(*Sericornis perspicillatus*)(ヒタキ科のキガオヤブムシクイ)が生息していて、この二種は大きさと、顔に見られるオリーブ色やオレンジ色の濃さの点でわずかに異なっている。はじめてフォレ地域を訪れ、霞網でこの種をとらえたとき、わたしは生きたまま手にしても区別ができなかった。アメリカ自然史博物館の参考文献集を使って、数週間にわたりわたしの剝製研究用表皮を比較、測定して、やっと、ほとんどの標本を分類できるようになった。今日でさえ、セリコルニスの分類の修正を公刊した権威者たち、たとえばエルンスト・メイアー（Ernst Mayr）、アーウィン・ストレーズマン（Erwin Stresemann）、マリー・ルクロイ（Mary LeCroy）そしてわたしは、いくつかの標本がセリコルニスのどの種に属するかをめぐり、いまだに意見の一致をみていない。

それゆえ、フォレ族自身がその地域に生息する二種のセリコルニス（ヒタキ科）に対して名前を区別してきたことを知って、謙虚な気持ちになった。ミヤマヤブムシクイを「マビセナ（*mabisena*）」、キガオヤブムシクイを「パサゲキヤビ（*pasagekiyabi*）」（Diamond 1972）と呼んでいる。事態をもっと当惑させることに、フォレ族は、野外でその鳥が一〇メートル以上離れているところにいても、双眼鏡を用いることなく輪郭でマビセナとパサゲキヤビを区別していた。わたしは、ついにわかった。西欧人観察者は双眼鏡で羽毛の細かな差異を区別しようとして時間を浪費するが、彼らはそうした差異ではなく、その行動や歌声の差異で区別していたのである（ミヤマヤブムシクイは樹幹により近いところで餌を食べ、地面のより近いところにとどまり、震え声で歌う。他方、キガオヤブムシクイはもっと枝の先端についている葉を集め長い時間をかけて、樹冠の方向の高いところで餌を食べ、その歌声は乾いた調子の上昇音階からなっている）。

ソロモン群島のクランバングラ島にいたとき、わたしは野外調査の終わりに二日間、自由な時間がもてた。そこで、わたしは、クランバングラのある村人トウ・ジンギーテがもっている、その土地の鳥についての知識を転記することに時間を費やした。トウはクランバングラの留鳥の八〇種すべてに対して次の説明をわたしに書きとらせた。クァンバングラ語での呼称、歌声、好む生息環境、数度、通例餌を求めて探し回るグループの規模、常食、巣作り法、一度でかえるヒナ数、繁殖期、季節毎の垂直移動、そして水面上空で分散する頻度数と集団規模。

われわれ西欧人の多くは、数十年前わずか一度だけ会った人を詳細に覚えている。ニューギニア人たちは、そうした詳細な記憶を、人だけでなく、一度しか出会ったことのないある種の鳥や動物種にももっている。たとえば一九七四年、わたしはチョイセウルというソロモン島のササモンガの村で鳥の調査をしていた。いつものように上陸すると、村で比較的年配のひとを雇い、鳥を探しに森を案内してもらった。われわれは、彼の知っているすべての鳥の種について次から次へと話しはじめた。出会った各種だけでなく、彼の話では、定期的に現われるが、われわれがまだ出会っていない他の種について話し終わったあと、わたしの案内人は珍しい種について話しはじめた。彼によれば、クルリルアという名の種があって、それを見たのはこれまでたった一度だけ、遠い昔の子供の頃のことである。彼の物語にそって言えば、一団の白人が、エンジンが故障したヨットに乗ってササモンガにやってきた。目的は、鳥とその他の動物を収集することであった。浜辺には打ち上げられたネズミイルカのしかばねがあって、白人たちはその骨格をもちかえるため、それをゆでていた。白人たちは、わたしの案内人がかつて見たクルリルアの唯一のものも銃で撃った。彼はつづけてその姿を、わたしに描写してくれた。彼の説明から判断して、それは明らかに大きな土鳩であり、間違いなく、黄色い脚の土鳩コクンバ・パルリヂケプスであった。

わたしの案内人の説明から推測するに、白人たちは、アメリカ自然史博物館の有名なホイットニー南海遠征隊に属していた。この遠征隊は、一九二〇年代から一九三〇年代に、鳥の収集で太平洋のほとんどの島を徹底的に捜索していた。ニューヨークに戻ると、わたしは、この博物館の鳥類課に保存されていたホイットニー遠征隊の野外日誌を取り出した。そこには、ハンニバル・ハミルトンとその他数人のホイットニー収集者が、一九二九年彼らのヨットのエンジンが壊れてしまったある日にササモンガを訪れたと記録されている。浜辺でネズミイルカのしかばねを発見し、それを洗い、茹でて骨格を得る準備をした。ハムリンが、彼の日誌に記していることによれば、彼が遠征隊がショワセウルで出会うことになる珍しい黄色い脚の土鳩の唯一の標本を収集したのもササモンガである。このように、わたしの案内人は、彼がその一度の機会に見ただけで二度と目にすることがなかった稀れな鳥を、四五年後に依然として記憶していて、正確にわたしに描写してくれたのである。

自然の知識の使いみち

なぜニューギニア人たちと他の太平洋の島々の人々は、これほど多くの蓄えた記憶を、これほど多くの植動物種の名と習慣に捧げているのであろうか。彼らは、この知識すべてをどのように使用し、また、なぜ自然界にそれほど親密にかかわるのか。

ひとつ明らかな理由は、名づけた種の多くが直接的に経済的に役に立つからだ。食物タンパク質の主要な摂取源として消費される種には、鳥、哺乳類、魚、甲殻類、軟体動物、ヘビ、トカゲ、カエル、そして多くの植物の根、果物、種、木髄、葉、それに加えて、ある種の昆虫、クモ、いも虫が含まれる。伝統的な衣服は草や、ある種の木の皮で作られる。容器は竹で出来ている。カヌーの船体はある種の木をくりぬき、舷外浮材や縄はそのほかの種の木からできている。家は土地の材木で造られていて、異なった種の木が家のさまざまな建造部分に使われている。道具と器具も自然から利用できる素材から作られている。このように、自然界はあらゆる物質的なものの伝統的な源泉となっていて例外はない——今日のわれわれには想像しにくい状況である。もちろん、人々は、必要な種のそれぞれのありかを突き止め、取り入れるためには、その分布と習性を知らなくてはならない。

以上が、野生の動植物の直接的、経済的な用方の数例であるが、他の種は恣意的な理由から価値あるものとされ、装飾やステータス・シンボルあるいは現金としても使用される。たとえばニューギニアの高地では、海岸沿いの低地から交換で手に入れたコヤスガイの貝殻が伝統的に装飾品として身につけられ、高額紙幣として実質的に使われていた。ニューギニア人は儀式の折には、極楽鳥、ある種のオウム、ニワシドリ、ニューギニアハーピー鷲、尾長ノスリなどの羽根やある種の哺乳類の毛皮で身を飾ることで有名である。いちばん価値があるのはペスクェットのオウム、すなわちペシトトリカス・フルギドゥスの羽根であり、その価値はニューギニアでは妻を購入する価格をかなり上回る。極楽鳥、その他の羽根はステータスを示す飾りとして身につけるだけではなく、花嫁購入費の必須部分になる。さらに、いくつもの低ランクのものは、重要でない日常装飾品として用いられる——たとえば鼻にコウモリの翼骨を通したり、耳たぶに穴を開け、乾燥させた蛇の皮の断片をイアリングとして使ったりする。

それでも、直接な経済価値、装飾あるいはステータス・シンボルのために動物を使用していることでは、ニューギニア人が役に立たないと思われるそれほど多くの種を区別している理由を説明できない。彼らは、動きの鈍い小さな鳴鳥、ネズミ、そしてカエルの種すべてになぜ名をつけるのか。第一に、ニューギニア人が現に食物として口にしているのは、彼らが自慢したがるキノボリ・カンガルーやインペリアル・ピジョン（アジア・豪州産の大型のハト）だけでなく、小鳥、ネズミ、ヘビ、クモ、その他の憶病な獲物である。第二に、これら他の種はすべて、現実に使用されなくても、真に価値ある種を探し出すために森のなかで区別しなくてはならない背景としての雑音、視覚的刺激、そして目印の一部となるものである。たとえば尾がリボン状の極楽鳥（アストラピア属）の鳴き声は、ある種のカエルの鳴き声によく似ており、実際にアルトラピアの羽根がほしいときには、カエルのあとを追って時間を浪費しないためにも、その鳴き声を記憶していなければならない。第三に、利用価値のない種は、同一の生息環境を占めている貴重種がいる見込みを示す生態的指標として役に立つ。たとえば小さくて動きの鈍いミツスイ、つまりプティロプロラ・グイセイは、ザクセン王極楽鳥（ペテリドフォラ・アルベルティ）と同じ生息環境に現われ、後者の後頭部の長い羽根は、ニューギニア高地人が最も価値あるものとしている装飾品のひとつである。したがって、このミツスイの鳴き声は、ペテリドポラ種の適切な生息環境を十分に指し示している。

最後に、動植物種は、人間環境そのものに加えて、ニューギニア人が経験する顕著な環境の主要部分になっている。伝統的なニューギニア人は聖書、カウボーイや忍者タートルについての本をもっていなかったので、そのかわりに、彼らの歌、物語、芸術、神話は、自然界の種を大いに利用している。この点は、ひとつの典型的なニューギニアの物語とひとつの典型的な神話を用いて説明することができる。

この物語は普通のニワトリに似た鳥をめぐるもので、これは鳥類学者にはツカツクリ（*Megapodius freycinet*）として知られている。これは上限二ポンドの重さがあるが、その肉は殺されたあとすぐに腐りはじめる。ニューギニア人はわたしに次の話をしてくれた。もしツカツクリの肉がひどい臭いを放ちはじめるまえに食べたければ、何をしなくてはならないか。昼間のうちに、低い枝についた白い糞を深して森中を歩く。この糞が見つかれば、夜ツカツクリが習慣的にどこをねぐらとしているのかがわかる。それから、夜になって、水の入った容器と弓矢をもち森に戻る。ツカツクリが、いまねぐらとしている枝の真下に座り、火を焚き、水の入った容器を暖める。やがて水が沸騰したら、矢でツカツクリを射つときが到来する。そうすれば、その鳥はとまっている木から沸騰した湯にまっすぐ落ちてくる。そのようにしてはじめて、死の直後に、ツカツクリの料理が確実にでき、腐りはじめるのを防ぐことができる(当然のこと、わたしにこの話が語られた時、英語名「スクラブファウル」(藪の鳥)やラテン名メガポヂウス・フレイキネットを知らず、この種に当てられている、わたしが記憶していたその土地の現地名が使われた)。

ニューギニア神話の一例として、西イリアン島のレイクス・プレインズに住む数種族から説明された起源神話がある。レイクス・プレインズは山が環状に取り囲む盆地であり、広さ五〇マイル×二〇〇マイルほどで、相互に理解不能の数十の言語を話す種族が住んでいる。レイクス・プレインの人々は、これほど多くの徹底的に異なる言語がこの盆地内で話されている理由を説明するため、以下の起源神話を語っている。はじめ、レイクス・プレインズのすべての人々は、同じ言語を話し、大きな鉄木(もちろん土地の名で)の近くの森に住んでいた。ひとりの男が糸状虫症ないし象皮病によくある病状に冒された。この病気は、寄生虫により起こり、リンパ腺がふさがれ、手足や胸または睾丸のような柔らかい組織がひどく膨れ上がる。この不運な男は睾丸がひどく腫れ上がった。それが大きいため、歩いたり座ったりするのが不自由になったので、彼は鉄木の枝に座って時を過ごしていた。そうすれば、彼の睾丸は地面に具合よくおさまった。英語で「バンディクーツ」(オニネズミ)と呼ばれる地上生の有袋動物は、ありふれた狩猟肉源であり、その土地の名でも呼ばれているが、決まって好奇心から睾丸に引き付けられ、それをかじりはじめた。このように気がそらされている間に、他の人々はオニネズミをいとも簡単に殺すことができた。

このようにして、すべての者は楽に狩ができる快適な生活をすることができた――そのうち、二人の兄弟が、義理の兄弟、つまり彼らのうちのひとりの妻の兄弟を殺した。殺された男の親族は、殺人者たちとその親族と友人の全員を追跡した。彼らは安全のためにその鉄木に登っていた。その鉄木から、たくさんの蔓植物が垂れ下がっていて、この蔓は、その話のなかでは、彼らの土地の現地名で呼ばれている。追跡者たちは、その蔓植物を引っぱりつづけ、その鉄木のてっぺんを地面に近づけようとした。そうすれば、彼らはその狙う敵たちを捕らえるか射殺できるだろう。彼らは蔓植物を次第に強く引っぱり、木の頂が弓なりに低くなるにつれ、殺人者たちとその友人たちは、何か思い切ったことをしない限り万事休すだと悟った。死にもの狂いで彼らは蔓植物を切った。その曲がっていた木がはね返った――そのため彼らは全員その頂から、ものすごい勢いで投げ出されたので、四方八方に散らばってしまった。ばらばらに投げられたので、彼らは二度とお互いを見つけることができなかった。ばらばらに分かれたまま彼らは多様な言語を発展させたのであり、それが現在レイクス・プレインズで話されている。

これまで、わたしは、その土地特有の動植物種が、多くの目的（狭義の意味での経済的目的と、それ以外のもの）でどのように名づけられ、観察されているかを説明した。名づけと知識の蓄積がその生きた世界に対する関心や自然な類縁以外の理由によって動機づけられることはないだろうか――単に動植物種が、そこにいるという理由で。そういうことはないと思える。二つの実例を引きあいに出す。

まず、第一に、ポリネシア人は個々の星と星座に名前をつけているが、その理由は、いまでもカヌーで航海をするとき海上で助けとして使用できるからである。わたしは、長いこと星を眺めてきて、天文学者と言えるほどになったので、ニューギニアの内陸にいる民族は、夜空にくっきりと見える星に同じような名をつけているのだろう、と考えた。そして、事実、その星座をめぐる彼らの話を知る機会を待ち望んでいた。だが、がっかりしたことに、わたしが一緒に研究した最初の高地人、フォレ族は、自分たちは、わずかひとつの語「ノリ」ですべての星を呼び、個々の星を区別しない、と説明した。それ以来、わたしは、個々の星を区別できない内陸の集団を次々に発見した。彼らの観点からするなら、星に名前をつけても役に立たない。不慣れな西欧人をのぞけば誰ひとりとして、でこぼこしたニューギニアの内陸地域を、コンパスもしくは星を頼りにわたり歩こうなどという馬鹿なことはしないだろう。

二つ目の実例はチョウにかかわる。ニューギニア人はチョウの種に対して別々の名をもっていると予想していた。チョウの種は鳥の種と同じくらいに人目につくので、見ただけですぐにそれとわかる。また、驚き、失望したことには、フォレ族は、すべてのチョウに対してたったひとつの語「ポポリヤ」しか使っておらず、種を区別していないと、わたしに教えてくれた。また、彼らの観点からすれば、区別を知っていても何にもならないであろう。個々のチョウの種がどんなに容易にわかっても。ニューギニア人にとってチョウは役に立たないものであった——少なくとも、西洋人収集家がニューギニアに生息する鳥羽チョウの巨大種に感動的なほど大金を出しはじめるまでは。

動物に対する反応

これまでのところ、わたしは、ニューギニア人の自然界の知識と識別の仕方について論じてきた。彼らは、生き物としての動物に対してなにか積極的な情緒的反応を示しているのだろうか——たとえば愛、崇敬、好み、関心または共感を。確かに、ニューギニア人は、少なくとも一種の家畜動物に対しては積極的に反応を示すことができる。それはブタである。これは主要なステータス・シンボルとして役立ち、また一緒に親しく生活している。若いブタは人間の飼い主と一緒に小屋でしばしば寝るし、ニューギニアの女性たちは、ときどき仔ブタを片方の乳房で育て、自分の子供をもう一方の乳房で育てている。ニューギニア人たちは、ブタが死ぬと取り乱し、また、自分のブタの死は誰か他の者が原因であると考えると怒るのを見たことがある。

しかしながら、ニューギニア人たちが、個々の野生動物を人が絆を結ぶことができる生き物として認識していること示す、似たような現われを見ることは稀れである。ニューギニアもしくはメラネシアの村々で、野生動物がペットとして飼われることはきわめて稀れなことである。わたしが出会った実例は、二羽のペットのサイチョウ、特大のハトの数例、そして、若いキノボリカンガルーの一例のみである(村で見かける縛り付けられているフクロネズミはペットと見なしていない。それは、捕らえられたあと、生かされて、そのうち村人の食べ物として犠牲になる)。このように、村にペットがめったにいないことは西洋人にとって驚きである。その理由は、ニューギニアに生息する、これほど多くの野生の哺乳類と鳥の種は人間によく慣れ、ニューギニアに住む西欧の国外追放者たちに大いに愛される、かわいい、よく反応するペットになるからだ。ニューギニア人がペットに興味をもたないことは現代世界の他の石器時代の種族に一般化できないことは確かである。つい最近、わたしは、接触のとれたイシュカナフア・アメリカインディアンの唯一の村でおびただしい数のペットを見たからである。わたしは、ペルーのアマゾン川のひとつの支流で彼らを訪れた。

ことは、ニューギニア住民が、友人としての反応を野生動物に育成できないというだけではない。彼らは、こうしたものが痛みを感じることができる生き物であるという事実を考慮していないようにも思える。たとえば一匹の野生動物が朝早く森で捕まり、一日の残りの間、生きたまま運ばれたのち、その晩、村で殺され、新鮮なうちに食べられる。そのとき、動物の足は折られ、逃げられないようにする。ひとつの痛ましい経験がわたしの心に鮮やかに浮かび出てくる。ある日のことだ。わたしがアル島でその日の案内人として雇った男は鳥の罠猟師であり、この男が罠にかけた野生のバタンを回収していることがわかった。バタンは消費目的で捕まえるわけではなく、商人に売るためである。商人は、結局、非合法の輸出物として、バタンをペットとして愛好する外国人に売っていた。この場合、この男は、日中の運搬のためにバタンを動けないようにしていた。両翼を背中に曲げ、次いで初列風切羽のいくつかをひとつに結びあわせるという野蛮な方法をとっていた。この男はブッシュ・ナイフで武装しているし、わたしは遠い森の地域に案内人と二人だけであったので、密輸をやめさせることはできなかった。

必要もなく野生動物を苦しませることに対する無関心の別の例として、わたしの覚えているのは次である。わたしがはじめてニューギニア研究旅行に出かけたときのことだ。キャンプ場に戻ったとき、前方に悲鳴と金切り声を聞いた。キャンプ場で数人のニューギニア人が大きいオオコウモリを抱えているのを見た。その種のコウモリの長くほっそりとした翼骨は鼻飾りに使われる。男たちは、そのコウモリの翼から、この部分の骨を切り出したがっていたが、わざわざコウモリを殺してからそうすることはなかった。それどころか、二人の男がコウモリの翼を広げ、もうひとりが、嚙まれないようにコウモリの口を蔓で縛り、さらにもうひとりが次に生きているコウモリの筋肉と関節を切り裂き、えぐり、骨を取り出したのである。

また、もう一例。男たちが、捕まえた生きているコウモリに故意に痛みを与えているのを見た。苦しむ動物の反応をおもしろがること以外とりたてて理由はないようであった。男たちは、二六匹もの小さいシコニクテリス種の花コウモリを紐につないでいた。コウモリを次々と下げて、こうこうと燃えさかる熱い火のもえさしに触れさせ、コウモリを痛みでキーキー叫ばせ、悶え苦しませた。男たちは、コウモリを赤く熱いもえさしに触れさせては、引き上げ、また降ろし、この過程を繰り返し、ついにコウモリは死んだ。すると、今度は、次のコウモリに移り、この全行程をおもしろがっていた。

こうした動物の扱い方は、ニューギニア高地人が他の人々、すなわち捕らえた敵部族の戦士に対して行う扱い方と、それほど違わない。高地で得た初期の説明にはあるゲームが記述されている。武器を取り上げられた捕虜が、斧で武装した捕獲者たちの大きな輪の真ん中に置かれる。捕獲者たちは次々と代わりばんこに斧をもってその輪の中に入っていき、捕虜に向かって斧を一撃する。すると、捕虜は身をかわそうとする。ついに、斧使いのひとりが捕虜の足にうまく一撃を加えると、捕虜は叫び声をあげて倒れる。その足は、それから斧で切断され、次いで、他の手足も次々に切断された。

バイオフォービア

このように、個々の野生動物に対する愛もしくは他の優しい感情の証拠がほとんどないとしても、たとえばヘビやクモとかの動物に対する恐れの証拠はなにかあるのか。こうした動物には、工業社会に生活する人々は生来の嫌悪(バイオフォービア)を抱いていると、しばしば説明される。原住民の種族の間にヘビに対する生来の嫌悪が見つかると予想できる唯一の場所が世界にあるとするなら、それはニューギニアということになろう。そこでは、ヘビ種の三分の一もしくはそれ以上が有毒であり、毒をもたない種コンストリクターは十分に大きく危険である。実際に人間を殺して食べる巨大なヘビの例が少数あり、十分に確かめられている、その例のひとつをあげれば、インドネシアのある島で一四歳の少年が編み目模様のニシキヘビに食べられている。

ある実例で、わたしは、ニューギニア人の側にヘビに対する嫌悪のあることを現に観察した。二人の男が、森のなかで鳥を追う朝の仕事から戻り、こう報告した。彼らは巨大なニシキヘビに出くわし、それを恐れ、来た道を再び戻りたくなかった、と言う。これは、不合理な生来の嫌悪の実例とはほとんど考えられない。それどころか、それは危険な動物に対する完全に適切な学習反応である。確かに、ニューギニア人たちは、多くの西欧人のように、ヘビやクモに対して一般化できる嫌悪はまったくもっていないのだ。彼らは、どの種が有毒で、どの種がそうではないかを十分に心得ている。ひとりのニューギニア人とわたしが森でヘビに出くわすと、このニューギニア人は、その特定のヘビが危険かどうかを、わたしにさりげなく説明するだけである。毒をもたないヘビは食用のために、男だけでなく、子供や女も日常的に捕まえる。子供たちは、大きなクモを捕まえ、足や毛を焼き、胴体を食べる。ヘビ一般に対する嫌悪があるかどうか聞いたところ、ニューギニア人たちは嘲笑し、嫌悪することは余りにも愚かで、有毒のヘビと無害のヘビが区別できない白人の反応だ、と言う。

ニューギニア人は、有毒ヘビとクモを無害なものと区別するのとまったく同じように、危険なもの、あるいは有毒なものと無害なもの、あるいは毒性のないものを区別している。それは植物、哺乳類、魚類、そして軟体動物に対してである。森の住民としての経験をもたない大半の西欧人は、有毒ヘビと無毒ヘビを確実に見分けることはできないが、それでも、ある植物（たとえば有毒蔦）は有毒であり、また別のもの（たとえばタンポポ）はそうではないことは認識している。同じように、都会に住む西欧人ですら、哺乳類のなかではウサギやシカは危険ではないが、ライオンやクマは危険であるということを知っている。

炉にある焼けた骨の同定から、少なくとも旧石器時代もの昔から、狩猟採集民は決まってヘビを消費してきたことがわかる。民族誌学の証拠から、現代の狩猟採集民もヘビを消費していることを知っている。わたしは自分の個人的経験から、ヘビの肉は味と歯ごたえがいい（ニワトリとウサギの中間のようである）と断言できる。こうしたことすべてを見れば、人類史のほとんどにおいて、ヘビの生息地に住んでいる狩猟採集民は、日常的に、無害種と危険種の区別は容易にできることがわかる。それは、彼らが、その他の動植物の無害種と危険種を区別していたこととまったく同じである。

ヘビに対する生来の嫌悪は広範に見られると想定できる、と異文化間研究は報告しているが、アメリカ人、ヨーロッパ人、日本人、オーストラリアの白人、そしてアルゼンチン人のように、外見上、多様な人々の嫌悪はどうか。こうした研究は、実際には人間文化の多様性のほんのわずかな部分にしか言及してはいない。つまり中央集権化された政治国家に住んでいる現代の工業化した金属使用民族からなっている部分である。こうした人々にはヘビを嫌悪するもっともな理由がある。有毒ヘビと無毒ヘビを見分けることは困難なことでありうる。というのは、ある無害種が有毒ヘビときわめてよく似るように進化してきたからである（本書を読むどれだけのアメリカ人が実際に憶え歌を記憶しているであろうか。それを知っていれば、われわれの無害なミルクヘビとキングスネーク、そして致死量の毒をもつサンゴヘビが見せる赤、黄、黒の帯状の模様が区別できる）。

ヘビをあさって食べる種族は、こうした区別を学ばなければならない。しかしながら、ヘビが、この種のどの種族の食糧にも役立つ主要なものになるわけではない。過去一万年以上にわたり、家畜化動植物が、ほとんどの種族の常食において、野生の食物に次第にとって代わるにつれ、ヘビはその常食から脱落した野生食物の最初の品目のひとつであったにちがいない。その理由は、危険すぎて、あまりにも特殊な知識が必要とされること、あまり割りにあわないことに求められる。ヘビをあさって食べることのない社会では、ヘビの種を区別することを学ぶのに時間を浪費することは意味をもたない。赤ん坊のとき、おびえた親の反応からヘビに対する一般化した嫌悪を学び、今度は、その子供へ伝える方がよい。クモの種に対しても同じ推論が当てはまる。ニューギニア人の子供たちにとっては、区別して、選んで食べることは価値あることだ。あさって食べることのない社会の子供にとって、クモは区別する価値はなく、一般的に嫌悪することを学ぶことだけが価値のあることだ。おそらく、ヘビとクモが、主要な食用品目として伝統的価値を失うにつれ、ここ一〇〇〇年になってはじめて、ほとんどの人間社会はヘビとクモに対して学習され一般化されたバイオフォービアを発達させたのであろう。

こうした考えがわたしの心をよぎったのは、三歳になるわたしの息子マックスが初めてヘビに、殺されてまもないガーターヘビに出くわすのを見ていたときであった。一見したところ、それは愛であった。マックスはそのヘビを取り上げ、何日も離したがらなかった。ついに、われわれが、それを埋葬しようと言うと、マックスは、別のヘビを見つける、と予告した。マックスはわたしを二マイルほどのハイキングに連れだした。経験豊かな野外観察者としての技術を誇り、マックスの背丈の二倍も高いところから地面を眺めることができる有利な立場にある生物学者の父をお伴に。一時間すると、わくわくしていたマックスが最初にヘビを見つけ、そのヘビに対して、ニューギニア人と変わることなく、嫌悪を見せることはまったくなかった。マックスは、そのヘビをペットとして家にもって帰る、と言った。彼と双子の兄弟ジョシュアは一日中そのヘビを手放さなかった（食事中あるいはテレビを見ている間ですら）。

彼らは絶え間なく、そのヘビをもつのは今度はどちらかと言いあい、おまえは長くもちすぎた、となじりあっていた。家族に平穏がもどったのは、別のヘビをペットショップで買い、双子のひとりひとりがそれぞれ専用ペットをもつことができたときであった。

庶民の昔ながらの悲劇

ニューギニア人は、野生の動植物に対して自然保護の姿勢を示しているのだろうか。彼らは自分が依存している種を収穫しすぎないように配慮しているのだろうか。個々の民族によって個々の権利が所有される種の場合にはややそうしたことは言える。たとえば極楽鳥が伝統的なレック〔あつまって求愛行動をする場所〕で求愛行動に使う木は、個々の村人が所有しており、彼らだけがその木の極楽鳥をうつ権利を有している。同じように、カヌーの船体をくりぬくのに好まれる種の個々の木は、その木を発見した個人の財産と認められ、その人が新しいカヌーを作ることが必要になったとき伐採することになる。

しかし、共同体の財産と見なされている種に対しては自然保護の姿勢はほとんど見られない。というのは、この共同体の財産は平民の悲劇をこうむるからである。人類学者は、男たちがヒクイドリを捕る前に守っていると想定されるタブーの話をときどき報告している——たとえば前もって一か月の間、性の禁欲とその他の儀式を行う。ところが実は、ニューギニア人が特にヒクイドリを探し求めているという考えはばかげている。というのは、ヒクイドリもしくはその他の特定種の獲物がいつ見つかるかを予言することは難しいからである。そうではなく、大物の獲物を求めるニューギニア人は犬をつれて狩りに出かけ、犬は出くわす価値あるどのような物でも追いつめる。それがヒクイドリであろうと、野生のブタであろうと、ワラビーであろうと、おかまいなしである。それから、狩猟者たちは犬の吠え声のあとを追い、追いつめられた獲物を殺す――そこにはその動物がそうであると判明したのがヒクイドリであるとしたらヒクイドリが含まれる。

ニューギニア人たちが石器しかもたなかった時代でも、その土着の生物相にいかに重大な影響を及ぼしていたかを動物学者たちが理解しはじめたのは、ほんの最近のことである。たとえばニューギニアのクスクス（樹上性のオポッサムに似た有袋動物の一団）の最大種はスピロクスクス・ルフォニゲルで、これはニューギニア低地地方の広範に散在するわずかな場所でしか知られていない（Flannery 1990）。この動物を殺すのは簡単である。夜、木にいるところを見つければ、逃げることなくボール状にまるまるので、狩猟者は登って捕りやすくなってしまう。同じように、ニューギニア最大の土着の哺乳類、キノボリカンガルー（デンドロラグス・スコトタエ）は、いまではトルリケルリ山脈のたったひとつの山にしか生息していないことが知られている（Flannery and Seri 1990）。この大きなクスクスと大きなキノボリカンガルーは狩猟者の主な標的であった。

西イリアン島の中央山脈全体では、キノボリカンガルーの実例はどの種であれ、動物学者たちに知られていない。この動物学者とは、一九三八年に、その中央山脈の中心部にあるバリエム渓谷の石器時代の社会と初めて接触した西欧人であったとしても。この主要な標的は一九三八年以前に西イリアン島中央山脈のほとんどの地域で狩猟されていたに違いない。ただし、それらは西イリアン島とパプア・ニューギニアの中心を離れたいくつかの山脈と、パプア・ニューギニアの中央山脈の各地にいまも生きつづけている。約三〇〇〇年前に絶滅し、生きている種としてはどこにも知られていない二種の大きなワラビーの半化石化した骨を古生物学者たちが発見している（Flannery 1990）。それ以前は、ニューギニアのすべての土着哺乳類のなかで最大の双門歯類として知られているサイに似た有袋動物は数万年まえに消滅した。ニューギニアに人類がはじめてたどりついてから、しばらくしてのことであった。

ヨーロッパの探検家たちは、世界の他の地域の先住民を完全に人間であると見なすことは難しいと常に思ってきた。ヨーロッパ人の態度は二つの極の間で揺れ動いてきた。一方では、先住民を良心の呵責なしに皆殺しにしてもかまわない人間以下の動物としてとらえ、もう一方では、自然と調和した黄金時代に生きる、環境を大切にする心をもつ、自然保護の手本と見る。そうした黄金時代では、生き物は畏敬の念で見られ、必要なときだけ収穫され、繁殖用の家畜は絶えないよう注意ぶかく監視されていた。実際に、世界のいたるところに存在する現代の、そして先史の種族が人間であることにまちがいはない。動物でも手本でもなく、人間なのである。世界中の他の人間のように、ニューギニア人たちはその技術で、殺せるだけの動物を殺している。影響を受けやすい種は消滅したり、絶滅したりするが、影響を受けにくい種は残っている。これを人々は狩猟しつづけても、絶滅させることがない。ニューギニアでは、弓矢の出現、あるいは二、三千年前の猟犬の出現、もしくは現世代では散弾銃の出現とともに技術が改善された。そのことによって、古い狩猟技術を生き延びてきた数種は影響を受けやすくなり消滅する。急速な絶滅の第一波のあとに、それよりゆっくりした小流がともなうが、これは古生物学的に調査されてきた世界の他のすべての地域に地中海の島々、太平洋の島々、マダカスカル島、オーストラリア、そして両アメリカに人間が出現したことを同じように示している（Diamond 1992）。

学習された知識と姿勢

ニューギニア人の土地の動植物の知識は、確かに彼らの経験が生み出し学習したものである。彼らを取りまく自然環境に対する姿勢もまた、少なくとも大部分は経験が生み出し学習したものである。二つの実例を引きあいに出させていただく。

第一は、森林地帯出身のインドネシア人とニューギニア人は、森林にいると安心して、森林のなかで満足して一度に数週間も暮らしている。森林を切り払われた地域出身のインドネシア人は、森林を恐れて、そこに入りたがらない。一九八一年と一九八三年に、ニューギニアのインドネシア領ファクファク山脈について国立公園の検分を行っていたときのことだ。素晴らしいインドネシア人のレファンという森林官が、彼と同部局の他のメンバーがその森林についてどう感じているか説明してくれた。レファンと彼の仲のよい同僚の何人かは、森林のなかの家で育ったから、森林調査の仕事をするのが楽しく、海岸から何十キロも離れたその家で、長い期間を過ごすことに慣れていた。しかし、レファンの上司はインドネシア人で、森林が切り払われた地域出身で、机にいる方を好んでいた。わたしがレファンに、彼の上司は森に入ることがあるのかどうか訊ねると、レファンは（インドネシア語で）こう答えた――「もちろん、森林に入ります。一〇〇メートル入ると、また出てきます」。

わたしの二つめの例は若いニューギニア人たちに関わるものだ。彼らの親たちは、石器時代の技術を用いて森林を開拓したが、彼ら自身は学校に通い、結局は仕事を探しに町に移っている。もちろん、こうした若いニューギニア人たちは、森林の詳しい知識を獲得する機会はない。驚いたことには、彼らは、たぶん森林にほとんど興味を示さないだろう。パプア・ニューギニアとインドネシア政府が都市地域近くに作った国立公園と動物園は、都市化された種族に自分の国の自然遺産に対する興味を刺激するためのものであったが、残念なことに、ほとんど関心を引き出すことがなかった。ピクニックや日曜日の遠出に、その広々とした空間を使用する人は例外である。彼らは、祖先が数万年もの間、あれほど親しく生活を共にしてきた自然遺産に対して、ごくわずかな関心しかもたない。それと同時に、彼らの森に対する嫌悪は、自然保護に対する土地固有の支援を展開しようと努力している今日のインドネシアとパプア・ニューギニア政府にとって大問題である。

定義づけの問題

要するに、伝統的な生活様式をいまなお実践しているニューギニア人とその他の太平洋諸島の人々は、野生の動植物に関する詳しく深い知識をもち、経済では自然環境に依存し、そして野生種を装飾やステータス・シンボルや神話に使用している——確かに、これは都会化された西欧社会で育った者たちにとって理解することはかなり難しい。もしバイオフィーリアを他種に対する人間の類縁——学習されたか生得的かは関係なく——と定義するなら、ニューギニア人たちは教科書的な実例として役立つ。

しかしながら、仮にバイオフィーリアを特に生得の類縁であると定義したとしても、なにがそのような遺伝的基礎の証拠になりそうかは現段階ではわたしには明らかではない。間違いなく、伝統的生活様式をもつニューギニア人は、成長して他の種に依存し、それらに囲まれて生活し、それについて多くを学ぶ。われわれ西欧人のほとんどは、そうではなく、成長して、人工物に依存し、それに囲まれて生活し、それについて多くを学ぶ。際立って人間の脳は、われわれの進化の過程全体に存在してはいなかった巨大量の情報を吸収できる、一般化された情報処理器官である。たとえば、チェスの開戦の手、仕入れ値、野球の記録、有機化学合成などは進化史には存在しなかった。これらの情報の集合体のそれぞれは、われわれの社会に住むさまざまな個人の精神世界になる。だから、バイオフィーリア仮説を厳密に評価するために、われわれがこれからしなくてはならないことはこうなる。自然界の知識の獲得は生得の基盤をもち、この基盤は人工物からなる世界の知識の獲得には欠けていることを示す証拠をつきとめ、それを評価する。

参考文献

Bellwood, P. 1987. *The Polynesians*. Rev. ed. London : Thames & Hudson.

Connolly, B., and R. Anderson. 1987. *First Contact*. New York : Viking Penguin.

Diamond, J. M. 1966. "Zoological Classification System of a Primitive People." *Science* 151 : 1102–1104.

——. 1972. *The Avifauna of the Eastern Highlands of New Guinea*. Monograph 12. Boston : Nuttall Ornithological Club.

——.1973. "Distributional Ecology of New Guinea Birds." *Science* 179 : 759–769.

——.1984. "The Avifaunas of Rennell and Bellona Islands." *Natural History of Rennell Island, British Solomon Islands* 8 : 127–168.

——.1989a. "This-Fellow Frog, Name Belong-Him Dakwo." *Natural History* 98 (4) : 16–23.

——.1989b. "The Ethnobiologist's Dilemma." *Natural History* 98 (6) : 26–30.

——.1992. *The Third Chimpanzee*. New York : HarperCollins.

Diamond, J. M. and M. LeCroy. 1979. "Birds of Karkar and Bagabag Islands, New Guinea." *Bulletin of the*

American Museum of Natural History 164 : 469–531.

Flannery, T. 1990. *Mammals of New Guinea.* Carina, Australia : Robert Brown.

Flannery, T., and L. Seri. 1990. "*Dendrolagus scottae* n. sp.(Marsupialia : Macropodidae) : A New Tree-Kangaroo from Papua New Guinea." *Records of the Australian Museum* 42 : 237–245.

Foley, W. A. 1986. *The Papuan Languages of New Guinea.* Cambridge, England : Cambridge University Press.

Majnep, I. S., and R. Bulmer. 1977. *Birds of My Kalam Country.* Auckland, N. Z. : Auckland University Press.

Ruhlen, M. 1987. *A Guide to the World's Languages.* Stanford : Stanford University Press.

Souter, G. 1963. *New Guinea : The Last Unknown.* London : Angus & Robertson.

White, J. P., and J. F. O'Connell. 1982. *A Prehistory of Australia, New Guinea, and Sahul.* Sydney : Academic Press.

第四部　象徴体系

第9章　動物の友達について

ポール・シェパード

われわれの種の歴史のほとんどすべての期間、人間は大きな、しばしば恐ろしい、しかし、常に刺激的な動物と関係をもって生きてきた。その生き残りのモデルである、ぬいぐるみのゾウ、キリン、パンダは現代の子供の重要な部分を占める。もし、これらの動物が、ありえないことではないのだが、すべて消滅してしまったとしたら、われわれの精神の発達に取り返しのつかない傷を与えることになる、とわれわれはわかっているのだろうか？

G・E・ハッチンソン(1)

人類と他の動物との関係についての、あらゆる議論の背後には、われわれの——個人的、社会的、そして種としての——アイデンティティという最終の解決不能の謎がある。本論文は、他の論文を参照することによる「野蛮な」自己確認形式から始め、荒野の終焉を通って、そのような参照の失敗としての現代のナルシシズムへと進んでいく。

われわれの日常生活に影響を及ぼす博愛のなかには、動物を救済し、救助し、移住させ、保護するための愛がある。われわれは、彼らを同胞として、友人としてさえ扱い、彼らを家族や社会の責任の輪の範囲に含め、われわれの地平線を拡張し、あらゆる生き物をこのように「人間的」に世話をすることに満足するように説き勧められている。バイオフィーリアを定義する「類縁を覚える生得の傾向」が意味しているのは、この提携のことであろうか。「生得の的」とは、進化の根源と種全体にわたる性質を意味する。それは、われわれの生態学の厳密な意味における過去と、小さな食物略奪群をなして暮らしていた、われわれの祖先による洪積世の動物知覚を呼び起こす。

過去を研究する古典学者は、しばしば、「野蛮な」精神を、自己と環境とを曖昧にしか区別できないもの——自然と「一体」である部族集団の混乱した考え方——と性格づける。しかしながら、最初の人々（原始、野蛮、部族、自給、狩猟採集、石器時代、土着、エスニック等様々な名前がついている）は、文化と自然の区別——人間的なものと、そうでないものに始まる——を念入りに行い、それ以上の綿密な洗練を目指してきたように見える。この文化と自然を分ける線は、クロード・レヴィ＝ストロース〔一九〇八— フランスの人類学者。構造主義人類学を確立〕によって、トーテム〔部族社会において、種族、氏族の間で因縁のあるものとして世襲的に崇拝される自然物、特に動物〕的と定義されたが、「一方は自然において生じ、他方は文化において生ずる、二つの差異のシステム間の同位性」を創造する。[2] 彼は、一方で動物の種に、他方で人間集団の分類法に言及しており、「差異のシステム」は、明らかに、人間以外のものの生態学的、行動学的性質と人間の社会的行動におけるそれと並行する軌跡を含んでいる。

このような対極化した分野を横断する接触は力と危険に満ちている。原始人の間では、人間以外の生物界との接触は、細心の注意、警戒、そして、ときには儀式的形式行為によって包まれていた。目に見えない現実——動物の霊、神聖な生き物、祖先の存在——は、このような関心を通じて作用するものである。彼らは、家畜をもっていなかったので、身近に生き物の肉体的存在があることはまれであった。(3)ただし、動物を食物や皮として利用することは広く行われていた。動物の死骸を虐待したり、そのような、まったく異なる「仲間種族」と家族的に交わって、無事にすまされることはなかった。というのも、動物は、生死にかかわらず知覚力があり、人間の幸福に影響を与えることができたからである。シカやオオカミと仲良くふるまうことは、たとえシカが物質的意味でも精神的意味でも勝れており、オオカミが狩猟仲間であり、両方とも神話の重要な存在であったとしても、適切ではなかった。この文化と自然の境界を横切る区別の結果、実益を求める人間は、圧力を取りのぞくために外交義務にも似た規範的行動を余儀なくされる。狩猟や他の日常生活における動物との接触は、忌避、注意、慣習、儀礼、感謝、悔恨や弁明の行動によって枠づけられており、通常の群をなしての懇親、考えなしの乱獲、奴隷的な支配関係ではない。殺害、皮剝ぎ、料理、あるいは動物の他の利用法は、有効かつ緩和効果のある習慣的、誇張な実践によって取り囲まれている。抑制が人間と他者の接触を特色づけているのである。シカだけではない。すべての種、ポリセティック〔共通の性質をもつ〕(polythetic)な宇宙、それ自身の暗黙の集団間儀礼をもつ共同体の住民が、このように見られている。あたかも宇宙が広大な社会ドラマであるかのように。

だからといって、レヴィ＝ストロースの人間と他者との間の線が、単にそれを越えるのに伝統的礼儀が必要であるような縁にすぎないというわけではない。それは自然と文化という明確な領域を結ぶ置き換え帯でもある。生態の側面は、人間社会の合理化に対する符号化された指示対象として感知される。それは、まるですべての人間社会がその内部を際限なく明確に区別しつつあるかのようである。霊長類の集団生活の熱狂や激情を授かっているから、人間は社会的接触を修復し、表現しなおすことをはばからないが、そのためには、しばしば外的なモデルを参照する。一族の名前を動物種から命名するのはその一例である。この参照の結果、レヴィ＝ストロースが記しているように、文化は即興と見なされるのではなく、「自然なもの」として内部から感知される。同時に、この指示対象は自然と文化という人工的区別に橋をかけ、そのような二元論によって与えられた概念的被害を修復する。もし世界に対する二項的接近法が隠喩を可能にするのであれば、そのさきがけは当然、トーテム社会に特徴的な、人間と動物が同じ祖先をもつという神話、また自然は人間生活の言語であり、指針であるという洞察である。

自然を構成する野生動物とは、その差異や相互関係を観察し翻訳するには自然史のニュアンスに対する生涯にわたる鋭い注意を必要とする多数の種である。この観察から出てくるのは人間社会に類似する礼節の観念である。レヴィ＝ストロースは、野生種とは範疇形式の具体的モデルであり、社会は、そこからとって名前を一族や他の下位集団に与え、それぞれが名祖またはトーテムの動物をもつのだ、と記述している。簡単に言えば、人々は、集団の関係をそのような詩的な指示によって正当化し、物語、芸術、祭礼、料理、集団間の儀礼――すべて一種の、競争ではなく並行の論理によるものである――において、それらに表現を与えるのである。

もし、この自然／文化相関が、レヴィ＝ストロースが暗示するほど、部族社会の人々に行き渡っているとすれば、それはおそらく極端に古いものであろう。有史以前の芸術のなかには、このような全体の枠組みに適合するものがあり、並行する世界というシステムが、人間の意識の進化にとって基本的なものだったと言えることを示唆している。石器時代の洞窟芸術がなんのためにあったかと言えば、それは、人間社会の母体の詩的モデルとしての、生態の型の一進化段階と考えられるもの、すなわち最初期の象徴としての動物の参照と、洪積世の末期における狩猟思想の繁栄との間の中期であったかもしれない。バートラム・リューウィンは、洞窟芸術は一群の観察者、たぶん秘伝を授けられた者の主要なイメージを集団的に内面化する入念な努力を表わしているかもしれない、と論じている。洞窟の暗さは、大脳の暗黒を指すものとして共通に経験される。大脳では創造力を用いて、いわばかすかな光によって形を垣間見るからである——それは、動物を頭に取り込むひとつの方法である[4]。

そのような行動の地域差によって、人間の集団が互いに孤立するようになったのかもしれない。それは言語における方言の出現や人種の孤立と進化のような文化的差異につながり、集団の人員を結びつけたり離散させたりする団結やアイデンティティを与えたかもしれない。もし、この自然／文化の線が人間の認知の進化の源、バイオフィーリアの根源の特徴であるとすれば、それはやはり、われわれの内部にある。それは、われわれ自身のゆがんだ鏡としての動物に注意を引くのである。仲間や友人としてではなく、きらびやかで多様な存在、完全性と美が世界の所与の状態に内在しているという記しとして。

しかしながら、他の動物への注目は、石器時代の人間の芸術よりもはるかに古くからあり、広く共通したことである。われわれは、その唯一の継承者ではない。ハリー・ジェリソンは、哺乳類の脳の新生代における進化、とりわけサバンナの捕食／被食動物のシステムを記述している。そこでは、追跡と逃亡の策略と記号の読みを互いに練磨することで注意の構造は他種へと向けられ、結果として、狩るものと狩られるものの脳の相互拡大が生じたのである。原人がある時間は食肉獣として、時には餌としてこのサバンナのゲーム［猟鳥獣類］に出現したが、それは、言葉の発生と、言葉を付与し、それによって現実になる知覚領域における「対象」と「範疇」になるものを決定する認知の必要とに一致した、と彼は信じている。簡単に言えば、われわれは開けた地域の狩猟者と獲物になるにつれて、嗅覚システムの代わりに、進歩した霊長類の音声と視覚の器官を用いて、脳作りという進行中のシステムに入った。この過程によって[5]、視覚イメージは、他の動物の同時になされる倦むことのない精査と自意識の発生とに集中した。

原始社会において、われわれの種を形成し定義した動物が果たした形而上学的役割は、単に動物に対するあいまいな「尊敬」ではなく、親近感と殺す必要性を認める過程や物語の基盤、すなわち死と愛を結ぶ直感と霊力の支えである。洪積世が差し出すのは、テディベアの心暖まる表現法に見られる動物への共感ではない。そうではなく、それは同化としての自意識の起源になっている。それは生成の道具であり同義語でもある終わりなき精査——捕食動物と被食動物の生態心理学——である。食べること、すなわち摂取は、聖なる狩りの到達点であり、神聖な食物でエネルギーのみならず質も内面化されるのである。これは、類人猿の精神とサバンナ思考との新しい統合である。それによって、われわれは、われわれの個人の生成における荒野の現実と意味を、われわれの異常な猟鳥獣類起源とを絶えず思い出させられるのである。

その策略が意識的になるにつれて、サバンナを拠点にするヒト科の雑食の先祖は、少しずつ口にしていく広範な動物相を指示することによって、認知的に自己を組み立てたのである。E・H・レンバーグが、三〇年前に認識したように、意味構造は生得であるが語意は獲得したものである。しかし、両方とも与えられた世界に依存する。範疇づくりは外的な原形によっている[6]。先天的にもっている文法構造と知覚した多数の種とが接合するのである。人間の発達は——二〇〇万年間のサバンナ・ゲームへの参加の結果——われわれ一人ひとりに後成〔はじめ未分化の個体がしだいに多様に分化し、発達する現象〕の個体発生を与える。それは、生得の質と適切な経験を結合する個人的発達であり、そこにおいて、言語と認知が自然界に適合するよう調整されるのである。

だから、動物分類の意識は子供時代に非常に顕著なのである。種の認識は、エレノア・ロッシュその他によって、二段階過程として説明されている。そこでは、まず、動物全体がたとえば「鳥」のような大きな範疇で同定され、それから、特殊な手がかりによって「スズメ」のような種類に限定される。[7] そのような手がかりが強力であるのは、早くから体の部位への注目、あるいは、いわば「屠殺の知覚」があるからである。人体の外部構造に対する幼児の興味は、だれでも知っている。それは触覚と視覚の働らきの結合における他者と自己の間の注意の移行である――養育者とともに、触って「目」と言い、触って「鼻」と言い、触って「耳」と言う。それは、指示行為に先行する。このような足の指、鼻、手の指、腹などを名付けて触る儀式における幼児と母親の相互作用は明白で、分離可能な特質に基づいて命名するという、生涯続く過程の手順モデルであろう。これらの理由によって、小さい子供にとって興味のある名詞とは、体の部位と動物なのである。

人生は「わたし」、「わたしたち」、「あなた」、「彼ら」の謎を中心に位置づけられている。代名詞は概念的に不安定である。自己は集団や一族の一員として、レヴィ゠ストロースが示唆する方法で、ある社会的種の一部として同定できるだろう。しかし、われわれは、自己を、よりあいまいで、より個人的な内的精神からも知る。自身の「体の知覚対象」は、最初は外側から、ついで、内部から次々に構築される。われわれの外部構造は動物に対応する部位をもつが、内部構造も、人間でないものの身体部位に対応する。この肉体的な相応関係は一種の感情の地図である。内臓の地形は感知された事象から形成される。動物はその器官と行動で――それゆえ、その名前とイメージで――悲しみ、苦痛、不機嫌、かんしゃく、気質、そして自分の生命だと知っているわれわれの存在を洗う、あらゆる生き生きした多彩な波に具体的な指示を与える。このようにして、さまざまな質や経験のさまざまな断片をプリズム的に表現しないと、われわれの自意識が陥ってしまう空虚を動物が埋めてくれる。われわれの内的現実と動物の外的存在の相応のこの発見は、発明としてではなく、精神の自然な歴史と進化において始まったのである。登場人物に満ちた物語と身体構造分類の両方とも、言葉と早い段階の体の部位や行動の命名との密接な連関に基づいており、それに子供の遊びにおける動物の物まねが続く。外的形態学から内的器官の同定（ある人々においては、臓器が命をもつ神話があり、他の動物のように独立して生きるということになっていた）、から自己のあまり感知できない部位へと、代名詞としての世界構築が進行する。

われわれが、内的な動物を発見するさまざまな段階には、系統発生と個体発生の両方の側面がある。動物の名前を動詞化することは、言語の進化において初期の段階に起こり、注視によって動物を食う幼児期と子供時代の段階に起こる出来事である——あたかも、その発生期の食肉段階にいた人間は、食べた動物は腹の中でもう生きていることはないとは、信じられなかったかのように。これらの名前の動詞化は、指示物となる種の体系に依存する内部構造の語彙目録を構成し、その種の行動はひとつの動物相としての人間個人の経験を物語っている。——膨大な数の動詞、動名詞、不定詞。たとえば、おびえさせる（cow 牛）、あさる（fish 魚）、もぐる（duck アヒル）、おじける（quail ウズラ）、黙りこむ（clam up ハマグリ）、零敗させる（skunk スカンク）、責任を逃れる（weasel イタチ）、出し抜く（outfox キツネ）、追跡する（hound 猟犬）、つきまとう（dog イヌ）、尻をたたく（goose ガチョウ）、ふざけまわる（horse around 馬）、うかれる（lark about ヒバリ）、触れ回る（hawk タカ）、徐々に進む（worm your way 毛虫）、いらだたせる（bug 虫）、激しくぶつかる（ram 雄羊）、食べすぎる（pig out ブタ）、手当りしだいに取る（hog 雄豚）、文句をいう（grouse ライチョウ）、こびへつらう（fawn 子鹿）、おびえさせる（buffalo バッファロー）——動物は人間のに似ている、それと認識できる外部部位をもつので、人間の内臓の景観、相当する内臓や行動について考えさせるものとなり、その結果、魚はわれわれの生活における無作為の捜索や探索を体現するように見える。魚が、まるで、われわれ自身の特定の表現を与えるべく造られたかのように。

人間の発達予定表において、動物は、まず名詞であり、ついで言語においてのみならず、遊びにおいても動詞化される。様式化され、慣習化された動き（大人の生活における儀式を先取りする）は遊びに欠かせないものである——そこで、われわれが見出すのは、「サメ」、「オオカミとヒツジ」、「キツネとガチョウ」のようなゲームにおける「未発達の代名詞に対する動物の属性」であり、参加者は一瞬だけ、そして次々に違った動物になる。(8) 動詞化された動物を演じることで、食べ物を「むさぼり食う（wolfing one's food オオカミ）」とか、危険な状況で「しりごみする（chickening out ニワトリ）」とかに付随する、かすかな感情を捕えるのである。

そのようなゲームは演じられる物語に似ている。そして、これらの物語のなかにはハッピーエンドで終わるジャンルがあり、偽人化されて自己から距離をおいた子供時代のありふれた心配事は、しばしば、われわれの生物としての基層の奥底から現われる動物の姿をしたものに助けられて、最後には打ち負かされる。おとぎ話の主人公が聞き手の内面に体現する擬人化された感情や状況は、自己の少し偽装された（すなわち無意識には感知される）側面を一種の約束として表現する、さまざまな動物を含んでいる。「むかし、むかし」で始まり、ハッピーエンドで終わる物語の聞き手は、子供時代の悩みに対する固有の解決を予表し、登場人物の二重の生き方に基づく深遠な相応関係——たとえば精神的側面としてのハト、攻撃性としてのオオカミ、変身と成長の避け難さとしてのカエル——を心に銘記しながら、話に思

図9―1 「レヴィ＝ストロースまたは自然／文化境界線」 Ⅰはレヴィ＝ストロースの「野生の思考」に示されたのとまったく同じ自然／文化図式を再生した．類似が関係を表わす記号（＝）間にあることに注意してもらいたい．それは，初歩的な方法で文化類似を表わすために，外的なモデルを用いる基本的な使い方を示している。Ⅱは，この関連の一方的な流れを――完全に人間の精神的機能として――強調し，多くの種が存在することを暗示している．Ⅲでは，この概念が敷衍されている．種の関係は線ではなく星状形式で示されている．自然と文化の境界は二つのタイプの関係で区切られている．左のものは動物の肉体的使用を含み，右のものは三つの範疇に分かれる隠喩的使用を示している．下の1は部族関係の型を示しており，それは，一部の動物の生態の型が，与えられた範例の人間の集団構成員への適用として作用することを表わしている．2は同様に，「自然からとった」もうひとつの型であり，動物との交流と並行する内的心理構造を示す．3は他の方法では，一貫性をもたない構造に統一を与える手段として具体的なイメージをもった生態系の類推的使用をいくつか示唆している．

いをめぐらすのである。(9)

さらに別の様式においては、大人は自分自身のさまざまな生理的、心理的内面の化身である動物を、経験と個性の諸相として視覚化し喚起することができる。この様式は、最近、独特な治療法として出現した。最初は、案内者とともに、ついで、ひとりだけで、生命の（チャクラ *chakra*）中心にある場所や身体器官から現われて、彼らの要求や恐怖を語る一連の内的な動物との遭遇や想像の会話を黙想するのである。(10) 催眠よりは集中していない状況で人間がこれらのイメージを生みだす能力は、あまりに簡単に原型的と特徴づけられ、あまりにたやすく想像とかたづけられてしまうような才能の証拠となっている。これらの動物とその人間の主人との間の一連の架空の交流は、人間の内的生命――「軸となる人間」の支配がその超自然的存在を追放しようとし、また機械論的生物学が人間の器官の概念を植物のような静止状態に還元して以来、非常に面倒で破壊的な領域――が基本的に動物形態で知覚されるということの驚くべき証拠になっている。内部に棲む動物相は、それがなければ意識的な自己にとって不明であるものを体現し表現するダイナミックな動物の仲介者たちの領域を明らかにする。彼らは、内部で生きているものとしての自己――外部の

I．「野生の思考」において

トーテム制度

自然	種 1 =	種 2 =	種 3 =	. . . 種n
文化	集団 1 =	集団 2 =	集団 3 =	. . . 集団n

II．虫眼鏡でみると

A =	B =	C =	D =	E =	F =	G =	H =	I	種，パラダイム的範疇
↓	↓	↓	↓	↓	↓	↓	↓		
a =	b =	c =	d =	e =	f =	g =	h =	i	人間社会集団

III．顕微鏡でみると

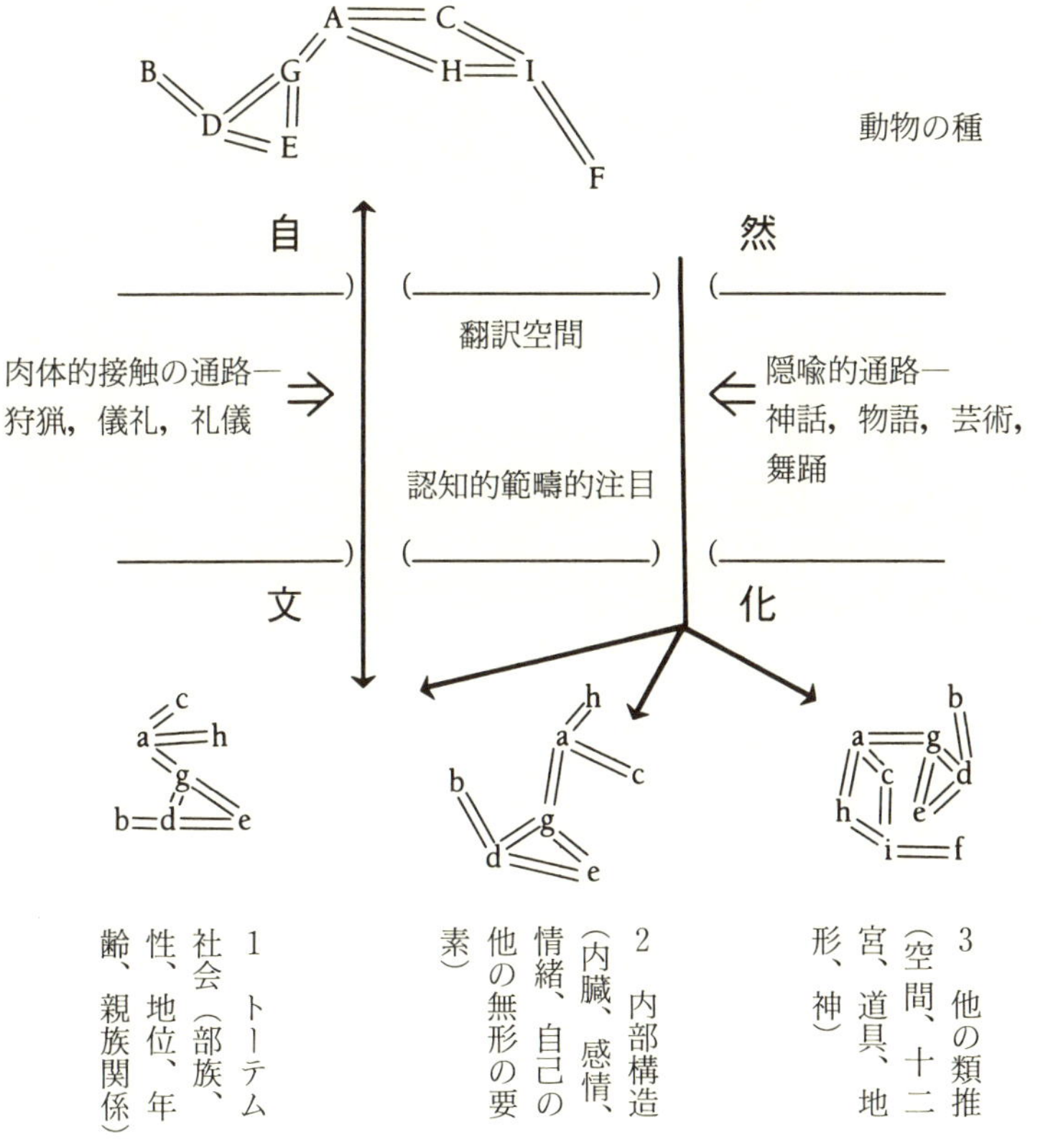

生物世界に適合し、個々の認識の発達でそれに依存している存在の共同体——を確証するのである。

これら三つの様式——物語、動物ゲーム、視覚イメージ——は、二〇〇万年以上にもわたる食事と精神における動物の同化の伝統である。ただし、このような自己実現はいまだに謎である、と付け加えなければならない。仲介者を目覚めさせるには、ひたすら注意を向ける必要がある。なぜなら、動物は、われわれが考えるよりも複雑で興味深いからである。彼らが体現するわれわれ自身の感情には野性がある——それは、最終的な捕獲に抵抗する野性、それ自体が存在の一面である奇妙さ、地下にとどまっている生態系の生物に似ている、われわれの他者性に対する隠れた側面である。

前述のことは、図9—1の図式で表わすことができるだろう。図の最上段にあるレヴィ＝ストロースの単純な表Ⅰから始めて、この文化／自然の二項システムを練り上げて、ⅡとⅢで示した。最下段の1は、A・B・C等の種から発生するトーテム的父称を示している。最下段の2と3は、「組織化」を要する情緒や外界の他の特徴も動物の分類体系への類似として知覚されることを示している。

もし人の感覚の自分の構造についての発達が、食物として儀式的に、そして、自己の多重組立として感覚的に同化された野生動物の美、奇妙、多様性に基づいているとすれば、動物が家畜化されるにつれてレヴィ＝ストロースの境界線が崩壊するのは何を意味するのだろうか。境界線を越えて人間の領域に住むようになった種はごくわずかである。彼らは崩壊した国家からの避難民であり、失墜した政権を支えるゲリラである。いったん境界を越えると、捕獲や繁殖によって家畜は数が増え、従順で、軟弱になり、脳が縮小し、体の構造と生理は機能障害を起こし、その行動は制約されるようになる。同時に、残っている野生動物相は人間の視界と食卓から姿を消す。人類学の文献には、ウシ、ブタ、ウマ、イヌ、ニワトリ等と認識においてうまくやっていく人間の試み、すなわち、弱体化した動物と雑種の横行があふれている。[11]

飼いならした動物（そして植物）は、最初の遺伝子工学の産物である。それらは何千年もの間、原則的には聖なる贈り物や神の顕現としてほめたたえられてはいるが、実際には材料となる物質や労働者として奉仕してきた。近年では、農家の便利さからそれらの役割は仲間へと進化した。今では、ペットとして、ずっと以前から、理由もわからないほど人間の幸福に寄与してきた。それらは、治療プログラムから統計的証拠がある。そこでは、刑罰としての監禁やダウン症に至るまで、家畜を与えて人間の苦しみに対する鎮痛剤にするのである。その証拠を見れば、動物がそばにいることによって、測定基準が長命であろうと回復であろうと、現代人の生活の質が向上することを疑うものはいない。ペットを飼う人は、自分の動物が健康に寄与することが証明されていると知って慰めを得ることができる。この物言わぬ動物のパナケイア〔すべてを治療する女神〕の効用は抗生物質のそれにも匹敵する力をもっている。動物を利用した治療は、絶望、孤独、遺伝障害、末期憂鬱症、苦痛、自閉症や分裂症のブラックホール、年齢の急降下、退屈、無気力をなぎ倒す。薬が命とりとなるものを未然に防ぎ、人々が老人病の症状や、ほかの文明病をもちながら長生きするにつれて、動物仲間という強壮剤がもつ潜在的な可能力は増している。病人や障害者を助けることに加えて、ペット治療は健康管理専門家、ペットの霊安や、葬式専門家、世話人、飼育人、取扱者、新しい範疇の獣医学専門家、繁殖家、仲介者、ペットフードとペット衣料製造者、特別施設の設計者と建造者、および広大な企業、大学、医療の派遣団の雇用を生み出し、動物保護産業と容易に結合するのである。そこには利他主義と経済的利益の両方が存在する。そして、ペットの飼育と薬品企業との同盟はそれで終わりではない。それは、道徳的判断をも生み出し、動物の権利の主唱者、動物生態学理論家、狩猟反対者、菜食主義者、そして、自分の寝室にネコやイヌの大群を飼うことが許されなければ、自殺するか市役所を焼いてしまうかもしれない、気違いじみた人たちに至る逸脱した動物愛好者の台頭を容易にしている。

この異種混合の群から現われるのは、動物王国全体との正しい社交という大きな雲状のものである――野生の自然に限りない友愛を投影し、そこには、世話、同情、優しさの包みと、威圧的な社会指令、理想の個人的基準、そしてその他、人間社会を形作る特徴や規則が付随している。要するに、精神による人間的傲慢さの生態界への侵略である。

制度化された家畜およびイヌやネコの存在的地位について何が言えるだろうか。明らかに、彼らは人間の幸せな友人である――彼らが尻尾を振り、喉を鳴らすのを見ればよい。実際、彼らは、この生活を選択し、それを好み、はるかに幸福である（すべての奴隷保有者が同じことを言っていた）。事実、それは自然の壮大な計画の一部である。わたしは、この考え方の最近の例を二つ、大衆的／科学的のスペクトルの両端から提供しよう。ひとつは「野生の契約」についてのジャーナリストの記事で、家畜化はほんの最近の進化である、と論ずる。もうひとつは『サイエンス』〔科学雑誌〕で、その編集者は次のように言う。「進化の期間をつうじて、オオカミのうち最も人なつこいもの（おそらく最も知的なもの）は尻尾を振り、スリッパを運ぶことは、荒野でカリブを狩るより易しい生計の立て方だということを学んだ。……元のオオカミはイヌにこう言うだろう。『おまえは自由を失った。おまえのへつらいはイヌ科動物にとって屈辱的なものだ』。イヌはこう答えられるだろう。『わたしの方がずっと戦争嫌いで愛他主義であり、その上、生活水準は素晴らしい』。社会がオオカミを好むかイヌを好むかはまだわからない」(12)。

『サイエンス』の編集者は、彼の言う尻尾振りの退屈なスリッパ屋について素朴な考えを述べたというだけではすまない。小学生でも、オオカミがイヌになる決意をしたわけではないことを知っている。

好戦と自由と生活水準に関する部分は、われわれのイヌへのひいきを利用している。これは嘘である。従順さについて言えば、この論説の最悪の部分はすべては動植物の制御を通じてだんだんよくなっていくという、大きな技術信仰の虚構に無造作に加担している。これは遺伝子工学を提唱して、進化の勢い全体を接収しようとする試みである。

レヴィ＝ストロースの線の破壊が何を意味するのか理解するためには、こう問わねばならない。家畜化されて、すべての動物のモデルイメージになったこれらの動物は誰なのか。生物学者コンラッド・ローレンツとヘレン・スパーウエイは進化と家畜化を混同するほど愚かではない。遺伝学者スパーウエイは、混乱した遺伝現象とその結果としての表現型〔肉眼でみえる生物の形質〕の混合ゆえに、家畜を「うすのろ」と呼ぶ(13)。ローレンツはこの対比を明確にした。すなわち、家畜は「野生」が意味する知脳(14)と独立を初めとして、野生の先祖にあった微妙で、複雑で、独特のものを剝ぎとられてしまったのである。彼はイヌを愛したが、彼らがオオカミの粗末な略図であることを知っていた。脳は縮小し、生来の欠点はそのまま備えた、これら誘拐され奴隷化された形態とは、精神をもたない単調な羊の群れ、乳房を引きずる栄養過剰の雌牛、精神病の競走馬、そして老いて世慣れたぬいぐるみになってホスピス病棟をぶらぶら歩き、ついには神経衰弱になって隣人の手を噛む小児化した犬である。

もし、家畜化が野生の遺伝子型を破壊し、その型には環境と調和する一種のDNAが絶えず研がれているのだとすれば、動物が人間の世話に「適応した」と言うのはおよそ適切ではない。このような狭い繁殖は、遺伝子の平衡状態の悲劇的破壊によって怪物品種を作り出すのであり、「進化による適応」とは言えない。彼らと人間の関係という立場からは、裸にされて組み立て直されたこの生の原形質の寄せ集めを何と呼ぶべきかは知り難い。自然／文化の線のこちら側に引き込まれた、これら現生動物のすべては人間の社会システムに入ってくる――治療者、友達、兄弟、子供、競争者、芸人、戯画、性の伴侶、護衛、保護者、救済者、訴訟遂行者、王子、妖精の名付け親として。ホームレス、失業者、病人、被援助者その他の社会的範疇に加わることは言うまでもない。

最近、ラジオの聴取者参加番組で、わたしは動物仲間を「奴隷」と呼んだ。自分のイヌは心地よく、特権をもつ家族であると主張する怒りの抗議でベルは鳴りっぱなしであった。彼らの反応は南北戦争前の南部荘園所有者の反応に似ていた。感謝しながら歌を歌う綿摘み労働者に、傲慢な共感をもって言及できた。事実、ペットはまさに奴隷と同じように所有者の意志に従うのである。しかし、奴隷という用語は適切ではないかもしれない。というのは、人間の奴隷は政治的、社会的運動によって解放されうるからである。先天的に損なわれているのろまは解放されることはない。もし自由になっても、彼らは路上で死ぬか野良になる。われわれにできるのは彼らを繁殖させないことぐらいであろう。彼らとわれわれの関係は共生でも、相互扶助でも、寄生でもない。これら生物学用語はどれも、これらの生き物が特殊な隷属地位において生物として崩壊していることを適切に説明できない。その心暖まる追従と真に治療効果のある存在は、生物としての奇形の掃きだめと、われわれが他の生を必要とする緊急性とを覆いかくしているのである。

「仲間の動物」に対するあまり親切ではない婉曲表現が頭に浮かぶ――不貞の社会の松葉杖、飴ん棒、地球上の必要かつ養育的他者の代用、単なるシミュレーションではなく、過剰に洗練され、真の治療能力を奪われた潜在力、飼い慣らされた生態系の毒気にあてられた従僕。企業によるペットの乗っ取りは、人間の健康に主要であるが欠けているものに対して、これら改良物を制度化し、配給し、市場化する、最近、踏み出した一歩にすぎない。

ここでのわたしの関心は、何か深い原型的要求に触れるという理由で人間でない生き物の姿を絶望的に求める人間にまじって、その手をなめたり嚙んだりするうすのろの運命にはない。また、世界の他国の家庭や世界中の動物園の動物は言うまでもなく、アメリカの家庭の四〇〇〇万匹のイヌと四〇〇〇万匹のネコの途方もない計算にもない。わたしの焦点は、人間の心理発達、特に成熟する形成過程における飼い慣らされた動物を野生動物に置き換える効果にある。産業化された治療者としてのペットの巨大急増は、地球の野生動物の数度や多様性の減少の問題とともに、人間内面生活の問題を持ち出す。農村－都会世界が根は遠く洪積世にさかのぼり、人類の心の奥底にあるトーテム信仰の優雅な礼儀作法と脳を発達させる狩りとに中心があった生活様式に取って代わった。家畜としての動物は、レヴィ＝ストロースの線を越えて、文字どおり、われわれの家庭に入って来ると、われわれの社会の最下層を占めた。他者を他者として尊敬することは終わった。

家畜環境の投影は、われわれのすべての動物の知覚に影響を及ぼした。レヴィ＝ストロースの線が崩れた結果、普通の人が自然から切り離されたうすのろ動物と野生動物を決定的に区別できなくなった。動物王国全体に対する責任という考え、特に「世話」やその他すべての慈愛に満ちた表現は明らかに新約聖書的である。これらには三つのものがある。ノア・シンドローム──これによってわれわれは、(神の執事として)すべての動物の世話をする。聖なる隠者の聖人伝的モデル──その前では、獣たちは人間の尊さを認めて、喜んでへつらいながら奉仕するようになる。平和な王国──すなわち自然を保育園の運動場のように知覚し、統制するための原型。

地球上に平和な王国を再生するためには、われわれが、弱者を強者から守る出すぎた行動、すなわち種を越えた倫理の押し付け、親切とか慈悲のような意図の注入、自然への家畜世界の投影が必要である。

われわれのノア的権威は、われわれが野生の世界にもたらした災厄からどの動物を繁殖させ、生き残らせるかを決め、現代の箱舟である動物園の独房に監禁するよう要求する。聖人のような正義の立場と二元的な思考は、われわれの力を野生の他者に及ぼし、彼らがわれわれの道徳の高みに従属することの期待を正当化する。上記の三つの概念はすべて、野生動物をその家畜化された親類とともに奴隷状態に一歩近づけるものである。野生動物はわれわれの友人ではない。彼らが保護されるべきは、善意をもって、彼らに対する義務的いたわりと倫理の余韻を拡張することで、彼らの生活現象を害する者から彼らを救う必要があるからなのである。逆説的に、現代の「動物の権利」のもっとも独特な特色は権利の後退である。そこには、自然からできるかぎり絶縁しながら、「あるがままに」を道徳的姿勢として提唱する安楽椅子の哲学者のにおいがする。それは親切な世話という考えに反しているように思える。だが、それは単に究極の思い上がりであり、今日のわれわれを作った狩猟相手からの安全な離反なのである。

レヴィ＝ストロースが引いた線の向こうでは、部族社会の種族は生態系を社会を組織するためのコードや記憶術と見ている。その線の崩壊とともに、人間の社会組織が野生世界を制御し、これらの他者たちを個人に還元する基準になる。レヴィ＝ストロースは、トーテム文化とカースト文化の中間にある文化行動を説明している。たとえば一族の構成員――たとえばアライグマやクマ――は、アライグマやクマのようにふるまうことが期待されている。レヴィ＝ストロースは、家畜化をメタファー［隠喩］（構造主義においてはメトニミーと対比され、同じ構成要素で（後に出てくる「範例的」に）置き換えること。たとえば「花」で「女性」を）的組織の崩壊とははっきり規定してはいないが、「カースト」（または家畜化された）社会においてはメトニミー［提喩］（「統辞的」置き換え。たとえば「花」で「開くこと」）が、きのこの菌糸体がその宿主の元の機能は空っぽにして外形だけ残すように、古い構造を変換し分解することは、彼の研究から明らかである。家畜文化は、トーテム的、類推的思考を物理的結合によって置き換え、文字どおりに理解する精神へ行き着く。レヴィ＝ストロースが示しているように、一族は名祖の動物によって自身を同一化する。中間の社会は、家畜化が進行し、動物を発見の助けになると考えることをやめ、それをまね始めるのである。一見したところでは、クマやアライグマのようにふるまうことは、そう悪いことではないだろう。しかし、クマやアライグマに代わってブタやイヌが参照されるべき動物になると、人間の劣化のモデルとしての動物はそう離れているはずはなく、メアリ・ミヂリイの意味での「けだもの」が誕生するのである。[15] こうして文明は、野生についての優雅な瞑想を粗野な行動に変形することによって、野生をおとしめる。実際、世界中でイヌに対する態度の二律背反は、野生のイヌ科動物の美しさと、その家畜のかげりとの対比を示している。人間の基準では、イヌは近親相姦的であり、その排泄習慣では恥知らずであり、潜在的な羊殺しとして、また人間の間では狂暴な獣として悪であるが、けれども家畜番、狩人、保護者として援助者の習慣では誉めたたえられる。個性をもった個としてのイヌの現代的化身も、その曖昧さを減少させてはいない。『ザ・ニューヨーカー』誌〔アメリカの文芸週間誌。一九二五年発刊〕のどの号にも、イヌ／ひとの漫画があり、自分のストレスをユーモアで埋め合わせようとする教育のあるエリートの間で、アイデンティティのぼやけた境界線に起こりがちな混乱と不安を明るみに出している。

この友達や対象物としての動物というメトニミー的混乱から見えてくるのは、原始の人々は動物との距離を保っていた――食物や原型として取り入れる場合を除いて――という逆説であり、それゆえ、彼らを聖なる生き物として愛し、他の「人々」として尊敬したが、その一方では、われわれは動物を膝に乗せたり、機械化された屠殺場に入れながら、彼らが何者であるか、それゆえに、われわれが何者であるか定かではないのである。その驚くべき結果は、「自然」がより遠くなることであって、近くなることではない。レヴィ＝ストロースは、この家畜化の状況を動物の種と人間の集団を箱に入れることで図

図9—2 「レヴィ＝ストロースの線の家畜化における変容」 これは図9—1の繰り返しであるが，家畜化によってもたらされた変化をくわえている——レヴィ＝ストロースはこれを「カースト」と名付けている．Ⅰは，レヴィ＝ストロースの図式である．彼は，種1を人間の集団1に組み合わせることを，両者を箱で囲うことで強調している．種同志の関係は，もはやトーテム的思考におけるようには意味をもたない．Ⅱでは，その概念が拡大されている．家畜化された種は，かっこで示されている．ただし，彼らの野生の祖先はまだ自然の一部であるかもしれない．左側では肉体の使用が続いているが，もはや形式的儀礼という特徴はもたない．この同じ通路に沿った下から上への逆の流れは，人間の社会的思想の種の体系への投影，動物の生態系への新しい規則の押しつけを意味している．いくつかの余剰的，比喩的使用は，右側の矢印で表わされている．左側では捕らえられた種は，つれてこられて，家畜化され，左下で生産組織の一部になる——範疇的思考の具体的なモデルになる「もの」である．これらは職業の価値や権力から発生する社会的な階級組織と関連し，下でピラミッド形をなし，最終的に家畜の社会構造を形成する．野生動物はもはや参照すべき点ではなく，社会のさまざまな産物によって置き換えられる．家畜は社会の構成員であり，人々のなかに序列づけられるが，モデルとなるものとして見習われることはない．

示し、その関係が二項間の関係であって、二組の関係間のアナロジーではないことを示している。彼が言うには、本来なら具体的で生態的な関係の詩的な置き換えから引き出されるはずの結びつきを差異が圧倒してしまったのである。レヴィ＝ストロースの専門語は何世代もの学生を悩ましてきた——「範例的《パラディグマティック》」と「統合的《シンタグマティック》」、「隠喩《メタファー》」と「提喩《メトニミー》」。しかし、われわれは「比喩的」と「字義的」という用語は理解できるし、区別の破壊もできる。もし、われわれが進歩を追求して種を破壊しているのであれば、それは産業の多国籍企業の強欲のみではなく、動物自身に対するわれわれの無意識の敵意によるのかもしれない。動物が類似知覚に果たす役割は——われわれの人間性から予想されるが——もはや信用しないのである。動物は動物園でもわれわれと視線を合わせることを避け、決定的に尊大で、見捨てられたような態度を見せているように思われる。そこで、われわれは、誰が何をしたのかを勘違いして、自分自身が忘れられたかのように感じるのである。この状況は、図9—2に図式化され、いくつかの種が統合的な家畜生態学によって方

I.「野生の思考」において

自然	種 1	種 2	種 3	種 n
文化	集団 1	集団 2	集団 3	集団 n

「同族結婚的および同族機能的」

II. 拡大された概念

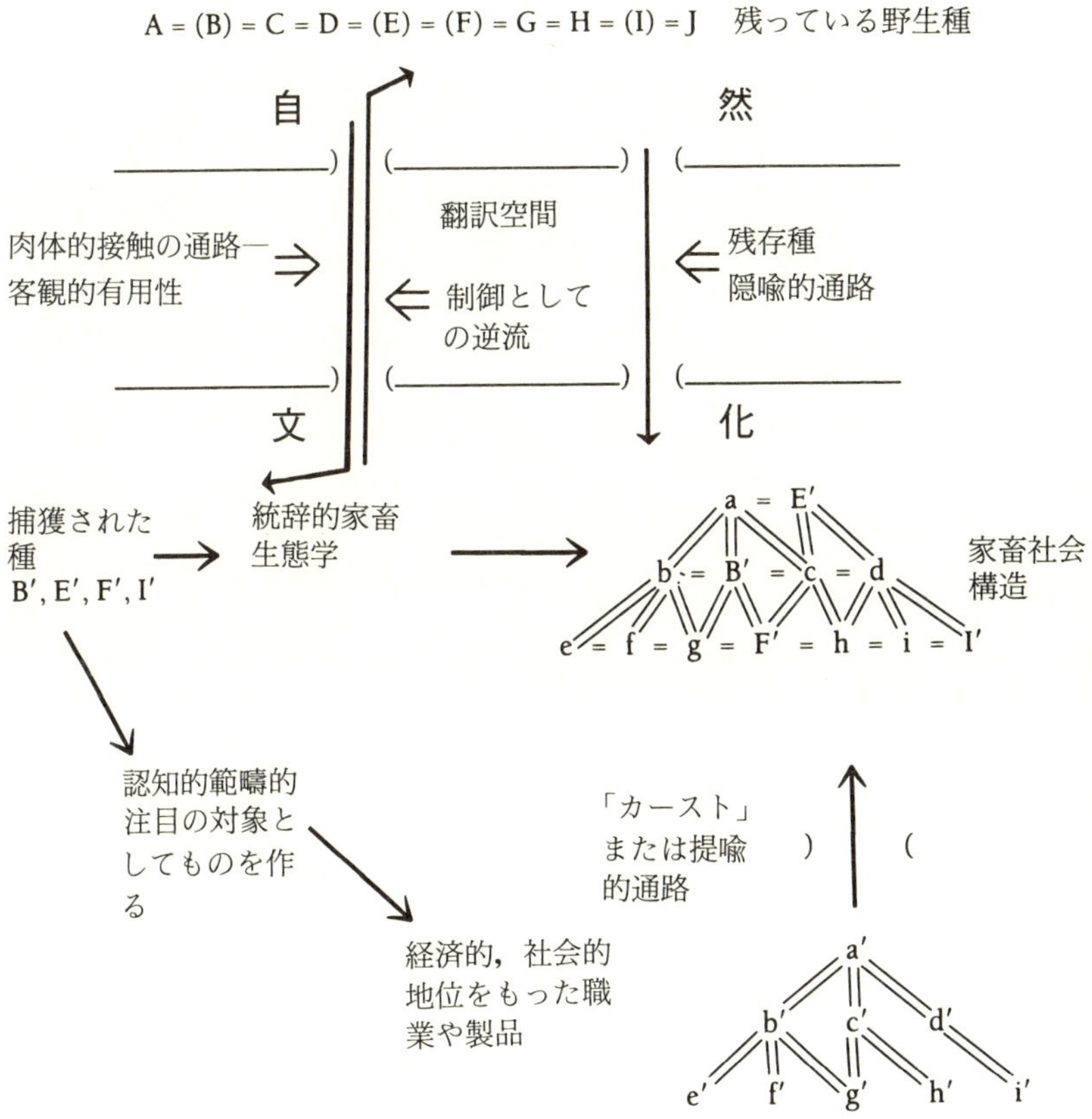

向を変えられて人間の秩序（a′・b′他）に対象物や代用物として組み込まれる（種BがB′、CがC′になるなど）ことを示している。例えば運動のチームのように、種の体系を認知的、隠喩的範疇として使用することはいくらか続いているが、総じて文明社会は、人間集団や他の境界がはっきりしない連合体を限定するのに、それほど生命に関係なく、明確でなく、発見の助けにならない他の体系を用いている。

字義的に解釈することでレヴィ＝ストロースの線に穴を開けると、自然とその破壊についてのわれわれの苦悩の感覚は高められるが、最終的に敗北するのはわれわれである。アイデンティティが問題である——すなわち、われわれと人間以外のものとの違いと類似。ジュリア・クリステヴァ〔一九四一— ブルガリアうまれのフランスの哲学者、精神分析学者〕によると、この問題は文明社会においては自己溺愛という性格をもつ。ギリシア神話のナルシスの物語は、「古代社会が解決しなかった問題——他者——と取り組もうとする」試みであった[16]。「陰鬱で、じめじめして、目にみえないドラマは、確かな指標を奪われて漂う人類の苦悩を要約していたに違いない[17]」。狩人ナルシスはエコーの愛をはねつけた後、狩りの途中で立ち止まって水を飲もうとし、水たまりに写った自分の像に恋をする。ついに、彼は「悲しみのうちに、自分自身のイメージの構成要素である疎外を発見するのである」。彼は自殺し、その体は花に変えられる。すなわち、彼は「心的空間」の問題が起こらない植物状態へと後退するのである。ナルシスの苦悩は「複数、物や部位の多重性としての他者に接近することを可能にした古代世界の思考する *nous*［われわれ］をもはやもたない測り知れない損失を反映している[18]」。クリステヴァの洞察は探究に値する。ただし、彼女はその物語は実際にはトーテム文化ではなく、狩猟者に投影された市社会への絶望についての神話であるということに、気づいていない。

クリステヴァの言う多重性とは何であろうか。ナルシスの内面の空虚、空洞の心的空間は無秩序の結果であり、無国籍生活の孤独という逆説、都会というシチュー鍋の中での魂の疑惑、崩壊、疎外、都市の根無し状態と不協和音、つまり、いまだに、われわれにあるジレンマである。「ばらばらの状態……現在それにあたるのは発達したマスメディア化である(19)」。彼女は起源を求めながら、残念なことに、ホメロスのギリシアという古代世界と女神の消失にしか言及せず、そのため、年代的な説明が不足している。

クリステヴァは、女性の（そして暗に女神の）復活に興味をもっているが、女神も古代史の神もそれ自身は主たる他者ではない。彼女は、古代世界の文化（初期の文明）はこの問題を解決しなかった、と述べている。実際、その理由は、それこそがこの問題を作り出したからなのである。女神の顕現は、近代世界よりも有機的な調和をもつ、失われてしまった感受性を表わしていたかもしれない。しかし、それが排除したものは野生の他者の殿堂、農業以前の人類の多くの種からなる仲間、創造力そのものの発生の一部、生の条件や満足を具現化した同胞である。他者の性質とは尽きていく興味の問題であって、洪積世の「問題」ではない。自己の性質についての瞑想として動物がもつ霊的で非人間的存在が打ち負かされた後に、都市や女神や神々の「古代」世界の時代にナルシスが出現し、そして滅びるのである。人間化された神性はすべて動物のセリフォニイ（theriophany 獣形の顕現）の不完全な代用物である。人間的な姿は自身の意味の主体と客体として、幻滅と内的危機を生み出し、神を人間の形に作り変えることに行き詰まった。

その後、西洋の主要な伝統における人間と他者の関係には三つの表現形態があった。グノーシス派〔初期キリスト教で異端とされた、霊知を根本思想とする宗教〕――彼らは、他者を堕落後の悪の擬人化におとしめた。キリスト教徒――クリステヴァの言うように、彼らは神に似た自己と、それを単一の他者と統合することの困難に心を奪われていた。[20]新プラトン的デカルト主義者——彼らにとって他者とは単純で限定された粒にすぎなかった。自己と他者のダイナミックな結合の「問題」に対するこれらの解決は、それ以来哲学の多くの部分を占めてきており、ナルシスは西洋の主体性の主要な特徴になった。

クリステヴァによれば、プロティヌス〔二〇五—二七〇頃　ローマの哲学者。新プラトン学派の祖〕は、「禁欲的な孤独から受け継がれた威厳」を求め、鏡に写った他者を神と同一視することによって、ナルシス神話をキリスト教に復興させた。目的は自身を愛することであった。なぜなら、人は神のイメージにおいて創られたからであり、自身を愛することは神を愛する第一歩なのである。さらに、クレールヴォーのベルナルド〔一〇九〇—一一五三　フランス中世の聖職者。神秘主義者。第二次十字軍を提唱〕は、ナルシスと彼のイメージは、それぞれ肉体的情熱と霊的な情熱、すなわち自己の二つの面であり、「あまりにも、霊妙[21]になりがちな精神性から肉を守り、だからといって肉における霊の存在を忘れない」ようにしている。ベルナルドが、生物世界や肉体にほかの恩恵を見ないわけではない。「魂[22]よ、恥じよ。神との類似を動物との類似と交換し、天国より来たりて、泥のなかをはいずり回ることを」。この論理によると、ナルシスは神との融和としての神の自己愛の失敗にすぎない。もし、神への愛が人間の姿への愛と不可分であるならば、自己における神のイメージは一であるはずだ。それは自然——あの蔑まれた、複数の、獣の領域——とは何の関係もなかった。この「自己愛の特権」はアリストテレスの思想として始まったものであるが、プロティヌスによって公式化され、ベルナルドによってキリスト教的になった。教会は霊的創造力の欠如としてナルシスの絶望を神との必然的一体化を達成するためのたとえ話にした。人間は「名付けようのない孤独に襲われ、自分自身に引きこもることを求められ、心的存在としての自身を発見する。……こうして、外面と対比される内面、内的生命が存在する[23]」。「愛する魂は、それゆえ、その他者性を放棄し、単一の光の同一性に身をゆだね、そこで、他者としての……非存在としての自身を喪失するのである」。その結果、「他者は、われわれが一なるものと融合するときに消失する[24]」。自然界の他者——以前は内的生命の性質を知る符号化された鍵と考えられていた多様な存在者たちは——消え去るか無関係になるか破滅する。

教会がこの神話を作り直して、人間と神との一体化について瞑想の失敗を表わすにつれて、人間以外のすべての生き物は霊的に無関係となり、悪（ペルシアやグノーシスの思想による）として外界を去るか、フランシス・ベーコン〔一五六一—一六二六 イギリスの政治家、哲学者。経験主義の先駆者〕やルネ・デカルトの追随者である実用主義者が彼らのしたいように扱う中性的材料として使用されるようになった。英雄的観念であるエゴ・コギト（*ego cogito* 考える自己）が向かうのは「外面の征服［であり］……自然の外面は科学に服従する[25]」。キリスト教徒も近代の理論家も、ナルシスが神人同形的神性の喪失ではなく、多様な獣形の他者の喪失に始まっていることを理解していない。

野生の他者の喪失は、われわれ自身を説明するものとして、われわれ自身のイメージしか残さない——それゆえ空虚な心的空間が出て来るのである。たとえば、最近になって歴史に現われた肖像は拡大されたナルシシズムである。つまり、ヒト科の霊長類が容貌に執着することの再確認である。肖像は進化によって多神教の存在としての自己を知る手段を獲得し、かつ、それが依存している生物多様性を否定して自己を喪失した生き物のダブルバインド〔二重拘束〕をわれわれに提示している。顔の拡大は、レンブラントの絵画であれ、最近のタブロイド新聞の大衆的有名人の写真であれ、かならずその人物を露にする。漫画芸術は、この狂乱的追求の攻撃的で皮肉な模倣として、肖像画とともに起こってきた。そこでは、一万年も家畜とともに暮らした後で、ばかばかしく、つまらないものに見えるようになった獣的性質を用いて、その容貌をおとしめることで個人攻撃が行われるのである。ウィリアム・グレゴリイが指摘しているように、顔をよく見れば見るほど、それは脊椎動物のもつ骨格のゆえに、より動物的になってくる(26)。

鏡は、われわれを失望させる。それは、その意義が問題であるイメージを写しだし、思春期の不快感を思い出させる。青少年が人の外見に興味をもつのは、通常の個体発生の一部である。部族世界では、その衝動は方向転換させられて、族の構成員になる通過儀礼になった――すなわち、ばらばらの考え方を関連づける道具としての合成動物を含む聖なる物語、儀式における動物の仮面の使用へと向かい、自己の多重性と宇宙の多様性とに近づくことができるようになるのである。しかしながら、鏡の世界では、像はわれわれの脊椎動物としての頭蓋骨か人生の傷の査定へとおとしめられる。ナルシスは野生動物相のモザイクを人間のイメージで置き換えることによって自己を知ろうとする探究の試みの失敗の物語を表わしている。それは、ギリシア神話の言うような狩人とトーテミズムの過失とでは全然ない。その考えは、文明の問題の原因を「野蛮人」にさぐるという間違いであり、悩める文明人の精神の投影である(27)。

逆転移(countertransference)という精神分析学の概念は、ナルシスと失われた他者の役割に光を当てる。分析者は自分自身の精神の要素を患者に投影し、それから、あたかもそれが患者のものであるかのように読むことがある。対照的に、動物が自己についての思索の対象であるときには、それらは他者性というコンテクストにおける共有要素を明らかにするのである。そこには逆転移はない――悲しいことに、ナルシスはそこから彼の挫折したシミュレーションしかとり戻せなかった水溜まりの受動的な表面(あるいはフレンチプードルのものほしげな鏡のような目)のような跳弾はない。

疑いなく、チンパンジーはそのような問題である。われわれは洪積世の心理においては、そのイメージが取るにたらないものではないことを知っている。キリスト教以後抱いてきた新プラトン主義的、デカルト的な自尊心にもかかわらず、われわれは霊長類を無視しきることができない。彼らの外見は、確信に傷をつけ、覆えす。彼らは鏡に写った像と他者の非妥協的頑固さとを結びつけているように見える。ある同僚は、キリスト教原理主義アーミッシュ〔プロテスタント・メノー派の一派で北米に住み、電気やガスをもちいず、質素な生活を営むことで知られる〕の分派、ペンシルヴァニアのフッター派（Hutterites）の家族と暮らしているが、彼らと一緒に動物園へ行ったとき、彼らはサルを見ることを拒否した。彼らはそれを見ると彼らの教義に設けられた罠にかける類似を知っていた。彼らは、真の神は人間に似ているという、彼らの信仰をあざけるサルの神秘的な力を感じたのだ。彼らはカメや鳥を抑えることはできるだろうが、サルの人間との類似の攻撃はあまりにも大きすぎた。それは原型的な認識の全重量をもっていたからである。このチンパンジーがもたらす混乱は最も痛烈な例にすぎない。われわれは目を反らすことができない、けれども、すべての動物に、有無を言わせぬ不気味なレンズ越しに自分の局面を見ていることを認めたくないのである。

ベーコン／デカルト的な、精神をもたないものとしての動物観について言えば、動物愛護者は動物虐待の元としてよく言及するが、結局、その客観主義が動物実験へとつながり、それが今度は人道主義的な運動の引き金となったのである。動物を機械と感じることで、動物が憎むべきものになるわけではなく――そういうものにしたのは中世のキリスト教徒である――ただ単に役に立つものになってしまう。中世のネコ、フクロウ、ヒキガエルの虐待は、それらが福音主義者によって悪魔的な力を負わされた結果である。彼らは、このような劣化した形の霊的な動物は異教徒のものだ、と考えたのである。

先の議論は二つの重要な疑問を提起する。まず、わたしは重要な精神的備品としての想像の動物と実際の形態とを混同していないかどうか、という疑問があるだろう。戸外に出ること、沼や茂みを抜けて歩くこと、バッタを眺めることについては、わたしはなにも言ってはいない。内的自己の精神発生における動物は想像力の動物であって、野にいるものではない。シミュレーションや仮想現実で十分ではないかと考える人もいるかもしれない。結局のところ、子供が実際に体験するのは主に絵や、おもちゃ、映画、物語や他の表現形態である。部族社会の人々の間の野獣学の重要な儀式でさえ、物語、絵や彫刻、衣装による表現が中心である。もし、未来の宇宙船の乗組員が数年間、野生の生物相から離れて過ごし、野生種のいない衛星に人間の入植地をまき散らすとしたら、よくできたホログラフィのアニメーションのほうが意にかなっており、持ち歩きやすいのではないだろうか。この内的自己の発達は実際の野生の動物とどんな関係があるのだろうか。

この答えには成熟の生態学が関わる。発達過程はそれ自体では目的にはならない。認知の分類や人工物は確かに、知覚作用における道具であり、それを用いて全人格が達成されるのである。しかし、健康なアイデンティティと成熟の結果が実現されるのは環境に対する態度である。その態度とは、支配より感謝の意識、豊かな生物共同体への参加、真のバイオフィーリアまたは多神論である。イメージ——導き手や媒体としての動物——はわれわれが存在できて、世界の保存を目的としてわれわれが成熟する外界の表現である。自然共同体において進化したことの義務は一種の系統発生的幸福になり、そこにおいて、われわれは魚類、両生類、哺乳類、霊長類がいまだにわれわれの内部に生きていることを認識する。それゆえ二重の存在をもつ。彼らはＤＮＡの断片として存在して親類関係を確認し、われわれのまわりの世界に独立した他者としても存在するのである。社会的価値としての生物多様性の概念は内的世界から発し、成熟した生態、すなわち多様な住民をもつ「極相」生態系への尊敬を生み出す。

第二の疑問は、自然／文化の区分において、二元論的思考様式をとるように見えることに関係する。二項区分は範疇分けの認知的技術の発達に必要であるが、全体論的あるいは真に生態学的な眺望がそのような対立図式を超越し、それにとって代わるべきである。とはいえ、二分法は発達したイデオロギーとして多くの西洋思想の特徴となっており、現代の社会的、生態的帝国主義に力を与えている。自然／文化の分割線の知恵を擁護できるのは、複数性と多義性を認識し、明確化し、名付ける過程の準備段階としてのみである。——それには、より成熟した内省において、すべてに優先する相互関係の構造が続く。『野生の思考』の最後でレヴィ＝ストロースは、区分は方法論でしかない、と述べている。[28]

親族関係とは、類似と差異が必然的に均等になるゆえに、成熟についての重要な問題である。未熟な自己は、未解決の曖昧さと矛盾に満ちた世界を、あたかも複数の権力が（そして自己の多重性が）欠点であるかのように知覚する。成熟した自己（そして洪積世の文化）が理解するのは、多義性は本質的特質であって、堕落や弁証法的な問題に起因する欠陥ではないことである。欠陥と誤解することの表われが他者からの疎外である。もはや属特有の感覚によって埋め合わされることがないのである。家畜による治療法は、ショックが幼児のトラウマを「癒し」たり、暖かい小犬がアルツハイマー症の患者を回復させたりはしないのと同じように、成功しない。[29] その優れた著書『仮面、変容とパラドックス』[30]においてA・デヴィッド・ネピアは、仮面の第一義的機能は多義性を肯定することだ、と説明している。これは知覚的および哲学的意味のすばらしい緩和策である——多様性を減じるのではなく受け入れ、変容の原理に従っている。基本的仮面は動物の仮面であり、儀式や舞踏でかぶったり、もち歩いたりするものである。その表わすところは、われわれはそれぞれ一度に二つ以上のもの——人間と動物——だということであり、それはわれわれの本能が歓迎する洞察である。仮面とその舞踏がわれわれに思い出させるのは、変容は静止や抽象的な本質よりも生の中心に近く、イデオロギーよりも肉体と外観の方がわれわれのアイデンティティに多くを意味し、観念や天国ではなく受肉こそが生と死が関わっているものなのだということである。動物の仮面は人間性の枠組みとしてわれわれと動物との連結の第一位の印である。それは形態間のうつろいやすさから生まれる持続性を確認するからである。

動物とその表象は人間の精神生活における本質的要素を構成する。知覚、精神発生、個人化、個人と社会のアイデンティティ、代用と象徴的比喩、そして、情緒と他の内的状態を統合、符合化、伝達するための意識的かつ無意識的イコンの目録。動物は行動と力の場を内包する——それは知識と言語の神経生理学構造として人間が生態進化する過程で獲得された注目の対象物である。これらの過程のほとんどに特徴的な様態は隠喩的であるということである。動物が生まれたのは、直接経験されるか、芸術に典型化されたり、隠喩的解釈において翻訳されたりした、野生動物相との関連においてなのである。

遺伝的に変形し、表現形態に混乱を招く限られた数の種で野生動物相の代用にすることは、傷つけられた知覚をとおして人間の自己認識能力を劣化させるかもしれない。われわれ自身と野生動物との間の隠喩的距離を喪失し、人間社会に奴隷として家畜動物を取り込むと、われわれとわれわれの宇宙は変わる。距離と差異なしには、他者は恐ろしいジャングルの怪物か、あるいは、われわれの無意識の精神内で分解されて、混沌として差異のない自己の怪物のままである。

謝　辞

批判的な読みと提案に対し、フロ・クロールに感謝します。

原注

(1) G. H. Hutchinson, "The Uses of Beetles," in *The Enchanted Voyage* (New Haven : Yale University Press, 1962), p. 74.

(2) Claude Lévi-Strauss, *The Savage Mind* (Chicago : University of Chicago Press, 1966), p. 115.

(3) これは多くの部族社会の人々が野生の動物を捕えておくことを否定するものではない。もっとも、これらの動物と、捕えられて繁殖させられ、遺伝的に変化させられる動物との間には違いがある。

(4) Bertram Lewin, *The Image and the Past* (New York : IUP, 1968).

(5) Harry Jerison, *Brain Size and the Evolution of Mind* (New York : American Museum of Natural History, 1991).

(6) E. H. Lenneberg, *Biological Foundations of Language* (New York : Wiley, 1967).

(7) Eleanor Rosch, "Principles of Categorization," in Eleanor Rosch and Barbara B. Lloyd, eds., *Congnition and Categorization* (New York : Wiley, 1978).

(8) James Fernandez, "Persuasions and Performances : The Beast in Every Body and the Metaphors of Everyman," *Daedalus* 101 (1) (1972).

(9) 一九世紀になって初めて、われわれは、おとぎ話を独特のジャンルとして認識した。おそらく、おとぎ話は、たぶん時代の要求によって、それが埋め込まれていた、より大きな物語の領域から抽出されて結晶したものであろう。おとぎ話のなかの動物は自分自身の生物的実体であるという考え方はブルーノ・ベッテルハイムから来ている。Bruno Bettelheim, *The Uses of Enchantment* (New York : Knopf, 1976).

(10) Eligio Steven Gallegos, *Animals of the Four Windows* (Santa Fe : Moon Bear Press, 1991).

(11) たとえば、雌牛から概念的宇宙を創造するヌア族の有名な研究が思い出される。(もっとも有名なものはE. E. Evans-Pritchard, *The Nuer : A Description of the Modes of Livelihood and Political Institutions of a Nilotic People*, Oxford, 1940). 一般的にわれわれには、伝統的で手付かずで、一貫したいかなる文化をも尊敬する傾向がある。しかし、地上で過剰に存在するために、雌牛は環境を破壊し、厳格な二重性の哲学を促進ないし確認する。ヌア族において、雌牛は一である。しかし、あらゆる一神教におけると同様に、雌牛としての宇宙は実現されない。なぜなら、一は不可避的に他者——雌牛でないもの——を喚起するからである。大学では一年生に、多くの民族がひとりの創造主を信じているのであるから、多神教は存在しない、と教えるのがはやっている。しかし、現実の生活においては真実はその反対である。一が不可避的に他者——悪魔、不信心者等——を含むゆえに、一神教は存在しないのである。おそらく、統一というこの不可能な概念に対する熱望が現代の自然憎悪の根幹にある——レヴィ＝ストロースの言うこととは反対に、われわれの実際の経験が「現実との究極的な不連続」の経験であるように。

(12) Daniel E. Koshland, Jr., editorial, *Science* 244, 16 June 1989, P. 1233.

(13) H. Spurway, "The Causes of Domestication : An Attempt to Integrate Some Ideas of Konrad Lorenz and Evolutionary Theory," *Journal of Genetics* 53 (1955) : 325.

(14) Konrad Lorenz, *Studies in Animal and Human Behavior*, vol. 2 (Cambridge : Harvard University Press, 1971).

(15) トーテム社会では、その関係に捕食のもつ通常の暴力も含まれるような野生動物の観察に多くの時間が費やされる。フロ・クロールは、この観察が彼ら自身の暴力的衝動を昇華させる、と述べている。これは文字どおりの参考として、誘発物でありモデルであるようなテレビ放送の、人間という種同志の暴力とはまったく異なる。穏やかな家畜しか観察するものがないので、人間という殺人的種はその攻撃性を長く抑え切れず、人々がお互いに殺しあいを始めるのである。いずれにしろ、わたしが『やさしい肉食者と聖なる獲物（*The Tender Carnivore and the Sacred Game*）』で述べたように、小さな島で自給している人々は狩りをするための大きな哺乳類がいないので、戦争を組織化し、制度化している。

(16) Julia Kristeva, *Tales of Love* (New York : Columbia University Press, 1987), p. 119.

(17) Ibid., p. 376.

(18) Ibid., p. 212.

(19) Ibid., p. 376.

(20) Ibid., p. 120.
(21) Ibid., p. 157.
(22) Ibid., p. 159.
(23) Ibid., p. 377.
(24) Ibid., p. 120.
(25) Ibid., p. 278.
(26) William K. Gregory, *Our Face from Fish to Man* (New York : Capricorn, 1965).
(27) この考え方は、フロ・クロールがわたしに示したものである（個人的見解）。次も参照されたい。Jane Flax, *Thinking Fragments* (Berkeley : University of California Press, 1990), and Harold Searles, *Countertransference and Related Subjects : Selected Papers* (New York : IUP, 1979).
(28) Lévi-Strauss, *The Savage Mind*, p. 249.
(29) 特に、成長、変化、変形、変身において異種性を扱うときの多義性が分類学の限界である。必ず定義の境界付近にいる動物がいるからである。このために、すべての周辺的形態は認知的に際立っており、あらゆる文化がそれらに特別な注意を払い、合成された想像の形態を作り出すのである。
(30) A. David Napier, *Masks, Transformation and Paradox* (Berkeley : University of California Press, 1986).

第10章　聖なるハチ、不潔なブタ、地獄からきたコウモリ

——認知的バイオフィーリアとしての動物象徴

エリザベス・アトウッド・ローレンス

人間の比喩表現の必要が最も満足させられるのは、動物王国に言及することによってである。このように、生き生きした象徴的概念の表現を与えてくれる領域は他にはない。感情が激烈になればなるほど、人々は必ず動物の用語でその感情を表現し、認知的バイオフィーリアとでも言える強い傾向を示すのである。実際、概念的な枠のための他の範疇が貧しいことを考えると、驚くばかりである。それほど動物によって象徴する習慣は非常に顕著であり、広範であり、持続的である。クロード・レヴィ＝ストロースの有名な断言——動物は「考えてよし」、食べてもよし（1963：89）——は、原始的な文化だけでなく、最も複雑な社会についても真であり、過去についてのみならず、現在についても真である。

最近、ロサンゼルスで黒人の自動車運転手ロドニー・キングが警察官に殴られたとき〔一九九一年の事件。警察の人種差別が問題になった〕、この警官の裁判で使われた警察たちの会話の写しから、「警官が黒人を『霧の中のゴリラ』と呼び、キングを『トカゲ』と呼んだ」ことが明らかになった（Reynolds 1992：15A）。一九九二年の大統領選挙キャンペーンの期間、あるコラムニストは候補者を描写するとき、ジョージ・ブッシュをイヌ、特にウエルシュコーギとして描いた。「すべての人を喜ばせようと駆け回り」、「うるさく吠える」よう

に見え、単に「瞬間に、手近なその場に焦点を当てる」ので、真の意識的な注意力に欠け、湾岸戦争を戦う上で「『イヌのような』決定論を示した」。ビル・クリントンは「ネコ科の気取り」があり、「楽しいことに目がなく」、いくつもの命をもち、その証拠に「新しいスキャンダルがあるごとに生き返る」「ファジイ」なネコと見なされている。ジェリイ・ブラウンはフェレット［ヨーロッパケナガイタチ］であり、その「存在はどちらかと言えば意味のない」利口な動物である。ポール・ソンガスはハムスターで、「抱きしめたいようにかわいく、漠とした悲哀があり」、「輪をぐるぐる回して、本当に速く走っている」が、どこにも行きつけない。パトリック・ブキャナンは「吸血コウモリ」で、「たいてい夜になってCNNに出てきて、無力なリベラルから血を吸って飲む。「羽のある齧歯動物［コウモリ］」のように、彼の考えのあるものは狂っている（batty）」（Achenbach 1992 : A11）。

人間が生き物に直面するといつでも、それが実際の場であれ思い返すときであれ、「現実の」動物は、前もって存在する個人的、文化的、社会的条件より作られているか、影響されるその動物の本質の付随して離れないイメージを伴っている。かくして、特定の動物の実際の生物学的、行動的特徴としての「性質」は、文化的な構築物へと変形されるようになる。それはその動物に関する経験的現実を反映するかもしれないし、しないかもしれないが、一般的には、かなりの飾りを含んでいる。さらに、ある種を象徴化する過程の基底にあるのは、動物の範疇化を特徴づける極度の柔軟性である。自然史でさえある目的にかなうよう形作られたことは、南アメリカの大型齧歯動物カピバラの例によって示される。新しい土地に征服者に随行した一六世紀の教会の役人は、この動物の水生の習慣を観察して、これを魚と分類した。今日、科学によってカピバラが哺乳動物だということがわかってからだいぶたつが、「宗教および食物の目的のために」彼らは魚としての地位を保っている。それゆえ、カトリック教徒はその美味な肉を四旬節の間に食しても、良心が痛まないのである。ベネズエラの農場主たちは、かつては厄介ものと考えられていたこれら四つ足の齧歯動物をほとんど一年中繁殖させ、二月に駆り集めて殺し、イースター前の四〇日間、肉食が断たれる期間の消費に向けることによって、利益の上がる産業（年間二五万ドル）を興した（Fur 1992：93）。

西洋文化において豊かな象徴を与えられた多くの動物のなかには、人間との交流に影響を与え、また、影響を与えられる点で、隠喩的な属性の力をとりわけよく例示する三つの多様な種がある。ユダヤ－キリスト教伝統に深く根ざす意味をたっぷり負っている生命形態として、ミツバチ、ブタ、コウモリ――空、地、地下の住民――を選び、その伝統における彼らの役割に限って考察する。これらの動物は、さまざまな宗教的、社会的反応を誘い、その範囲は崇拝的な尊敬から愛憎背反、そして拒絶にまで及ぶが、それは人間が人間のではない領域と提携する過程の一部なのである。

聖なるハチ

ミツバチは、他のいかなる種の動物と比べても、人間と最も密接な交流を経験している。しばしば、「最も小さい家畜動物」と言われているが、この独特な昆虫は、とりわけ知恵と感受性を授けられ、それゆえ、尊敬に値すると古代から見なされてきた。こうした認識は、ハチが人間生活になしてきた価値ある貢献と彼らが人々に与える比類のない贈り物に対する感謝から育った。彼らが生産する蜂蜜は、何千年もの間、知られていた唯一の甘味料であった。美味な黄金の液体は健康によいものであり、輝く発酵飲料である蜂蜜酒に変身させることができたので、蜂蜜は「命の贈与者」と呼ばれた。この貴重な物質を生産し、さらに、驚くべき社会構造と行動特性を示すハチは、高等の生き物、究極的に聖なるものとされ、生の中心的事象——すなわち誕生、結婚、死——そして、復活の信仰と連関されるようになった（Ransome 1986 : 19)。ハチは、人間の生命サイクルに引き入れられ、畏怖をもって見られ、精神的性質と超自然的才能を所有すると認めた。彼らはキリスト教と密接に結びつけられ、その宗教内部で強力な象徴的、寓意的役割をおったのである。

ハチは世話をしてくれるものを認識し、それに反応し、協力すると信じられている（Shaler 1904 : 196)。ハチと仲間の人間との間の特殊な関係は、よく知られた習慣である「ハチについての話」を作り出した。この習慣は二〇世紀初頭まで続き、ある地域にはいまだに残っている。この伝統は、かつて中央ヨーロッパ、ブリテン島、北アメリカに広がっていたが、養蜂家が誕生、結婚式、死などの重要な家族の出来事を彼らのハチに知らせなければならないというものであった。これらの伝達を怠ると、子供が死んだり、結婚が解消されたりするかもしれない——あるいは、腹を立てたハチが巣を離れ、悲しみと怒りのために死んでしまうだろうことを意味した（Travers 1989 : 81-82 ; Henderson 1879 : 309-310 ; Ransome 1986 : 218, 220-221, 271)。アメリカでは、ジョン・グリーンリーフ・ホイッティアー〔一八〇七—一八九二 ニューイングランドの田舎についての詩で知られる詩人〕は「ハチに話す」についての詩を書き、マーク・トウェイン〔一八三五—一九一〇 アメリカの作家〕の『ハックルベリー・フィンの冒険』には、ジムがハックにこの習慣を説明する場面がある。

ハチに持ち主の死を告げることは特に緊急を要する。なぜなら、もし彼らが何の知らせも受けないと、彼らは主人を探しに天に向かって姿を消してしまうからである。この習慣は、ハチは魂であり、「彼らがそこからやって来た天へ飛んで行く」ことができるという考え方と関係する。別の信仰では、ハチは神の使者として、彼らの死んだ主人がいまにも到来するという知らせを、聖霊の土地に運ぶということになっている（Ransome 1986：172, 218–219）。

多くの地域で、死者が出たあとハチの巣は黒いテープで飾られ、そのテープは遺体が通り過ぎる時にとりはずされて、故人が最後にハチを祝福できるようにする。この過程を怠ると、ハチが巣を見捨てることになる。死者のもっていた巣を買うことは勧められない。なぜなら、買われたハチは必ず別れた持ち主を追って出て行ってしまうからである。伝統的に養蜂家は、後継者に彼の巣を譲るよう死ぬ前に遺言しておくべきである。受け継いだあとでは、後継者はハチたちに、主人としての彼の立場をわからせて、彼のところにとどまるように頼み、引き続きよく世話をすることを納得させなければならない。そのようにいわれると、ハチは承諾したしるしにブンブン言い出すかもしれない。もし新しい主人が彼の新しい立場について話すことを怠ると、彼らは元の主人を追って行って死んでしまうだろう（Ransome 1986：161, 172–173, 221；Clausen 1962：117–118）。

この他に、ハチとその飼い主の間の絆を示すものとして、葬式の食事の一部が巣に与えられるということがある。フランスでは、死者はつねにハチの親類と呼ばれた。ハチが飼い主がまだそこにいると信じて彼を追って行こうとしないように願って、故人の衣服の一部が巣にくくりつけられた。多くの地域で、結婚の際にウエディングケーキの一部がハチにあたえられた。ウエディングドレスの一部や白いリネンが巣につけられた。洗礼のようなお祝いや豊作のような一般的な喜びのためには、巣は鮮やかな色の布で飾られた（Ransome 1986：218–220, 235）。

ハチとその世話をするものとの異常な親密さは、古ドイツ語の養蜂家を表す称号、*Bienenvater* または、*Immenvater*、すなわち「ハチの父」に語源的に現われている。というのも、他の種類の動物の世話をする人に、これに匹敵する名称がないからである。ドイツやフランスでは、ハチと人間の奇妙な一致は言語的に明白であり、ハチが死ぬ時と人間が死ぬ時とに同じ動詞が用いられる。ハチを除くすべての動物が滅びる（*perish*）のに対し、ハチと人間は死ぬ（*die*）のである。同様に、ドイツの一部の地域では、ハチは動物のように貪る（*devour*）のではなく、人間のように食べる（*eat*）と言われているという理由で区別される。興味深いことに、ヨーロッパやパレスチナのある地域では、ハチは人間と同様に習慣的にシッ（*tst!*）という音で呼びつけられた（Ransome 1986 : 155, 169, 239 ; Wood 1880 : 686）。

養蜂家の幸福はハチの幸福と不可分であり、巣の繁栄は主人の健康に依存している。ハチの数は飼い主が年をとるにつれて減っていく。人々は、かつてハチと文書で契約を交し、ハチを愛し、面倒をみることを保証した。この昆虫は、けんかばかりしている家族や、お互いにだまし合っているような家族とは一緒にいようとしない、と信じられていた。けちな人の世話になっていると、ハチは仕事をすることを拒否して滅びた。さらに、ハチは、持ち主が「善良で知性的」でなければ生きないし、自分の義務を逃れる人々を追っかけて刺した。ハチに向かって罵ると、ハチは死ぬか、不敬な言葉を用いた人を刺す。フランスやドイツでは、ハチは処女を失った少女や不道徳な男を刺すが、白痴や性向のよい人は刺さないと言われていた。ハチの霊性と一致するように、彼らはけっして金で買ってはならず、物々交換しなければならない。贈り物として受け継いだり、もらったりしたときには巣は栄えるが、それに反して、盗んだハチは蜜の生産をやめ、死に絶える（Clausen 1962 : 115, 118 ; Ransome 1986 : 169–170, 174, 227, 236, 239）。

ハチの生物としての行動面の特性と、これらの特性の認識の仕方は、人々とハチの間の密接な絆を説明し、この昆虫はキリスト教における多くの役割に適合する。ハチと一緒に親しく働く人は、この昆虫が「人間の耳に聞こえない音楽を聞く」ことを発見する（Longgood 1985 : 8）。ハチは賛美歌を歌い、

「音楽と歌を愛し」、「人間の言葉を話し、理解する」ことができる（Ransome 1986：175）。献身的なハチの主人は「ハチがお互いに話すのを聞く」ことができるだろう（Stratton-Porter 1991：201）。ヘブライ人の間では、ハチは言語の観念と結びついている。ハチに対するヘブライ語 *deborah* は、*dabar*「話す」という語から来ている（Fisher 1972：35, 38, Wood 1880：683）。語源はこの昆虫の伝達能力にあって、それは彼らの羽のブーンという一定音によって示されている。

他の動物より優れた伝達能力を有することによって、ハチは人間の問題に容易に関わることができる。彼らが人間の言葉を理解するうえでの決定的な要因は楽園からこのかた変化していない唯一の生き物だということである。アダムの堕落と楽園追放以前は動物と人間が共通の言語を話していたことを思い出すなら、ハチと人間の間の独特な相互伝達は、ハチが起源の恩恵に満ちた身分のままでいることの論理的結果だということになる。伝説によると、アダムとイヴがエデンの園から追放されたとき、「ハチは彼らについていった――だが、呪いではなく、非常に重要な祝福をもって」（Scott 1980：7）。

ハチは、単なる言語を越えて雄弁を獲得するが、雄弁は彼らが象徴する特質である。この昆虫が比類のない甘さをもった蜜を作り出すことは「蜜のような言葉」によって表わされる特殊な宗教的雄弁の印となった。甘さを生み出すおかげで、ハチは演説者や歌手の力を連想させる（Clausen 1962：127；Ransome 1986：155, 196, 240；Ferguson 1961：170；Charbonneau-Lassay 1991：324）。「黄金の口をもつ」と言われた聖ジョン・クリソストム、聖アンブローズ、聖ベルナルドはみな、生まれた時に口の周りにハチが群がっており、彼らの説教の甘さを象徴していた（Mercatante 1974：179）。喉の痛みを鎮める力によって、蜂蜜は咳を抑え、喉の痛みを直す薬のもとになっている。この薬品としての使用価値は現代まで続き、信仰と実用主義の収束の興味深い例となっている。

蜂蜜は旧約聖書においても新約聖書においても、優れた力をもった食物である。ヘブライ人は「乳と蜜の流れる土地」を約束された（出エジプト記三章八節）。蜂蜜は豊饒と豊潤の象徴だったからである（Cansdale 1970：245）。洗礼者ヨハネは、荒野に住み、イナゴと天然の蜂蜜を食べていた（マタイ伝三章四節）。古代の人々は、その起源が黄金を意味するドイツ語から派生した蜜作りを奇蹟的であると見なしていた。今日でさえ、この物質はその要素のあるものについて神秘の性質を保持している。それは直接血液に流れ込むので、消化を必要としない唯一の食物であると言われている（Norman 1990：4, Longood 1985：195）。蜂蜜は、ハチが花から集めてくる花蜜から作られるので、純粋さ、香り、美しさを連想させる。花はそれ自身のもつ再生や不滅という象徴的内包をハチに分け与える。植物とハチは受粉における役割を通じて生物的に相互に関係しあっているのである。詩的に言うと、「ハチは花に代わって花の求愛をする」（Stratton-Porter 1991：198）。

蜂蜜は多くの宗教的儀式、特に誕生と死を扱う儀式において重要であった。キリスト教の洗礼の聖餐式において、幼さを表わす乳と混ぜあわされた蜜は儀式的な第二の誕生を意味し、天上の甘さを前もって味わうことを意味していた。それは洗礼を受けた人が約束の地に到達することを示している。「天国の露」と見なされた蜜は「神の楽園にあるバラの露」から「喜びの楽園のハチ」によって作られた。このようにして、天上の物質を洗礼の際に口にすることは不滅を保証するものであった。この象徴と関連するのは、蜂蜜を死者への供えものにする広く行われている使い方である（Ransome 1986：161, 279, 281–283）。

蜂蜜が、「純粋」であると考えられているのは、それを合成したり、粗悪にしたり、改良したりできないからである。その最も驚くべき性質のひとつは安定性である。なぜなら他の食物のように腐敗せず、無菌状態にあるからである。現代の権威は、これを「自然の最強の殺菌力をもつもののひとつ」と呼び、「細菌は蜂蜜の中ではとても生きられない」と主張する（Parkhill 1980 : 36 ; Clausen 1962 : 121）。それゆえ、蜂蜜は保存剤として、また死者の防腐処理に使用されてきた。その抗バクテリア能力と、起源や力についての信仰のゆえに、蜂蜜は古代から今日にいたるまで治療に重要であった。医薬的な使用には、傷、特に口と喉の傷の治療、胃潰瘍の治療、皮膚の塗薬としての塗付などが含まれる。古代より、蜂蜜は消化を助けるものとして喜ばれ、活力を与え、健康を増進する能力が評価されてきた（Clausen 1962 : 121-123, 125）。ハチに刺されることさえ治療になると考えられ、今日でも、ハチの毒はいまだにリューマチ治療薬としての評判を保っている。

神聖で才能豊かな昆虫によって製造されるという理由で、蜜蠟は宗教儀式において特別の場を保持している。蜂蜜と同様、蜜蠟はいつまでももつ。カトリック教会では、たくさんの量が使用され――実際、ある地域においては、天国に起源をもつミツバチの祝福された性質によって、ミサが行われるときには、必ず蜜蠟のろうそくが祭壇を照らすことになっている。蜜蠟のろうそくはキリストの汚れなき体を象徴する。それを作るハチが通うのは最高の最もよい香りのする花だからである。芯はキリストの魂と不滅を意味し、光は彼の神聖な人格を表している（Clausen 1962 : 127 ; Ransome 1986 : 148）。

キリスト教におけるミツバチの役割は蜜と蠟の製造に限られず、この昆虫の社会構造と行動に密接に関連している。巣の組織は、モーリス・メーテルリンク〔一八六二―一九四九　ベルギーの詩人、劇作家。『青い鳥』、『ペレアスとメリザンド』〕が「宇宙で最も秩序ある共同体」と呼んだものを表している（1954 : 1）。ミツバチは人類と同様、専門化された労働、恒久的住居、食物生産を伴った社会を形成する。彼らは動物のなかで最上の建築家であり、いまだ完全には理解されていない驚くべき建築技術によって住居を建設するが、彼らのハチの巣の六角形の房は「美と偉大な力と効率を結合する」(Longgood 1985 : 64)。家畜化を研究するある有名な学者が指摘しているように、人間とハチは両方とも「自己を家畜化する」種であり、その中では互いに他のものを犠牲にして生き、すべてのものが労働分担によって恩恵を受けるような単位を構成する(Zeuner 1963 : 506)。

　観察者は昔から気付いていたのだが、蜂蜜を製造する上でミツバチは巣の需要に見合うように疲れも知らず働き、個々のハチがいっしょになって共通の大義のために働くのである。この昆虫は勤勉、秩序、純潔、節約、勇気、分別、協力といったキリスト教の美徳を表わす。性と無縁であると感じられるミツバチの性質は、古代より道徳的行為のたとえとして用いられた。偉大な詩人ヴェルギリウス〔BC七〇―一九　ローマの詩人、『アエネイス』〕は、キリスト教に先立って、ハチは性交もせず、生殖行為にもたずさわらず、産みの苦しみを味わって子を生むこともなく、「つがいとなることなく、葉や香りのある草から子供を集めて、自分の口のなかに入れる」というアリストテレスの考え方を広めた(Virgil 1982 : 130-131)。初期のキリスト教のある文書は、「子孫を作り、子をもつ喜びがあり、それでいて処女のままである」ハチを称賛し、その昆虫の純粋さを貞節のモデルとしている(Ransome 1986 : 144)。

　ヴェルギリウスは彼の生きた時代の仮説を反映して、「王のハチ」を称えた。というのも、巣において独特でかけがえのない一員である女王は雄である、と信じられていたからで、一七世紀初頭になってやっと、最も重要なハチは雌である、という真実が明らかになったのである。その知識が広まり受け入れられる前には、「王」と称されたものが巣を支配し、ハチの活動はキリスト教徒の、とりわけ僧侶や聖職者の生活や義務になぞらえられた。巣は僧院を暗示し、修道院は一般的に養蜂場をもっていたが、ハチは敬虔で統一された共同体で生活する勤勉な神の創造物のモデルであった。集団に献身する働きバチは貞節、貧困、従順の誓を立てる聖職者になぞらえられた。聖ジェロームはこう助言した――「ハチの巣を作りなさい。その生き物をよく見て、僧院の運営のしかた、王国の統治のしかたを学びなさい」(Mercatante 1974 : 179)。ハチの巣は「賢明に統治され、平和で、唯ひとりの長の支配のもとで成功している共同体生活の表意文字である」。指導者としての教皇をいただく教会も巣に比較される。「その隠れ家の内部で、教皇は蜜によって象徴される神聖な教えを守り、キリスト教社会における、一人ひとりの地位を定める規律を宣言しなければならない (Charbonneau-Lassay 1991 : 325)。一匹の王バチが秩序ある共同体において純潔に生きるように、唯ひとりの「王なる教皇」がいるべきである、という議論があった。王バチはめったにその針を使うことはないという理由で、僧正は従順で穏やかであるべきだということになった。蜜はキリストの優しさと共感を象徴し、ハチの針は彼の世界の裁き手としての役割を表わした。ハチに刺されたものは煉獄にいて、祈りを求めている魂からの伝言を受け取っているとも考えられた (Ransome 1986 : 145-146, 149 ; Ferguson 1961 : 12 ; Longgood 1985 : 177 ; Mathews 1986 : 21)。

キリストはミツバチとして表わされた。教会における彼の生き生きした精神は巣における女王の役割になぞらえられた。特にその誕生の奇蹟においてイエスはハチに似ていた。ハチがその子供を口から出すように、寓意的に見て、彼は、彼の父の口から出てきたのである。清潔さの美徳も両者が共通にもつものであった。ハチは香りのある植物と連携して生殖し、汚れたものは何でも避けるからである。イエスが無原罪懐胎によって生まれたことは、性と無関係と言われるハチの生殖によって理想的に表現された。古代に、ハチは死んだ雄牛の屍から生まれると信じられていたこともハチの貞節を強調した。雄牛は去勢されているので、性別をもたないからである (Charbonneau-Lassay 1991 : 324-325 ; Ransome 1986 : 146-147 ; Matthews 1986 : 21)。

ミツバチはキリストの受肉を象徴し、その単性生殖の能力は処女出産を表わした。ハチはマリアの処女性を表わし、マリアは「母バチ」と呼ばれた。ハチが蜜を作るように、祝福された処女は救世主を生み出したのである。マリアはハチの巣であると想像された。彼女はその子宮にすべての甘き喜びをそなえたイエスをみごもったからである（Matthews 1986 : 21 ; Ransome 1986 : 148 ; Travers 1989 : 81）。その生殖についての科学的事実が決定された後でさえ、ハチは性的純潔さを象徴し続けた。女王と彼女の伴侶となる一匹の雄蜂は、巣において性的な結合を経験する唯一の個体だからである。他のすべてのものは貞節を守り続ける。かくして、ハチの巣は社会の善のために性的活動を制限した共同体の例を表わすのである。

ミツバチはイエスの両親と密接に結びつけられる。マリアは聖なる三位一体の名を唱えて、ハチの群れにヨセフが作った巣に住むように一度、説得し、彼らに健康と繁栄を約束した。ハチに向かって唱えられる古い呪文が明らかにするところでは、マリアが手を上げると「親愛なるハチ」が御子キリストのために飛び回って蜜を手に入れた。ある中央ヨーロッパの伝統では、子供たちに蜂蜜を与えるのを拒むものは、マリアとヨセフに対して罪を犯すと言い伝えられている。ヨーロッパのいくつかの地域では、教会の祭礼の前夜にハチの巣に聖水をまき、香でいぶす。ハチは神を崇拝するために祭壇の灯火用の蠟と人間の消費する蜜を生産するのみならず、宗教上の祝祭に神を誉めたたえる賛美歌をハミングする（Ransome 1986 : 165–166, 169, 173, 217 ; Radford and Radford 1974 : 38）。

キリストとの連想から、ミツバチはキリストの手から落ちた水のしずくから創られたり、その額から出てきたり、彼が十字架上で落とした涙から生まれ出たなどと考えられていた。キリスト教にとって、神聖である三という数字はミツバチとその生涯の周期によって表わされる。三つの主要な部分——頭部、胸部、腹部——が、この昆虫の体を構成する。ミツバチが卵を三日抱くことと、キリストの死体が墓の中に三日とどまっていたことが類似すると考えられる。冬の三か月間の暗黒の後、ハチが暗い巣から再び姿を現わすのは復活と不滅の印であった。伝統の伝えるところでは、初めてハチを飼う者は聖なる数である三つの巣から始めなければいけない。ハチは決して眠らないと信じられているので、キリスト教の美徳を獲得するための警戒と熱意を象徴した。ハチが蜜を貯蔵し、夏の間に十分な食物を生産して、冬の間に集団を養うのに示す勤勉さは、永遠の命を保証されるように地上で徳を積むことによって宝をためるキリスト教的労働の象徴になった（Ransome 1986 : 238, 245, 247-248 ; Charbonneau-Lassay 1991 : 323, 329 ; Cooper 1978 : 19 ; Ferguson 1961 : 12 ; Leach 1949, 1 :130）。

個々のハチの利害が共通の幸福に従属する場である巣の共同体は、キリスト教徒に個人の利益が社会の進歩の犠牲にならねばならないキリストの王国の実現に向かって、たゆみなく働くためのインスピレーションを与えた。ある権威によれば、「生まれた子供に、これほど惜しみなく注意を向ける種は他には知らない」（Longgood 1985 : 79-81）のであるが、この努力は究極的には巣の利益のためなのである。世代の継続を保証する複雑なメカニズムを通じて、ハチの社会は進行する生存、ある種の集団的不滅を獲得する。大いなる全体と一体化することによってのみ個は個的消滅を免れるようになるのである。ハチは集団を離れて一匹では生きられない。そして、一単位として一緒に働くことで、彼らの集団的同一性は「生の表面に隠れている」本質的な同一性を現わすのである（Chetwynd 1987 : 40）。

キリスト教徒にとって、ハチは魂の不滅を表わす。その巣から群れになって移動することで、ハチは神聖なる統一から群れになって出てくる魂を象徴する。彼らは現世と霊の領域の間で伝言を運ぶ（Cooper 1985 : 70）。聖ベルナルドは、ハチを「瞑想の翼に乗って高く昇る……魂のイメージである」と見なした（Carbonneau-Lassay 1991：328）。P・L・トラヴァーズによって記されているように、「ハチは、いつでも、どこでも命――不滅の命――の象徴である」。言語もこの概念を反映している。「コーンウォール語のbeu, アイルランド語のbeo、ウェールズ語のbywは『生きている』とか『命のある』とか翻訳できる」。ギリシア語のbiosとフランス語のabeilleも「これらの語に近い」（1989：81）。

キリスト教はハチの洞察や知識を認識し、それを「生の本質を識別する霊感や知恵」であるとする古い伝統を組み込んだ（Chetwynd 1987：40）。近代科学の知識は、何年にもわたって直観的に知られていたミツバチの目覚ましい才能の存在を確認している。実際、今日、ハチの能力は「自然の最も驚くべき成果」と考えられている。というのも、ハチは本能だけでなく、真の知性を示すからである（Longgood 1985：203）。

カール・フォン・フリッシュの研究は一九五〇年代に初めて発表されたが、ハチが動物の中でも特別な存在にする伝達能力を所有することを証明した。時の試練に耐え、他の学者たちによって確認された研究を通じて、フォン・フリッシュは、ミツバチが「ダンス」によって、その踊り手が発見した入手可能な食物源、または他の重要な対象の距離、方向、価値の詳細な情報を同胞に伝達することを示した。ハチの「優れた知能システム」は「動物王国で最も複雑な記号と象徴の言語」を表す（Sparks 1982：185, 188）。現代の調査によって、ハチは、フォン・フリッシュが想像した以上に、すばらしいことが明らかになった。すなわちハチは「恐ろしいほどの学習能力」をもっているからである（Sparks 1982：188）。ミツバチの行動は意識的な思考と意図的な行為を示している。認知動物行動学者ドナルド・グリフィンは、ハチは確かに精神をもつための基準を満たしている、と結論している。彼らはコミュニケーションが発生する直接状況から離れた対象について伝達するからである。ハチは、人間の言語のやり取りとの類似を具体的に示し、象徴化や柔軟性において人間の言語によく似たシステムによって、「話し」たり「聞い」たりする（Griffin 1981：6, 18, 41, 46, 49）。

フォン・フリッシュの研究の半世紀前に書かれたミツバチについての古典的論文において、メーテルリンクはハチの知能を激賞し、こう書いた――「われわれ自身の外にある真の知能の印の発見は、ロビンソン・クルーソーが彼の島の砂浜の上に人間の足跡を見たときに感じた感情に似たものを与えてくれる」。彼によれば、ハチの知能を理解しようと努力しながら「われわれは、彼らにわれわれ自身の本質の最も貴重な部分を研究していることになる」――それは、精神能力である（1954：76-77）。

新約聖書によると、「初めに言［言葉］があった。言は神と共にあった。言は神であった」（ヨハネ一章一節）。このようにして、キリスト教の信仰において言語は神聖であり、言語の熟達によって人類は、自分たちが他の創造物と違っており、それより優れている、と一般的に考えてきた。しかし、ミツバチのダンスは言語を構成し、それによって人間の独自性に挑む（Barth 1991：283-284）。聖書が神の言葉を人間を維持するものとしての蜜になぞらえ、神の掟は蜜やハチの巣より甘い、と示しているのは興味深い（詩篇一九章一〇節）。ミツバチの知能の質、その複雑な社会組織、受粉における役割、人類にとって有用で心地好い物質の生産を考えると、この独特な生き物が集める尊敬は驚くにはあたらない。ヴェルギリウスがハチについて言ったこと――彼らは「聖なる精神をもち、霊気の飲み物を飲む」（1982：131）――は、年月の経過とともに、より明らかになってきた真理を表明している。

ハチは、かつて、家や町の友人や保護者と見なされた。ドイツでは、「神の鳥」とか「マリアの鳥」とか呼ばれ、「霊魂と伝達していた」（Baring-Gould n. d.：14）。広く信じられている考え方によれば、人類と神との契約は人間とハチとの契約に似ている（Stratton-Porter 1991：254）。かつてアメリカに存在していた実践では、カトリックの聖職者はミサに用いた聖別されたパンのかけらをハチのために巣に置くのである（Ransome 1986：217）。古くから人々は、いたるところでミツバチを神の贈り物と見なしており（Charbonneau-Lassay 1991：319）、この考え方は今日まで続いている。ユーゴスラヴィアでは、ハチは神によって与えられたと信じられている。もし何らかの災厄が巣にふりかかれば、それは神の仕業であり、蜂養家はそれを受け入れなければならない。ハチはその主人を選ぶといわれており、習慣によれば、肉体的、精神的に純潔であり、汚れていない衣服を身につけたものだけが巣に近づける。酒を飲んだり、汗をかいたり、叫んだり、盗みを働くものは、ハチを保有することはできない（Domacinovic and Tadic 1991）。

中世の西洋文化において非常に優勢であったハチにまつわる象徴はしだいに衰退し、今世紀の初めに消滅し始めたが、昔のオーラは依然として残っている。たとえば現代アメリカのハチの雑誌では、ハチはその農作物を受粉させる役割に対して「農業の小さな天使」と呼ばれ（Graham 1992：259）、超自然的役割という考え方を残す宗教的用語を保持している。ジーン・ストラットン＝ポーターの古典的作品『ハチの飼育者』は一九二五年に書かれ、一九九一年に再発行されたが、道徳の模範で人類の教師であるというミツバチのイメージを永遠のものにしている。特別に植えられた青色——完全な色——の花の庭で食料を得る完全な生き物としてのハチを背景にして、ハチのイメージに平行する人間的価値が称揚されている。自然と調和した清潔な戸外の生活、健康、清潔、純潔、夫婦間以外の性行為の禁止と、母として女性の敬愛、ジェンダーの役割の厳格な区別は、善き生活にとって欠くべからざるものである。中心にあるのは神の信仰である。ハチの巣を設計できたのは「立案者」としての神だけである。ハチとその飼い主の間には強い共感が散在し、飼い主はハチの行動を制御するよう彼らに「魔法をかける」ことができ、ハチは悪人だけを刺す（Stratton-Porter 1991：196, 211, 410-411）。

キリスト教の道徳教育のためにハチを使用することは今日まで続いている。一九九二年の日曜学校の教材カタログでは、ミツバチの聖書教義を特集し、ミツバチ聖書クラブを発足させるために必要なものが売られているが、その中には教義計画、教育の概略、そしてハチのロゴのついたTシャツが含まれている（Miley 1992：4-5）。宗教に関係する店で目玉商品になっている日曜学校の子供たちのためのバースデイカードは、忙しいハチが「ブンブンといって」プレゼントを受け取り手まで運び、その受け取り手はその特別な日には「楽しいことをたくさんする」ところを描いている。今日の子供のための説教は子供に、「多くのことを知り、多くのことができるように、ハチをお作りになったとは、神様は素晴らしいではありませんか？」と聞く。ハチは「素晴しい脳をもつ」が恐れることはない。ハチは「あなたが邪魔をしなければ、あなたを邪魔することはない」からである。牧師は、ハチの「仕事の多さ」、「おのおのが自分自身の仕事から離れない」という事実、また、その称賛に値する「忙しさ」、清潔さ、有用性のゆえに、誉めたたえる。子供は、「ハチの町における男性や少年」――すなわち「怠惰で、用なしで」、「軽蔑すべき」存在で、「不精で、貪欲で、自分勝手」な雄バチ――のようにならないようにと、厳しく忠告される。番兵ハチや働きバチが、最終的には雄バチに復讐して、彼らを殺したり、追い出して飢え死にさせたりする事実は教訓的な力を与えられている。キリスト教のハチに対する世辞は教訓の終わりで強調されている。「イエスは、人にできる最も美しい仕事は働きバチのように働くことだ、ということを示すためにおいでになった。すなわち、お互いに助けあい、他人を幸福にすることである。復活際の日に墓から立ち上がった後、主は湖の岸で弟子に会い、彼らに、何か食物をもっているかとお尋ねになった。彼らは主に、料理した魚とハチの巣をひとつ差しあげた。わたしは、主がこうおっしゃったと確信します――『このように甘いものをくださって、神様ありがとうございます』」（MacLennan 1996 : 273-275）。

不潔なブタ

フォン・フリッシュがハチの巣について言ったように、「個々の種は魔法の泉である――汲めば汲むほど、さらに出てくる」（Russell 1991 : 11）。西洋文化がハチの純粋なイメージを汲み出した澄んだ水は、ブタの場合には決定的に汚れている。ハチの列を作るとか、トウモロコシの皮剝き大会（husking bee）やつづり字大会（spelling bee）を催すとか、ハチのように忙しい（busy as a bee）とかいった表現はみなハチの花蜜の源へまっすぐ飛ぶ能力、協力精神、知能、社会的連帯、勤勉な行動を強調する望ましい性質から派生したものである。これらの比喩を、不潔なブタ、太ったブタといった修飾語や、つむじまがり（pigheaded）、食いつくし（pigging out）、きたない家（living in a pigsty）と比べてみると、二つの種の象徴による知覚における違いが大いに明らかになる。

天上のものであるハチとは異なり、ブタは地上に縛りつけられている。香り高い花を訪れるのではなくブタは泥の中で鼻で土を掘り、ぬかるみや自分の排泄物の中に転がってもいる。ブタには擁護者や崇拝者はいるが、ユダヤ‐キリスト教の伝統における一般的な見方からすると、それは例外であり、その伝統によれば、豚という動物は下劣で嫌悪をいだかせるのである。ブタの擁護者ウィリアム・ヘッジペスが記しているように、「人間が、これほど熱心に、これほど多くの一般化しすぎた否定的判断を加える地上の生命形態は他にはいない」（Hedgepeth 1978 : 198）。そして、フランコ・ボネラのこの種への感謝を表わした研究によると、「地上の動物で、ブタほど不当に扱われている動物はいない。侮辱され、あざけられ、軽蔑され、ののしられ、搾取され、そして、しまいには屠殺される」(Bonera 1990 : 6)。このように、小さく、優雅で、食べられない、神の選民であり、無垢で、知的で、勤勉で、利他的で、社会において協力的であるハチの対極に、大きくて、肥満して、汚く、悪臭がして、不格好で、頑固で、愚かで、みだらで、利己的で、怠惰なブタがいる。その滋味に富む肉は多くの形で熱心に消費されるにもかかわらず、神と人間の両方に呪われ、そしられ、軽蔑とタブーの対象になっている。

動物のタブーの宗教的、世俗的側面は、人類学者エドマンド・リーチの動物の範疇と言語の誤用についての高名な論文で論じられている。リーチは、侮蔑の本質をなし、卑猥を表わす動物の用語の問題に光を当てた。人間は動物と相等しいとされている、と彼は指摘する。なぜなら、ある種の動物は、食用性に関連して、これらの動物を殺して食べることに関するタブーや規則に結びついた態度の焦点になるからである。タブーであるものは何であれ特殊な利害をもち、不安の原因となる。タブーの動物は神聖で強力なものでありうるが、それらは触れてはならないもの、不潔なものと見なされる。かなり大きな動物を殺すことを恥じて、その屍は異なる名前で呼ばれるようになった。死んだウシはビーフ、死んだブタはポークやベーコンやハムになる。「豚野郎」というののしりは、西洋社会では、ブタの地位ゆえに説得力のある修飾語である。リーチは次のように指摘する。

ある種の動物は不当な侮蔑の重荷を負っているように思われる。明らかにブタは清掃動物であるが、イヌも生まれついてはそうであり、われわれが前者を「不潔」と呼び、後者を家庭のペットにするのはとても合理的とは言えない。察するところ、われわれはブタにむしろ特別な罪の意識を感じているのではないか。結局、ヒツジは羊毛を、ウシは牛乳を、ニワトリは卵を供給するが、われわれがブタを育てるのは、彼らを殺して食べるという唯一の目的のためであり、これは、どちらかと言うと恥ずべきことであり、その恥はすぐさまブタ自身に付着するのである。それに加えて、イギリスの田舎の状況においては、裏庭の豚小屋のブタは、ほんの最近まで他のどんな食用動物より家庭の一員に近かった。ブタはイヌのように主人である人間の台所の残り物を餌として与えられていたのである。そのような、食をともにする仲間を殺して食べるとは、まさに神聖冒瀆である！
(Leach 1975 : 28–29, 47–48, 50–51)。

ブタ肉の消費と、ブタへの接触まで禁じる旧約聖書のタブーは、人間の禁制の中でも最も魅惑的で挑発的なもののひとつである。レビ記に述べられているように、神はモーゼとアロンを通じて、イスラエルの民に、ある種の動物を食べてはならないという従うべき規則を明示した。「蹄はあるが、それが完全に割れていないか、あるいは反すうしない動物は、すべて汚れたものである」（十一章二六節）。「いのしし〔共同訳聖書一九八七年では、ブタでなくイノシシとなっている〕は蹄が分かれ、完全に割れているが、全く反すうしないから、汚れたものである。これらの動物の肉を食べてはならない。死骸に触れてはならない。これらは汚れたものである」（十一章七—八節）。

聖書によるブタの不浄なものとしての位置づけは動物を通して象徴化する——肯定的のみならず否定的な定位をもった認知的バイオフィーリアを見せる——人間の性向に照らしてみると、どのように解釈するべきであろうか。多くの説明が提出されている。ユダヤ人は、ただ単にこの動物が彼らを虜囚とした憎むべきエジプト人の儀式に用いられた、あるいは、ある種の異教の神にとって神聖であったという理由でブタを避けた、と主張するものもいる。ブタに対するヘブライの非難の理由としてよく引用されるのは衛生上の理由である——すなわち、この動物は旋毛虫症（一九世紀までは科学的に証明されていなかった）あるいはハンセン病など他の病気の保菌生物である、と信じられていた。ブタ禁止の生物的合理化は、この動物がユダヤの暑く、乾燥した環境に適さず、彼ら遊牧民の生活の厳しさを生き抜けなかったという事実に根ざしている。マーヴィン・ハリスが擁護した文化唯物論の見解によれば、雑食のブタは食べ物に関して「人間の直接の競争者」であり、「役に立つミルク源」ではない。ヘブライ人は遊牧牧羊者として文化的に適応しており、ブタは「長距離を連れて行くのは難しいという悪い評判があった」。それゆえ、要するに「豚肉に対する神の禁制は、根拠のある生態上の政策になっていた」。というのも、「ブタの飼育は、中東の基本的な文化と自然との生態系の統一にとって脅威だったからである」(Harris 1974 : 40–42)。このタブーのために引用されるほかの理由は、ごみを餌とするブタの習性は潔癖なユダヤ人に吐きけを催させるという考えや、この動物は大食、肉欲、怠惰といった、豚肉を食べることによって獲得するかもしれない悪癖を避けるための道徳的教訓となったという考えとから生じている。

政治的、美的、衛生的、生物的な原因と文化唯物論に関係する要因は、表面的な現象としてはいかに有効であっても、なおブタにまつわるタブーを十分に処理するものではない。もっと有効な説明としては、象徴宇宙を作り上げるために——認知的秩序を押し付けて存在から意味を作り出すために——人類に内在している力や必要を考慮に入れねばならない。本質的には、今説明した合理主義者の動機は、宗教信仰の領域に必須である人間的経験レベル（「ハチが知っていること」——より深い現実の泉から象徴に媒介されて出てくるイメージ——を構成するレベル）を論じていない。『新オックスフォード注解聖書』の編集者が指摘しているように、清潔な動物と不潔な動物との違いは、「清潔さは神々しさに近い」という現代的意味での衛生上、健康上の考慮に基づいているのではない。むしろ、不潔とは「儀式的に純粋でない、すなわち神聖の反対である」という意味である（Metzger and Murphy 1991：137）。

人類学者メアリー・ダグラスは「レビ記の嫌忌」と呼ぶものを調査して、なぜある動物は神聖でないのかという問題を解明した。彼女が適切に指摘しているように、「仮にモーゼの食事の規則のいくつかが衛生的に見て有益であっても、彼を精神的指導者でなく、公衆衛生の管理者として扱うとしたら残念なことである」（Douglas 1976：29）。関心があるのは神聖さであり、神聖さと不純は対極にある。旧約聖書の命令は衛生や美学、道徳、本能的反感を扱っていないと、ダグラスは主張する。おのおのは神聖であれという命令によって始まっており、祝福を通じて神の仕業は本質的に人間の営みが栄えるための秩序を創造することである。神の規則の違反はすべての危険の源である（1976：49-50）。

モーセの食事の掟を理解する鍵となるのは次のことである。すなわち、不純と不潔に関連するタブーと同様に、それらの掟は象徴体系なのである。ダグラスの議論では、ブタのような不潔の象徴は変則――分類や範疇に一致しない、それゆえ無秩序を意味する要素――を表わす。汚染行為とは「大切な分類を混乱させたり、それに反する傾向のある対象や考え方は罪である、と宣告する反応である」。変則的な実在は不安を呼び起こし、そのためにタブーによって避けられたり糾弾されたりする（1976：34, 36）。神聖さは、個体が帰属する分類に一致することを要求するが、このことは創造の範疇の区別を守ることを意味する。「雑種その他の混乱は嫌悪される」し、曖昧な種は不潔である。神聖さは秩序、統一、完全を伴う。清潔な肉と不潔な肉の基盤は神聖さの暗喩である。ウシ、ヒツジ、ヤギの群れはイスラエルの民が生きる糧であり、これら生計を立てるためのものは清潔な動物と見なされた。多くの牧農者の場合そうであるように、「分かれた蹄をもち、反すうする有蹄類」は、「適切な種類の食べ物のモデル」になった。注意すべきは、二つの基準に合致しないことが旧約聖書においてブタを避けるために与えられた唯一の理由だということである。その汚い清掃習慣には言及がない。分類上の一員として不完全な種や、それを分類すると世界の枠組み全体を乱す種は不潔であるから、ブタに反すう行為が欠如していることがタブーを決定づける。イスラエルの民にとって、食事の掟は次を表わす記号であった。それらは、「神の単一性、純潔、完全さについての瞑想を喚起する。忌避の規則によって、動物王国とのあらゆる遭遇において、また、すべての食事において、神聖さに物質的な表現が与えられるのである」(1976 : 53–55, 57, 73)。

旧約聖書の族長、神によって動物の各種を保存するために選ばれたノアは、ブタを「箱船の船倉にたまった汚物を掃除するために用いた、と言われている」(Lavine and Scuro 1981 : 9)。聖書を通じてブタは軽視されている。「美しい女で、良識のないものは、ブタの鼻の鉄輪のようなものである」(箴言一一章二二節)は、対立を通じて明確な道徳的教訓を要約している。新約聖書はブタの悪名を不滅にしている。しばしば繰り返される警告、「真珠を豚に投げてはならない。それを足で踏みにじり、向き直って、あなたがたにかみついてくるだろう」(マタイ伝七章六節)は、西洋文化の一部になったイメージである。キリストが人々の間から悪霊を追い出して、ブタの群れに投げ込む話は、福音書で三回も繰り返されている(マタイ伝八章三〇—三二節、マルコ伝五章一一—一六節、ルカ伝八章三二—三四節)。ペテロは、キリスト教を受け入れてのち罪深い生活に戻る人は、体を洗ったのにすぐ戻って泥のなかを転がり回る雌ブタのようなものだ、と戒めている(ペテロ第二の手紙二章二〇—二二節)。そして、誉れ高い放蕩息子の究極的堕落のもつ教訓的な力は、彼のブタ飼いという卑しい仕事と、彼がブタの食い物を食いたいと思う欲求とに焦点を当てている(ルカ伝一五章一五—一六節)。キリスト生誕の場面では、飼葉桶のところに伝統的なウシ、ヒツジ、ロバ、ラクダにまじって、ブタが礼拝していないことが目立っている。

中世のキリスト教の宗教的環境では、ブタは地上の悪を意味し、悪意の運び手であった。教皇を馬鹿にするためにヘンリー八世は、彼を三重冠をかぶったブタと評した。東ドイツ、バーゼル、ザルツブルクの教会は、ユダヤ教攻撃として、ユダヤ人が彼らの軽蔑する動物である雌ブタから乳をすっているところを見せる彫刻を使ったことがある。ローマ教会はユダヤ教に対する戦いを決闘と表現し、そこでは敵であるユダヤ教会はブタにまたがっている。聖職者の装飾や彫刻は、しばしばブタを用いて、罪、愚かさ、肉欲、貪欲、その他の悪を表わした。雌ブタは罪人、不潔な人、異端者、淫らな行為、過った考えの象徴であった。七つの大罪を描くために、怒り、抑えられない情熱、貪欲の悪が、ある教会ではブタに乗った人物によって偽人化されていた。ブタは道徳的教訓を示すだけでなく、ある種の高位の聖職者や流行した実践の風刺となった。数え切れない例で、ブタが楽器を弾いている絵があり、ある例では母親の音楽を聞いているブタは「肉の欲求に夢中になることによって、霊的な機会を失う俗人」を象徴すると言われている。ノルマン人の彫刻では、キリスト教に反対する悪しき勢力は詩篇八〇のイスラエルのぶどう（または、生命の木）を荒す雄ブタによって表わされている。ルーアンの聖堂の象徴的な彫刻は、籠の中のマーガレットの花をブタの前にばらまいている女性を表わしている。この意味は、真珠を表わすラテン語は、*margarita* であり、だから彼女は真珠をブタの前に投げてはならないという箴言の命令を侮辱しているのである。キリストが、悪霊を投げ込んだブタを表わしていると思われるブタの像もある。悪霊にとりつかれるとブタは悪魔の化身になる——実際、その状態の証拠はこの動物の前足に見い出される。その前足の爪先の間には皮膚が火傷をしたように小さな穴が見える（実は香腺である）。伝承によると、悪魔がこれらの穴から入り、悪魔の跡と呼ばれる爪跡を残す、と信じられている。

この点で、ブタはしばしば悪魔の仲間と見なされる他の動物、ガラガラヘビと結び付けられる。ガラガラヘビに噛まれても傷つかないので、ブタはこの嫌われる爬虫類を食べさえする。毒がその前足の穴から流れ出てしまうからである（Hedgepeth 1978 : 191–192 ; Bonera 1990 : 43 ; van Loon 1980 : 27 ; Ash 1986 : 42, 75 ; Sillar and Meyler 1961 : 16, 18, 20–26 ; Lavine and Scuro 1981 : 25）。

ブタは聖人伝説にも現われる。あるとき、悪魔は僧正聖アントニウス〔二五一？―三五六 エジプトの隠修士、修道院の創始者といわれる〕の前にブタの姿で現われ、罪の喜びで彼を誘惑し、彼の信仰を否定させようとした。悪と誘惑を象徴する「この動物と永遠の呪いとの間の密接なつながり」に気づいて、アントニウスは悪魔をはねのけた。いったん悪魔祓いがなされると、ブタはおとなしいペットになり、聖人の元にとどまった。この組み合わせは、アントニウスに表わされる善がブタの形をとった悪に対して勝利することの寓意表現として、しばしば描かれている。アントニウスはブタ飼いの守護聖人になった（Bonera 1990 : 62–65 ; Bowman and Vardey 1981 : 55 ; Ash 1986 : 40）。

影響力のある博物学者たちはブタをそのような不名誉から救い出すことを期待されていたかもしれないのだが、そうはせずに、古典時代のローマ人や一八世紀イギリスやヨーロッパの文献に例証されるように、宗教あるいは世俗の否定的な捉え方を強化することになった。紀元七七年、大プトレマイオス〔一二七―一五一頃 ギリシアの天文学者、数学者。天動説を主張〕はその博物学において、ブタを「動物のなかで最も愚かなもの」と呼んだ。一七八八年には著名なフランスの博物学者ビュフォン伯ジョルジュ・ルイ・ルクレールはこう言った。「すべての四つ足動物のなかで、ブタは最も醜い動物であると思われる。形の不完全さがその性質に影響を与えているようだ。すべての習慣が不格好で、すべての好みが不潔である。その感情は激しい情欲と野蛮な食欲になり、おかげで目に入ったものは何でも見境なく貪り食うのである」。イギリスの芸術家で博物学者のトーマス・ビュウィック（一七五三―一八二八）は、この種についてこう書いた。これは「すべての四つ足の家畜のなかで最も不潔で汚い。その形は不格好でいやらしく、その食欲は飽くことを知らず、過剰である」（Bonera 1990 : 9-10 ; Sillar and Meyler 1961 : 1）。

ブタの擁護者は、ブタは生まれつき清潔であり、人間によって押し付けられた家畜化と養豚を通じて「不潔なブタ」になったと指摘するが、豚の生物史は、この動物は軽蔑されるイメージをもともともっている、と考える。農場の他の種とは異なり、ブタは土に根ざしている。その祖先は森の動物であり、木陰に暮らし、比較的涼しい気候に適応している。彼らには汗腺がほとんどないので（「ブタのように汗をかく」という一般的な言い回しに反して）、暖かい気候では体を冷やすために絶えず水の供給を必要とする。こうしてブタは非常な暑さから逃れるために泥を転げ回って太陽に対する保護膜を作るのである。ブタはがつがつした食欲があり、たいてい餌桶に激しく押し寄せる。彼らが食べ物を鼻でこづき回すことがあるのは、香りを出すためと言われているが、それは人間の感受性に逆らう特性である。ブタは雑食なので、ごみを食べても生きていけるが、そのため低い地位におとしめられ、その生殖地は悪臭で名高いものになった。太った体は嫌悪感を与え、毛が少ないために他の馴染みの動物の美的に心地よいなめらかな外被ももっていない。彼らの目は小さく、それは人間にあまり好まれない特徴であり、その表情はしばしば愚鈍で眠そうに見える。

他の動物に比べて高レベルの知能をもつという反対証拠にもかかわらず、ブタの愚かさという型にはまった見方は存続している。感覚が鈍いどころか、トリュフを得るのに慣れたブタは二〇フィート先の深さ一〇インチに生えている美味で、途方もなく高価なきのこのありかを探し出すことができる。ブタは狩人として役に立っていた――イギリスの「スラット（Slut）」という名のブタは獲物を見つけ出し、回収するので有名であった。近年のベトナムの太鼓腹種の流行以来、ますます数が増えているペットのブタの持ち主たちは、友の知能、愛情、忠実さを称賛し、彼らが頭がいいだけではなく、家族に従順で、家族を守り、適応すると考える。一九八四年に、「プリシラ（Priscilla）」と呼ばれるブタが溺れる子供を救ってその献身を示し、動物の英雄としてアメリカ人道協会に表彰された。かつて「賢く、学識ある」ブタがサーカスでよく仕え、複雑な技を行い、訓練し得るという堅固な評判を勝ち得た（Ash 1986 : 9, 25 ; Britt 1978 : 398 : Towne and Wentworth 1950 : 20 ; Atwood 1982 : 52 ; Warshaw 1986 : 82–83 ; Coudert 1992 : 150–154 ; Pet Pigs 1986 : 4 ; Jay 1987 : 9–23, 25–27 を見よ。）

ただし現在は、演技するブタはその「学識ある」地位を失い、現代のサーカスやロデオの珍しい演技で別の役割をはたしている。ポール・ブイサックが彼のサーカスの記号論で示しているように、道化はしばしば「われわれの文化システムの非常に微妙な領域を指し示す」（Bouissac 1990 : 195）。ひんぱんに演じられるサーカスのシナリオでは、グロテスクな女の衣装を着て乳母車を押しながら演技場に入ってくる道化がいる。突然、大きな泣き声が聞こえ、「母親」は近くの人にミルクをもってくるように頼む。サーカスの助手がミルクのいっぱい入った巨大なビン（またはタンク）をもってくる。ビンにつけられたゴム管が乳母車に、そして、おそらく赤ん坊の口に差し込まれる。ビンはすぐに空になり、ふたたび泣き声がする。それに応えて道化は「赤ん坊」を抱き上げるが、実は、それは小さな子豚であった。他の人に手渡されると、その動物は大量に放尿し、したたらせながら連れていかれる。それから道化は恥をかいたふりをして演技場から笑い声に包まれて追放される。この演技で、子豚の食物摂取、排泄、発声に関する行動は幼児に似ており、子供を育てることと、子豚を育てることの類似が強調されている。しかし、社会は人間とブタの間を無理やり分離し、道化がぼかしている境界を創り出している。ひどく混乱が強まっているのは、ブタはわれわれが最もよく食べる動物であり、もっぱら屠殺するために飼育される事実のせいである。大事にされる生き物である人間の幼児とブタ――西洋文化における嫌悪の対象――とを同等視することから生じるのは不条理である（Bouissac 1990：200-202）。

ブイサックが指摘しているように、「解剖学的、生態学的両方の特質の多くが共同して作用し、ブタを人間のすぐ近くに位置づける。その皮膚の色、ほとんど毛がないように見える異常に薄い体毛、人格化にとても役立つ比較的表現力にとんだ顔、生計のための農業で他の家畜動物より人間の住居近くに飼われ、残り物で人間的に育成されている伝統的事実」、そして、「人間の肉ほど豚肉に似た味のものはないという噂」。こうして、「ブタと人間は密接に絡まって生活していたので、認知、象徴のレベルで、お互いを強く断絶する必要が生じた」。ブタのようにふるまうとか、ブタであるという非難は、人類からの除外を意味する。しかしながら、逆説的に言うと、「ブタはあらゆる人間の心に眠っている」（1990：201）。

ロデオの道化の行動は同じテーマを反映している。ロデオにおける人間／動物相互作用についてのフィールドワークの期間中、わたしは、しばしば古典的な道化とブタが演技するのを見たが、そこでは道化はアナウンサーに向かってこう叫ぶ。「会場に、つながれていない気違いブタがいる。これは一〇〇〇ポンドのロシアの野豚で、二フィートの牙がある。狂犬病とブタ感冒にかかっている」。ついで、その「危険な動物」が登場する――メアリーという名の赤ん坊のブタで、道化のあとを追い、道化は哺乳瓶で餌を与える。アナウンサーは解説する。「いやあ、メアリーはたいしたハムです。しかも、二人のハム［大根役者］を従えています」（もう二人の道化が会場にいる）。このように、恐ろしい怪物は無邪気な赤ん坊にすぎないが、そのメッセージは、ブタは結局、肉であるということだ。ブタと人間の交換可能性と、嘲笑のためのブタの利用とは、演技者が子ブタをかかえて舞台に登場し、哺乳瓶で乳を与えるロデオの演技に示されている。彼は聴衆にこう打ち明ける。「昨夜めくらデートした。そして、こいつ（子ブタ）が相手」。そのあと、彼はこう表明する。「ブタとつきあうのは、もうたくさん」。それから、ミルクを吸っている動物に向かってこう言う。「さあ、子ブタちゃん。大きくなれよ！」（Lawrence 1982 : 199–200）。

ブタの象徴による位置づけは、この動物と人間とのいくつかの驚くべき類似と関係しているかもしれない。空、花、巣という遠くて神秘的な領域に出没するハチとは対照的に、ブタは工場飼育以前には近くにすむ隣人、裏庭の住人であり、食物と空間を共有していたのである。親密さは実際には軽蔑を生むのかもしれない。皮肉なことに、ブタは人間との生理的類似性をもっており、それにまさるのは霊長類のみである。ブタの腺から派生した物質や化学派生物質は苦痛を鎮め、生命を永らえさせるためによく投与される。二つの種の消化のシステム、歯、血液、皮膚には解剖学的な類似性がある。ブタの皮膚は火傷治療に非常に役立つ。ブタは放射線効果のテストにも用いられる。ブタの心臓性弁は心臓病患者にしばしば移植される。ブタと人間は両方とも緊張と監禁状態の結果、消化性潰瘍にかかる。ブタは人間と同様、酔いをおこす酒類を消費し、それゆえ、アルコール中毒研究の実験動物として用いられる（Britt 1978 : 406, 411–413 ; Hedgepeth 1978 : 172–179）。

ブタと人間の奇妙な関係を表わしている古い信仰と伝説がある。ある人の飼うブタの一頭が突然死ぬと、その家族のだれかが病気になる。病気の子供のおたふくかぜを、患者の頭をブタの背中にこすりつけることによって、ブタに転移する（Opie and Tatem 1989 : 306）。おそらくは、ブタを育てることは常に近さが同一感を育み、この動物が人間の感情を伝えるものになったのである。ブタと人間の肉体的な

利益を生む企てであるが、この動物がその飼い主の生活水準を上げたことに対してしかるべき感謝を受けることはまれである。人間はブタに対して、こんなに欲得づくであることに深い罪悪感を覚えるだろう。ブタは一般に尊敬を受けず、アイデンティティもない唯一の商品であり、疑いをもたずに捕獲される。食卓に出るとき、これほどグロテスクな種は他にはめったにない――皿に置かれた頭、口にはリンゴ。他の食用動物が乳、繊維、耕作力などを供給するのに対して、ブタの育種は肉しか伴わない。人々がブタを愛するのは死んだときだけである。「ブタは皿の中以外では良きものとならない」(Ash 1986 : 47)。われわれ自身と、われわれ自身の中にある動物に対する恐れを収める容器として、ブタはわれわれの自己非難の攻撃の矢表に立つ。人間の弱さを罵りの言葉を通して彼らに転移することでスケイプゴートにする。疑いもなく、われわれは自身で感知した下劣さをブタに投影し、それによって彼らは文字通り「われわれの罪のゆえに死す」かもしれない。ブタはわれわれの恥や自信のなさを体現するのみならず、われわれの死の恐怖も表わしている。ブタの体は死んでも土には帰らない。ウィリアム・ヘッジペスが指摘しているように、彼らは屠殺のあと完全に消される。彼らには自分の肉体以外の墓場はない(1978 : 262)。リン・ホワイトは、われわれの生態危機の宗教面での起源についての著名な論文の中で、ブタの屠殺は人間の自然に対する支配を象徴する、と示唆している(White 1973 : 24)。

文学はブタと人間の象徴的関係を反映している。例えばウィリアム・ゴールディング〔一九一一―　イギリスの小説家〕の『蝿の王』では、でぶの「ブタ公」と言われて友達に馬鹿にされる不格好な少年は、まさに子供たちが狩りをして殺す野豚のように生贄にされる犠牲者である。トマス・ハーディ〔一八四〇―一九二八　イギリスの小説家、詩人〕の『日陰者ジュード』の読者は、誰もブタ――彼自身の手で餌を与えた仲間の生き物――を殺す役目に対するジュードの反応を忘れることはできない。ジュードはその共感のために、優しい心をもった愚かものの烙印をおされ、社会の外に置かれ、追放者になる。崇高なものからばかばかしいものへ移行すると、大衆文化の呼びものはマペット家の「ミス・ピギイ」〔ジム・ヘンソンが創り出した人形劇のキャラクター〕である——魅力的ではあるが、確かにブタの顔をしている。そして、漫画の「ピーナッツ」の「ピッグ・ペン（ブタ小屋）」〔チャールズ・シュルツの漫画に出てくる、汚い格好をした子供の登場人物〕はいつだって汚い。

現代の都会化された世界では、ブタはわれわれの祖先の裏庭のブタ小屋とは異なり人間の住居とは隔離された場所で育てられ、殺されるが、彼らは精神的な滋養分を多くもち続ける。われわれは、他には言いようのない概念を表現するために、彼らを必要とする。「ブタの貯金箱」はいまだにはやっている。これら金を貯めるブタは、明らかにブタについた欲張りで欲深いイメージが元になっており、子供に倹約を奨励するために与えられ、生まれた赤ん坊に贈り物としてプレゼントされる。「何世紀もの間、ブタは冬に備えた主要な貯蔵資源であり、それゆえ、この動物を貯金の象徴として選ぶのは自然であった」(Nielsen 1978 : 44)。普通、他の型の貯金箱では壊さずに金を引き出せるのに、ブタの貯金箱は小遣いでいっぱいになるとついには打ち壊されて開けられる。「無血ではあるが、これはブタの肉と骨の犠牲を記念する儀式である。哀れな動物は、よいものがいっぱい詰まると、こなごなにされるのである」(Bonera 1990 : 81)。

日常生活で、われわれは、でぶ（食用豚）(porker)、くだらないこと (hogwash)、男性中心主義者 (male chauvinist pig)、ガソリン食いの大型車 (gas hog)、乱暴なドライバー (road hog)、ぜいたくに暮らす (living high on th hog)、幸せいっぱい（ぬかるみにいるブタのように幸福）(happy as a pig in muck)、非常に興奮する (going hog wild)、強欲な (piggish)、動けなくなったブタのように泣く (crying like a stuck pig) といった表現を用いる。ファシストのブタやナチのブタもいる。娼婦や警官はブタと呼ばれる。人々は「ブタの耳から絹の財布は作れない」と注意される。少し前に、ある母親が七歳の子供をうしろ手に縛って、顔を青く塗って、家の前のベンチに置き去りにし、子供の虐待であると逮捕された。子供はボール紙の豚の鼻をつけ、胸にはこう書いてあった。「ぼくはばかなブタです。嘘をついて、盗みをするたびに、醜くなるのです」。この少年は二五ドル相当の商品を盗んだのである(Woman 1988 : 1)。最近では、ライバル、ロス・ペロー氏についてのブッシュ大統領の「きびしい話」に、見知らぬ候補者を選ばないように、という選挙民に対する彼の怒りの警告があった――「調べもしないで受け入れる(buy a pig in a poke)には、問題が多すぎる」(Keen 1992 : 6A)。このよく知られる隠喩は、ポウク(poke)と呼ばれる袋に入れられたブタを、中身を見ないで買うことに潜む危険を指していた。買い手は、節操もない売り手がブタの代わりに入れたかもしれない小牛か、ネコさえ知らずに買うことに注意しなければならなかった(Funk 1985 : 105-106)。

地獄からきたコウモリ

ブタが地上の生き物であるのに対して、コウモリは下の領域――冥界または地獄――の居住者と理解されている。ブタと同様コウモリはイスラエルの民にとってタブーであった。「つぎのものは、鳥の中でも、卑しむべきものと見なさねばならない。それを食べてはならない。それは、忌まわしいものである。コウノトリ、すべての種類のサギ、ヤツガシラ、そしてコウモリである(レビ記一一章一三、一九節)。ここではコウモリは鳥として分類されているが、その哺乳類としての体と飛行能力と結合して、つねに分類に挑む例外者であり、不安と疑惑と嫌悪の源となってきた。他の特徴もこの評判を高め、この曖昧な生き物が、今日でさえ神秘的であり、恐怖の対象であり続ける原因となった。聖書の予言によれば、神の裁きの日に「人々は、モグラとコウモリの上に、金と……銀の偶像を投げ捨て」、「岩の洞穴」と「崖の裂け目」に逃げこむであろう（イザヤ書二章二〇—二一節）。その後、偶像崇拝者たちは、彼らがかつて崇拝した像は「モグラやコウモリが住んでいる見捨てられた場所」にいるのにふさわしいとわかるのである。

コウモリの夜行性は、彼らが近距離ではっきり見られることがめったにないことを保証している。その暗い色、奇妙な格好の頭、脅迫的な表情をもつ顔、鋭い歯（場合による）、体に不釣り合いなほど巨大な翼が彼らを恐ろしいものにしている。彼らが暗い洞窟、空っぽの納屋、人の住まない家に住み、昼間は逆さにぶら下がっているために、われわれはコウモリを陰鬱さと奇怪さとに結びつける。独特の「レーダー」力を用いて暗闇を飛ぶ気味悪い能力は不自然で不吉に思われる。この種の一員である吸血コウモリが血を吸うという事実は、たとえ他のすべてのものが昆虫や果物を食べて生きるとしても、コウモリに悪い意味を与えている。

気の狂った（batty）、頭がどうかしている（鐘楼の中のコウモリ）（bats in the belfry）、勝手にする（going on a bat）、盲同然で（blind as a bat）、大急ぎで（地獄からきたコウモリのように）（like a bat out of hell）といった表現は普通に用いられ、人間がコウモリにとりつかれていることを例証している。バットマン〔アメリカのコミックの主人公。コウモリのような格好をした英雄。テレビドラマ化、映画化されている〕は彼自身も異常であり、彼に名を与えているコウモリがもつネズミと鳥の二重の性質を反映する、死すべき人間と超自然的な英雄の二重の生をもっており、現在、漫画における有名な人物であり、映画では二度にわたって興行成績第一位を占めた。『バットマン帰る』では、主人公の主要な敵役は「ペンギン」であるが、それは飛べなくて直立して陸を歩き、魚のように泳ぐ鳥――同様に異常なもの――から、その本性を得ている半獣半人である。ブラム・ストーカー〔一八四七―一九一二 アイルランドの小説家。吸血鬼物語をよみがえらせた〕の『ドラキュラ』は依然として人気のある古典であり、しばしば映画や劇に作り直されている。コウモリ告発として影響力がある初期の例は、キリスト教教義の偉大な劇化であるダンテ〔一二六五―一三二一 イタリアの詩人。「地獄編」は主著『神曲』の一部〕の『地獄編』に見出される。地獄を巡る旅人が、ディス、サタン、デヴィル（悪魔）として知られる堕落天使ルシファーに会い、彼を描写する。醜い「絶望の王国の帝王」は三つの顔をもち、「ひとつひとつの顔の下に二枚の翼が広がり、それは巨大な鳥の翼のように広く、それほど広い帆をもった船など見たこともないほどだった。翼には羽毛がなく、コウモリのような形で、それを動かすと、三つの風の道ができた」（Dante 1982 : 313）。

今日でも、コウモリを目撃するといつも、多くの女性はこの動物が髪の毛に絡まるという強い恐れを表わす。つい一九九一年にも、コウモリを除去するために、女性の毛を切らねばならなかった、という
ある人の子供時代の経験を新聞が報道した（Tatem 1992 : 6）。しかし、この現象が本当に起こることは、心配するより、ずっとまれであることは間違いない。なぜなら、コウモリは飛行に障害物になるものは器用に避けるからである。昔からどこにでもある、コウモリと女性のふさふさした髪の毛との関連は、虫を襲っていて人々の頭に近づき、大げさな反応を換起するコウモリの行動に基づくにすぎないと、ある動物学者が最近行ったように独断的に無視すべきではない（McCracken 1992 : 16）。実際、元の伝承は新約聖書のパウロの教えにまでさかのぼり、彼は、女性は教会では頭に被り物をしなければならない、と命じた（コリント人への第一の手紙十一章：五―六、一〇―一三節）。関連する節によると、「天使たちのために」とは、「対抗して守る必要のある宇宙の悪魔的な力」を指している（Metzger and Murphy 1991 : NT 241）。特定すれば、このような魔力とは、結っていない女性の髪に魅惑されたり、支配されたりす

る、と言われる霊のことである。コウモリが女性の髪に飛び込むという信仰は、女性の毛が悪魔を引きつけるという古代の考え方から発している。その結果、パウロは、女性は教会にいるときには頭を隠すように、と命じたのである（Walker 1988 : 314, 362）。コウモリは女性の髪に魅せられずにはいられない――そして、いったんそれに絡まれると、男性が操るハサミでしか解き放てない（Cavendish 1970 : 228）――という信仰は、この女性との連想と一致している。コウモリが髪に絡まると、はげてしまうと広く信じられていることも（Hill and Smith 1984 : 177）恐怖をつのらせる。コウモリが女性の髪に絡まるという発想は、最近『バットマン・リターンズ』〔映画『バットマン』の続編〕で生き生きと表現されている。その映画のある劇的な場面で、ふわふわした髪型をして、ほとんどなにもまとわず、性的魅惑に満ちた女性「氷の王女」は、その髪に飛び込んできたコウモリたちに脅えて、ビルのてっぺんから落ちて死ぬのである。

西洋文化において、コウモリは長い間、悪魔と同一視され、悪魔はキリスト教芸術においてコウモリの翼をもって描かれた。かつて広く信じられ、現在でもヨーロッパのある地域に残っている信仰によると、人間の魂は、眠っている間に肉体を離れるとき、コウモリの形を取る。それが、人々が起きている昼間にコウモリが姿を見せない理由である。魂との結びつきは、当然、次のような信仰を導き出す。異教徒の死者もコウモリになって、再生の方法――または創世記九章四節によれば、すべての生き物の「生」を意味する血――を探して飛び回る（Walker 1988 : 362）。

コウモリを悪魔と見なす宗教観は動物の習性の知覚にたどることができる。エドワード・トプセル（一五七二―一六二五）は聖職者かつ博物学者として執筆したイギリスの教区牧師であったが、彼が書いた飛行する種についての論文にコウモリを含めている。彼はコウモリが暗闇を好み、太陽光のあるところに住まず、隠れた誰もいない隅を飛ぶのを観察した。だから、コウモリは悪魔に似ている。悪魔は光より闇を好み、世界の真の光であるキリストから飛び去ったのである。コウモリの翼は羽毛のない皮でできている――ちょうど悪魔が「肉体がなく」、人間の欲望の羽毛なしに、欲情に駆られて飛ぶように。トプセルは、コウモリが四つ足でありながら飛び、飛ぶのも足で移動するのも巧みでないことを指摘している。同様に、悪魔は天使のように上手な飛行者でもなく、人間のように上手な歩行者でもない。さらに、コウモリのように歯をもつ鳥は他にいない――このことによっても、彼らは他の生き物より復讐に餓えた悪魔に似ている。コウモリは卵を生まず、卵を抱いて孵化させる手間なしに子どもを生む――それは悪魔が生まれるとすぐ悪意をめぐらせて、すばやく悪業を実行するのと同様である。罪人もこの動物になぞらえられる。淫らなもの、姦通を行うものは黄昏をまって行動するからである。さらに、コウモリは教会の灯火の油をなめる――ねたむ者が善きものからその人のものである恩恵や称賛を奪うように。コウモリは壁に張りつき、家や煙突の隠れた穴に住む――高慢な人が他人の品物、土地、善意を横取りすることによって、隣人より上位にのぼろうとするように（Harrison and Hoeniger 1972 : 61）。

比較的最近まで西洋世界においては、「夜気」は邪悪な生き物の住処として非常に恐れられ、家は日没後何物も進入しないようにぴったりと閉じられた。コウモリは夜気のなかを元気に飛び回るので、連想によって悪いイメージを帯びた。コウモリは夜に女と同棲する悪魔の象徴である、と言われている。双方とも昼の光を嫌うからである。逆さになって眠るから、コウモリは悪霊のように自然の秩序の敵である（Matthews 1986 : 18）。キリスト教徒はコウモリを「悪魔の鳥」、「闇の王の化身」と呼んだ。鳥とネズミの混成物としてコウモリは、二重性と偽善に結びつけられた（Cooper 1978 : 18）。暗闇で獲物を狩る超自然的に見える能力によって、オカルト的能力の生き物という恐ろしい評判がコウモリに与えられ、その神秘な力で彼らは嫌悪の対象になった。悪魔はコウモリの姿を取るという考えは、とても執拗につづくので、今日でさえ、コウモリをろうそくで生きたまま焼いたり、ドアに釘で打ち付けて、はり付けにしたりする人がいる（Cavendish 2, 1970 : 226 ; Mercatante 1974 : 181）。

これらと同じいくつかの理由で、キリスト教と西洋文化はコウモリと黒魔術や魔女の魔術とを結びつけた。ある地域では「もしコウモリが上昇して、それからまた地面に降りてくるところを見たら、魔女の時刻――魔女がその影響力から守られていない人間に対して支配力をもつ時刻――が来たとわかる」（Opie and Tatem 1989 : 14）。奇妙ではあるが穏かなコウモリにはとても不運なことであるが、休んでいるとき体に垂れ下がった黒い翼と魔女のマントとの間に人間は類似性を見るのである。魔女がコウモリに姿を変えたということは広く信じられていた。黒猫とヒキガエルと共に、コウモリも魔女の家族の一員と考えられていた。「神の鳥」である天上のハチとは対照的に、コウモリは悪魔的な「魔女の鳥」として知られるようになった。コウモリは、かつて魔女を追い払うために納屋に打ちつけられていた。それは、わたしが見た現代の農場でカササギの死骸を「他の物を近づけぬ警告として」納屋に打ちつけているのと同じだ。コウモリの血は魔女が飛行に用いる塗り薬を調合する成分であった。それは、魔女がこの動物が夜、何にもぶつからずに飛ぶことができる独特の能力を獲得したいと思ったからである。コウモリの綿毛は、『マクベス』〔シェークスピアの悲劇。主人公マクベスは、魔女の予言に従って悪事を重ねる〕で魔女が作る混合物に含まれていたし、翼と内臓も魔女の大釜に加えられたと伝えられている。もしコウモリがあなたのそばを飛ぶと、だれかがあなたを魔法にかけようとしている、と信じられていることもコウモリ嫌悪を増加させている（Barth 1972 : 53 ; Radford and Radford 1974 : 33 ; *Encyclopedia* n. d.: 202 ; Potter 1991 ; Lasne and Gaultier 1984 : 89）。

トマス・ビュウィックはブタをおとしめたイギリスの博物学者であるが、コウモリの否定的な見方も提供し、動物と鳥の間の「中間的性質」を強調して「不完全な動物」と呼んだ。彼は、コウモリが歩く際の「際立った不器用さ」を、空中にあっては落ち着きのなさを示し、その飛行は「苦労していて、方向感覚が悪く」、「ひらひら飛ぶネズミ」という名に値すると述べている（1807：510）。イソップのコウモリの寓話〔鳥と獣が闘ったとき、それぞれの味方のような振りをし、最後には両方から追放される〕は、その獣／鳥の二分法を取り上げ、その地位の曖昧さを表現している（Mercatante 1974：181）。多様な文化、たとえばロイ・ウィリスが説明するアフリカのフィパ族は、コウモリを同じように見ている（Willis 1974：47–48）。哺乳類と鳥類の間の不確かな地位のために、コウモリは両性具有者、または両性具有を表わすと考えられてきた。固有の範疇について不安を与えるので、コウモリは不純とされ、悪意のあるものとなった。爪のついた膜状の翼は竜（ドラゴン）を連想させる（Matthews 1986：18；Cooper 1978：18；Wootton 1986：75）。

昼行性の人間にとって、死や災害は夜中に最も多く起こるように思われる――それゆえ、夜行性のコウモリは死と結びついた凶事の兆である。伝統的に、コウモリとの出会いは死か不運の前兆である。もしコウモリがある人の窓にぶつかったり、家に入ってくると、家族に死者が出るだろうと信じられている（Hill and Smith 1992：159；Opie and Tatem 1989：14）。よく知られる吸血鬼伝説では、コウモリは夜中に墓の中から人間の血を吸いに出てくるのだが、吸血コウモリの分布は新熱帯区〔動物地理学上の区分で中南米及び西インド諸島を含む〕に限られているにもかかわらず、コウモリの死のイメージを大いに増強することになった。はりつけ（またはニンニク）に頼るしか、犠牲者になりそうな者が噛まれないようにする方法はない。コウモリが穴、洞窟、円天井、地下牢、塔、荒れ果てた場所を好むことは混沌、無秩序、汚物を連想させる。「飛ぶ齧歯類」としてのイメージによってコウモリは汚い汚染者としてのネズミやドブネズミの評判を分けもつことになる。コウモリが不潔で、通常病気を伝染させるという考えは、特に狂犬病が吸血コウモリによって伝染することがあることから、人々のこの動物に対する恐怖と嫌悪を大いに強めた。しかし、科学者は、過去三〇年間アメリカでコウモリによって伝染した狂犬病で死亡した人は一〇人しかいない——ハチに刺されたり、イヌの攻撃を受けて死ぬ人よりはるかに少ない——と指摘している。そして、コウモリが人間に移す伝染病には、他にヒストプラスマ症しかないが、伝染病を運ぶ害獣としての飛ぶ哺乳類の恐怖は非常に誇張されている（Johnson 1985 : 42 ; Tuttle 1988 : 17 ; Halton 1991 : 9–10）。

コウモリが昆虫を食べ、植物に受粉し、種を蒔くという、主要な生態上の役割を果たしていると認めても、この種の名誉回復は公然とは起こらない。他の利益——アフリカやアジアでは食肉を提供し、肥料や火薬のための糞化石を生産し、コウモリの反響定位の分析を通じて、盲人用超音波方向システムの科学的開発を助ける——は、あまりよく知られていない。多様なコウモリがいるのに、一般の人に馴染みがないために、鳥のようにはよく知られた名前をもっていない。しかし今日、一度もコウモリを見ることのない（ハロウィーンの飾りに描かれるのを除いて）人々が、しばしばコウモリを使って感知した「コウモリ性」の概念を表現する。ゴシップ好きで意地悪な年配女性は年寄りコウモリである——この隠喩は最近、恐怖と嫌悪を専門とする著名な精神分析医によって支持されたが、その医者は、コウモリは貪り食う悪鬼としての母親、何かを壊そうとする悪い母親を象徴すると明らかにした（Kennedy 1992 : 2）。ぶらぶらしているなまけ者は当てもなく行く（batting around）と言われ、売春婦はコウモリ、売春宿はコウモリの家と呼ばれることがある。「コウモリのように盲同然（blind as a bat）」（コウモリは実際にはよく見えるから誤りである）は、夜行性動物が昼間は目を丸くして見る様を描いている。「まつげをぱたぱたさせる（batting one's eyelashes）」は、コウモリのぱたぱたする動きと関係している。「鐘の中のコウモリ（頭がおかしい）（bats in the belfry）」は狂気の本質を表現している。コウモリが教会の尖塔を、飛ぶだろうときには乱調子に飛び抜けてゆく鐘楼は人の混乱した頭を暗示する。

バイオフィーリアと動物の象徴

エドワード・O・ウィルソンは、バイオフィーリアを「生命もしくは生命に似た過程に焦点を当てる生得の傾向」と規定し、人類は「生命を無生命のものから区別することを学び、蛾がポーチの灯りに向かうように、生命の方に向かうのである」と述べている。彼はこう論ずる――「生命を探究し、生命と同化することは、精神発達に深く関わる複雑な一過程である」。そして、ウィルソンによれば、「もし生命が精神と同等であるならば、人類は象徴によって、特に言語によって生きる――文字どおり生きる。脳はほぼもっぱら言語によって情報を処理するよう構築されているからである」。人類は「詩的な種である」。そして、「芸術、音楽、言語の象徴は、外面上の文字どおりの意味をはるかに超えた力を運ぶ」(1984: 1, 74)。それゆえ、「いかなる種類の生命も、考えられる多様な無生物のどれよりも無限に興味深い」(84) から、人々は象徴表現を求めて必然的に動物の王国へ向かうのである。

バイオフィーリアの力は、人と動物の直接交流のみならず、動物によって象徴する過程を通じても明らかである。実際、現代の工業化された世界の大多数の住民にとって、彼らが象徴的に感知している動物との関係はかなりの程度まで、現生動物との交流にとって代わってきた。さらに、個人的な経験よりも、ある特定の動物について一般的に保持されている信念が、通常、その種との交流の性格を決定する。ある動物の行動を隠喩的な言葉で解釈すると、結局、その生き物を「善い」とか「悪い」とか分類することになる――その結果、その種の保存や絶滅に影響を与える。象徴化の過程は肯定的な提携を押し進め、その結果、保存することになるが、人間界からその種の疎外が生じて、その結果は絶滅である。

象徴的意味を負わされている世界中の多くの動物から、わたしは日常の思考や会話において共通の概念や価値の宝庫として用いられる三つを考察対象として選んだ。その三つの種は西洋社会において特別な方法で眺められている種を代表し、彼らに対する感知の根はキリスト教伝統に深く隠されている。これら文化的勢力が動物の象徴的な役割の分析に力を与え、先入イデオロギーが、ハチ、ブタ、コウモリを集合的に見る方法を決定するためのレンズを提供している。動物の象徴的意味は文化のコンテクストに依存する。たとえばハチは旧約聖書においては恐ろしいイメージをもち、その攻撃性と刺す能力が強調されていたのに対し、キリスト教は優しさと純粋さを与えた。多くのニューギニアの部族においては、ブタは気に入りの動物であり、多いに尊重され、西洋社会において付与された否定的な意味合いは全然ない。中国のコウモリは幸運と幸福を連想される。ある種の動物に対しほとんど画一的な見方をしている文化においても、法則の存在を証明する例外がある。ある人々はハチに対して恐怖症や憎しみを抱く。G・K・チェスタトン〔一八七四―一九三六　イギリスの作家、批評家。カトリック神父を主人公にした「ブラウン神父」シリーズで知られる〕に見られるような擁護者は、ブタを「とても美しい動物」であると考えた。ふとったブタの体の輪郭は「自然の中で最も美しく贅沢なもの」であり、われわれが「流れる水や、渦巻く雲」に見るのと「同じ壮大な曲線」をもっている（Ash 1986：12）。偉大なナチュラリストW・H・ハドソン〔一八四一―一九二二　イギリスの作家。『緑の館』など。〕は、ブタを「最高の知能をもつ動物」と考えた――「他のすべての動物、特に人間に向かう性質と態度」が独特であるから、ブタはわれわれを民主主義的に「同胞市民、兄弟」と見なすのである（Hudson 1923：295–296）。詩人エミリー・ディキンソン〔一八三〇―一八六　アメリカの詩人。精神的、象徴的な詩を書いた〕は、その非正統的な闇と光の見方で、伝統的隠喩をひっくり返し、闇を混沌の象徴として恐れるのでなく評価したが、コウモリを慈悲深いものと見なし、悪とではなく、夜が与えてくれる特殊な自由と結びつけた（Barker 1987 ; Allen 1983 : 40–42 を見よ）。

多くの多様な状況——生物学的、行動的、政治的——が動物の象徴に影響を与える。たとえば、ある太平洋の島では、コウモリは非常に大きく、鳥のように木のてっぺんに住んでいて目立つので、人々はコウモリが小さく、捕えどころがなく、神秘的であるヨーロッパやアメリカとは違って、恐れたり排斥したりしない。太平洋のいくつかの島の伝説では、コウモリは英雄として描かれてもいる（Tuttle 1988 : 17 ; Givens 1990 : 61）。リーチが指摘するように、西洋社会では事実上すべての昆虫は「人類の悪しき敵」として憎まれていて、容赦ない絶滅にさらされているが、ハチはよく知られた例外——「超人間的知能と組織力」（1975 : 40）をもつと信じられているもの——である。ナチは主要な食用動物であるブタを神聖な、あるいは生けにえの地位にまで高め、そのイデオロギーを彼らが嫌うユダヤ人のそれとは区別した。ナチの農場宣伝は、ブタが「遊牧民の崇拝において第一位」を占める、と宣言した。ブタを理解せず拒否したセム人とは異なり、ナチの教義はブタは「その起源をドイツの森の壮大な木々にもつ」と認めた（Arluke and Sax 1992 : 12）。

人間の精神が動物のある特徴を選び、他の特徴は無視するということは意義深いことである。動物を用いた象徴化は、単にある種を全体論的に眺める合理的過程ではない。そこにはより深いレベルの意識と外界からの刺激が伴う。たとえばキリスト教のモデルとしてハチを用いることは適切な隠喩として十分に確立してはいるが、もし全体として受け入れたならば、つじつまがあわなくなる。なぜなら宗教はとりわけ個人を強調している——それはミツバチの社会がしないことである。ハチが巣のなかの必要とされないものを殺すのは、たとえ社会にもはや役立たないものであっても、どんなに犠牲を払っても生命を守るというキリスト教倫理に確実に反する。コウモリは実際的レベルにおいては、地獄から出てきて、ひらひら舞い上がる不愉快な害獣であるよりは、受粉者であり害虫駆除者であり、人類よりも優れた「音波探知」能力の持ち主である。ブタは貪欲と情欲の容器というより、経済的蛋白質源を求める人間の欲求を満たすように作られた形状と行動をもつ知能生物と見なせるだろう。

博物誌の観察が出発点になるかもしれないが、それらは文化的構成体と隠喩を通して、自分以外の創造物と密接に関係したい要求とによって強く影響される。動物を用いた表現は人間の意識の深いレベルで起こり、やはり象徴という言語をもつ神話、詩、宗教と同型の心理的経験から出てくる。人間は、完全に合理的で、時に思われているように物質主義的な存在ではなく、神話や民間伝承でするように、動物を通じての象徴化は集団的無意識の領域から発し、観察可能な事実より深い真理を表現する。これは「ハチの知恵」があり、動物が普遍的理解によって人間と伝達している知識の領域である。トラヴァースによれば、「ハチが知っていること」は、「長年の知恵、時間を超えた源からの由緒ある知恵である。現代人のはかない知識とは異なり、ハチの知恵は万物の源泉と一体であり、人間の成功という幻影を超越している」。それは「われわれの過ぎ行く生を維持する知恵である」(1989 : 90, 306)。

動物の象徴は、長年にわたる「自然における人間の居場所」の探索におけるもう一歩を表象するという点で、バイオフィーリアである。そのような象徴化を通して一種の融合が起こる――動物は人間の性質を帯び、人間は動物の性質を帯びる。対照的に、動物を用いて象徴化する過程は人間と動物の間に存在する分離を利用し、保存する。認知的に言うと、われわれはあらゆる人間／動物の相互作用を決定する問題で選択肢のバランスをとっている。別の生命体はわれわれに似ているのか、それとも違うのか。われわれに密接に関係するように思えるけれども、動物は純粋な他者、われわれを人間にする特質が何であるかを特定し、それらの特質を課せられた価値体系によって計るための手段と見なされる。混沌とした世界で人類は自己のアイデンティティを、獣という代替の領域を参照することによって探すのである。

レヴィ゠ストロースが述べたように、人類学の中心的問題は「自然から文化への移行」(1963 : 99) である。動物の象徴を通して、自然／文化の二分法において鍵となる問題が探究され、具体的表現を与えられる。ウィルソンがこの過程を『バイオフィーリア』で表現しているように、動物は「文化の象徴に翻訳された自然の因子」(1984 : 97) である。動物の象徴を用いることで、われわれは獣と向き合い、それと関係をもち、人間であり続けながら「獣性を帯び」、また「われわれの以前の自己を、見知らぬもの、外来のものとしてみる」(Willis 1974 : 66) ことができる。このようにして、われわれは自分自身を計り、評価し、人間であることは何を意味するかという謎を探ることができるのである。

象徴化された動物は、個人対社会という人間の主要な問題を調べるための理想的な道具である。社会秩序のジレンマをうまく処理する強い必要によって、われわれはハチを崇拝するようになる。彼らが最優先にするのは明らかに集団に対する責任だからである。われわれはブタをけなすというのは、その行動は――それが人間であれば――反社会的なものとして分類されるであろうから。非難の対象であるその貪欲と官能性は社会の結合を破壊しかねない過ぎた個人主義の予感をかきたてるからである。そして、人々にとってなじみのない習性をもつ――夜行性で、人間社会を避け、逆さまにぶらさがる――ゆえに、コウモリは人間社会の秩序に挑む極端な例である。彼らは地獄から来た悪霊になる。分類の要求と、全生物を決まった型に合わせる必要は、人間に浸透している。聖なるハチは、その分類上の論理と、われわれが自身の種に感知、切望する性質を反映する事実とによって崇拝されるが、反すうをせず、動物と植物の両方を食べるブタと、ネズミと鳥を結合したコウモリは異例なものとして軽蔑される。ブタの場合、美の社会基準にとって、あまりに愚鈍で不快なものなので、不条理の隠喩になっている。教会のみならず、遍在する現代の彫像、挿し絵でも、そして大衆文化のいたるところで、ブタは皮肉にも楽器を演奏している。このように、「ブタがフルートを吹くとき」ということわざは、ありそうもない行為を意味する（Clark 1968 : 15）。「ブタの目の中で（決してありえない）」という、起こりそうもないことを示す別の表現は禁酒法時代にさかのぼり、当時もぐり酒場ののぞき穴は「ブタの目」として知られ、酒場に入れてもらうのは極めてむずかしかった（Tuleja 1987 : 168–169）。

動物の象徴が世界中に、長期にわたって遍在することは、バイオフィーリアのこの生得の形態が深遠な意味をもっていることを示している。われわれの祖先がもっていた古代の信仰の痕跡がわれわれの精神にその位置を保持しつづけ、分かちがたく織り合わされて人間の条件を作り上げている。なぜなら、われわれは進化的に、肉体的に、また美的、精神的、心理的、情緒的にも、動物の同類に結びついているからである。宇宙を感知する昔の方法は、神や霊の絶滅と科学や技術の衝撃によって、その文字どおりの現われでは消されたが、人間の思考の中には生き続けている。アニミズムとトーテミズムの概念は、霊的に結びつけられた動物で世界をいまなお満たしている――それらの動物は決して中立的ではなく、善か悪か、純粋か不潔か、友好か敵対かのどちらかである。人間の動物への、動物の人間への文字どおりの化身と変身は象徴レベルでは続いている。想像力においては、動物は神々か悪霊の体現である。ヘブライの生けにえのヤギのような実際のスケイプゴートは、われわれの自己イメージを負わされた今日の概念的、言語的な生けにえ動物に置き換えられる。軽蔑すべきほど人間中心の視野によって、われわれは宇宙に秩序を押しつける義務を与えられる。そして、動物を彼らが占めるべきとわれわれが感じた範疇へ当てはめ、彼らが何物であるかを認めず、われわれの心を彼らの真の性質に開くこともしない。

今日、生態危機の時代における最も緊急の課題のひとつは、人類と動物との間に非常にしばしば存在し、結果として多種の絶滅に至った敵対関係である。象徴的性質が動物に付与される方法を分析することによって、われわれは、ある状況では人々が動物を可愛がったり保護したりし、場合にはその価値を下げたり、滅ぼしたりする理由を理解し始める。この種の探究はある動物の固有価値に人間の搾取によって計られる価値の問題を解くためにも意味がある。それゆえ、このことは人間と他種の間に存在しているはずの相互的関係の概念にも重要な関わりをもつのである。動物の象徴化を二者択一的様式の思考と科学との統合を伴うバイオフィーリア仮説の一部として理解することは、地球上の全生物ともっと調和のとれた関係を確立することに貢献するうえで決定的な役割を果たすことができる。

思索

言語は、生物進化と比較される進化過程で変化しつつある状況に絶えず適応する。われわれの自然界との減少しつつある交流と動物に対する多様な感知とが、将来、認知的バイオフィーリアの表現にどのような影響を与えるかを予測するのは難しい。今後の動物の象徴の発展を考えると、多くの答えることのできない疑問がわいてくる。もし、われわれが、自然に対する現在の破壊政策を続けるならば、このことは言語が動物の象徴的言及をますます含まなくなってくることを――その結果、思想と表現の貧困を――意味するのであろうか。あるいは、われわれの種は他の生命形態と非常に密接に結びついているので、われわれは肉体的に彼らから距離をおくようになっても自然の形態との生得の認知的関係を持続し、増強さえするようになるだろうか。われわれが創造して飼い慣らした領域が野生を犠牲にして容赦なく拡大するにつれて、ついに、人々はもっぱら制御され手近にある動物からしか言語的心象を引き出さなくなるのであろうか。それとも、人間精神は郷愁を抱いて、はるか離れた野生の領域を想像し、いまは大切にしているが、永久に失われた王国を縮小した人工的宇宙の尺度として用い続けるのであろうか。

皮肉なことに、数えきれない生命形態が地上から姿を消していくにつれて、多くの人々は自然をそれまでより十分に意識することを経験し、人間以外の領域に対してもっと深く美的に評価する。これら新たに目覚めた感情ゆえに、結果として文学や芸術、そして日常言語においても、動物象徴の利用が増える可能性がある。もうひとつ重要な要因は、最近の動物についての生物学的、行動学的知識の高まりとこの情報の大衆への広い伝播である。メディア、特にテレビを通じて、一般の市民もこれまでにないほど動物の言語に近づくことができるようになった。ただし動物自身は急速に姿を消しつつある。他種は人間の性質を分け持つと思われるいう状況認識が高まるにつれて、共感的な反応が高まり、こういうことがなければ動物とは縁がない人々の思考過程に動物がより目立つ存在になった。このような発展の結果、動物のイメージや象徴はますます多用されるようになり、そのおかげで、次の時代の言語は極めて豊かなものになり、人間と人間以外の自然との類似を初めて意識したことによって起こった認知的バイオフィーリアは生きつづけることになるだろう。

参考文献

Achenbach, J. 1992. "My President as a Dog." *Providence Jounal-Bulletin*, 21 April, p. A11.

Allen, M. 1983. *Animals in American Literature*. Urbana : University of Illinois Press.

Arluke, A., and B. Sax. 1992. "Understanding Nazi Animal Protection and the Holocaust." *Anthrozoos* 5 : 6-14.
Ash, R. 1986. *The Pig Book*. New York : Arbor House.
Atwood, J. 1982. "The Appeal of Pigs." *US Air* 4 (9) : 452-458.
Baring-Gould, S. n.d. [ca. 1912]. *A Book of Folk-Lore*. London : Collins' Press.
Barker, W. 1987. *Lunacy of Light : Emily Dickinson and the Experience of Metaphor*. Carbondale : Southern Illinois University Press.
Barth, E. 1972. *Witches, Pumpkins, and Grinning Ghosts*. New York : Clarion Books.
Barth, F. G. 1991. *Insects and Flowers : The Biology of a Partnership*. Princeton : Princeton University Press.
Bewick, T. 1807. *A General History of Quadrupeds*. Newcastle upon Tyne : Edward Walker.
Bonera, F. 1990. *Pigs : Art, Legend, History*. Boston : Little, Brown.
Bouissac, P. 1990. "The Profanation of the Sacred in Circus Clown Performances" In *By Means of Performance*, edited by R. Schechner and W. Appel. New York : Cambridge University Press.
Bowman, S., and L. Vardey. 1981. *Pigs : A Troughful of Treasures*. New York : Macmillan.
Britt, K. 1978. "The Joy of Pigs." *National Geographic* 154 : 398-415.
Cansdale, G. S. 1970. *All the Animals of the Bible Lands*. Grand Rapids : Zondervan.
Cavendish, R., ed. 1970. *Man, Myth and Magic*. 24 vols. New York : Marshall Cavendish.
Charbonneau-Lassay, L. 1991. *The Bestiary of Christ*. New York : Parabola Books.
Chetwynd, T. 1987. *A Dictionary of Symbols*. London : Paladin Grafton Books.
Clark, J. D. 1968. *Beastly Folklore*. Metuchen, N. J. : Scarecrow Press.
Clausen, L. W. 1962. *Insect Fact and Folklore*. New York : Collier Books.
Cooper, J. C. 1978. *An Illustrated Encyclopaedia of Traditional Symbols*. London : Thames & Hudson.
——. 1985. *Symbolism : The Universal Language*. Wellingborough, Northamptonshire : Aquarian Press.
Coudert, J. 1992. "The Pig Who Loved People." *Reader's Digest* 140 : 150-154.

Dante, A. 1982. *The Divine Comedy : Inferno*. New York : Bantam Books.
Domacinovic, V., and V. Tadic. 1991. "Relationships with Bees and Sheep in Yugoslavia." Paper presented at the World Veterinary Congress, Rio de Janeiro, Brazil.
Douglas, M. 1976. *Purity and Danger*. London : Routledge & Kegan Paul.
Encyclopedia of Magic and Superstition. n. d. n. p. : Black Cat.
Ferguson, G. 1961. *Signs and Symbols in Christian Art*. New York : Oxford University Press.
Fisher, J. 1972. *Scripture Animals*. Princeton Pyne Press.
Funk, C. E. 1985. *A Hog On Ice and Other Curious Expressions*. New York : Harper & Row.
"Fur, Fins and Fasts." 1992. *Economist*. 322 : 93.
Givens, K. T. 1990. "Going Batty." *Modern Maturity* 33 : 60–64.
Graham, J. M., ed. 1992. "Newsnotes." *American Bee Journal* 132 : 259.
Griffin, D. R. 1981. *The Question of Animal Awareness*. New York : Rockefeller University Press.
Halton, C. M. 1991. *Those Amazing Bats*. Minneapolis : Dillon Press.
Harris, M. 1974. *Cows, Pigs, Wars, and Witches : The Riddles of Culture*. New York : Random House.
Harrison, T. P., and F. D. Hoeniger, eds. 1972. *The Fowles of Heaven or History of Birds*. Austin : University of Texas Press.
Hedgepeth, W. 1978. *The Hog Book*. Garden City : Doubleday.
Henderson, W. 1879. *Notes on the Folk-Lore of the Northern Counties of England and the Borders*. London : W. Satchell Peyton and Co.
Hill, J. E., and J. D. Smith. 1992. *Bats : A Natural History*. Austin : University of Texas Press.
Hudson, W. H. 1923. *The Book of a Naturalist*. New York : Hodder & Stoughton.
Jay, R. 1987. *Learned Pigs and Fireproof Women*. New York : Villard Books.
Johnson, S. A. 1985. *The World of Bats*. Minneapolis : Lerner Publications.

Keen, J. 1992. "Tough Talk': A Preview of Bush's Strategy." *USA Today,* 22 June, p. 6A.

Kennedy, D. 1992. *Living Things We Love to Hate,* Vancouver : Whitecap Books.

Lasne, S., and A. P. Gaultier. 1984. *A Dictionary of Superstitions.* Englewood Cliffs, N.J. : Prentice-Hall.

Lavine, S. A., and V. Scuro. 1981. *Wonders of Pigs.* New York : Dodd, Mead.

Lawrence, E. A. 1982. *Rodeo : An Anthropologist Looks at the Wild and the Tame.* Chicago : University of Chicago Press.

Leach, E. 1975. "Anthropological Aspects of Language : Animal Categories and Verbal Abuse." In *New Directions in the Study of Language,* edited by E. H. Lenneberg. Cambridge : MIT Press.

Leach, M., ed. 1949. *Funk and Wagnall's Standard Dictionary of Folklore. Mythology and Legend.* 2 vols. New York : Funk & Wagnalls.

Lévi-Strauss, C. 1963. *Totemism.* Boston : Beacon Press.

Longgood, W. 1985. *Tbe Queen Must Die.* New York : W. W. Norton.

McCracken, G. F. 1992. "Bats and Human Hair."*Bats* 10 : 16.

MacLennan, D. A. 1966. *Revell's Minister's Annual.* Westwood, N. J.: Fleming H. Revell.

Maeterlinck, M. 1954. *The Life of the Bee. New York :* New American Library.

Matthews, O., trans. 1986. *The Herder Symbol Dictionary.* Wilmette, Ill.: Chiron Publications.

Mercatante, A. S. 1974. *Zoo of the Gods.* New York : Harper & Row.

Metzger, B. M., and R. E. Murphy, eds. 1991. *The New Oxford Annotated Bible.* New York : Oxford University Press.

Miley, A. L. 1992. *Christian Education Resources Catalog.* San Diego : Christian Ed Publishers.

Nielsen, R. G. 1978. *The Pig in Danish Culture and Custom.* Copenhagen : Malchow Bogtryk.

Norman, J. 1990. *Honey.* New York : Bantam Books.

Opie, I., and M. Tatem. 1989 *A Dictionary of Superstitions.* New York : Oxford University Press.

Parkhill, J. M. 1980. *Honey*. Memphis : Wimmer Brothers.
"Pet Pigs Are Becoming More Popular." 1986. *Bay Window,* 29-30 October, p. 4.
Potter, C. 1991. *Knock on Wood*. Stamford, Conn.: Longmeadow Press.
Radford, E., and. M. A. Radford. 1974. *Encyclopaedia of Superstitions*. London : Book Club Associates.
Ransome, H. M. 1986. *The Sacred Bee*. Burrowbridge : BBNO.
Reynolds, B. 1992. "King Verdict : Watershed Case Can Change Black Lives." *USA Today,* 1 May, p. 15A.
Russell, G. K. 1991. "Arousing Biophilia : A Conversation with E. O. Wilson." *Orion* 10 : 9-15.
Scott, A. 1980. *A Murmur of Bees*. Oxford : Oxford Illustrated Press.
Shaler, N. S. 1904. *Domesticated Animals*. New York : Scribner's.
Sillar, F. C., and R. M. Meyler. 1961. *The Symbolic Pig*. London : Oliver & Boyd.
Sparks, J. 1982. *The Discovery of Animal Behaviour*. Boston : Little, Brown.
Stratton-Porter, G. 1991. *The Keeper of the Bees*. Bloomington : Indiana University Press.
Tatem, M. 1992. "Bats Out of Hell ?" *Newsletter of the Folklore Society* 14 : 6.
Towne, C. W., and E. N. Wentworth. 1950. *Pigs from Cave to Corn Belt*. Norman : University of Oklahoma Press.
Travers, P. L. 1989. *What the Bee Knows*. Wellingborough, Northamptonshire : Aquarian Press.
Tuleja, T. 1987. *The Cat's Pajamas*. New York : Fawcett Columbine.
Tuttle, M. D. 1988. *America's Neighborhood Bats*. Austin : University of Texas Press.
van Loon, D. 1980. *Small Scale Pig Raising*. Charlotte, Vt.: Garden Way.
Virgil. 1982. *The Georgics*. New York : Penguin Books.
Walker, B. G. 1988. *The Woman's Dictionary of Symbols and Sacred Objects*. New York : Harper & Row.
Warshaw, R. 1986. "Pets to the Rescue !" *Woman's Day,* 23 December, pp. 82-83, 113, 115.
White, L. 1973. "The Historical Roots of Our Ecological Crisis." In *Western Man and Environmental Ethics,* edited by I. G. Barbour. Reading, Mass.: Addison-Wesley.

Willis, R. 1974. *Man and Beast.* New York : Basic Books.
Wilson, E. O. 1984. *Biophilia.* Cambridge : Harvard University Press.
"Woman in Court After Dressing Son Like Pig." 1988. *USA Today,* 13 September, p. 1.
Wood, J. G. 1880. *Wood's Bible Animals.* Philadelphia : Bradley, Garretson.
Wootton, A. 1986. *Animal Folklore, Myth and Legend.* New York : Blandford Press.
Zeuner, F. E. 1963. *A History of Domesticated Animals.* New York : Harper & Row.

第五部　進　化

第11章　神、ガイア、バイオフィーリア

ドリオン・サガン／リン・マーギュリス

約四〇〇〇万年前に進化して以来、人類は、初めは狩猟と採取を中心とした遊牧生活によって、次に文明化された時代には、農業と工業の生活によって、ずっと膨張をつづけてきた。われわれ人類は、その数を増すにつれて生活環境を変えてきた。こうした進化の後期の段階の重大な局面になってやっと、不快な変化を限りなく環境に押しつけることなしに、限りなく膨張しつづけられる術などない、とわれわれは分かるようになった。うんざりするくらいコンクリート舗装道路を歩き、汚染した大気を吸い、加工食品を食べてきて、ようやく、はっきりと分かった――結局のところ、テクノロジーが与えてくれた快適生活は、われわれの祖先の類人猿たちが住んだ緑濃き果樹の楽園とは違うものであり、また、維持の面でも劣るものだ、と。われわれは、進化によって、もう後戻りできない地点を踏み越えてしまったのである。

こうした地球への新たな高い関心は、店舗拡張をつづける評判の小レストランにいる常連客の気分に似ていなくもない。このレストランの料理の質の高さは抜群だ、という噂が広まるにつれて、ますます多くの人たちがやって来る。そうすると、とうとう店舗は拡張され、経営管理体制は一新されることに

なる。すると、このレストランは、もう味が超一流の小規模店ではなくなり、目立って「人だかりのする」大型店になり、おそらく全国チェーンの一店舗にまでなるだろう。これと同様に、初めはアフリカの草原を歩行していた哺乳動物のある種のものが、偶然に前肢を使う技術を進化させたおかげで、人類は、つねに地上の食物でじょうずに生きてきた。土地土地の生態系をテクノロジーに変換し、衣服と食肉を求めて動物を殺し、食用植物を栽培し、岩石や木を使って避難所や道具を作ってきた。あの小レストランは以前はとても素敵だったのに、今では大勢の客が群がるようになったのと同じように、地球はとても楽園的な場所であったうえ、テクノロジーによって簡単に略奪できたものだから、人類はこの地球から略奪してきた――そして今、われわれは、さまざまな結果に直面している。あのレストランの場合と違うのは、われわれには地球のほかには食事をする場所などない点である。

本論では、テクノロジーを用いて、地球というこの惑星から略奪を繰り返してきた結果、生物としてわれわれは、他種や生命存在との結びつきをどう評価し直さなければならなくなったかを証明してみる。この再評価を試みれば、われわれの生き方に、西洋の伝統的宗教が結託していた事実を認めざるをえなくなる。というのは、この宗教はテクノロジーを用いた略奪に推進力を与えたからである。さらに、このユダヤ‐キリスト教こそが今なお多くの「世俗的」学問の仮定に揺るぎない基盤を与えているからでもある。

最近、われわれと他の生命存在とがもつ関係の積極的な側面に新たに焦点を当てる姿勢は、ギリシア語に起源がある愛と生命とを表わす語を用いて、バイオフィーリアと呼ばれてきた。しかし、先ほど紹介した大勢の客が群がる様子を「ひとだかりのする」*lousy* ――へばりつく寄生虫を表す名詞「シラミ」louse から派生した形容詞――という語を用いて表現したことからもおわかりのように、われわれと他の生命存在との関係は、つねに積極的なものであるわけではない。実際には、われわれが生命形態に反応するときの感情のパレットは、内容が豊かで変化しやすく、複雑でもある。特殊な生命形態が「われわれの反応ボタンを押す」――それらは嫌悪感（ウジムシ、感染バクテリア）、気遣い（子ネコ、子イヌ）、恐怖（クモ、ヘビ）、畏怖（トラ）、そして幸福（モクレンの木、森林地の香を漂わす放線バクテリア）から切望や嫉妬（飛翔する鳥）にまで及ぶ、比較的一定した強い反応を引き出す。E・O・ウィルソンがバイオフィーリアという語を造ったとき示唆したように、われわれは、生命に対して抱く本能愛を用いて、この惑星に保存されている重要な生物多様性の保存に力を貸すことができる。彼はこうも提案した――光沢ある緑樹を恵みと思う積極的な愛情は生得のものであろう。この愛情は、種の原始の生命形態がわれわれに対してもちつづけていた重要性に基づき、遺伝によって伝わるのである。われわれは、その他の感覚を、たとえばスカンクの放つ体臭の有毒成分であるブチルメルカプタンを本能的に忌避するが、この忌避でわたしたちは、他の生物に近づかないようになり、これとともに、この忌避によって、それらの生物に益がもたらされるだろう。甘味や鮮明色の好みに操られる点では、人間も多くの昆虫も他の哺乳類も同じである。過去一〇〇〇年以上も人間は、甘味や色彩を基準にして、たとえばチェリーを食べてきたのであり、そうして動かないチェリーの種子を運搬する働きをしてきたのである。

問題はこうだ。つまり、単純なバイオフィーリア、すなわち他種の構成員に対する無条件で不変である愛などはない。レーシングカーが好きで、その種の車といっしょに、広告にビキニ姿の曲線美の女性が写っているのを見て魅惑される人も確かにいるだろう。だが、われわれは明色にも惹きつけられているのだ。霊長類が鮮明色の果実が実った木々に対して抱くバイオフィーリアが決定的進化を遂げてからかなり経って、この色の魅きつける力は乗用車塗装に応用されたのである。だから、われわれの生命への愛情は不純であるだけでなく、われわれが他の生命形態へ抱く感情は交錯しているだけでもないのだ。われわれの愛情は変化しやすくて柔軟でもある。

このように、バイオフィーリアは複雑であり、そのうえ、そこにはこうした感情の積極・消極の両面が交ざっていて、さらに微妙な中間状態もあり、人間はこの混合した感情に変化を加えて、あとあとに出現したテクノロジーが生産した対象にも向けるから、バイオフィーリアをひとつの感情として、すなわち単純な生命愛として語ることは難しいのである。生命愛を語るには、おそらくプロトタクシス——細胞と生物が差異的な仕方で相互に反応しあう傾向の一般化——の方がふさわしいだろう。アイヴァン・E・ウォリンは『共生主義と種の起源』で、プロトタクシスを「一生物または細胞が他の生物または細胞に明確な仕方で反応する生得の（つまり遺伝的）傾向」である、と定義している。だから、積極的バイオフィーリアと消極的バイオフィーリア（時にはバイオフォービア〔生命嫌悪〕と呼ばれる）を地球規模のプロトタクシスの両局面と考えてみよう。プロトタクシスの原理は生命存在に内在しているものと理解すべきであり、生命存在はすべて差異的な遺伝子の血統と配合とを具えている。ウォリンは、共生〔二種類以上の生物が共に生活し、相互の間で利害を共にしている生活様式〕が種の起源と胚形成（Mehos 1992）において果たした役割に関して意味深い結論を下したが、これはよく知られていない。同じように、プロトタクシスというこの観念もよく知られてはいない。

生物学の定義によれば、開拓種とは、ある環境全体に急速に広まりはするものの、その環境をたちまち飽和状態にしてしまい、種として限界に達する種のことである。開拓種は最初に登場する種である——あのレストランの逸話に登場する常連客に似ている。ふつう開拓種という用語は植物にあてられるが、テクノロジーと結びついた人間は開拓種に相当する地球規模のものである、と言える。われわれ人間はもう飽和点に、すなわち成長の限界に達しているのかもしれない。もしそうであれば、連続的成長をもう支えられないという合図が生命環境から届いてもおかしくない。

開拓段階の人間は自らに次のような物語を語っていた。つまり、自然環境から果てしなく略奪し、動物、植物、岩石を自分たちの延長線上にあるものに転換することは、あたかも自らの宿命であるかのように思わせる話である。振り返ってみると、西洋の場合、こうした話の核心には、人間は最高のものであり、神は人間のために、あらゆる他の生命形態を造ったのだ、という一神教的思い上がりがあって、こうした話は遊牧民のスローガンになっていたのである。しかし、この種族たちは地球上の全大陸で定着生活を送るようになったから、もはや遊牧民ではない。それなのに、文化の進化にはよく起こることだが、情報というものは役立たなくなっても長いこと流れつづける。そのうえ、このデータの遅れが認められるのは科学前の宗教史だけではない。それは、宗教史にとって代わったか、それを補った科学の伝説《サガ》にも認められるのである。そして、言うまでもないことだが、こうした科学による補足のなかで最も人を引きこむ力のある話が進化論なのだ。

だが、神が無から進化しなかったように進化も無から始まりはしなかった。進化は社会背景と文化環境の内部にも出現した。隠れ神学——科学の言説からなかなか消えない神学上の考え——と言えるものの存在をしっかりと明示しているものは、今日の進化生物学、進化生態学、進化環境学の言説に見られる。それは、ナチュラリストのなかで最もダーウィン的な人でも、一般に、どれだけ次のことを行っているかを見ればわかる。つまり、人間になんらかの優遇特性を確保しておき、人間と地上の他の生命、つまり、かつて「被造物」と呼ばれた人間以外のものから区別することである。このようにして、生物のなかで人間だけが優位にある理由を次々と聞かされることになる——人間は直立姿勢をとったこと

（われわれを「文字どおり」他種の「上位に」いると考えるようにさせる）、親指をその他の指に対向させられること（人間は道具使用者になる）、言語能力があること（人間＝シンボル使用者、物語る者）、超動物的な魂をもつこと（デカルトの策略〔精神と物質を分離し、動物には意識がないとした〕）、自意識があること、（神が不在でも）道徳面で優越していること、あるいは、最も最近の破れかぶれの婉曲語法のひとつで言えば、「大きな脳」をもっていること。

進化説に認められる進歩観に激しく敵対するスティーヴン・グールド（1980）でさえ、こう納得させようとした（けっして彼だけではない）——この惑星上で、いにしえから人間以外の全生物体には自然選択システムの足かせがはめられているが、人間、ただ人間のみが「文化選択」によって進化できる、と。ダーウィンが「自然選択」という語を動物育種者の「人為選択」との比較から造ったことはいうまでもない事実だが、彼はあらゆる種がひとつの共通の祖先から進化したことを示したかったのだ。しかし、彼は進化説を一神論を信仰する大衆にも呑みこめるものにしなければならなかった。大衆に進化説を受け入れさせるには、ユダヤ‐キリスト教のさまざまな役目を引き継ぐ必要があった——その際、初めから、大衆がバイオフィーリアを受け入れる可能性は妥協を余儀なくされたのである。もしダーウィンが具体的に示した人間と他の生命形態との同族関係を考慮に入れれば、バイオフィーリアは当然のものに見えていたであろう。

他の動物にだって感情がある。わたしたち人間は、もとから動物より優れているわけではなく、地球規模の生命連結の部分なのである。こう信ずると、人間は道徳面で危機に直面することになる。動物の権利を擁護する団体や、人間が地球の生物の幸福を危険にさらしていると信ずる人たちは、この危機に直面しているのである。種としてわれわれは増大し、資源を利用した結果、他の生命形態との関係を再考せざるをえなくなったのだから、キリスト教が切りすてたか一神論が吸収したかどちらかの信仰体系に新しい価値観を発見できるかもしれない。ユダヤ教、キリスト教、イスラム教のような一神論が到来する前にあったアニミズム〔自然物に人間のような霊魂があると信じる心的態度〕、獣神崇拝（トーテム崇拝）〔神に獣の姿を特徴として付与すること〕、汎神論そして多神論には、現在と未来における行動と思索の強力な資源が含まれているかもしれない。文化的側面から見れば、バイオフィーリアと生物多様性は科学が是認しているキャッチワードであり、これは、自然と自然に対する人間の反応とに注意の目を真剣に向けるように呼びかけている――西欧の伝統よりも性格が遊牧的ではなく、またテクノロジーも発達していない伝統に、すでに十分発達していた注目の向け方である。もし生命愛と生物多様性が地球規模の教化事業になるとしたら、間違いなく西欧諸国が主導者の立場につくべきである――ただし説教をするのではなく、手本を示すことで主導するのである。倫理的な言い方をすると、西欧は環境破壊をまっ先に行ったのだから、生物多様性を回復する義務は最大級になっているのだ。

ところが、自然はもう救われていて、そのうえ、自然の大部分は人間の手の届かぬところにある。かつて、われわれは全生物が自分のために存在すると考えていたのに、その後、この惑星上の全生物を爆殺できると考えたとしたら、再度、今になって人間は生物界を救うことができると考えるのは傲慢の証しである。現在、地上から生物が絶滅する率は有史前に起こった生物の大損失――いわゆる大量絶滅――に匹敵するほどである。これは事実である。実際、概算では、現在の絶滅率は白亜紀〔六五〇〇万年前から一億四〇〇〇万年前〕末期以降で最大規模である。惑星の大異変（多くの生物形態のなかでも全恐竜の死滅に関連している）の原因は、おそらく可能性としては、メキシコのユカタン半島沖合に爆発流星（隕石、彗星、あるいは小惑星）が落下したことにあっただろう。

ところが、近年の大量絶滅は、外力が加わったことに原因があるのではなく、内部から、つまり人間が膨張をつづけた結果として起こっている点に違いがある、と言明する人がいる。このような形で、環境に混乱を引き起こす事態は長い地球史上で前例のないことだ、と思わせようとする人もいる。これは一種の否定神学であって、人間が神に選ばれた者でないのであれば、それなら神の放蕩息子だとする立場である。われわれ人間は善玉、悪玉のいずれであっても、進化ショーのスターでありつづけている。しかし、大量の生態系〔生物群集と環境を一体としてみた物質交代系〕破壊は、人間以前にも他の生命形態がやっていた、という人間の自信を喪失させる事実がある。

地表の物質には限りがある。だから生物は三〇億年以上も資源獲得競争を繰り広げ、環境を汚染し、無防備の生物の屍や現生生物の肉体を食べてきた。大気汚染の危機が生じた結果、大気の——酸素に毒される生物体に適した嫌気性状態〔酸素がなくてもエネルギーが得られる状態〕から、われわれの祖先に適した酸素が豊富な状態への——転換が起こった。気味の悪い進化の死神としての自らの影に恐れから深々と頭をたれる前に、ここで危機《クライシス》を表わす漢字が、記号としては「危険」と「機会」の組み合わせであることを思い起こそう。また、われわれ以前にも他の生物体がこの惑星環境を変えて、危険にさらしたことを思い起こそう。二〇億年前、水中の酸素を利用して光合成をしていた進化したばかりの微生物である藍細菌が、生物圏〔地球上の生物および生物の生活する場所〕を危機状態に追い込んだ。その「排泄物」——数千種類の生物体を早々に墓場へ送った遊離酸素——が、地球のそれまでの生息環境〔植物が生育する環境〕を永久に変えてしまった。嫌気生物の視点に立てば、地球環境は破滅した。ところが、酸素耐性で酸素呼吸する生命形態（われわれの遠い祖先バクテリアは、酸素耐性の酸素呼吸生物体に数えることができる）にとって、この生態系破壊、すなわち、この誕生地、惑星が破壊されたことによって、存在できるようになったのである。

カオスの数学、非平衡熱力学、そして複雑系の研究がこれまで示してきたことは、壊れやすい、無定形、あるいは均衡喪失の危険状態にあると思われるある種の構造は、しばしば、分岐点——さらに、もっと複雑な構造へ向かう途上の転換点または臨界点——にある、ということであった。人間が育てたテクノロジーは地球全域に広がり、やがてこの惑星はそのような難しい変動期を経ることになるのかもしれない。人々が、特に科学者が、力を合わせて「地球を救え」と警告を発しているいま、藍細菌の事例史はよく考えてみる価値がある。藍細菌は水の分解に光を利用する革新的なことをなし、これが可能なところでは旺盛に成長して大気を変化させ、大気内に生息する多数に、とりわけ自分に害をもたらした。われわれが食料用に動物を狩猟し、豊富な種類が緑々と繁茂するアマゾニア〔南米北部、アマゾン川付近の地域〕の樹木を伐採したり、陸塊を都市化させたりすることも、大きな意味で環境の価値を劣下させた。こうした価値の劣下と種の喪失を憂え、それに反対の闘争を展開し、ブラジル相互基金を組織したり、生物多様性保存のために必要などんなものでも組織する権利が人間にはある。多くのひとが指摘してきたことだが、環境を救う理由には、美的、薬学的、遺伝学的、歴史的、その他いろいろなものがある。そのなかでも最重要であるにもかかわらず話題になることがきわめて少なかった理由とは、地球の緑々と繁茂する地域と、人間を扶養している現在の生物地球の化学的組織〔一地域の地中の化学物質と、そこに生息する動植物との関係〕の規則性——単に地球気候ではなく地球の化学的組織——との関係であろう。

しかし、自分たちは地球全体の生命を救っているのだと考えて、いい気になるのはやめよう。霊長目の知能は、嚙歯類〔脊椎動物門哺乳類、真獣類中の一目。リス、ネズミ、ヤマアラシ等〕の反応力を超えたが、たぶん人間が死滅すれば、人間と同じくらいの速さで、霊長目の知能を超える新しい複雑なものが出現するだろう。結局のところ、爬虫類が衰微しなかったら哺乳類は本領を発揮できなかっただろう。だから、誇張した救済論など突破して、こう理解しよう——世界を救うということは、伝統的に、また快適に人間を扶養してきた惑星環境の部分を救うことを意味しているのだ。人間という種が、最初に繁栄した環境を救済しようと強く主張することは結構なことなのだが、実のところ、これすら実行できないのである。緑の草原、花咲く果樹、湧き出る小川、緩やかに起伏する峡谷へ戻るのであれば、この回帰は円環状ではなく、ら旋状の回転になるだろう。あるいは、仏教で言うように、すべての存在は、すでに救済されているのである。

この惑星上から、ゾウ、キリン、トラのようなカリスマ的な大形動物を失うということは、もっと小規模で見ると、自分の家族の一員が殺害されることに匹敵する悲劇であろう。だが、これまで仲間の生物体を大量に絶滅させたのは、急増しては変化を生み出した生命形態、人間をおいて他にはないということは事実ではない。生物が残忍なものを不可避的に受け継いでいることを、われわれに忘れさせてくれるものがあるとしたら、それは他者の幸福を願うことか、あるいは深い罪とそれと同じくらい深い抑制とが結びついたもの以外にはない。この惑星救済の必要を説く話には、キリスト教的な、ピューリタン的ともと言える響きがある。だが実際は、われわれは進化を止めることはできない。過剰なプラスチック利用、熱帯雨林の破壊、土壌侵食を初めとする地球規模の人間活動を停止させることはできるし、停止させるほうがよいだろう。だが、われわれがそうしなければ、地上の生物を死滅させてしまう、あるいは、そうすれば救うことになる、と考えるのは一種の非科学的な自己権力の強化である。こうした利己主義からは、人間は獣より一段上位に、神より（天使に次いで）二段下位にいる、という古いキリスト教の考えが嗅ぎとれる。バイオフィーリアと生物多様性の観点から言うと、われわれ全体は〈ガイア〉〔ひとつの巨大有機体として考えた地球〕の一部にすぎず、いかなる意味でも最重要な部分ですらない、と考えたほうがよいとわれわれは信じている。

〈ガイア〉とはなにか。あまりに深い印象を与える言い回しは不適切であり、偽物くさくもあるだろうが、〈ガイア〉の原理としての、存在としての力を伝える努力はできる。まず、第一に、文化のレベルで言うと、〈ガイア〉とは、意識的にタイタン族の母の名を採った、古代ギリシアの大地の女神のことで、それは自らの像に似せて人間を作った。次に〈ガイア〉は、人間が子を生み、子孫を増殖するために他の被造物を利用するのを地球外の男性神はナルシズム的に黙認してきたと語る、今なお生きつづけている神学を混乱させることだろう。おそらく、それを消滅させもするだろう。おおまかに言うと、〈ガイア〉は連結通路かつ集まりの場であり、地球全体の生命かつ環境であり、場所ではなく身体として見た惑星の表層なのである。〈ガイア〉として地上生命を見るには、つぎはぎの環境のなかで自らが選択実行者になったプロトタクシス段階の生物体を認めることが必須不可欠なのである。三〇〇万種から三〇〇〇万種のプロトクティスト（原生生物、すなわち繊毛虫類、有孔虫類、藻類、アメーバ、それらの大きな子孫）、菌類、動物と植物、そして物理的環境と一体となって遺伝子を交換する微生物の連続全体は、個体群が幾何級数的に無謀に増えることを防ぐのである。簡単に言うと、〈ガイア〉とは、ダーウィンの自然選択を実行するものなのである。これら全生物体には、個体群〔集団をなす生物個体の全部〕として爆発的に増える傾向がある。個体群はこの巨大化の可能性を達成することはできない、というのがダーウィンの教えである。すべての生物体の生命サイクル全体では、成長にはつねに抑制が加えられる。〈ガイア〉、すなわち生物圏で相互作用する生物の総体は増加を抑制し、したがって自然な選択者として働くのである。

〈ガイア〉仮説の主張するところでは、地上では、大気圏‐水圏、地表堆積物、生物全体（生物相）は物理学よりも生理学のシステムに近い特性をもつ単一統合システムとして振る舞う。ダーウィン伝統の見解は、線形図であり、そこでは生物体は化学的、物理的力の所産である環境そのものに影響される。この線形図はダーウィンが研究していたヴィクトリア朝時代の科学に多くを負っている。当時、ダーウィンは進化説を宗教心のある大衆に受け入れさせるために、その説に信頼できる詳細なメカニズムを与えなければならなかった。当時、もっとも尊重されていた科学とは、アイザーク・ニュートンの物理学の発見であったから、ニュートンが重力像を描いたように、ダーウィンも進化像を盲目的原理と機械的相互作用の結果として描こうとした。これとは異なる環境の見方を〈ガイア〉はもっている。環境を盲目的に相互作用する物質としてではなく、生物の高度の集合として見ている。環境は、物理的、化学的な力の影響を受ける静止した背景ではなく、きわめて活動的であり、生物による調整を受けているのである。

　環境とは、宇宙から見た生きている地球の〈ガイア〉システムを構成する部分なのである。〈ガイア〉仮説は、地表の化学成分の温度および諸相は広大な生物相の代謝、成長そして生殖の活動によって直接調整されている、と明言する。一九六〇年代末期に初めて〈ガイア〉説を定式化したのは、英国の発明家にして大気化学者のジェイムズ・E・ラヴロックであるが、この説は二五年以上も科学文献で用いられて発展してきた（Margulis and Lovelock 1989）。最近、〈ガイア〉科学への略奪的侵入が宇宙開発の継続によって大いに押し進められてきた。他の惑星との比較で、地球全体を宇宙船の軌道から眺望したときの姿は誰にも強烈な影響を及ぼす。つまり、この惑星上の生物はなんらかの相互作用をしている統一体であることは明らかである。もしヒンクル（1992）が断言するように、共生とはその時点における異種生物体の延長連続体の中で共に生きることである、と定義するならば、〈ガイア〉は宇宙から見た共生にすぎない。

〈ガイア〉仮説は、もっと強い形態をとると、この惑星レベルでは地球の平均温度、大気圏での反応ガス成分、そして海洋塩度とアルカリ度とは、植物、動物、微生物から影響だけではなく調整も受けている、と主張する。すでに見たように、この調節とは完全な恒常性〔生物がその体を正常状態に安定しようとする性質〕のことではない。つまり家庭用サーモスタットのように単一温度につねに設定されているわけではない。それは同一階層的である――システムエンジニアリングで言う可動設定値を中心に調整されている。すなわち、この設定値はおよそ二〇億年前に地球の酸素が微量ガスから大気圏の主要構成要素にまで高まったときのように、変化しうる値である。もし人体の発達を受精卵から胞胚〔多細胞動物の発生初期において卵割に続いて起こる原腸形成の始まるまでの胚〕、胎児を経由して子供、成人まで見てみれば、生物系の調節が今日までのどんな開発物をも圧倒するくらいに複雑で魅惑的であることが明らかになる。生理系の化学反応は不活性である物理的〔地質的または地球化学的〕系とは違って生物としての能動的制御を受けている。〈ガイア〉が仮定する地球の生理〔物理的、化学的に見た生物体の生活活動〕がなかったとしたら、地球平均温度、大気成分、海洋塩度のような変数は、〈地球〉が太陽系で占める位置から直接引き出せるだろう。この惑星のこれらの局相は、太陽からのアウトプットであるエネルギーに反応し、それは物理、化学の既知の法則に合致するだろう。

だが、〈地球〉の表面を調べてみると、このような局相は、物理学、化学、その他の非生物学系科学の原理だけに基づいて予側した局相とは、大きな差を見せる。これらの原理の予測では、〈地球〉は、たとえば火星や金星のように二酸化炭素と窒素を適合気体として有し、化学的には定常状態〔非均衡状態にある系が平衡に移ろうとする変動の速度が時間的に不変に保たれるとき〕に達していたはずだ。しかしながら、化学的に言うなら、〈地球〉は異様なまで変則的である。つまり酸素、メタン、水素が大気圏に共存している。二酸化炭素は空気中にではなく装飾炭酸岩に存在している。鉄はキロメートル幅からミクロン単位までの規模で巨大な帯状で見られる。

古代の鉄は散乱した場所に、すなわちウィトワーテルスラント〔南アフリカ共和国のヨハネスブルグ付近の高原地帯〕、南アフリカ、オンタリオのミケペコテンに長く延びた有機炭素と絡みあった状態にある。ラヴロックは、こうした地球全域に見られる不均衡から推理して、地球は生理系であるという〈ガイア〉仮説を提唱するに至ったのである。

〈ガイア〉仮説は、地球が生命存在のように振る舞うと主張したが、これには、議論の余地があると批判されてきた。〈ガイア〉の見解は、〈地球〉――気体および水の環境にある地球の全生物相――は単一の巨大生物体であるという考えに信憑性を与えた、と信じる者もいる。この考えは古代信仰と共鳴して、また西洋の世俗主義に呼応して、再び世界を魅力あるものに根本から変える。だから、特に新ダーウィン主義の生物学者は〈ガイア〉に疑いをかけてきた。というのは、〈ガイア〉と比べると、彼らの非化学的な生命観は見当違いのものになる恐れがあるからだ。それでも、この惑星環境とその生物相との生物体としての反応――〈地球〉を火星、金星、水星、その他のどの外惑星やその月からも区別する振る舞い――は、はっきり検出できるのである。地表はマクロ物体として振る舞うとする〈ガイア〉の見方を支持する証拠のひとつとして、大気圏は生物相の延長であるとする認識がある。もしメタンと水素を産出するバクテリアや無数の生物体あるいは酸素を放出するバクテリア、藻、植物も地表を被っていなかったとしたら、大気圏はいま火星や金星に見られるように、はるか昔に二酸化炭素が豊潤な定常状態に低下していただろう（Margulis and Olendzenski 1991）。

〈ガイア〉に賛成するもうひとつの強い論証は、天体物理学による星の進化のモデルから出てくる。太陽の温度はその歴史の初期段階では現在よりも三〇から四〇パーセント低かった。けれども、化石証拠から、地球が形成された直後に生命が存在したことがわかる。（地球‐月の系が誕生してから四六億年が経過しており、最初の化石群落、ストロマトライト〔藻類が作ったラミナ状の構造をもつ球状または円柱状の石灰岩質の化石〕と呼ばれるドーム状岩石構造は、少なくとも三九億年前の記録として残っている。）このようなバクテリア群化石の証拠によって、地上生物の寿命期間は三〇億年以上であることが実証できる。生物は水が液状でいられる限られた温度範囲内（〇度から一〇〇度）でしか生存できないのだから、生命誕生以降、地球全体の平均温度がこの範囲を越えることがなかったことは明らかである。太陽光度が強くなったということは、それに応じて地表温度も高くなったはずだ、という意味でもある――ところが、実際はそうはならなかったのである。ということは、〈ガイア〉は生物相、つまり生物およびその環境サイバネティックに相互作用して、一言でいえば、この惑星を冷却させるように振る舞ったことが分かる。大気圏に吐き出された砕石が陽光を遮断して地球温度を下げるように、流星が地球温度に文字どおり及ぼした衝撃はますます分かってきている。だからといって、温度変化が地球全体の温度調整の反対証拠になるわけではない。摂動〔簡単な物理系の状態に小さな付加項が加わって運動に生ずる補正〕こそ生理がそれと関わり、反応し、感覚し、そして阻止するか、あるいは阻止しようとする当のものである。生物体は二酸化炭素やメタンのような温室ガスを除去する力を与えるが、たぶん地球全体の温度調節に重要な役割を果たしてきたのだろう。伝統的に推定されているように、温度調節は地球化学組成の偶発事であるかもしれないが、ガスを産出する生物個体群が指数関数的に増えて、これが地球全体の温度調節の機能を果たせたとも推定できる。複雑系が時には驚くほどの振る舞いをすることを認めだすと、この推定の可能性は見込みのないものには思えなくなる。結局、人体も複数細胞から成る複雑系であることを思い起こしたらよい。

ガイアの思想は、ふだん互いの仕事を調べあうことがない科学者の間に、ひとつの系としての地球について意見を交換させた点で有益なものであった。ガイア思想は、現在探究されている地球の変数の統制に関わる新しい仮説を生み出してきた。この種の考えのひとつから、生物相は海洋の塩度と酸性度のレベルを積極的に感じとり、それを安定状態にしているということがわかる。塩、特に塩化ナトリウムはたえず川から海域に運ばれてくるが、それが集積した現段階では、もっとも塩性な生物（好塩性）のバクテリア以外どの海洋生物でもすでに許容レベル（塩化ナトリウムが〇・六モル以上）をはるかに超えているはずである。けれども、地球の海洋は少なくとも数億年間も魚類、プランクトン、その他多くの生命形態にとって好適なものでありつづけた。海洋塩度（三・四パーセント）の相対的安定度から考えると、海水はなんらかの形でたえず脱塩化を受けていることがわかる。ガイア仮説の示唆するところでは、人体内の統制から地球規模の統制を類推することができる。生物体の定常性には無数の相互作用メカニズムが伴っている――それはすべて進化過程の所産である。蒸発残留岩の形成が、少なくとも部分的には海洋塩度調節を行ったこともあっただろう。これらの形成物が微生物群の活動の所産であることは分かっており、また、それらが結合しあって大量の塩になることも分かっている。ラヴロック（1988）は、生物体は蒸発現象が急速化する熱帯地域〔数理気候では北回帰線と南回帰線の間の地域。物理気候では年平均気温が二〇度以上の地域〕に向かって大陸地殻を変動させる力をもっていた、とまで論じている。もしこれが事実だとすれば、プレート構造運動も生命のスプロール現象内に取り込めることになる。

ガイアは、プロトタクシスによって指数関数的成長の連続抑制と組み合わされて進化してきた。地球の大気圏はそれと作用するガスがあれば不規則量（約二〇パーセント）の酸素を維持する。中緯度部の大気の表面温度は摂氏一八度である。その緯度部より下方の大気と海洋のペーハー値は八度を少し上回っている。これは数百万年にわたり比較的一定であったし、すべては生物の許容範囲に収まっている。地球とその近接領域の間に永続する、こうした徹底した差異によって、惑星である地球をガイアとしてみる見方は強化されるし、生物相と環境——生物圏——はひとつの惑星全体を定常階層的な系を形成している、という認識も強まるのである。この系は、個々の構成部分のプロトタクシスによって、生命の限界を超えた回遊へ向かう傾向にある物理的、化学的環境に対して敏感に反応する。予測できる反応のひとつとして、代謝でも形態〔生物体の形質〕でも差がある生物個体群の急速な成長とがあり、こうした生物体の相互作用によって全体は安定するのである。

したがって、生物多様性がこの惑星の生理系には不可欠なのであり、われわれ「生物愛好者」は、おそらくそのように感じているであろう。感度（ゆえにプロトタクシス）、生物多様性、そして個体群の指数関数的成長率はガイア生理系に固有のものではあるが、そこには厄介な問題もある。ガイアは人間がそれを描写したり崇拝したりするずっと以前から存続していたのである。人間が存在しようとしまいと、ガイアはどんどん多様性を生み出すのであり、人間が絶滅しても、種分化しても、ずっと永続しつづけるだろう。太陽が光度を強めて、大気圏冷却に必要な二酸化炭素が枯渇したとしても、おそらくガイアは永続しつづけるだろう。ガイアは、われわれにはまだ漠然としか考えられない多様な形態を放射しており、太陽の予想できる爆発後も生き残って赤い巨星〔直径が太陽の数百倍ほどの大きな星。ベテルギウス、アンタレス〕、すなわち最後の壮麗な日没と化して地球の海洋を沸騰、消滅させてしまうかもしれない。

こうして進化が数世代にわたって繰り広げられて個々の動物の寿命は蹴散らされ、同じく人類も打ちのめされる。この進化生成過程に取り組んでみよう。惑星レベルの進化とは熱力学的非平衡現象である。つまり現段階でわかっている範囲で言うと、進化は太陽により動力を与えられて、ごく最近まで地表に限られていた（「アポロ」「ソユーズ」「ヴァイキング」「マリナー」「ヴォイジャー」、その他この種の探査飛行は、有機的性質をもつ惑星が発芽しかけたことを表わし、これが集積して、将来、途方もない規模の生物圏を増殖させるだろう、と論じようとする人もいる。Sagan 1992)。バイオフィーリア（とバイオフィーリアの規律ある実践、その仮説の結果、すなわち生物多様性）を支える最強の論証は倫理的なものではない。われわれが他の生命形態に対して示す反応はきわめて否定的であろう――ゴキブリ、クモ、ウジ、ヘビ、ネズミ、そして実質的には急激に繁殖するか人体に有害となる恐れがある生物にも否定的であるように。バイオフォービアとバイオフィーリアは、動物だけでなく植物界、菌界、原生生物界、そして細菌界の全域にわたって細分されたプロトタクシスの一部分なのである。たとえば植物は感情による反応はしないが、その化学的性質、すなわち匂いと外観との属性を利用して、あるきわめて特殊な他者を引き寄せたり追いやったりする。人間がハラタケに嫌悪感を覚えることからわかるように、菌類も化学作用だけで強い感情反応を誘発する。

バイオフィーリアが存在することから、人間は生まれつき鳥や花を愛するだけではなく、ある種の生物形態を軽蔑したり嫌悪したり、また、おそらく憎悪したりすることがわかる。かりにカントの言う絶対的命令〔または定言的命令。断言的命令、無上命令とも言う。行為そのものに価値がある無条件的な道徳的命令〕にしたがい、人間を初めとして全生物存在を手段ではなく目的として扱うとしても、広義のバイオフィーリアは生物多様性ではなく、愛好する動植物保存の方向に育っていくだろう。生物多様性について話していると、「すべて生物は平等である」と言いたくなることもあるが、「それでも、人間との平等性に関して言えば、動物のなかには人間との平等度が他の動物よりも高いものがいる」。こうした「平等度が高い」存在とは、人間に似ているか、人間に近い霊長目が初めに進化したサヴァンナ地帯に見られる動物に似ている体格の大きな哺乳類であることが多い。だが、これには驚かされない。アフリカゾウやベンガルタイガーのように見た目には美的に心地よく、感情的に共鳴しやすい獣が衰微しかけているが、その理由のひとつに、人間が優れた農業技量を発揮して、栄養摂取への近道を発見したという事情がある。ゾウやトラは脊椎動物としてカリスマ的な優位にあること、わたしたちは脊椎動物を愛することから、その衰微はとても悲しい事態である。しかし、進化する生物圏の観点に立つと、これは拡張しつづける企業内で進行する「人員整理」のようなものだろう。

もし本当に全生物を真剣に救うつもりならば、ジャイナ教〔インド宗教のひとつで、マハーヴァーラを祖として仏教とともに発展。不殺生、苦行を強調する〕の原理にしたがい、われわれはきっとこうするだろう――生活用水の濾過によってゾウリムシを救い、外科手術を受けて葉緑体を皮膚に移植し、自力で光合成をしてレタスやニンジンを引き抜かず、大腸菌その他、消化器官内細菌の繁殖場になる個体排泄物を無造作に水洗で流さない。この背理法〔または帰謬法。間接還元法。ある命題を否定し、その矛盾対局を真とすれば、それから不条理な推論が導出されることを明らかにすることで、その命題の真を示す論証法〕には、生態救済のレトリックに含意されている仮説的要素が表われている。実際には、ベンガルタイガーのような捕食動物の体格がどうして魅惑的であるかと言うと、一つには、その動物は生態系における生物の役割連鎖で頂点に位置して餌をとるからである。それは肉食の殺す機械であり、植物と動物の歩兵たちに不当な税を課す王なのである。優れた詩は残虐さを必ず帯びていると言われるが、それと同じことが生物圏に生きる動物にも言えるだろう。

バイオフィーリア賛成論の最強のものでも実践的ではない。アマゾン熱帯雨林の保護は、貴重な新薬、食料あるいは繊維を取り出せる樹木や昆虫を保護するのに都合がよいのだろう。こうした経済的奨励は、プラグマティスト、すなわちマトリクス精算表で質を量に還元しようとする企業経営者にとって重大な意味をもつだろう。ところが、われわれの言うバイオフィーリア賛成論の最強のものには、全種を包括しないとしても、全種にかかわる生物多様性へ導くように方向づけされていて、これは生き残りと関係している――それは感覚を具えている全実在の抽象的、倫理的な生き残りではなく、われわれ自身の生き残り、すなわち人間生活のある質の保存と関係しているのである。

地上の全生命は個々の境界線が明確になっていない統一時空系である。バイオフィーリアを助長する、つまり生物多様性の塊をコンクリート製高層建築やアスファルト敷駐車場に転換されぬうちに保存する、これが人間が未来に永続できる可能性を高める方法なのである。少数種のなかには、絶滅するのではなくて、「水準が下って」共生的に生成する力が弱まり、新しい生命形態と現生環境との型に再統合されるものがあるが、これと同じように、この人間の未来も不定なものだろう。たとえば生命の祖先の酸素呼吸体は進化してすべての植物と動物そして菌類のミトコンドリアになったが、この酸素呼吸体のミトコンドリア「種」をよく考えてみると、それは相互依存的ではあるが、絶滅に抗して生き残って、およそ二〇億年間にわたり、さまざまな形態をとって分布してきた（今なお強くなっている）と言わざるをえないだろう。人間も同じことをする機会に恵まれたと思われるが、これは進化では稀なことなのである。われわれは、以前は関係が薄かった生命形態にもっと緊密に結びつき、親近感を覚えるのは、現在のわれわれに記憶として重くのしかかっている現に死滅しかけている植物や動物だけにではない。今のところは、あたりまえと一般に見なしている廃物リサイクルや空気産出や水浄化の働きをする微生物にさえ、親生元素〔生物を構成している元素〕の面から親近感を覚える。こうすれば、天文学的な膨大な空間領域に地上の生命が開花するのを援助できるだろう。

光合成をする原始バクテリア系統が猛烈な速さで分布し、環境破壊的な凶暴行動に出たのと同じように、人間はこの惑星上の全域に進出し、その結果、その足跡に環境荒廃と大規模の生物破壊とを生み落としてきた。藍細菌と同じように、地球を汚し、殺してきた。そして、笑いと自惚れを交じえて虐殺してきた。藍細菌は善でも悪でもなかったが、われわれ人間も善でも悪でもない。こうした事態と同じように、人口の爆発的増加によってこの惑星に変化が起こり、ここから見慣れぬ新生物誕生の道が用意されたのである。

小レストランの例で証明したが、人間が、あの店舗拡張に似た否定的フィードバックを通じて、地球全域に繁殖した結果、この惑星は人間が生活するには、ありがたさが減少しつづける場所に変わってしまった。地球汚染が進行し、人口密度が過剰段階に入ると、地球全体の大気と海洋の共有地も汚染される。この汚染は、小さな町の共用放牧地域が跡形もなく破壊され、汚されるのと同じくらい確実に起こる。そうなると、国の内外にある空中、海底いずれであれ自足した環境の魅力が増してくる。人間の未来の居住地はアリゾナ生物圏に似たものになるかもしれない。つまり、物質面では閉じているが、情報およびエネルギー面では開いている、生物と提携した生命形態系であり、そこでは水と空気は補給され、排泄物は食料、衣服、住居へと無限循環される。このような生物多様性を含む人工生物圏は、物質的には地球全域の生態系から分離しているのだから、地球からの再補給を必要とする宇宙軌道や他の惑星上でも永続できるだろう。すべて生物には生殖に向かう性質があって、生殖は環境を損なうのだから、そのような飛び領土は地球環境の変質を防ぐ手段を与えてくれるだろう。人工生物圏と閉鎖生態系は、二〇億年前に藍細菌の分布が起こした環境破壊が終わって次の段階に繁殖した好気性菌〔発育のために分子状酸素を必要とする微生物〕のようなものである。また、それらの生物の生存は生物多様性とバイオフィーリアとで決まるのだから、それは現段階で想像可能な地球外の場所で排泄物を食料に完全リサイクルする唯一の手段を表わしている。このことから、今後、進化しうる生物組織化の最高レベルはガイアであることもわかる。

現在のところ、ガイアの生物多様性はこの惑星全体に分布しているが、生物圏の思考実験により、この生物多様性がどのようにして「個別化される」か、あるいは独立単位、すなわちガイアの子孫に凝集されるかがわかる。ガイア批判のなかに、地球は少なからず生物体をもっているのだから、おそらく一生物体ではありえないという反論があるが、たとえば〈生物圏II〉のような、現在八人の人間、食物種、アリゾナのオラクル付近のテクノロジーとを収容するリサイクル室の創造は、ガイアが小さな生物体を生み出す究極の自然過程の第一波を表わしている。いまのところは考えられないことだが、このような系がずっと高度の形になれば、それがおそらく人類が滅亡し、太陽が消滅した後の生物多様性を保存するだろう。人間の観点に立てば、生物圏は共同体であるが、ガイアの観点から見れば珠芽なのである。

　地球と直結した物質的なへそを切り、宇宙へ実際に移動し、地球から独立して生活するのに必要な「テクノロジー」は、人間以外の生物形態であって、それ以外のものではない。人間は、地球の生物多様性の精選された見本、すなわち土壌細菌、リサイクルする菌類、食物種、その他多くの生物をもつ自然系のみを使って宇宙での生活を維持できる。ガイアがたんなる隠喩ではないことを、これほど明確に証明する例はたぶんないだろう。宇宙で生存するには、数千もの生物体、複数の生態系がそっくりそのまま必要である。これらは、人間がそのほんの一部分を占めている生命形態よりも低位にあるのではなく、その生命体系に不可欠なものである。結局、それらは人間がいなくても困らない部分なのである。そのうえ、テクノロジーの業績は多々あるが、言うまでもなく、人間は細胞状生命の光合成と同じように光合成をミニチュア化できないし、実験室で光合成を再創造する段階にさえ近づいていないのである。ガイアの光合成、空中窒素固定、その他の化学的生産と廃物管理の能力は、今なお現代テクノロジーの手の届かぬはるか先にあるのだ。

　われわれは人間として、大切な環境を破壊し、破壊しながらも希望を抱いて愉快に生きつづけられるだろうか。人口増加は地球を滅ぼしてきた。生態学的に正しい代案とは、地上の全民族を招集して、強制的に静止状態に入れる、つまり人間としての目的で人口増加と生命環境開発とを正しく制御できる状態に入れることである。救済のレトリックから責任ある自然管理権まで、環境面にとても心くばりをしている人たちが提唱する環境保全そのものは、ユダヤ - キリスト教伝統の教えと確かに調和していると思える。だが、全世界の自民族中心の経済活動をする人たちに成長の危険が説得できたと仮定したとしても（疑わしい命題）、また世界の諸政府に、自分たちの国境を守って他国家には口を挟まないように説得できたとしても、こうした切り詰め政策が現実にいつまでも続くと想像できるだろうか。離脱者が登場する舞台は準備されるのではないか。

地上の生命は、部分が全体の複雑さを保持したまま個別化されている複雑な化学系であり、その基盤の大半は、細菌、藻類、植物のように光合成物質から成る緑色の層が形成している。この層は空気、水、そして陽光で栄養を自製する。この層は成長し、どんな生命形態をも誘う。誘われた生命形態はゼロから自らを組成するのではなく、その層を「騙し」て、それを（あるいは互いを）利用する。「不正競技者」、すなわち欺く人間集団、すなわち新種の生物が進化し、地表に衝突した太陽の放射熱をエネルギー利用可能な物質として蓄積保存し、生態学的仮説として正しい人間成長屈曲政策をまっ先に侵犯することは避けられないと思われる。進化中の地球環境保全は、大義としては結局は敗北である。本当によく考えてみれば、地球環境保全はとても難しい、危険ですらある考えなのである――実際たいていのひとはそんな考えは抱かないだろう。というのは、この考えではエネルギー宇宙における生命の破壊性質には果てがないことに対して、空しい諦めの態度をとるほかに解決を認めないと思えるからだ。たぶん他の生命存在も同じようなことを考えてきただろう。この考えが、わたしたちが自分の「祖先」に向かうときに自然に覚える反感、嫌悪、当惑――ついでに言うと、バイオフォービア――の部分なのである。

この「祖先」がポリエステル製レジャー服を着た風采のあがらない親であれ、ウイルバーフォース大司教〔サミュエル・一八〇五―七三　イギリス国教会聖職者〕が自分の傍系家族として認めなかった情交する類人猿であっても、下水溝の微生物の連中であったとしても、同じことである。そうではあるが、こうした本能的な不快感を凌ぐ感情もある。その感情とは、われわれはこのようなものから生まれてきて、どこへ向かおうとしているのか、という畏怖の感情である。強さと弱さとがひとつ同一のものの異相になっていることはよくある。ユダヤ－キリスト教倫理の観点は、ガイドラインが欠けると誘出されるディオニソス〔ギリシア神話。豊穣とブドウ酒と演劇の神〕的性質の狂気の発生からわれわれを守ってくれる精神安全網なのである。だが、この網は無道徳的な生物系を明確に把握する方向にも、未来を見通す方向にも近寄らせない鉄扉でもある。

ジャン＝ジャック・ルソー〔一七一二―七八　フランスの啓蒙思想家。文明とこれに伴う社会の人為性が自然的な人間生活を歪めるという〕が抱いた、実際には存在しなかった無垢の（愉快で汚染のない、落ち着いた）過去への鷹揚な郷愁は、生態学的に言えば正しい継承物ではある。だが、その誤りにひとたび気づいたなら、われわれは、いま農工業による操作で変えたため復元できなくなった生物圏内に置かれていて、そこで生き残ろうと努力している人間でしかないことが評価できるようになる。われわれは、自己中心的態度そのものに引かれ、周囲の環境に気づかいせずに増殖しつづけてきた。だが、いま、われわれの過去に追いつかれた。われわれの生態上のカルマを壊さなくてはならない微妙な立場にはまり込んでいる。と同時に、第7章でゲアリー・ポール・ナバーンとサラ・セイント・アントワーヌが指摘するように、テクノロジー的人間性が地球全体に疫病のごとく蔓延して、局所生態系の専門知識をもつ先住文化の口誦伝統をだんだん減らしてきた。本書第9章でポール・シェパードは、檻に入れた野生動物を好み、家庭用ペット動物を自存できない遺伝的「まぬけ」に変えた人類文化のナルシシズムに注意を向けている。しかしながら、生命史上、他の多くの生物は異生物どうしの協力の結果、慢性的依存者に変えられた事実にも注目すべきである。ミトコンドリアの祖先は自由に生活する自立生物であったのに、その子孫は培養液内でも宿主細胞外でも生存できない。こうして、たとえば自由生活するオオカミからペット食品の定期的給仕に依存する都会のイヌへの移行を嘆くこともできるが、この移行は特異なことではないのである。

実際に、全地球の生物圏関係は重大な再組織化を受けているが、もしその原因が人間の干渉ではなく、生物圏内での人間現象の発達にあるとしたら、有情の存在である人間がそのような広範な変化を目の当たりにして悲嘆を覚えるのはごく自然なことである（人間干渉説は人間を自然から分離しておくから、それは深慮に欠ける生物学的見解を要約している）。しかし問われているのは、人間はこの惑星が病んでいることを知っている、そして、この病は惑星をある種の環境静止状態に向けることで癒せる、とする仮定である。人間はテクノロジー愛好者なのだと切り捨てられることがないとしたら、こう提案してみたい——種の多様性の減少はテクノロジーの多様性の増大で均衡をとれるだろう、と。これは最終的には生物圏の寿命を高める相殺取引である。

一九七三年にソヴィエトの生物学者M・M・カミシロフ（1976）が、ある対照実験で実験室の生物群に段階ごとに複雑度を増す有害フェノール酸を次々と加えた。最初の生態系は細菌だけである——これはメンバーが他の界のメンバーから援助を受けずに排泄物を食物に完全リサイクルできる多様性と生化学的融通性とを具えた唯一の界である。細菌は自力でフェノール酸を分解できたが、系が複雑になると、その分解速度に変化が生じてくる。第二の容器には、細菌と水生植物が入っており、その有毒酸を中性化する速度は細菌生態系に勝った。この傾向は進んでいき、第三系には魚、軟体動物、植物、そして細菌が加えられたが、フェノール酸除去の速度はさらに高まった。いちばん速くリサイクルしたモデルは複雑な集合体だけではない。より後の段階で進化した生物体を古い生命形態の基部に取り込んだ集合体もそうであった。この点に注目したい。

劇的と言えるほどに新しい生命形態が出現して急速に分布していくと、結果として不安定、不快の時期が始まる。ところが、進化したての生命形態が生き残るには、長期的に見れば、自らを全地球生態系に組み込んで、その系で占める部分を拡張しつづけなければならない。地球生態系は、もっとも分裂的な系を含めて、どの単一の生命形態と比べても規模はずっと大きく、状態は準安定的〔物質が真の熱平衡に達せず、不安定な状態にあるが、そのままでなんら変化なく安定に存在しうる状態〕である。この点に強調を加えると、それはテクノロジー人間に当てはまる——種として人間は、急激な増殖および安定の最初期段階がもたらす結末とに、いまだかつてない責任をもって対峙している。もしこれが事実であるとしたら、現環境を懸念すればそれで快適な地球の健康状態を示せるわけではないように、この懸念は必ずしもこの惑星が病んでいることを意味するわけでもない。そうではなく、実際には、この懸念は見なれぬ動物の産みの苦しみに似ているのであり、この動物は苦しい妊娠期間は完了したと感じたら十分に食べ、多めに休息することに意識的に注意を払うだろう。

参考文献

Gould, S. J. 1990. *The Panda's Thumb*. New York : Norton.

Hinkle, G. 1992. "Undulipodia and Origins of Eukaryotes." Ph. D. thesis. Boston University, Department of Biology.

Kamshilov, M. M. 1976. *Evolution of the Biosphere*. Moscow : Mir Publishers. Original experiments described (in Russia) in M. M. Kamshilov, "The Buffer Action of a Biological System," *Zhurnal Oshchei Biologii* 34 (2)

(1973).

Lovelock, J. 1988. *The Ages of Gaia.* New York : Norton.

Margulis, L., and J. Lovelock. 1989. "Gaia and Geognosy," In M. B. Rambler, L. Margulis, and R. Fester (eds.), *Global Ecology : Towards a Science of the Biosphere.* Boston : Academic Press/Harcourt Brace Jovanovich.

Margulis, L., and L. Olendzenski, eds. 1991. *Environmental Evolution.* Cambridge : MIT Press.

Mehos, D. C. 1992. "Ivan E. Wallin and His Theory of Symbionticism." In appendix of L.N. Khakhina, *Concepts of Symbiogenesis : A Historical and Critical Study of the Research of Russian Botanists.* New Haven : Yale University Press.

Sagan, D. 1992. "Metametazoa : Biology and Multiplicity." In J. Crary and S. Kwinter (eds.), *Incorporations.* New York : Zone.

Wallin, I.E. 1927. *Symbionticism and the Origin of Species.* Baltimore : Williams & Wilkins.

第12章　生命と人工物

マダーヴ・ガッジル

たぶん、わたしは自他ともに認めるバイオフィーリア人間であろう。わたしの楽しい記憶は、自然を背景に生きる野生動物との出会いの思い出でいっぱいである。たとえば約一五年前のある晩のことだが、南インドのバンディプールのトラ保護地の見張り塔に立って池を見渡していた。ちょうど日が沈みかけたとき、四〇頭ほどのゾウの群れが地響きを立てて池へやって来た。先頭に巨大なメスがいて、そのすぐ後ろには、さらに堂々たる体格のオスがいた。メスは発情期にあったと見えて、彼女が水中に踏み込んでゆくと、オスがその背中にまたがった。すると、その瞬間、他のゾウたち、牙が生えかけた最年少のゾウから、そのオスより体格がほんのちょっと小さいものまで、少なくとも二二頭はいただろうが、体格が同じもの同士でペアになり、池の端をぐるりとかこみ、中央のオスとメスの交尾に合わせて体を押しあった。このドラマはまる一五分続いた。これが、わたしの心に消すことのできない印象を残した。

選択の力としての人工物

バイオフィーリアに関するエドワード・ウィルソンの魅力的な思索（1984）を読んで、わたしは自分自身の自然界の愛について考えさせられた。というのは、わたしのこの愛は、わたしの親族が広く共有する特性ではないからだ。もし、人間を自然の多様性を愛する方向に傾斜させる学習規則があるとしたら、インド都市部の中産階級で、この愛を抱くようになる人はほんの一握りにすぎない。わたしの父はこの数少ない例外であって、鳥を観察したり、山岳地帯をのんびり歩くのが好きだった。父はこの関心を家族から受け継いだのではなく、若いころイギリスのケンブリッジ大学で学んでいたころに友人から得たのである。この父からわたしは自然を愛することを学び、一生の仕事として自然界の研究にあたりたいと思うようになった。そう思うようになって初めて、自然界の愛ではわたしに負けないインドの部族、農民、牧夫たちと接触するようになったのである。

わたしの息子は、幼いころにこの興味を選択して熱烈なナチュラリストになった。ところが、一四歳になったとき、彼にパーソナル・コンピュータを買ってやった。するとまたたく間に、息子の目はこの複雑な「生物」に釘づけになってしまった。というのは、彼はカエル、トカゲ、鳥を観察して楽しんではいたが、その一方では、魅力あるあらゆる類いのことをコンピュータにやらさせることができたからである。その好奇心旺盛な本能は、自然界の観察よりもはるかに魅力のあるはけ口を、まずはコンピュータの学習に、次にその操作に見つけ出した。やがて息子は人工物の世界の虜になってしまった。自然界に覚えた魅惑は半ば犠牲になった。

およそ二〇〇万年間にわたって、ホミニッド〔ヒトとその変種からなるヒト科の一メンバー〕は自分の世界にこのような複雑な実在物を住まわせてきた。言い換えると、この年月は一〇万世代に相当し、これは人工物が選択の力としてそれ自体の権利で作用できるくらいの長い期間である。この長期間にわたって、人工物は人間存在の統制にますます重要な役割を果たしてきた。わたしたち自身の種、ホモ・サピエンス〔ヒト科のなかの現生人類の集合〕が二〇万年前に登場する以前の人間の祖先の場合は、地面を掘る棒は地下の塊茎に手を伸ばせる、調理用の炉は肉に感染する寄生物から逃れる、そして、水面に浮く丸太は猛獣のいない島へ接近できるということを意味していた。だから、人間は水のある自然の風景に魅かれると知られているが、これと同じように、火をよく管理することに関心をもつようプログラムされているということは本当らしい。もちろん、人工物の大部分は最近のものであり、人間はそれらに魅力や嫌悪を覚える性向を適切に進化させたらしい。だから、人間は生まれつき閉所とかクモとかには嫌悪感を抱いているが、ピストルや皮膜の剝がれた電線にはそうではないようだ（本書第3章）。とはいえ、人間は現生生物にそのような反応を進化させてきたように、さまざまに配置された人工物に生得の注意力か嫌悪感かを進化させてきたということは、ほぼ事実らしいのである。

生命形態の模倣

動物としての人間の祖先は、生まれつき探求の衝動力、すなわち自分の環境の異常配置に対する好奇心を具えていた。人間のこの衝動力が出てきた根源は、他の生物に覚えた魅惑や嫌悪の起源と共通であり、このことは人工物の場合にも当てはまるかもしれない。最も単純な人工物には、刃口や切っ先を作るために形を整えた石片か骨片がある。だが、人間はもっと複雑な人工物を組み立て始めると、それを自分の環境に生息する生物に関係づける傾向を見せてきた。最初期の人間が製造した小像は、それ以前の絵画と同じように、女性と動物のアイコンであるが、その短剣の握り部分には建造物の柱と同じトラやライオンの顔が描かれている。飛行機を組み立てるインスピレーションは鳥から得た。だから、人工物であれ生物であれ、複雑な実在物に対して人間が覚える魅惑には共通の基盤があるのだろう。

進化——文化的側面と生物的側面

人間が製造した人工物の文化的進化と生命形態の生物的進化には、多くの平行関係があることに注目すべきである。時の経過につれて、体格がますます大きくなり、複雑度がますます強まった生物が進化の舞台に登場してきた（Bonner 1988；Wilson 1992）。最初期の生物は、微視的な単細胞〔生物体を構成する最小の単位体。原則として一個の細胞核とその周りの細胞質がある〕であり、境界が明確に定まった細胞器官はもっていなかった。これに続いて、次々と巨視的な生物が加わってきた——これまでで最大のものには、現代の大型褐藻ケルプ、クジラ、アカスギの木が含まれる。これらの生物の一個一個の細胞は、多数の境界が明確に定められた無数の細胞器官で構成されている。これと同じように、最初期の人工物は石の破片や断片や内部構造をくり抜いた小薄片であった。これにピラミッド、そして、数千個の石とレンガ、鉄と窓ガラス、電線と電話線で作られた高層建築が加わってきた。そして、人間は適度の身体をもち、ニューロン〔神経の構成単位。通常は樹状突起を備えた神経細胞とそれに連なる軸状突起〕が想像を絶する多数の連結点を作っていることから見ると、数点で生物のなかで最も複雑である。これと同じように、今ではコンピュータは適度な大きさになり、その内部構成はきわめて複雑になっている。

複雑度を増した生物は、地上に出現してくると、範囲がますます広がる生息地に群生する傾向を見せた。たぶん、生命は沼地の浅い温かい水たまりから発生したのだろう。その後、泥のなかを掘り進み、深い海に移動したのだろう。さらに後になって、生物は乾燥した陸地に出てきて、空中に飛びあがった。これと同じように、人工物も、はじめは原始のヒトの生息地であった熱帯サバンナに限られていた。その後、人工物の力でヒトは熱帯雨林に、あるいはもっと寒冷の緯度に侵入したり、海洋の島々に渡ったりして、とうとう地球外に進出できるようになった。

時の経過につれて、個々の種は、たえず絶滅し、時には大量絶滅のエピソードも語られたけれど、全体としては、現生生物はつねに多様性を増してきた。これと同じように、人工物もその多様性を絶えず増してきた（Petroski 1992）。たったひとつのカテゴリー、輸送手段をよく考えてみよう。最も原始的な手段は、水上に浮かべた丸太であり、その後、その内部がくり抜かれた。次に葦の筏、牛車、そして馬車が加わった。今日の輸送手段は、深海潜水艦と原子力潜水艦、オイル輸送船と超音速ジェット機、宇宙衛星と砂丘走行用オープンカーと、その範囲を広げている。日本の自動車会社は、毎月、新モデル車を生産している。

現生生物が、身体の規模、複雑度、そして遍在性を増すにつれて、それらの集合体とそれらが駆動させるエネルギーおよび物質の通過速度も早まってきた。生命そのものの起源は三五億年以上も前にあったが、森林地に植物が発生したのは、およそ四億年前のことでしかなかった（Cowen 1990）。だが、植物集合体は他のどんな生物集合体にも勝っている。定温脊椎動物、すなわち鳥類と哺乳類が存在するようになったのはさらに後の段階であり、今からほんの二億五〇〇〇万年ほど前のことである。しかし、彼らは物質代謝を行ったから、物質およびエネルギーを流動させる速さにかけては、体格で彼らに匹敵しうるどんな生物も圧倒した。ある意味では、人間が栽培する植物も人工物である。この植物栽培が起こったのも、およそ一万年前のことにすぎず、すでに人類は約二〇万年前に出現していたから、だいぶ時間が経っていた。ところが、今日では人間が栽培している植物の量は自然植物の量と同じ桁になっているのである。

数量で言えば、大都会の中心地に人間が建てた建造物は、最高に繁茂している森林にも勝っている。地球規模で見ると、建造物の数量は森林植物の数量より一桁低いだけある。人間は大量の人工物を統制するために、世界のエネルギーおよび物質の流動速度をますます高めている。ある概算によれば、化石燃料として埋蔵されている過去の光合成生殖の相当する部分は別として、世界における陸生の光合成生殖全体では人間が占有する率は四〇パーセントである（Vitousek et al. 1986）。たとえばロケット・エンジンによるエネルギー消費率は、どんな動物の物質代謝率をも大幅に超えているのである。

人工物進化の原因

人工物の進化は、人間集団の内外における競争が、さまざまに相互作用して推進されてきた。原始時代の農業生産者たちは、斧、土掘り棒そして土製貯蔵壺を備えていたが、狩猟‐採集者社会が使用する人工物の種類も複雑度も増やした。彼らはこれらの道具を用いて、増えつづける高い人口密度を維持し、収穫や栽培活動に対して手間ひまかけなくても、数か月間全員を養える余剰食糧を生産できた。だから、狩猟‐採集者に対して実効力のある攻撃をしかけられたから、世界のいたる地域で狩猟‐採集者とその

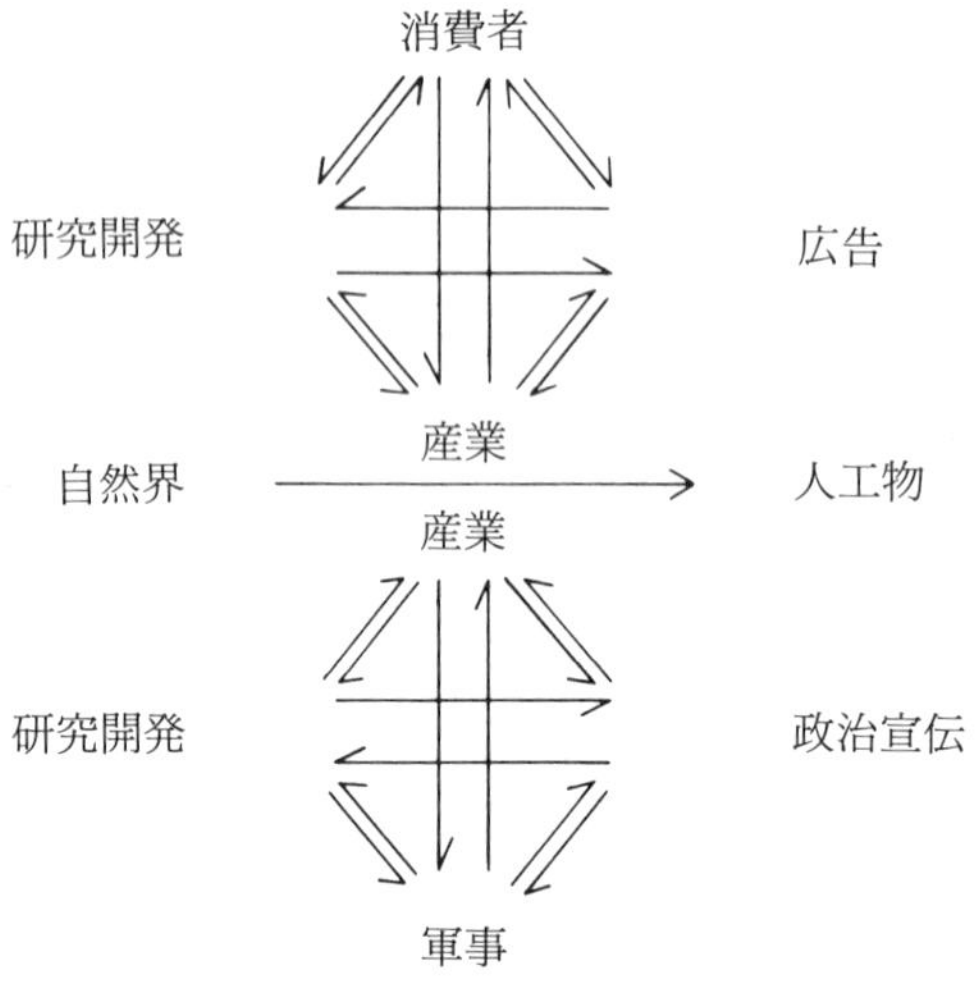

図12—1　正のフィードバック・サイクル——消費商品と軍事ハードウエア，産業生産，広告，政治宣伝による説得，そして市場調査と開発の要求の増大を伴う——は，つねに加速するペースで，自然界を犠牲にした人工物生産の原因になっている．

人工物の場を少しずつ奪取することになった。ある社会が別の社会に攻撃をかける際に、人工物が武力になる。この過程は今日まで変わらずつづいている。最近起こった湾岸戦争でのアメリカの勝因は、第一には、より複雑な電子機器にアクセスしたことにあった。このように軍事面で優位に立てるから、世界いたるところで人間社会はさらに複雑な攻撃手段を生産しつづけるのであり、また、その獲得を推し進める動力を生み出すのである。

人間社会で、物質、エネルギーあるいは情報処理または移送のような特殊機能に基づく企業人間集団が果たす役割は、その重要度をますます高めてきた。この集団は乏しい資源をめぐる集団間競争にたえず巻き込まれている。その競争の成り行きの決定には、複雑な人工物へのアクセスが重要な役割を果たす。だから、英国の織物工場はその進歩したテクノロジーを手段にインドの手織機産業を壊滅させ、それに代わって、インドに織物工場の設立を促進したのである。これと同じように、日本の漁船団は漁獲物を船上で処理して缶詰にしたり、その他の複雑な処理設備を駆使して、それほどには質が高くない他の漁業会社を打ち負かしてきた。

人間集団内では、複雑度をつねに高める人工物を所有することが、社会的地位をますます高めることを象徴している――CDプレイヤー、携帯電話あるいは電気歯ブラシの場合であっても同じことである。だから、企業集団は、さらに複雑度を高めた人工物を生産し、さらに一層大量の資金を宣伝に費やし、複雑度の高い人工物の所有と社会的地位の上昇とは本当に関係があるのだ、と説得しつづける。今日、こうした過程から、複雑度を高め、強めていく人工物の大量生産を推し進めると、当然、その結果として自然界を犠牲にする、というきわめて強力なフィードバック〔出力の一部が再び入力側に入り、出力が増大する働き〕が生み出されてきた（図12―1）。

その結果、人工制御された草原、大農場、養殖池をはじめ、人工建造物と道路が、日々数量を増している。だから、水圏と生物圏に人間が放出した殺虫剤と化学肥料のような化学物質が凝縮するにつれて、大気圏には人間が放出した二酸化炭素、一酸化炭素、フロンガスや窒素酸化物のようなガスもどんどん凝縮している。

存在の共同体

社会に人工物が盛んに出回ると、人は以前は自然界に向けていた類縁〔生物の分類上、どの程度近いかを示す関係〕の感情をそれらの人工物にどんどん移すようになった。この感情は人間集団のメンバー間の類縁感を延長したものである。同族関係と相互扶助は人間社会を一体に固めるニカワの役割を果たしている。人間は自己を犠牲にしても他人を助ける。なぜなら、社会のメンバーは血族関係にあるか、それとも将来には相互扶助の関係になると予想できるからである。

狩猟‐採集社会と純然たる農業社会は、この同族関係と相互扶助の考えを人間以外のものにも向けた。人間にとって大河や小川は母であり、アンテロープやクマは兄弟になる。それら自然は、他の人間、風景の要素、樹木、動物すべてとともにひとつ仲間の部分として、存在の共同体のメンバーとして生きていた（Martin 1978；Gadgil and Berkes 1991）。そのような人間以外のメンバーは、人間に数々の恵みを、すなわち水、小屋、食物を与えてくれた。人間は、彼らを過剰干渉から保護してやったり、捧げ物を差し出して報いた。だから、小川の一定範囲からは魚を獲ろうとはしないし、一本の木を伐採する前に家禽を捧げたものである。このような保護や献納行為は、小川、山岳、小森あるいは個々の動物に聖性の特質を割り当てたことと関係があるのだろう。その実践を通じて、一定範囲の一地帯に本当に実効力がある保存法が実施されていた。だから、南インドの西ガーツ山脈一帯はその土地の六パーセントまで、すなわち湿地帯の沼と河谷林から、風に吹きさらされた丘の頂上の生長が止まった低木まで、聖なる小森で被われていて、そこには、あらゆるタイプの生息地がネットワークのように散在していた。この聖なる小森はそのネットワークを失って縮小しているところがあっても、今でもその最北端のフタバガキ木立やニクヅク湿地のような希少原生地は保護されている。同地域の要となる資源として、今、認められている食用イチジク属の木々は伐採からほぼ完全に守られている。霊長類すべてが狩猟から守られているのと同じである。ふだんは鳥やオオコウモリも狩猟されるが、特に攻撃を受けやすい状態にいるとき、たとえばサギの森で巣作りをしている鳥は、また白昼に眠っているオオコウモリは保護されている(Gadgil and Berkes 1991)。

人工物崇拝

人間社会は、この同族関係および相互扶助と聖なる特性の割り当てとの関係を、人工物にも広げてきた。ヒンドゥー教信者は、特別な祝祭日には、彼らの生存戦略でキーになる役割を果たす人工物を、花、食物、贈り物を捧げて崇拝する。こうした日には、農民は耕作機を、商人は会計帳簿を、兵士は剣と盾を、織人は織機を、トラック運転手はトラックを、そして本当の話だが、冶金家は走査電子顕微鏡を崇める。そして、誰もが、自分のカヌー、牛車、自転車、車を崇める。インド人の多くは、今でも毎晩ローソク・ランプや蛍光灯をともす前に祈りを捧げる。形は違うが、アメリカ人は同じ精神で車を崇める。かつてメーデーに、共産党はモスクワの赤の広場で戦車とミサイルを崇拝した。インドの初代首相ジャワハラール・ネール、根っからの世俗主義者は、水力発電事業と鉄鋼製造所を近代インドの神殿であると称した。

生命形態の位置の奪取

人工物は、人間社会で果たす役割の重要度を高め強めるにつれて、かつては自然の要素や現生生物が人間の崇拝対象として果たしていた位置を奪取してきた。このような変動は、中東の宗教、すなわちユダヤ教、キリスト教、イスラム教では重要な要素になっていた。一〇〇〇年以上前に、キリスト教がヨーロッパに布教されたとき、聖なるオークの木立は切り倒され、これに代わって林を模した高い尖塔つきの教会が立った。最近数十年で、キリスト教伝道師たちはマダガスカルで聖なるキツネザルを撃ち殺し、北西インドの部族地域では聖木と聖林を伐採して、土着宗教信仰の弱体ぶりを具体的に見せつけた。

東洋の主要な宗教、すなわち仏教とヒンドゥー教は、自然の要素、植物そして動物の崇拝に対しては、キリスト教ほど敵対的立場はとらなかった。しかし、これら東洋の宗教が上昇段階にあったときでも、自然崇拝はゆっくりとではあるが衰退しかけていた。というのは、自然崇拝とは、崇拝者と具体的できわめて局所化された神聖な対象、おそらくピーパル(宗教的イチジク)との直接的関係の態度であるからだ。崇拝者はその土地の住人であり、自ら進んで木霊に捧げ物をし、生け贄にしたニワトリやヤギを食べる。こうした交渉には、専従僧がそこから略奪できる余剰物などはない。具体的に略奪ができるとしたら、木霊がヒンドゥー教の神殿のある神と一体化し、専従僧による有料儀式を必要とする、形式がもっと整った崇拝が必要になったときである。したがって、専従のブラーミン僧は、インド全土で多種多様な自然霊にヒンドゥー教のある神の姿形を見分けて、精力的に活動してきた。こうした事態が起こると、木やアリ塚や岩の形をした霊は偶像の姿形をした神として同定される。やがて、この偶像は寺院建築内部に安置されるが、この過程で起源の聖木、聖林破壊がよく起こるのである。実際、ブラーミン僧は、住処であった樹木を伐採されて激怒した起源の自然の霊を鎮める特別の儀式を、よく執り行う。そうして、僧たちはその伐採樹を市場に出す仕事をする木材請負業者とも取引をして手数料を受け取るのである。

こうして、通信・交通と市場取引の力が辺鄙な地帯までインド全域にどんどん広がると、すでに建造されていた寺院で、自然を脱神聖化する過程と、崇拝対象を自然の要素から人工の偶像へ移行させる運動とが起こる。特別祝祭日の行列に、神々を連れ出すときの輸送手段の形態は複雑度を増したが、これと同じように、寺院の形態も複雑度を強めてゆく点に注目すべきである。輸送手段として、初めは牛車とゾウだけが使われ、次の段階で精巧な木製馬車が登場し、今日ではリムジンが使われている。こうして世界は一様性を強めてゆき、つねに変化のただなかにいて、過去から継承してきた生命畏敬の態度は急速に衰えている。

こうした過程が累積した今、世界は新局面に入りかけている。これは人工物の多元性が生命形態の多様性の位置を奪取する最終段階なのであろう。というのは、分子生物学が進歩した結果、生命形態そのものが変化して、現生生物と人工物の境界線を消せるからである。こうして、やがてはテクノロジーの技術で造った生命形態が企業間競争の成果を決定づける最重要の人工物になるだろう。そのとき、これらの企業は以下の二つのことを実行できる状況を作り出すだろう――(1)より新しい、より複雑なテクノロジー的生命形態を製造する優れた能力を有し、(2)より複雑な生命形態を製造する可能性がある競争相手の能力を、できるだけ確実に抑止する。テクノロジー的生命形態を生産する優れた能力を高めるには、その材料である自然が蓄えた多様性に接近する方法をとるだろう。それと同時に、その自然の生物多様性に他企業が接近できないようにすれば、この競争相手の能力を効果的に抑止できるだろう。

したがって、全企業家が自然の生物多様性の統制を独占する力を確保する闘いを繰り広げる可能性がある。この目的達成に主として用いられる手段は三つあるだろう。(1)自然の生物多様性を本来の場所から離れた貯蔵場に可能なかぎり多く集積する、(2)知識およびテクノロジーの技術で製造した生命形態を特許扱いにする法的手段を講じる、(3)ほかの誰も自然の生物多様性に物理的に接近できないことを確実にする。この最後の手段は、論理的には、企業が生物多様性のある要素をそれ自体の本来の場所から分離して統制したら——あるいは、もっと恐ろしいことには、他の企業の本来の場所から分離して統制下に置く可能性があると思われると——ただちに、その要素を宿らせていた生物個体群を根絶させることを意味してもいる。

多様性の開花

このような災禍が発生するのを避ける方法を見出さなくてはならない。そのために必要なことは、企業や国家が自然界を犠牲にして他者より優位に立てるようにする見境のない競争力を抑止することだろう。ところが、この競争の減速化はもっと平和で平等な地球社会でしか実行できないのである。

それが可能になったとき、人間は、さらに一層複雑な人工物を生産する、と同時に物質およびエネルギー資源をさらに一層有効に利用することで、自然界に加える衝撃をさらに減らせるだろう。そのような人工物開発のインスピレーションが現生生物から湧き出てくることは確かだろう。低密度特殊分子を効率的に感知するバイオセンサー〔素子に酵素、抗体などを利用して、複雑な化学物質や、生物内の各種データを感知、計測する装置〕は、酵素や抗体を伴う化学反応を利用している。ニューラル演算は、基本認識を明示する生物構造を模倣した機械の組立試験から生まれた。そして、フリーマン・ダイソン（1989）は、遺伝子工学で造った生物は、さらに多様性を開花させる前代未聞の機会を全開できる、という刺激にとむ示唆をしている。結局、進化の歴史全体で現生生物はクローンになって、ますます広範囲の環境に増殖してきたのである。たぶん生命は温かい浅海から始まって、最深の海溝〔海洋底の比較的幅が狭くて細長い凹地で急斜面に囲まれた部分〕に、陸地のもっとも乾燥した地域に、そして最高の山頂にまで移動した。しかし、今わかっているかぎりでは、生物の生息地は地表の薄い層に限られている。人間は新しいテクノロジーを手にしたから、熟考を重ねれば、宇宙に移住できる生命をデザインできるだろう。そのとき、その生命は自ら進化し、宇宙全体に徐々に拡散していくかもしれない。その過程で、地表では起こらなかった測り知れぬ規模の分岐を経験することだろう。

したがって、人間には、生物、無生物、自然あらゆる種類の複雑な人工実在物のどれにも魅せられる性質がある、とわたしは確信している。この魅惑は進化の過程で優遇されたのだろう。というのは、複雑な実在物——他の人間、他の生物、人工物、風景の要素——は、人間生活で重要な役割を果たしたはずであるから。バイオフィーリアは、この複雑さへの愛が一般化、具体化されたものだろう。狩猟‐採集社会と農耕社会は、複雑な対象物すべてを他の「存在」として扱う。人間はそのような「存在の共同体」のメンバーである。人間社会の重要な基盤は相互扶助であり、その社会は相互扶助の考えを共同体のメンバー以外のメンバー——樹木、モンキー、泉、あるいは山頂——にまで当てはめる。この相互扶助の関係は、食物や人間の干渉禁止を保証する捧げ物と関係している。「聖なる」という観念は初めは人間が自然の実在物と結んだこの種の関係から生まれ、後に、この関係は人工物とも結ばれたのだろう。

現生生物が複雑度を強化して、この多様性が生物進化の全過程で発達してきたように、人間も文化進化の過程で複雑度を強化する人工物を製造し、その多様性を強化してきた。相互扶助の考えをこの人工物にも広げ、それには聖性の特質があるとも見なした。テクノロジーの進歩はつねに生物自然と無生物自然だけでなく、他の人間集団の支配に人工物が果たす役割を強化してきた。確かに、地上にたえず変化を深める人工物が加算的に進出し、他方では現生生物の多様性が縮小してきた。この進行過程に歩調をあわせて、人間は自然の実在物への愛と崇拝とを人工物に移し代えてきた。こうして、聖なる木立に教会と寺院が取って代わった。馬車と車がゾウやウシに取って代わり、それは崇拝のではないとしても、愛の対象にはなった。生命愛は人工物愛に道を譲った。

分子生物学の到来で人間は、完全新種の人工物、すなわち遺伝子工学的生物を製造しかけている。この開発が告げていることは、結局のところ、国家や企業集団間の競争力は自然の多様性の完全根絶を速める新時代を到来させるだろう、という警告である。だから、人工物が進化しつづけるとしても、自然の多様性を育成する方法を緊急に見付け出さなくてはならない。もし、この努力が成功を収めれば、われわれは自然の多様性を維持するだけにとどまらず、おそらくテクノロジーの技術で新生物を製造し、この生物を地球外宇宙に移住させて、膨大な規模の多様性も経験するだろう。

謝辞

V・D・ヴァルタクとM・D・スバシュ・シャンドランに謝意を表わす。過去数年にわたって、この二人の方から、聖なる樹木、木立、人間／自然関係について多くを教えられた。インド政府の環境森林大臣は、長期奨学金を継続給付して、この研究に支援を与えてくれた。

参考文献

Bonner, J.T. 1988. *The Evolution of Complexity by Means of Natural Selection*. Princeton : Princeton University Press.

Cowen, R. 1990. *History of Life*. Boston : Blackwell.

Dyson, F. 1989. *Infinite in All Directions*. New York : Harper & Row.

Gadgil, M., and F. Berkes. 1991. "Traditional Resource Management Systems." *Resource Management and Optimization* 8 : 127-141.

Martin, C. 1978. *Keepers of the Game: Indian-Animal Relationships and the Fur Trade.* Berkeley : University of California Press.

Petroski, H. 1992. "The Evolution of Artifacts." *American Scientists* 80 : 416-420.

Vitousek, P. M., P. R. Ehrlich, A. H. Ehrlich, and P. A. Matson. 1986. "Human Appropriation of the Products of Photosynthesis." *Biosciences* 36 : 368-372.

Wilson, E. O. 1984. *Biophilia.* Cambridge : Harvard University Press.

——, 1992. *The Diversity of Life.* Cambridge : Harvard University Press.

第六部　倫理と政治行動

第13章　バイオフィーリア、利己的遺伝子、共有価値

ホームズ・ロールストンIII

エドワード・O・ウィルソンの研究の主要特性は、利己的遺伝子〔イギリスの生物学者リチャード・ドーキンスは、人間の遺伝子が利己的分子を保存するようにプログラムされていると述べた〕とバイオフィーリアの二点にある（1975a, 1984a）。おそらく彼は、主観的にも客観的にも、現役のどの生物学者よりも、生物学に基づく倫理を求めてきただろう。われわれ道徳行為者、すなわち行動する人間主体は、遺伝子に基づく道徳心を具えているはずだ。また、人間が関心を集中的に向けるもの、つまり道徳的行動の対象、すなわち受益者には、人間仲間だけではなく動物も植物も含まれる。この倫理は、生命形態に向かう愛、すなわちバイオフィーリアに基づいている。だから、利己的遺伝子を唱導する中心人物たちは、もっと包括的な倫理に向かって進んでいく。つまり、この倫理にアリも含めるのである。

ここから難問が出てくる――バイオフィーリアは利己的遺伝子から獲得できるのか。もしできるとしたら、それは結構なことである。もしできないとしたら、バイオフィーリアか利己的遺伝子のいずれか一方を選択しなくてはならないのか。ここで、わたしは現に起こっている事態を記述し、また起こるべき事態を特定する理論を提案しよう。利己的遺伝子から話し始めることはできるが、この話は外へ向か

って拡張し、最後は〈地球〉全体で終わらなくてならない。結び目を伸ばして切れ目なく連続させ、利己的遺伝子を地球全体の自然史に織り込んでいくことになる。哲学的に言うと、これは自然史における統合と同一性の研究である。

ウィルソンはその熱烈な環境保全主義で社会生物学者の注目を集めている。著書『バイオフィーリア』には「人間と他種の絆」と副題が付けられているが、ここで彼は「より深く根を張り、より持続力がある保護倫理を生み出すために……道徳的推論の進歩」を強く主張している。そして、こう断言している――「保護倫理を機能させる方法は、この倫理を最終的には利己的である論証に根拠づけることしかない。ただし、その論証の前提は、新しくて、もっと力を内蔵したものでなくてはならない」。ウィルソンは、たんなる「うわべの倫理」を懸念して、こう論を続けている――「今こそ、新しくて、より力強い道徳の推論を考え出すときである……バイオフィーリアに深く根ざした保護倫理を……精神をそれ自体の権利で生存器官として測れるなら、純粋に良識的な理由から生命畏敬の念はそれだけ深まるだろう」(1984a : 126, 138-40)。

要するに、「われわれは、他の生物を理解できるようになるかぎり、今より、いっそう大きな価値をその生物にも自分にも与えるだろう」(1984a : 2)。ウィルソンは、利己的な保護倫理を主張する、と同時にそこから抜け出ようと苦闘している。彼は、他種に大きな価値を与えたいと願っており、この願いには期待がもてる、とわれわれは思う。価値の語彙に話を戻すと、われわれは適所で価値を得たいと思う――適所に価値を置くのであれ、見出すのであれ、あるいは共有するのであれ、そのように思う。そうした適所に身を置きたいとも願うし、そうすることで、環境倫理を適切な場に位置づけたいと願う。

ウィルソンの今や古典となった『社会生物学』の第一頁に、「遺伝子の道徳」が紹介されている(1975a：3頁)。彼が言うには、遺伝子が文化をつなぎとめている——「人間の行動は——それを駆動させ、指導する最深の感情の反応能力と同じように——迂回的なテクニックであり、これが人間の遺伝物質をそのまま保持してきたのであり、今後も保持するだろう。道徳心の究極の機能を具体的に証明できるものはほかにはない」(1978：167)。さらに、こうも説明している——「人間の感情反応と、それに基づくより一般的な道徳実践とは、幾千世代にもわたり、相当な程度まで自然選択によってプログラムされてきた……利他的行動の深層構造は……厳密であり普遍的である」(1978：6, 162-163)。

「道徳心、あるいは、もっと厳密に言うと、道徳の信は、われわれの増殖の目的推進のために適所に向けられた適応にすぎない……重要な意味で、倫理とは……遺伝子が協力行為に向けるために人間に摑ませた錯覚である」とウィルソンは言う (Ruse and Wilson 1985)。「遺伝子のだましに乗って、人間には、自分を縛る無私欲で客観的な道徳心があり、全員これに従うほうがよい、と考えるとしたら、そのほうが人間はよく機能する。どうしてわれわれは他人を助けるかというと、その人を助けることは『正しい』ことであり、また、その人は助けられた分だけ、相互扶助に心掛けることを内面で強制される、とわれわれは知っているからだ。ダーウィンの進化論〔環境にもっともよく適応した種のメンバーを自然は選択する進化論〕が証明したのは、この『正しい』という感覚と、これに対立する『間違い』という感覚、すなわち個人の欲求を超えており、なんらかの点で生物から外れている、とわれわれが理解する感情は、究極的には生物的過程が引き起こすということである」(Ruse and Wilson 1986 : 179)。そっけなく言ってしまうと、倫理があるから結果として遺伝子が繁殖できるようになる。これが倫理の最も深いところを説明している。

バイオフィーリアは、人間の増殖のために、「遺伝子が協力行為に向けるために人間に摑ませた錯覚」のようなものなのか。人間の行動すべて、「これが、人間の遺伝物質をそのまま保持してきたのであり、今後も保持するだろう」「技術」であるとしたら、また「道徳心の究極の機能を具体的に証明できるものはほかにはない」としたら、それなら「その根拠を最終的に利己的な推論に求め」ねばならなくなり、道徳心は完全に「遺伝子の道徳心」になるだろう。ここから、遺伝子は道徳的になれるか、それとも無道徳的になるかを問うことが必要になる。バイオフィーリアを統御する利己的遺伝子は存在するのか。

肝臓または小胞体の道徳心については問題はない。というのは、身体器官や細胞器官が道徳行為をするはずがないからである。しかし、遺伝子は生きるために(肝臓、細胞そして生物の全行為のために)暗号コードを作っているから、遺伝子の道徳心はおそらく本当に存在するのだろう。遺伝子はこの過程を統御しているのである。遺伝子はたんに生産されるものではないし、その実行プログラムにはたぶん利己的態度が入っているのだろう。ある実在物(「自己」)は自分の利益に反して仲間の実在物(他の「自己」)が行動する領域で自分の利益を求めて行動する。通常の利己的態度を考えると、これは論理的に必然である。行動の結果が、ある自己には利益となり、別の自己が犠牲になる場合には、その一自己だけを複数の自己から見分けることができなければならない。一利己的遺伝子にとって、ある特定の生物の個体の内側か外側かに位置づけられる別の遺伝子は対立クラスになるだろう。遺伝子Aは利益を得るが、遺伝子Bは利益を失う。そうでなければ、利己的行動が起こる可能性は減るはずである。

利己的態度の本質には、利己的に行動するものは任意に選択するということがあり、これは非難すべきである。「べきである」には、「できる」の意味が含まれている。「べきでない」には、それ以外の方法でなら「できる」の意味が含まれている。このような行動の任意選択は遺伝子にはない。だから、論の対象になるのは非難すべき利己的態度ではなく、行動を決定する（が選択はしない）遺伝子の統御を受ける強制的利己的態度であろう。遺伝子に含まれている利己的態度に関して、どの点で慎重にならなければいけないかは、もうはっきりした。

一遺伝子が、それが同一の生物に共棲する他の遺伝子の利益に反する行動をとれるのかどうか、あるいは、他の生物内の遺伝子に対してはどうか、という問いが生じる。遺伝子を遺伝子共同体、すなわち生態系に位置づけることが必要である。生物現象は相互接続した複数レベル――遺伝子のミクロ・レベルから生物レベルを貫いて生態系、生物相、そして地球のレベルまで――で起こっているからである。上位レベルのネットワークはその下位レベルのネットワークと重なりあっており、この重なりはさらに下位レベルのネットワークに、というようにこの重複関係は連続している。こうして、地球尺度からナノ〔一〇のマイナス九乗〕メーターの範囲へ下降していく。この入れ子の一番内側の箱に遺伝子を位置づけると、単一の遺伝子がどんな生物学的な意味であれ（ましてや、どんな道徳的な意味であれ）、「利己的に」機能するということはなにを意味するのかを考えることは難しい。自己同一性は複雑で多層レベルの現象になる。

この問題には、受益と犠牲は遺伝子が直接的に行動するレベルとは異なるレベルで発生する、という側面がある。遺伝子レベルでは情報の符号化が、生物レベルでは複写が起こる。構造と代謝はいずれも遺伝によって制御されている。遺伝子型〔個体のすべての形質の遺伝子の構成様式〕のレベルと表現型〔個体の表面的性質〕のレベルとは相互に二重に連結されている。一遺伝子が無数の表現形質に影響を及ぼすだろう（多面作用）。単一の形態または行動の特性は多数の遺伝子の配置で決まるだろう（多元発生）。多くの遺伝子は上位因子〔対立遺伝子ではない二つの優性因子が共存するとき表現型に現われた形質を支配している因子〕、すなわち表現型に現われた形質である（相互の効果に影響を及ぼす）。

機能中の生物では、数千の異種タンパク質がさまざまな遺伝子上で作られ、次にその生物の生命の最小場に運搬されるのだが、これらのタンパク質は、その生物がなんとか即対応する他の体細胞物質や代謝過程と協力しなければならない。調節遺伝子〔構造遺伝子の複写または再結合の初動点として機能する遺伝子〕は、器官を生産する遺伝子と酵素を生産する遺伝子のスイッチを切り替える。だから、「利己的」調整遺伝子は、いずれかの構造遺伝子のスイッチを適切に切り替えた場合にのみ表現型に発現されうる――たぶん、その構造遺伝子は「利己的」度合いが高すぎるだろうが、次に調整遺伝子の作用にしたがって利己的になれるだけである。

ウィルソンは、利己的遺伝子は存在する、と考えているが、「しかし、現実の選択は遺伝子にではなく、一万あるいはそれ以上のオーダーの遺伝子を含む個々の生物に方向づけられている」とも理解している（1975a：70）。自力で適応する遺伝子など存在しない。遺伝子はそれがつきあう仲間との関係でしか適応力をもてない。もし一遺伝子が利己的になれる「自己」をもっているとしたら、それもやはり、その遺伝子がつきあう仲間との関係でのみ可能である。このことから、利己的だと言われる遺伝子は、それが個々の生物の境界外に出る以前に、すでに共有行為という環境にはめ込まれているのである。一遺伝子の運命は他の数十万の遺伝子の運命と調和され、連結されている。特に複雑な神経、認知、筋肉の活動が関係する行動の場合は、その生物全体が関わって環境と相互作用するのである。

遺伝子還元論のアプローチは、生物は遺伝子とその所産の集合にすぎず、遺伝子はそれぞれ「利己的」であると見なしている。つまり一種の上昇型アプローチである。しかし、下降型のアプローチの方が事態を正しく映している。つまり、生物は全一体、すなわち合成体であり、自らの複写法を遺伝子に符号化していて、これらの遺伝子がその合成の分析単位になり、各遺伝子は特殊な生命形態であるプログラムのサイバネティック〔神経系の機能の〕小片なのである。遺伝子は符号化のミクロ世界に存在する。ただし、そのアウトプットは、生態系が協力行為をするマクロ世界でいつかは機能することになる。どの一遺伝子であれ、利己的に行動できるには、どのような位置に存在しているのか――あたかも他の遺伝子の利益あるいは自分がはめ込まれている生物の利益とは別に、自分「自身の」利益を求めて利己的行動をとることに意味がありうるかのように。これを理解するのに苦労しているところである。

利己的自己

次に、生物がその外部環境と向かい合っている状態に目を向けよう。多くの遺伝子とその生成物とは、皮膚の内側では相関的に関係しあって一統合生物体を形成するが、皮膚の外側に向かった生命は単体として生きられる。生物は自立している。この点で、自然選択が働いて、適合度の高い適応者、すなわち最良の共同行為へ向かうように符号化されているものを選択する。この段階で、「利己的」行動はより真実味を帯びてくる。行動は個々の遺伝子の特徴ではなく、生物の特徴なのである。

ここでも、ある領域で仲間の実在物（他の「自己」）に有利に、または不利に働きうる利益があって、そのなかで、自分自身の利益のために行動できる実在物（「自己」）を見分けられるかを問わなければならない。利己的生物の場合、それと対立するクラスとは同一種の、あるいは他種の生物だろう。その生物の相関関係にある部分がネットワークになって統合されて、その生物全体に存在して統一体を形成する。それが「自己」である。その生物は、他の自己を犠牲にして、自分の利益を得ようとして行動する。

一羽のニワトリが鶏舎の前庭で一粒の穀物をついばむ。すると、その他のニワトリはその穀物を獲得できない。だから、ある生物の自己がとる行動が他の生物の自己の利益に反することは確かなことだと思われる。この問題に関して道徳行為者に求められる自省的意味での志向は植物にも動物にもない。たぶん、ある種の高等動物を除いて、動植物が自己の利益にならない行動をとることはありえない。だから、ほかに選択の余地がない場合は、遺伝に基づく行動と実行とに利己的態度をラベルづけすることが適当であるかどうかは、いまなお明らかではない。しかし、少なくとも、どのようにしてある生物は獲得するのに、他の生物は喪失するのかは理解できる。だから、おそらく生物の利己的態度に似たもの、すなわち、それに先行した態度はあるのだろう。

自然史における自己同一性の問題に決定的に重要である「自己」をよく考えてみる必要がある。生命には生殖が、生殖には遺伝子が必要である。生命には内側と外側、すなわち自己を環境から分離してきた生物体も必要である。実際に、生命——ともかく〈地上〉の生命を考えている——の定義には、この無自己からの自己定義が含まれる。ある種の細胞が、つまり境界を明確にさせる外皮があるはずだ。これがあって初めて、細胞、生物は、環境から栄養を摂取して、自己使用のために保管しておける。ここでの生物学は、人間は別にしておくように整えておかなければならない。ただし、われわれが相互依存の関係に立っている他種にわれわれを関係づけなければならない、とただちに付言しておく必要はある。半透過生物の自己同一性の保存の方が、存在すると言われているこの利己的態度を関係づけて解釈しなければならない大きな真実である。個体はそれが不断に交換しあっている環境のなかで生きざるをえない。自己同一性は自己防衛、自己安定、自己統合を意味するのである。

「自己」は、心理的意味をもつ概念として、すなわちエゴ〔意識をもつ自我。イドとスーパーイドの中間の場を占める〕として使われる場合が多いから、ここでは「自己」は生物学の概念である点を明確にしておかなければならない。植物やゾウリムシは主体的生命をもたないが、客体的自己を防御してはいる。自然史のなかで進歩した全種、すなわち免疫系をもつものの場合では、自己は特異なものである。ある生命形態では、自己は相互のクローン〔生物の個体から無性的、栄養的に繁殖させた群属または子孫〕である。時には自己は組織適合的である。だが、このことは、進化史の初期段階を過ぎると、当てはまらなくなる。この段階を過ぎると、自然は個別自己を作り始めた。自然における特異体質の程度には、実に目を見張るものがある。〈地球〉の自然史には、生化学レベルにいたるまで、歴史的な特殊性が認められる。

もし「利己的」という語に道徳的意味をもたせると、道徳能力をもたない生物の場合カテゴリー面での失敗〔ある種のものまたは事実が、あたかも別の種に属すかのように表出されること〕をおかすことになる。しかし、自然には自己――保存される生物学的な生物の自己同一性――はある。そうした自己推進力は、それ自体で負の価値にはなりえない。まったくその反対であって、この自己推進力は生命推進力、つまり生物的価値の基本担体そのものである。生物の自己は悪いものではないし、その防衛も悪いことではない。その系は体細胞の直接の必要（食物、避難所、代謝）に注意を払い、次世代に自己増殖する生物を進化させる。生-死-生-死のシステムでは一連の交代が求められる。この交代を生物は実行しなければならない。生物には任意選択などないのである。この実行は生物「固有」なのである（ラテン語 *proprium* とは自分自身固有の特徴を意味する）。大半の生物ができる保存活動は体防衛と遺伝子伝搬のみである。この活動は全生物に必要であり、それを効率的に行わなければならないのである。

もし、負の価値のようなものがあるとしたら、それは自己推進力が過剰に肥大したか、異常になった点に認められるはずだ。従属地位にあるサルが、優位にあるサルに餌場を明け渡すとき、この優位にあるサルは、「利己的に」受け継いだと言えるだろう。あるいは、オスたちのメス支配も、縄張り保守も、「利己的に」なされるだろう。しかし、もし道徳から負の含意をたたき出して、そこに積極的な自己保存を代わりに入れるとしたら、どういうことになるか。優秀な遺伝子をもつサルは、餌を与えられ育てられる。劣悪な遺伝子をもつサルは、そうしてもらえない。少なくとも初めのうちはそうである。この点に関しては、どの点でそんなに価値が負になるのか。事態はむしろ反対であるべきなのか。つまり劣悪遺伝子が栄養を与えられて繁殖し、優秀なものにはそうしてやらないのか。

生物学者のなかには、この生物の利己的態度をきわめて強調するものもいる。というのは、わたしたち人間には生来この態度が身についている、と考えるからである。リチャード・ドーキンズは次の結論に達している――「わたしたち人間は生存機械である。つまり遺伝子として知られる利己的分子を保存するようにプログラムされたロボット装置である。寛容と利他主義を教育しよう。なぜなら、わたしたちは生まれつき利己的なのだから」(1976 : ix, 3)。ジョージ・ウィリアムズはこんな不満をもらしている――「進化の過程および所産は道徳的には容認できない……それは自然に対して下す極端な有罪決定を正当化している……倫理裁判に引き立てられると、宇宙秩序は有罪判決を受ける。人間の良心は自然の徹底した非道徳性に反逆しなければならない……正直なところ、自然選択とは……近視眼的な利己的態度を最大にする過程である、と説明せざるをえない」。優位にあるサルのような行動は、「理論的意味で利己的であるだけではなく、明らかに有害でもある」とウィリアムズは言う。「道徳的にも、知的にも、不正直な人間しか、この表現を言い換えられないだろう」。ウィリアムズは力説する――「必要なのは、他者への共感の輪を広げる惜しみない努力である。この努力は人間性の多くの部分と対立関係にある」(1988 : 383-385, 392, 437)。人間は、生物学の外側から倫理を手に入れなければならない。それだけではなく、その倫理で自分たちの生物学を打破する必要もある。

多くの思想家は、人間は生まれながら利己的である、と結論してきたし、影響力の強い思想家のなかには、もっと深い意味で人間が利他主義になれる可能性をほとんど認めない者もいる。つまり、われわれ人間には生物として継承する他者救済の性質が欠如している、というのである。こうした見解は、時にはフロイト〔一八五六―一九三九　オーストリアの精神医学者〕の精神分析やスキナー〔一九〇四―一九九〇　アメリカの心理学者〕の行動主義の場合のように、科学的であると主張されてきた。しかし、科学が隆盛する以前でも、この種の見解はそれに劣らぬ熱烈さで、ルター〔一四八三―一五四六　ドイツの宗教改革者〕、カルヴァン〔一五〇九―六四　フランスの宗教改革者〕、アクィナス〔一二二四／五―七四　中世の哲学者・神学者〕、聖パウロ〔?―六七頃　キリスト教伝導士〕、イエス、ゴータマ・ブッダによっても提唱されていた。ここで新たに発見されたことは、われわれ人間が利己的態度に縛られている性質は遺伝決定因に見分けられる、ということである。

この発見によって人間はそのような拘束から自由になれる、と考える社会生物学者もいる。しかし、すでに引用したとおり、ウィルソンは、人間がこの縛りから逃れられるとは考えていないようだ。むしろ、もし、それも、ただもし、利己的遺伝子の束縛になにか利他主義が見出せるのだとしたら、そこに道徳的な利他主義を見出さなくてはならないだろう。どうしたら見出せるかを理解する鍵は、「行動」し「振るまう」高等生物が、互いによく協力しあう事実に注目すれば得られるだろう。高等生物はペアになって交尾し、子孫を育て、群れて獲物を探し、群棲し、警告の叫びを発し、互いに餌場へ案内しあって餌を分けあう。こうした習性をどう説明したらよいのか。

包括的な利己的遺伝子

その問いに答えるには、遺伝子レベルへ下降して、「利己的」遺伝子の視点から血族関係を考察しなければならない。遺伝学者は社会生物学者の位置に立つと、利己的遺伝子は存在する、と強く主張する。だが、「わたしの遺伝子」について問うとなると、「わたしの」の意味範囲を広げて、この場合は、遺伝子レベルへ下降していくのと同じ論理で、家族レベルへ上昇していかなければならなくなる、と主張する。遺伝子の視点に立つと、遺伝子は情報単位であるから、そのコピーが存在する全細胞内に現存している。ある特定の遺伝子が、どの個体の無数の細胞にも共存しているが、それは共通系統で結びついたもの――皮膜・皮膚が異なる血族内に存在するコピー――にも同じように共存しているだろう。だから、われわれは他者の内側に向かうと、そこに自分自身を見出すことがある。自己の概念を拡大して、「包括適応度」(Hamilton 1964)〔ある遺伝形質が近縁個体の生存や繁殖の成功度、すなわち適応度に相互的な作用を与えるとき、それらが自然選択に有利かどうかを示す尺度〕を含めて進化の努力という点でみると、ある共通系統で結束したものの生存および生殖と自分自身の生存および生殖とは半ば等しいのである。人間を含め動物は子孫を産み、扶助することで、自分自身の体内に遺伝物質を再生産するという目的だけで進化したわけではない。傍系家族に現存している自分の遺伝子コピーに助力を与える目的でも進化したのである。傍系家族に与える助力は関係の程度に比例し、その家族の受益が供与体が払う犠牲を上回る場合に施されるだろう。

　見張番に当たっているヒヒの場合を考えてみよう。このヒヒは他のヒヒが餌を食っている間は食うものを得られない。だが、包括適応度の関係から見るなら、その受益配分は初めはそうだと思われたこととは反対である。この見張番は、ウィルソン称する個人適応度（さらに言えば個体適応度）を縮めはするが包括適応度は縮めない。優位にあるオスの遺伝的自己はその遺伝型から発生し、それが保護するものの内部に共存している。そのヒヒは、子孫の内側に自己を二分の一、いとこの内側には八分の一、等々をもっていることになる。これらを加算し、危険や確率を調整すれば、ほかのところに配分されていた「利己的」受益は、そのヒヒ自身の内側にある自己全体にとっての損失を上回るのである。だから、そのヒヒは一個の生物としての自己を危険にさらす場合、実はその拡張された生殖自己を防御していることになるのである。

　利己的態度が遺伝子レベルにあるのは概念的には妙だと思ったが、これに劣らず妙な類の利己的態度にも、われわれはいま近付いている。ある個体適応度は、血族——共有量には多少の差はあるが、母、父、姉妹、兄弟、子供、いとこ、伯・叔父、伯・叔母、姪、甥——によって共有される。全員血縁関係にあって、彼らの内側には「わたしの遺伝子」の部分コピーが存在し、また「わたしの遺伝子」は彼らの遺伝子の部分コピーでもある。「包括度」が「適応度」を皮膚の外側から成長させる。子孫（遺伝コピー）が、直接に〈わたし〉のものになるのは、〈わたし〉の個体適応度の結果であるか、それとも〈わたし〉の家族の内側の〈わたし〉の包括適応度の結果であるかは問題ではない。もし〈わたし〉が生殖に失敗したとしても、コピーがあちらへ、すなわち〈わたし〉のいとこの内側に伝送されるなら、それで結構なのである。

　さてこうなると、利己的になれる個別例の「自己」を突き止めたと思われた明確度がぼやけてしまう。問題なのは、生物、体細胞の自己（免疫系が実に賢明に保護している自己）だけではない。個別例の自己とは生殖（遺伝的）自己でもある。共通系統家族の内部で自己は、たとえ共有遺伝子を永存させる自己ではないとしても、共有遺伝子保存のための行為はする。これらの遺伝子は、娘または甥、伯・叔父またはいとこの内側でも、やはり利己的遺伝子、すなわち自分自身の部分コピーである、と主張しても構わない。しかし、これは外側から家族関係のネットワークの内側に刷りこまれた不思議な利己的態度のようなものである。本当に、そのような行動は「利己的態度以外のなにものでもない」という還元論的説明のほうを好む根拠はない。この行動を軽蔑する気持ちから、人間のもっと複雑な道徳の失敗から借用した用語を、その行動に貼りつけるとしたら、特にそれには根拠はないのである。

ここで論じているのは、義務をなにも負わない動物に具わった生存能力なのである。このような行動は、すべての動物に固有の自己防衛、自己実現、すなわち体細胞の自己だけではなく、家族の特殊な生命形態の防衛でもある、と解釈するほうが真実に近い。「自己」は孤立し単独で保存されるのではなく、断片になって再配分されて他の「自己」と混ぜられ、さらに組み換えられるのである。われわれが実際に論じているのは共有遺伝子であり、この遺伝子には優位にあるオスのヒヒやそれが保護する若いヒヒのように、家族のどのメンバーも参加しているのである。つまり遺伝継承物を論じているのである。大きく広がって、家族と区別できなくなる「利己的態度」——大半の遺伝子を同一種と共有しているもの、すなわち共同体の中に延引されて入っている自己——がある。

人間は、この動物としての継承物とともに進化してきたのだから、人間の多くの協同——たとえば家族のメンバーがその同族のメンバーを保護するために危険を冒すときの「利他的」行為——は、霊長目に当てはめられる理論そのもので解釈できる。だが、これは人間の倫理を動物の利己的態度に還元する興ざめな説明などではない。むしろ、人間の倫理の起源がここに存在したとすれば、この起源は現に道徳以前の動物的行動にすでに共有されている価値に存在する、というかなり期待のもてる倫理の起源なのである。「わたしの」が、「われわれの」になっている包括適応度は歓迎すべき倫理の前触れである。ただし、それが利他的な道徳的関心に高まるにつれて、それに付随して出現するものを明らかにしなければならない。

性と自己

この共有遺伝子の「われわれの」は外へ広がる輪である。性を考察してみよう。性ほど自然史全体にわたって起こる現象は少ない。性ほど利己的遺伝子の視点からの解釈を興味深いものにするものはない。個別自己は単独では生存できないのだから、他とペアになる必要がある。性に必要なのは、動物のオスがその血縁家族の防衛と、そのオスとペアになる相手の非血縁家族のメスの遺伝血統との連結とである。しかし、これに関係するのは特定のオスの相手だけではなく、彼の同族とペア相手のメスの非血縁家族の「他者」もそうである。なぜなら、「彼の」遺伝的自己という小部分は外部の血統とも結びつくからである。哺乳類のメスは、もうひとつ、すなわち彼女の子宮内の胎児、つまり彼女自身のわずか半分をも許容しなくてはならない。こうして、特定の包括適応度（彼の、または彼の血族の遺伝子）は、多くの「外来」適応度と絡みあわされることになる。個々の個別自己は外部からその家族の内部に刷りこまれて、その共同体と絡みあわされる。自己は性による点検を受けるわけである。

系統が異なる個体は遺伝子が異なる個体とペアになる。人間の個体は恋に落ちて、生殖へと駆り立てられると、自己だけを愛すのではなく、家族内に存在する自己、つまり遺伝的には無関係である相手との和合で始まる家族内に存在する自己も愛することができる。特徴的なのは、夫と妻は最近共有した遺伝子をもっていないことである。また、兄と妹が、また近いいとこ同士がペアになれば、近交弱勢〔同一系統に属している個体同士の交配による機能低下〕は避けられない。生命サイクルにはある局面があり、これを経過するときに、完全に利己的である遺伝子が、それ自体の正確なコピーを組み立てるか、少なくとも同一系統家族内にそれ自身の部分コピーを保守したいと願う。だが、そのとき、このゲームの唯一の規則である遺伝子の忠実さを締め出すかのように切り刻みと混合が起こるのである。この系では変異が強く求められる。もし一個体がゲノム〔遺伝子の最少量がある基本単位。個体細胞ではふつう二重のゲノムがあるが、三個以上のもある〕であって、生殖のたびに折半されなければならないとしたら、利己的でいることは難しい。

有性生殖をする生物は同一生物を作ることはできない。子孫は必ず他のもの（ラテン語は *alteri*）になるから、この意味で生殖は必然的に「利他的」である。生物は類似物を、すなわち差異が伴う類似物しか作れず、進化の時間を通じてこの変異は類似と同じくらい決定的に重要である。一生物が別の完全な異種を作れないことは言うまでもない。自分の種に応じて増殖することしかできない。生物は無性生殖でしか同一生物すなわちクローンを作れないが、この生殖方法は進化の時間全体では不利である。変異が十分には起こらないし、発見したものを交雑育種する方法もない。純粋複製体〔二重鎖のＤＮＡの複製を作るもの〕は同一のものしか作らないのだから、短期間でなら、または、ほぼ無変化の環境においてなら十分うまくやれるが、長期間にわたったり、複雑な環境では消滅していくのである（Maynard Smith 1978）。

こうして、生物は過去の変異の受益者として世界に登場し、それ自身の変異体コピーを作れるならば、協同可能な自然系に生息できる。生物がコピーであるかぎり、その歴史は継承される。変異体であるかぎり、その歴史は新たに生成される。生物自身は歴史の所産であるが、その「自己」は個体としては長く生きつづけられない。つまり死ぬ。そして、それはまた、他者すなわち変異を具えたコピーを生成しなければならないのであって、それ自身を複製することはできない。性がこの変異を知る鍵である。性は生物独特の同一性を作り出すと同時に分解する。自己は分割して外来自己と一体になることでしか生きつづけられない。自己の利己的態度は共有行為の要件による制約を受ける。自己は時間の許すかぎり繁殖共同体内に生息する。個別自己の新世代はそれぞれ相補性から生まれてくるのである。

けれども、こうした他の自己たちはそんなに違っているわけではない。人間は特別な意味で「完全にひとつの血統」である。男と女はペアになる雌雄のどれとも同じように異種間交雑するのに共通性を十分に具えている。両者は特異体質では差異があるが、それ以上に生物としての化学反応では多くの共通性をもっている。人間の個体群内には、多くの遺伝子座〔染色体地図上での遺伝子の位置〕に多くの対立遺伝子〔ある形質について野生型と突然変異型があるとき、それらを対立形質という〕が存在しているが、一人間ではこれらの遺伝子の数個しか保有できない。この意味で、個体としての二人の人間の差異は数百オーダーの遺伝子の差異になるだろう。それと同時に、遺伝子研究から見た場合、人間の一方の個体群から他方の個体群に著しい整一性が存在することも分かる。集団間では人間の血液型にはほんの一五パーセントの変異しか存在せず、八五パーセントは全集団が共有している（Lewontin 1972）。大半の遺伝子に関しては、個体群間の差異は頻度の差異でしかない。遺伝子そのものは赤道から南北極圏までのどの個体群においても同一の傾向を見せる。対立遺伝子に差異がある場合、そのような差異を生存利益のどれに結びつけることも難しい。集中的に研究したにもかかわらず、そのような遺伝子で解明されたのは六個を越えていない。皮膚を黒くする遺伝子は日差しが強い気候から身体を保護してくれる。鎌状赤血球〔赤血球細胞が鎌の形をしている。黒人に多くみられる〕はマラリア多発地域でマラリアへの抵抗力を与える。しかし、生殖率に差異を生み出すとは知られていない人間の血統集団の多型性〔生物の同一種の個体がある形態、形質などについて多様性を示す状態で、相互的に顕著な差異のある場合〕がほかにも何百とある。

こうした差異の大半は遺伝的浮動に起因し、それは自然選択に対しては中立的である、と考える遺伝学者もいる。自然選択はそうした遺伝子に作用しないのだから、そのような遺伝子が「利己的に」自己防衛できると考えることは難しい。他の差異（たとえば黒い皮膚）には、以前は現在よりも多くの差異が伴っていたかもしれない。それらは残存遺伝子〔過去に盛んに機能し、現在衰え残っている遺伝子〕であろう。こうした差異をどう説明しようとも、地球全域の人間は異種間交雑できるだけの共通性を十分に具えている。リボソーム〔細胞質に含まれ、タンパク質とリボ核酸からなる微小粒子〕、ゴルジ体〔細胞小器官のひとつ。動物の神経細胞やせん細胞などをオスミウム酸で処理するとき黒色の不規則の網目として認められる構造〕、アセチルコリン〔運動神経や副交感神経の末端で刺激に際して遊離する物質〕あるいはBとTのリンパ球〔リンパ管中のリンパ液や血液中に含まれる円形細胞で白血球の一種〕用の幹細胞〔分裂によって分化し、さらに一個以上特別な形に変化していく細胞〕を作る遺伝子について考えてみるならば、それらでは妻の身体に上述のものを作る遺伝子との差異よりも類似のほうが大きいのである。わたしの遺伝子の大半と他の大多数の人間に存在する大半の遺伝子とは対抗関係にはないのである。

この観点から言うと、男／女を五〇パーセントずつに分割したのは誤認であった。人間同士では一パーセントの数分の一以上の差異もない。われわれは遺伝子を独特なものとして選別しているけれども、われわれは自分の遺伝子を、なんと九九・四四四パーセントも他の誰とも共有しているのである。ほんのちょっと前には異質だと思われていた妻の遺伝子の大半も、結局はわたしの遺伝子なのである――あるいは逆に言うと、わたしの遺伝子は彼女の遺伝子なのである。「外来の」人間全員に言えることだが、結局のところ地球のどこに住もうとも、わたしの妻の血管内にもヘモグロビンはあるし、手には親指がついていて他の指に対向できるのである。輸血に関するかぎり、血液型は四つしかない。大部分の遺伝子が関係している場合では、他のどの人間にも異質遺伝子があると考えることは難しい。五〇億の人間全員とわたしとは遺伝子コピーを共有しており、これらのコピーはほぼ似ている。われわれの間に存在する差異のことで競わねばならないとしたら、それらの差異はわずか数分の一パーセントにかかっているのであり、遺伝の万華鏡の回転にほんのちょっと差をつければ向きが変わる程度のものなのである。実際には、特異性が相対的でしかない遺伝子のことで論争しているのである。

この描像の反対側をみると、実は各個別自己は遍在するすべての自己から借用、継承してきた小片と細片からなる群であり、それらすべてのコピーが共通系統家族のなかに今もわれわれと隣り合って存在している。われわれは複合体なのである。というのは、われわれの遺伝子が不均質だからではなく、われわれの組み合わせパッケージが不均質だからである。わたしの遺伝子の大半は少しもわたし特有のものではないし、わたしの家族特有のものでもない。その反対であって、同種に属する個体に共通のものである。こうした共有遺伝子は器官配置を決定し、同時に行動に影響を及ぼすかぎり、仲間種のひとり残らず全メンバーとの協同へとわたしを押し出していくだろうし、また、彼らもわたしとの協同に押し出されてくるだろう。あるいは、たぶん彼らはわたしの種のメンバーを区別する行動には中立的態度をとるだろう。というのは、彼らは全メンバーの内に共存しているのだから。

もし利己的態度とは実は理論を重ねあわせて観察者が見分けるものであるとしたら、遺伝子からこの利己的態度を積み上げられた軽蔑的な世界像などほしくはない。われわれは、野生の自然を人間のプリズムを通して見ているのかもしれない——実は、それは問題を枠づける主観的な方法にすぎないのに、客観的で否定しようのない科学である、と言って自分をたぶらかしているのかもしれない。この場合の理論は自然の内に存在する価値をなに一つ明らかにしていない。われわれを混乱させるだけだ。利己的態度は確かに現実である——文化内で経験している——が、類似がほんの表面的でしかない条件に基づいて、動物と遺伝子があたかも倫理行為者であるかのようには話したくない。そのような科学はアニミスティックと言えるものになってしまい、個体の特徴をその特徴をもちえない自然に遡及させる過ちを冒しているのである。そこに現にある自然には不道徳は存在していない。その不道徳はわれわれの理論が仕立てたものなのである。理論は一揃いの服に似ていて、多少なりとも素材に適合しなければならないが、どう着飾りたいかで大部分が決まるのである。

好適合度

遺伝子なければ生物なし。しかし、それだけではない。生態系なければ生物なし。遺伝子と自己は完全に環境に囲まれている。次の三レベル、すなわち遺伝子、生物、自然史のすべてが等しく重要である。もしこの描像全体を見るつもりであれば、次は、自己をそれが完全に適合している生物系に位置づける必要がある。皮膚は環境と交換しあう表層であり、生命にとって皮膚の外側と内側とに存在するものは重要度では同じである。世界は資源を提供し、われわれの廃物を受け取り、それをリサイクルする。利己的遺伝子や生物と同じく相互依存と他者依存も現実である。環境はわれわれの外側に、われわれの真向かいに存在すると言ってもよいが、それはわれわれの生命の支柱であって、敵対しあうものではない。自己実現の本質は皮膜を通過するものの秩序立った統御を通じて生命が保守されている世界で、個々の生物としての自己同一性を保護するところにある。教養のある遺伝学者は生態学者でなければいけない。

利己的遺伝子の視点から言うなら、「異物」とは生物のDNAによって遺伝暗号を指定されていない分子のことである。環境内に存在するものはすべて異物である。しかし、生態学の視点に立つなら、生物は適所に生息している。環境はその住居地、すなわち「家」（生態学で言う語源はギリシア語の *oikos*

〔家〕である。生息地〔生物が生存する環境〕をもたない生物はたちまち消滅する。生命、すなわち皮膚の内側は、自己を保護しなければならない。生命、すなわち皮膚の外側はその生物としての自己同一性を生態系の統合性に適合させなければならない。自己が生存するのはわずかな期間だけである。だが実は、この間この自己が生きている生態系がその成長、生存の基本単位になっているのである。一個の生物は一種のメンバーである。その自己同一性は家族と同族家族の外側から内側に刷りこまれる。この点はすでに触れた。ここでの要点は、生物の自己すなわち種のメンバーはそれが存在している場所に今あるがままのものなのである。生物は存在しない――これは決定である。生態系内生物が存在するだけである。

　この描像の部分は対立で構成されているが、生物は包括適合度を越えて、それが位置する環境適合度によって自然選択される。過去数十年間、生物学は生態共同体にうまく順応適合度をもつものが生き残ることを強調してきた。クマという生物はその森林共同体に適合する――この適合は、クマの器官全部が一体となって適合して一頭のクマを構成するのと同じくらい、また遺伝子がその構成をプログラムして守るのと同じくらい確かなことである。差異は数々存在する。つまりクマの心臓と肺の緊密な連結は、クマと森林が緊密に組み合わされて連結する仕方とは違う。それでも、森林なければクマなし、である。この生物内統一は見事なものであるが、生物が発生するのに必須の基質〔ものが形成、成長する母体または母組織の総称〕は開かれた複数の生態系である。

　生物間の関係はたいてい相互依存と許容のネットワークである。これには食うか食われるかの関係が含まれている。また、もし自己同一性をもつ個別自己が存在するとしたら、この関係には疎遠関係も含まれている。生物は縄張りと子孫とを防衛しなければならない。時には敵対関係も起こる。しかし、それ以上に重大な真実は、生態系の真実、つまり全生物は他の多くの生物と関係づけられ、依存しあっている、ということである。この全体論的な生物像を哲学の視点と結びあわせ、個別自己の防衛と共同体依存との両方が一対になって機能するための場所を見出さねばならない。

ある人たちにとって、生態系は確率過程を越えるものではない。海岸、ツンドラは外部的に関係している部分からなるゆるやかな集合体である。環境の部分の多くは少しも有機的ではない（雨、地下水、岩、非生物的土壌粒、空気）。あるものは死んで腐敗していく異物である（倒木、糞、腐食土）。こうした異物は組織化される必要がない。それらの集合は寄せ集めにすぎず、それが共同体になることはまずない。各自己はそれ自身の生命を防衛していて、生物間の相互作用は偶発的にしか起こらない。生態系とは、生物の分布とその数度、生物が向こう側にではなく、こちら側に分散している様態、その出生率と死亡率、個体群の密度、水分状況、寄生と捕食、抑制と均衡とからなる系である。共同体と呼ぶに足る中心をもつ過程は現実にはない。栄養とエネルギーを手当たり次第に取り合う乱闘しかない。

たとえ動物や植物は利己的だと考えるとしても、やはりわれわれは彼らを尊重するだろう。動植物はそれぞれ生物として組織だった自己同一性を防衛するのだから。生態系はこの自己防衛に必要な生息地であるが、生態系そのものにはゲノムも脳も同一化も存在しない。それは傷害や死滅に対して自己を防衛しない。それは焦燥しない。オーク－ヒッコリーの森林は防衛する自己をもたない。だから結局、生態系への関心はあたかも二義的で、生物の自己防衛に役立つかのように思われてくるはずだ。

しかし、これだけ言って、あとはなにも言わずに済ますとしたら、それは生態系を誤解していることになる。生物はそれが位置している環境への適合度で自然選択される。競争という決定的要素があり、この要素は共同体に含まれていると考えることも重要なことである。生態科学は、シカとクーガーが協同して自己防衛するが協同していることには生物学的にどんな意味があるかを強調する。そして、それぞれの統合、美、そして安定は彼らの協力行為に結びついている。捕食動物と被食動物、寄生物と宿主、草食動物と草原は双方が栄えていく共進化を必要とする。というのは、捕食動物、寄生物、草食動物の健康はそれぞれ被食動物、宿主、あるいは草原が存在しつづけ、また、繁栄することにも組み込まれているからである。

共同体の関係は順応適合を求めるが、この関係は生物の協力行為よりはゆるやかである。しかし、このことはその関係の意味が弱いということではない。内部の複雑性、すなわち自己は発生して、複雑で扱いにくい環境、すなわち世界を自己の引き立て役として処理する。皮膚の外側で起こる過程はたんなる支柱ではなく、皮膚の内側で起こる過程の微妙な源になっているのである。すべてが他の多くと結合されている。その結合は絶対的関係による場合もあるが、部分的で融通のきく依存による場合の方が多い。そして、その他の構成要素間には重要な相互作用は起こらないだろう。分岐や縦横移動の行程、サイバネティック・サブシステム〔機械の自動制御や神経系の機能の下位系〕、フィードバック・ループ、そして共同社会的意味での諸機能は存在するだろう。この系は個々の生物内に含まれている特性のどれにも劣らず生命にとって重要な特徴をもつ一種の場である。個体および種（遺伝系統）とその環境は偶発的対比関係あるいは偶然集合にあるのではない。生態系は個体、種の双方の深層部に存在する源なのである。

自然選択が起こるレベル——個々の生物、個体群、種、遺伝子——をめぐる現段階での生物学者間での議論で、最近は自然選択の強制力を遺伝子レベルへ移動させる傾向があるが、遺伝子は生態系に据えつけられた生物につねに据えつけられている点が忘れられている。ＤＮＡの分子配列〔二重化合か対称性の中心かによって与えられる有機分子の空間的配列〕はマクロ的、歴史的な生態系内の特定の形態をとった生命のストーリーを記録しているのだから、今あるがままのものなのである。生成されるものは分子の突然変異〔生物の遺伝形質が突然現われること。遺伝子突然変異と染色体突然

〔変異に大別される〕から発生するのだが、生存するものは生態系での順応適合によって選択される。生態系の生命を理解しなければ分子生命の意味づけはできない。いずれのレベルでも、その決定的な重要度に優劣はないのである。生物あるいは生物の生化学分子、つまりタンパク質と遺伝子は現実であるのに対して、生態系は相互作用する個体が集まった短命の群の集合体にすぎない、と主張されることさえある。これも混乱させる発言である。なんらかの意味がある下向きの因果関係があるとしたならば、いずれのレベルも現実である。だから原子は現実である。なぜなら、その基本型が電子の挙動に形を与えるからである。同じように、細胞は現実である。その基本型がアミノ酸の作用に形を与えるから。生物は現実である。その基本型が心臓と肺の作用を協調させるから。そして、共同体は現実である。適所がその内部にいるキツネの形態と行動に形を与えるから。遺伝子は生態系で協同するための暗号指定である。このことで遺伝子は今あるがままのものになるのであり、生態系も遺伝的自己のどれも同じように現実であり基本である。

「生命共同体の統合、安定、美の保存に役立つときは、あるものは正しいのである。その反対に向かう場合は誤りである」とアルドー・レオポルドは言う（1968, 224–225）。レオポルドは、個々の植物、動物そして人間に向ける関心を含むが基本的には生命共同体を愛し、尊重する「地の倫理」を力説した。環境倫理には、レオポルドが言う地へのバイオフィーリアが必要である。そこに自己たちが存在する。だが、自己が同族、同種を通して広まり、他の自己とペアになり、次に自分が生息する地形、すなわち生命が相互に結びあった織物のなかに引き込まれたならば、利己的態度は維持しにくくなる。深層生態学者は、「世界はわたしの身体である」と言うが、これはちょっと言い過ぎである。それでも、利己的遺伝子に酔いしれている者たちには、この発言は酔い醒ましになる。

相互利他主義

協同の進化の描像は、次のレベルに進むと相互利他主義で複雑になってくる（Trivers 1971）。動物は自己利益を促進しつつ、互いに手を貸しあってもいる。これは今では近い同族にも忘られている点である。ヒヒが自分でやるのは難しいか、あるいは厄介であるが他のものなら都合よくやれること（背中かき）がある。ヒヒは互いにお返しをできる（彼らの背中をかく）。だから、社会生活をする霊長目が、お互いの背中をかいてやることは相互利益になる。このレベルでは遺伝的関係はなんの差も生み出さない。異種のであれ、兄弟のであれ、背中をかいてやることは同じようにうまくいくだろう。だから、もともと一頭のヒヒにはもう一頭のヒヒの背中をかいてやる性質があるのだろうが、それは、前者の背中が後にかゆくなったとき、後者がお返しにかいてくれる可能性があるから、今、その背中をかいてやっているだけのことである。

協同社会では、動物は危険度を下げることができる。ベルベットモンキーは警戒の叫びを発する。ほかのモンキーは傍系家族であってもなくても、この叫びを解釈し、そこから利益を得ることができるが、叫びを発する当のものは捕食動物に自分の居所を明かすことで身を少し危険にさらす。だが、この叫びを発したものが後の機会に捕食動物が付近にいるのに気付かずにいた場合、もう少し離れたところにいる、たぶんまったく家系外であろうモンキーの叫びを聞いて敵の存在に気が付けば、その生命は救われる。近くに捕食動物がいるのに気付かないモンキーは万事休すという高い危険にさらされている。遠方に捕食動物が偵察されたことを仲間に気付かせるために叫びを発しているモンキーの危険度は比較的低いのである。この危険要因が不均衡――少量の犠牲で大量の利益――であるから、全体として見れば、当事者は互いに手を貸すことによって危険度を下げることができる。それぞれが個々の適合度を獲得し、どちらも警戒を発しなかった場合より生き伸びて繁殖する可能性は高くなる。相互利他主義は個別的、遺伝的な適合度を高めることができるのであり、遺伝適合度、または包括適合度、すなわち血族選択を導入する必要はなくなる。

相互利他主義がうまく働いている場合は、長期間で平均をとると敗者は存在しないが、短期間で見ればそのときどきで敗者が出てくる。別のヒヒの背中をかいてやっているヒヒはその間は餌を獲得していない。警戒を発するモンキーは一時的ではあれ危険に身をさらすのだから、叫び声をあげても受益はない。しかし、全体的に見れば、それぞれ失ったものを上回るものを取り戻すのである。ただし受益と損益がうまく配分されないこともあるが、統計的に見れば、そうした機会はまれにしか起こらないだろう。「利己的態度」は、一方が勝利し、他方が敗北する場合には意味をもつが、一方の自己が他方の自己の利益と一致する利益を獲得して勝利している状況では、利己的態度がなにを意味するのかは考えにくい。お互いの背中をかいてやるヒヒは、それぞれ自己利益のために行動しているのかもしれないが、双方が受益者になるように互いに手を貸す点には利己的な要素はなにもない。

個体間を区別する能力と記憶とがあって、借りを返したのは誰であり、返さなかったのは誰であるかを覚えている場合、相互利他主義は血族関係が重要ではなく、疑わしいところで進化しうる。その結果、受益者となる他者は、血族であり協同者であるかもしれない（そうではないかもしれない）。個体群には、いわゆる「しっぺ返し」の戦略が確立、維持されていて、他のさまざまな戦略で、特に非協同で、侵略に対抗することはある――初めは協同関係にあって、後に他方が協同するならば、借りを返すことを拒否しないが、他方が協同を拒否した場合には、また拒否している間は、一方も協同を拒否し、他方があえて協同するならば、すぐに協同を再開する（Axelrod and Hamilton 1981）。（注意――こうしたことはコンピュータで実行されるゲームの数学的モデルであって、生物学的でも倫理的でもない。こうしたことが、人格と道徳の世界は言うまでもなく、遺伝および生態系の世界で現に起こっていることを正確に述べているかどうかは、なお議論を要する。）

以上は、すべて拡張された「利己的態度」である。しかし、「包括」適応度はそれほど利己的なものではない。これと同じように、相互利他主義もまた、生態系での好適応度も自己を生態系に織り込むのであるから、よく言われるほど「利己的」ではない。「自己」は他の自己に次から次へと接合されていく。この問題にアプローチするひとつの方法として、中心的パラダイムである「利己的態度」を堅持して、これらの他者はすべて起源の自己によって利用されていると見なす方法がある。しかし、自己は共同系のなかにも分布していると見ることにも同じくらい真実性があるから、われわれは現に起こっている事態を共同体のパラダイムに移し入れて再解釈するのである。

社会系は、背中をかくものや叫びを発するものとしての自己を、他者の運命と絡みあわせて分離できなくしていく――この絡みあわせの方法は、以前その系が、統合された生物のゲノムに共存している無数の他の遺伝子の集合的運命を、どの遺伝子の運命にもはめ込んだ方法に似ている。この生物は今度は家族にはめ込まれ、その遺伝子は傍系家族全体に刷り込まれていき、これらの遺伝子はすべて性によって相手と嚙み合わされた。この生物は、種の系統に、すなわち異種間交雑をする個体群に位置づけられ、さらに、ある地形上の生物共同体に位置づけられる。こうして、社会という系で自己は傍系家族を越えて再び相互作用の相手となる類似の傍系家族のメンバーへ拡張されていく。これは問題のある、醜悪の、罪深い、邪悪な、あるいは当惑させる倫理の先例ではない。

　こうして、個体が相互作用をする、遺伝的には無関係であるが社会的には関係がある相互返礼者たちを加えていくと、われわれの描像はいっそう共同体の観を呈してくる。というのは、このようにしてこれらの協同者すべての遺伝子は「わたしの」利己的遺伝子と接合することで受益者になれるからである。以前は、生物的な相互嚙み合わせが避けられなかったことから、「利己的」遺伝子について考えることは難しかった。ちょうどこれと同じように、今度は利己的自己について考えると問題が生じてくる。次から次へと、協同が起こっている共同体が存在する。「利己的」という語を強調するならば、個体は自分の利益から「利己的に」行動するのだが、「利己的」という語は初めは、父、母、甥、いとこ、子、伯・叔母、伯・叔父等に対する利益をカヴァーしたが、次にその意味が拡大されて、協同する傍系家族の他者に対してなされる利益もカヴァーしている。かつては皮膚の内側の生命から位置づけられると思われた「わたしの」は、こうして、さらに範囲を広げて「われわれの」へと割り当て直されたのである。

　進化の冒険は私的、個人的な質をますます弱めて、社会的、共同体的な質を強めていく。今手にしている描像では、利益は蓄積され、それと同じくらい分散されてもいる。相互利他主義は現に動物にも存在するが、その場合は拡張するものではない。一般に動物のもつ関係は、複雑さや持続性が十分でなかったり、記憶されて精巧に仕上げられた性質のものではない（Wilson 1975a：120）。大半の生物は、かなり局所的な環境と狭い生態位置のなかで生きているから、大規模な協力はできない。動物は直接に居住している区域の外で行動したり、相互作用したりする力はあまりもっていないのである。

　ところが、人間は相互利他主義の輪を大きく広げることができるのであり、これが文化の協同すべての基礎になっている。古典古代のすべての文化において、人々は自分の血縁関係者だけに手を貸していたわけではない。自分の種族に属する他のメンバーにも助力を与えていた。今日では誰もが〈ホモ・サピエンス〉のメンバーであるという点を除けば、血族関係であるかどうか分からない他人と仕事、政治、学校、事業等の面で協同している。トラック、郵便、電話による取引を行う現代国家では、人はそうした他人に会うこともなければ、その名前を知ることもないだろう。動物界における相互利他主義の小さな輪は国内的、国際的な協同ネットワークになるだろう。この種の行動では、同族関係を判定することなど関係のないことである。こうした個人の社会へのはめ込みには、遺伝による制御機能系に重ねられた神経情報の伝達が関わっている。そこには、言語、人工物、市場、コンピュータ、オイルタンカー、そしてジェット機が関わっているのである。

人間は皮膚の内側からは遺伝子の調和的行動によってすでに全一体として統合されており、自己の外側にいる同族にすでに遺伝子コピーを見出したのだから、それだけいっそう共同体内にはめ込まれているのである。皮膚の外側での集団協力は、内側での集団協力に劣らず利益をもたらすのである。兄弟・姉妹といとこは互いに近くにいて、よく助けあうが、わたし自身には近付けない利益を彼らが手に入れることはありそうにない。外来の人はわたしが必要としている利益や技術に近付ける——そして、このことは実際に現代世界で起こっている。局所的な自己は一万マイル離れた場所から引き出され、一万の人間（ここで朝食をとることと関わりがある人々）の相互協力を介して、自分のもとに運ばれてきた資源（コーヒー、オレンジジュース、バナナ）を利用して朝食をとっている。そして、日本製の車で仕事に通うのである。

こうしたことは世界における協力の方法であって、このような協力への傾きはきっと遺伝子に符号化されているのだ。これは背中をかきあう行為を昇華したものだと考えられるだろう——ただし、ここには、われわれが動物として継承してきた本能的なものを越える複雑さが加わっているから、ますます広がりつづける距離と時間の幅も越えた相互協力の可能性に対して判断を下さなければならない。こうした相殺取引と確率を想像できる人は長生きして増殖を強めるだろう。彼らの遺伝子型〔個体のすべての形質の遺伝子の構成様式〕は認められて精選されることになるだろう。

動物の協力者と同じように、人間の背中をかきあう協同者は自己利益から行動を起こしているのかもしれない。しかし、双方が受益者になるように互いに手を貸しあうことには利己的な面は少しもない——また、自己利益中心の行動はすべて利己的だと非難しなければ、そのような行動も利己的ではない。当事者が受益者になる協同を非難する倫理体系や宗教が今まで存在したためしがない。二大戒律のひとつにより、人間は自分を愛するように、他者も愛するように駆りたてられる。この指令は、自己愛が人間行動の確かな原理であると仮定して、この愛を他者愛と結合するように迫っている。こうした行動がとれて、さらに全体の損益がゼロになったなら、なおいっそう結構なことなのである。この戒律を実現するためには、自分自身を愛さずに他者を愛することは必ずしも必要ないのである。

このしっぺ返し戦略は無道徳レベルで始まるのだが、道徳行為者がそれを継続するとしたら、それは無道徳な戦略ではない。それは〈黄金律〉の実践版であり、自分に対して他者にしてもらいたいことを自分が他者にしてやり、他方では相手にいいように利用されることは拒否する。これが取って代わる戦略（「常に防衛せよ」と称される）は実は、常に自分の自己をただちに防衛せよと意味している、下等生物形態のみが実行できる戦略なのである。下等生物のこのレベルでは、この戦略は大したものではないが、これが高等動物で進化していくと確かに印象深いものになる。もし可能であれば、自分の価値を防衛するときには、常に協同せよ、だが非協同者にはお人好しであってはいけない。なぜなら、そうすると協力体系が不安定になるからである。先に述べたように、このような行動をとることで、価値は共同体内で絡みあってくる——こうして、以前は生命共同体であったものに道徳共同体が重ねられるのである。

この過程から、人間の場合では相互利他主義が倫理利他主義へどう進化したのかがわかる。この過程から、文化体系において自己利益が拡張するのが見えてくる。これが人間相互間倫理の存立を可能にさせる進化発展である。だが、植物と動物は相互協力はしないが、それでも環境倫理がありうるかどうかを知ることは必要である。家族、傍系家族、生態系へと拡張しつづけた自己に話を戻そう。さて、価値をどこに、また、どのように位置づけるか。

共有価値

自然系をもっと正確に、軽蔑をまじえずに描けるだろうか。否定的な倫理パラダイムよりも、肯定的な価値論パラダイムを選んで、異なる解釈形態を徹底的に試してみよう。「利己的態度」とは「本来的な価値の保存」であると言い直せる。これも解釈の枠組み、すなわち、もっと真実性があると考えられる枠組みになるが、もしそうならないとしても、少なくとも社会学的説明そのものがどのように解釈的なものになるかは例証するだろう。これは環境倫理を見付ける力も貸してくれるだろう。なぜなら、われわれは適所で価値を得るだろうし、人間としての義務がそれ相応についてくるだろうから。

すべての生物は自己を投企し、自らを外に向けて押し出す。しかし修正版の説明によれば、この過程は不快なものではない。それは生命の美である。自己開発、自己防衛は生物相の本質、すなわち荒野の法則なのである。そうした自己が家族に、同族と傍系家族に、そして生態位置と地形に拡張される点については、あれこれと語られたけれども、文化が出現するとさらに語るべきものがある。生物はそれ自体の生命プログラムの自律的場であるが、岩や川はそうなれない。協同する生物はその情報中枢に符号化されている。ゲノムは遺伝型の可能力から外面形質の発現へ向かう運動を推進するように設計されている。これらの分子は機会が与えられれば器官として自己発現を求める。

　このようにして、分子は生命行程を宣言している。そして、これとともに、生物は不活性な岩石とは違って、エネルギーと材料とを取り出し、廃物を排泄する資源と廃物処理場として環境を要求する。こうして、生命は地球の源から発生する（岩石もそうである）が、それらの源に戻って資源になる（岩石はそうならない）。岩石は岩石を生み出さない。川は自己増殖しない。しかし、オークはオークを作る。ドングリはオークになる。そのオークは大地から萌え出て自力で立つ。

　ここまでは生命の論理を述べたにすぎない。遺伝子の組が基準の一組であると認めたら、話は評価へと移っていく。価値は現にあるものと当然あるべきものとを区別する。ゲノムは一組の保存分子である。生物は本質的価値に基づく評価系である。だから、オークは生長し、増殖し、その傷を修復し、死に抵抗する。生物が求める、そして、その生物のプログラム形態に理想化されている物理的状態は価値を与えられた状態なのである。この状態の達成に価値が存在する。この達成は生物的というより、生命的と表現する方がふさわしいと思える。現生個体は相互結合された生命の織物のなかの点的経験と見なせるが、それはそれ自体で固有価値である。ひとつの生命はそれ以上の有効な基準値もなしに、それがそれ自体で今あるものとして防衛される。ただし、すべての生態系からなる構造があると仮定するならば、そうした生命も当然さらに基準値をもってはいる。生物はそれが保存しているものを、すなわち、それが代わりに表わしているものを有している。それが生命である。生物は自分の生態位置に適合しなければならないが、自分の基準はもっている。自らの実現を推進しながらも、それと同時にひとつの環境全体を移動する。テクニックを、ノウハウをもっている。あらゆる生物にはそれなりの良さがある。生物は自分が属している種を良い種として防衛するのである。

バクテリア、マウス、そしてチンパンジーは自分なりの計画をもっている。それぞれ本来あるがままのものとして防衛すべき生命形態なのである。これを「利己的遺伝子」とよぶのだとしたら、現に起こっている事態についての生物学と形而上学とを誤解することになる。すべての生物は世界に自己を投企せざるをえない。地上性リスは「利己的に」行動するとか、ましてや地上性リスに内在する単一遺伝子が、「利己的に」行動するとか考えるのではなく、「それ自身のために」行動すると言い換えて、記述力では劣らず、それでいて軽蔑的にはならず、もっと肯定的に「その本来的な価値を保護する」という表現も代用しよう。これらは「本質的価値に基づく遺伝子」である。

遺伝子は情報断片である――そして、情報は共有されるためには失われる必要はない。情報伝達を利己的に解釈することは実に難しいことである。だが、機能終了段階を飛び越えると情報は「利己的に」増殖(貯蔵)された、あるいは適切さでは同じだが、「共有」(分配)されたとも言えると思える。生物の親は遺伝子経由で子孫に情報を「供与する」(分配する)から、そこには利己的態度とおなじく「利他主義」もあるのでは、と容易に推理できる――道徳のラベルをぜひと、言うのなら。「共有」と「利己的」という言い方に熟慮した道徳的な意味がある場合には――ただちに言わなければならない――遺伝子は、「利己的」になれないし、「共有」することもできない。遺伝子は道徳行為者ではないのだから、利己的にはなれないし利他的にもなれない。しかし情報を転送することはできる。そして、もし道徳世界で使用する語を拡大解釈して、それをこの無道徳領域で使えるようにするつもりならば、それなら「共有する」と「利己的」とは記述力では同じであって、そこには軽蔑的な含みはない。遺伝子は生成している。所有しているものを増殖もしくは伝達するのである。それは意識前、道徳前のことではあるが、彼らの情報を文字どおり共有する（適量に分配する）のである。こうして遺伝子はそれぞれ本来の場に、つまりそれが加わっている共有場に位置づけられる。生命情報を分散させ、ひとつの価値を共有することのどこが利己的なのか。

自然史は悪意を抱く利己的遺伝子が推進する悪の現場ではない。それは順応適合の不思議の国であり、系の織物に役立つように織りこまれた本来的な価値の共同体である。そこには本来的な価値は保存されるが、このことは孤立したものには認められていない。個体は有価値の系内で住む場所と果たすべき役割とを与えられるから、本来的な価値の保存は家族、個体群、種系統、生態系共同体、その土地の地形にクモの巣状に織り込まれている。自己は全体のなかに刷り込まれるが、これと同じくらい本来的な価値もそれが役立つ系の価値のなかに刷り込まれるのである。価値は享受されるには共有されていなければならない。

求められるのは人間主義的ではない、また人間中心的でもない説明、つまり人間の道徳観に偏向していない説明である。この説明の方がはるかに優れたパラダイムである。なぜなら、遺伝子が利己的であると考えるべき確たる根拠はないからである。生物レベルで見ても、野生の自然には道徳行為者は存在しないし、ましてや遺伝子レベルでは、そんなことは言うまでもないことだ。しかし、自然には客観的で人間中心ではない価値があり、野生生物は絡みあわされた運命のただなかで生を追求して、これらの価値を分配し防衛している、と考えるに十分な根拠がある。価値論のパラダイムは客観的で自然なパラダイムである。倫理的（「利己的」）パラダイムは主観的、人間主義的なものである。われわれは自然の価値をそれ自体であるがままのものとして判定する努力をしたい――そうするには、自然に対してそれに適切な規範を用い、人間中心の規範は用いないことである。自然を現にあるがままのものにしておこう。自然を道徳で責めてはいけない。自然には生物の価値を与え、この価値を倫理的に低く見てはいけない。

例として優位にあるモンキーが採餌する事象を、まずは防衛される価値の面から表わすとしよう。ここで価値があるもの（優秀なゲノム）は採餌と養育を通じて伝達、維持されるが、これに対してそのモンキーと比べると価値がないものは採餌の価値を基準にして選別される。ここでは道徳行為は問題にしていない。問題にしているのは自己実現される価値である。これらのモンキーに人間のように利他的行動をとるように求めたとしたら、それはこうした事象を誤解することになり、その結果、誤った価値づけをすることになる。その無道徳性をよく読みとれば状況は違って見えてくる。色眼鏡をはずし、透きとおった眼鏡をかけなさい。野生の自然に起こる事態を、言葉を文化から借用し、それを自然に投影して記述（そして検閲）するなら、それはカテゴリー面で失敗することになる。この場面に道徳行為者がやってきて、この動物たちには無価値なものがあると嘆いて、それを矯正したいと思うだろうが、実は、そのような無価値なものなどはないのである――このことから、この動物たちは文化のなかではいかに行動するかに関してはなにも出てこないが。実は、よく言われる利己的態度とは、生物がその固有の価値を自分に唯一可能で適切な方法で保存することである。

オスまたはメスがこの採餌や生殖の競争に「利己的」受益のために耐えるとは、不確かな意味でしか言えないのである。というのは、ともかくそれぞれの個体はいずれ死ぬのだから。解釈方法としては、この競争は遺伝子共有のためのものである、という方が勝っている。それが自己防衛のひとつの意味である。だが、オスとメスが生殖のために時間、精力、そして努力を費やすとしたら、これは別の意味での自己犠牲である。利己的眼鏡を通して、なにもかも見ようと決めている人なら、道徳不在の遺伝子レベルから見て、この防衛も（かなり紛らわしく）利己的態度と呼ぶだろう。ところが、これは何世代にも及ぶ価値の伝達であると解釈すれば、現に起こっている事態をはるかに明快に描けるのである。

生物はそれ自身の種の短期増殖に従事しているが、その系の諸過程は短期的なものではないし、ひとつの種だけを利己的に最大のものにしたりもしない。進化のシステムは三五億年にも及ぶ。そこには着実に新しい多様な種の到来、交替そして完成が起こったのであり、この万華鏡のような一大光景のなかで種はゼロから五〇〇（ないしは一〇〇〇）万を数え、その間の種の移動総数は五〇億（ないしは一〇〇億）に上った。全生物はこの仕組みのサブルーティン〔主ルーチンに結合して、ある特定部分の計算、機能を果たすプログラムの一部となる命令や定言の集まり〕自体の価値を実現し、それらの価値を（変異を加えて）次世代に伝達する。後に話題にする人間はさておき、全生物が実行できる、すなわち臨界値の能力を有してなせることはこれだけである。その結果、まったく劇的なストーリーが出てくる――それは、「はっきり悪意のこもった」近視眼的な利己的態度についての長い長い連鎖ではない。価値の説明はまったく記述としては真実性があり、「道徳面、知性面で不正直」であるとは少しも思えない。

綿密に調べてみると、大胆に見える仮説は一〇〇〇の限定を加えられて死を迎える、ということに哲学者たちは時には気がつく。利己的遺伝子という大胆に見える仮説に起こることは、利己的遺伝子は一万の相互連結の生を生きている、という事実である。

誕生の地、地球上のバイオフィーリア

増加量の変化が積もるとひとつの質的変化になりうる。われわれの話は夜に始まり、少しずつ光が増して昼へと移っていく。こうして夜は去った。われわれは利己的遺伝子から始め、現われた相互結合のひとつずつに他の「価値」を加えて他者評価の段階に移行した。人間はこれら無数の相互結合を認め、自分も絡め込まれている生命の系を愛することができる。この地球上で自分が全生命と同族関係にあることを認識できるのは人間だけである。一世紀前にダーウィンが進化の観点からそう教えてくれた。今日では微生物学がこの点を確認している。構造遺伝子〔タンパク質またはRNAに分子をコードする遺伝子〕に関して言うと「平均して人間のタンパク質は、チンパンジーのその同族体〔異種で類似の連鎖および機能をもつ同族列の化合物〕とアミノ酸〔分子中にCOOHとアミノ基をともにもちあわせている化合物〕配列との面で見ると、九九パーセント以上が同一である」(King and Wilson 1975 : 112)。これらの種の間の差異の大半は調節遺伝子〔別の遺伝子の発現を調節するのに関わる遺伝子〕にある(Sibley and Ahlquist 1984)。

この点はエドワード・ウィルソンも認めている――「われわれ人間は文字どおり他の生物と同族関係にある……わたしたちの遺伝子は、チンパンジーのこれに対応する遺伝子組と約九九パーセント同じであるから、残る一パーセントで両者の差異がすべて説明される……さらに人間がゴリラ、オランウータン、その他の現生類人猿やモンキー種(さらに他の動物種)から分岐して広がっていくが、この隔たりは程度問題でしかなく、DNA内の基本対〔基本の水素結合によって対にされた核酸内の二つのヌクレオチド〕の差異のゆるやかな拡大差として小刻みな単位で測定できる」(1984a : 130)。彼は別の一節では、「今日では、生化学レベルで傍系家族として見ると、人間とチンパンジーの関係の方がチンパンジーとゴリラの関係よりも近い」と述べてい

る（Ruse and Wilson 1986 : 176）。この小さな刻みが自己を徐々に拡張して、ついには自己は多くの自己とますます同一化されてくるのではないだろうか。

こうした遺伝子の類似性を利己的に同族を選択をする遺伝子の語彙に翻訳したと仮定しよう。かりに人間がチンパンジー救済に一生を捧げたとしたら、少なくとも構造遺伝子に関して言うと、この行為は実に九九パーセントが利己的であり、利他的な面はほんの一パーセントになるのだろうか（ジェーン・グドール）。ジョージ・シァラーとシベリアタイガーは遺伝子構造では、おそらく九五パーセント関係しているのであり、この場合にも同じことが言え、彼とその他の生物との関係等々、進化の系譜を下っていった場合にも同じことが言える。よく利己的と言われる態度の輪は兄弟姉妹、いとこ、伯・叔母と伯・叔父を越えて数オーダーに拡大される。この輪は利己的態度なのであり、その規模は、本論の出発点であった、範囲が限られていて制約を受ける変異の規模と奇妙にも同じ大規模の利己的態度である。

イースト菌から人間まで生物に見られるシトクロム-c分子〔広く動植物界に存在する細胞内色素タンパク。呼吸、光合成、その他の酸化作用において電子担体として働く〕を作る遺伝子の位置から見ると、多くの対抗遺伝子の居場所を見付けることは難しくなるだろう。シトクロム-c分子はさまざまなヌクレオチド〔リン酸塩が、ヌクレオチド（砂糖体の総称）の糖に結合した一種のリン酸エステル〕の置換〔化合物中のある原子または原子団を他のそれと交換すること〕によって進化するが、比較的安定した分子である。その一次構造は人間とチンパンジーでは同一であり、両種の分岐は約一〇〇〇万年前に生じたのである。人間とモンキーの間の交代はたった一回しか起こらず、現在の両種にもっとも近い共通の祖先は四〇〇〇万から五〇〇〇万年前に生存していた（Dickerson 1971）。同じことは次のものに関係する遺伝子からも言える——アデノシン三リン酸（ATP）〔核酸を構成するヌクレオチドの一つに三分子のリン酸が結合したヌクレオチドの一つ。エネルギー伝達の媒介物質として重要〕、ビオチン〔ビタミンB複合体のひとつで、結晶状で水溶性〕、リボフラビン〔ビタミンB複合体の成長促進因子〕、ヘマチン〔濃赤色の鉄含有血液色素〕、チアミン〔ビタミンB複合体のひとつビタミンB_1〕、ピリドキシン〔溶剤、有機合成に用いられるリリジンの誘導体〕、ビタミンKとB_{12}を作る遺伝子、あるいは脂肪酸酸化、解糖〔生物内の糖の無機的分解〕、そしてクエン酸回路〔生物における有機物の酸化（呼吸）に重要な役割を果たしてい代謝回路〕に関係する遺伝子、あるいはアクチン〔筋組織内に含まれミオシンと結合して筋収縮を起こすタンパク質の一種〕とミオシンを作る遺伝子の位置からも言える。遺伝暗号〔アミノ酸の合成を支配する三つのヌクレオチド（核酸を構成する）の組み合わせは特定のアミノ酸に対応していて、このコードが遺伝情報を担っている〕の本質はすべての生物で同じなのである。二〇個のアミノ酸はすべてに共通している。

かつては独立していた生命系統が、時には融合して、単一の自己同一性を形成することもあった。〈地球〉上の生命に活力を与える最重要な二つの過程では、内共生体〔共生生活をしている生物のうち、主に体の小さい方をいう。大きい方は宿主〕が利用されている。その過程の一方にはミトコンドリアが関係し、これが動物に活力を与える。他方は葉緑体をもち、これが植物に活力を与える。そして、言うまでもないが、植物の活力が人間を初め動物の活力の基盤になる。自然史のドラマ全体では、自己同一性は多層レベルの力学現象であり、結局のところ、生物の自己同一性はたいして特異なものではない。つまり、それは生物の連帯性と交ざりあって、生態系全体の動物、植物相が共有しているのである。

このように、大規模に拡がった同族関係から分かることは、つねに拡張するこの包括的自己は価値を共有する共同体内に宿る個体である、と見なす方がよいということである。わたしは個的自己ではあるが、生存の努力をしているとき、実際は単一個体系を押しているわけではない。つまり、わたしは家族、人間、霊長目、そして哺乳類が共有する継承物のなかに生きているにとどまらず、生物が共有する継承物の先頭に存在する共同体のなかでも生きているのである。今なお、わたしは遺伝によって断片的に伝わる「包括適合度」をおそらく保持しているだろう。これを、わたしは、個として自分の生態位置で防衛しなくてはならない。だが、遺伝子の位置に立って、あの九九パーセントを真剣に受けとるならば、それらの遺伝子がわたしの内部にあるのか、従兄弟の内部にあるのか、それともチンパンジーの内部にあるのかは大した問題ではない。実際、それらの遺伝子がわたしの内部にあっても、カキの内部にあっても、あるいはアリの内部にあっても大して問題にならないのである。

ミクロ・レベルから日常経験の範囲へ向かうと、自己の運命はそれが生息している地形と絡み合っている。たぶん、あなたは自分とチンパンジーの関係をすべては感じとれないし、この関係を区別することを強く主張するだろう。自分は他の生物と距離をとって世界に対しているのだ、と好きなように言いつづけて結構。それでも、あなたは自己をこの世界の外へ連れ出すことはできない。われわれは自分の誕生地であるこの地球とは切っても切れない関係で生息しつづける。車のバンパーに貼られたステッカーにこう書いてあった――「〈地球〉――愛す、それとも棄てる」。〈地球〉から離れることは難しいから、それを愛するのが唯一現実的な選択である。

われわれは、おそらく遺伝的に〈地球〉愛に適応させられているのだろう。確かに、自然選択は自分が運命的に絡みあったものを愛する方向に向かうだろう。つまり自然選択で生存利点を伝えられるのだろう。生物学者は、この選択は個体レベルで作用すると想定し、最低可能なレベルの方を好む。大半の人間は局所的な近隣地域に生息してきたのだから、自分が地球上に生息していることは、ほとんど分からなかった。しかし、ある地形内に生息していることは分かっていた。彼らが言うように、「国」に帰属していたのであり、人間が時間の経過につれて世界を愛するように選択されるだろうと考えるのは、きわめて正しいと思える。

しかし、人間は多種多様な地形に生息し、それを好みに応じて作り直すから、これは柔軟な特徴であろう。動物は地形をいわば手近に用意されているままに受け取って、そこに順応せざるをえない。人間の自己は文化内で、程度の差はあれ、自分の地形を作り直して、それを自分の好みに適応させられる。

この作り直しも生存利点を伝えるだろう。たぶん文化を愛し、自然を征服するものも自然選択されるだろう。それでも、結局すべて文化は生態系にはめ込まれている。人間遺伝子の運命のようなものがあるとしたら、それは自己をその誕生地で幸せにしておくものと期待できる。人間は市民としての自己であると同時に、その土地に帰属する住民でもなくてはいけない。結局、倫理は利己的ではなく、自己参加的である。このようにして、自己参加の全範囲が分かったときに、この地球は自己生存の究極単位となる。包括適合度は惑星適合度となって完成するのである。

利己的態度の正反対にあるのが利他主義であって、利己的態度を拡張した結果として利他性が強まり、これが拡張して相互の関係の輪を包含していく。この輪は純然たる他者を包含する段階——普遍的な意図をもつ利他主義——に達してはいないだろうか。もし達しているとしたら、環境倫理主義者とは究極の利他主義者である。今、われわれは、自我が量的に拡張して一自我が他の自我に質的に関心をもつ段階に達した。つまり、一自我はこの他の自我たちと相互関係に置かれているが、彼らを愛するのは彼ら自身としてあるがままのものとしてであり、自分にとってあるものとしてではない。であれば、われわれは、〈地球〉から離れ、この系の外へは出られないが、われわれの自己同一性を地球全体へ拡大することはできる。そして、そのとき、われわれは哲学者が称する理想の観察者、つまり自分の狭小な生態位置からではなく、全体的に見渡せるものになって見るのである。

倫理とは、すべて外挿された利己的遺伝子にすぎないと見なすのであれば、人間の純粋な超越性——高所から他者へ向ける思いやり——を認識できないために、人間の成長を妨げることになるだろう。精神は超越性と道徳心を生存手段として利用し、人間の生命形態を防衛するというよりも、知的に理解できる全体の見方を形成し、生命の理想を生物すべての形態で防衛するのである。人間には全体を見渡す力がある。つまり世界を見る存在である——今日では、これまで以上にそうである。このことから結果として、道徳は、人間が認識し、実行できるのだから、それに付随して現われる——今日、われわれの知識と能力は増したから、このことは今まで以上に現に起こっている。人間は他のどの種の生物よりも多くの価値を「はめ込ませる」ことができる。他者の価値を共有し、そうして利他主義者として完成する。

動物には、自分の生態的地位から見る力と内在性しかない。人間は生態的地位のどこにも立たない超越的見方ができる。これは、「わたしは」と言う能力、すなわちエゴ-自己を実現するだけではなく、他者を見る、すなわち世界全体を見る能力でもあり、これで人間は動物から区別されるのである。懐疑論者や相対論者は、人間はもうひとつの生態的地位から見ているにすぎない、と言うだろう。確かに、人間は土や木材を資源として評価するときには自分の生態的地位から見ている。しかし、人間は他の生態的地位とそれを維持している生態系をも見ている。つまり、ムシクイを調べたり、宇宙から〈地球〉を見たりしている。このような超越的眼力、壮大な展望力をもつ種は人間のほかにはない。他種にできないことが人間にはできるということは、これら固有の価値を今あるがままのものとして、今ある場所に、すなわち生態系としての〈地球〉に効果的に織り込まれているままに認識することである。このような価値は、現に存在するのであり、これは保存すべきである。この展望力を維持するのは、人間の成長を妨げないためにだ、という旧来の人間中心のパラダイムになんとしてもしがみつきたいのであれば、そうすることもできる。だが、その場合はこの人間中心のパラダイムが、自己愛を超越した生命愛から誕生する、生命中心の信頼へと切り替わることを見損なっているのである。自己は生態系に深く深く入りこんできた。この深さを具えていない自己などもう存在しない。この見方は根源に突き進む点では過激であるが、拡張した人間の生命だけではなく、全生物の生命も保存するという点では保守的である。お望みとあらば、本当に人間がほしいのは自分の世界の最適で〈理想的〉な配置だ、と言ってもよろしい。確かにそうである。しかし、それでは遺伝の縛りを棄てることになる。今や規範は、「わたしの」子孫の最大生殖ではないし、「われわれの」人間子孫ですらない。

それでも、あなたは言い張るかもしれない。そんなのは理屈でしかない、と。そんな倫理を生きられるかどうか分かっているのか、と。だから、この理論を実証する例が必要である。個人的経験を、とくと考えてみなさい。わたしは、自分が身を捧げている環境保全の大義――クジラ保護資金――推進のために寄付をする場合、自分に遺伝子があることなぞ知らなくてもかまわない。あるいは、知っていたとしても、クジラが救われるかぎり遺伝子なぞどうでもかまわない。わたしはこの環境保全のイデオロギーに人々の気持ちを振り向けたいのであり、彼らとわたしの遺伝子の関係はどうでもよいことなのである。クジラがその海洋生態系に無事に生きていると知って、わたしは喜ぶのである。わたしのこうした行動に「利己的」動機のラベルをなんとしても貼らなければ気がすまないのなら、どうぞそうしなさい。でも、わたしの喜びがわたしの生殖力を強めることは少しもない。ジョン・ミュアとデイヴィッド・ブラウアーは、ヘッチ・ヘッチやキャニオン峡谷の保護に多大な時間、精力、努力を費やしたから、もし、そんなことがあるとしたら、次世代では彼らの子孫は減ることだろう。

わたしは、クジラ、ムシクイ、あるいはハイイログマが互いの背中をかきあって協同することなど期待していないし、ましてや森林や峡谷にはそのような期待は抱かない。動物は個体でも集団でも、わたし（あるいは他の誰をも）を援助することなどできない。わたしは現に自分の「自己」を全生態系と同一化しているとか、わたしの生命維持系を保護しているとか、なんとでも言いなさい。わたしが行動しているのは、自己やその遺伝系統を増強するためにではなく、「自己」をそれが生息している共同体内へ伸展させるためであり、こうすると、ついには、自己は非自己に、つまり各種に適切である他の自己に焦点を当てるようになる。どうして知の危機に真正面から向かわないのか。もはや以下の問いは利己的ではない。「他の」無数の生物形態の一個一個がその種に適切であり、その種の場所で適切でありうるかどうかを問い、また、その全生物形態は適所にいるかを問うのである――そして、これらの問いをまとめると、それはよく位置づけられた適切性を問うことになる。倫理とはこうした価値の最適化に関わるのである。

わたしの真の関心はクジラ、ムシクイ、あるいは原始林にあるのではなく、自分の保養機会を守っているのだ、とあなたは言いつづけられますか。それとも、わたしは自己欺瞞的であって、環境保全の英雄だからと人々が称賛し、わたしの子孫に援助の手を差し伸べてくれるように善行を並べ立てているのだ、と言いつづけられますか。確かに、こう言った方がいいだろう。「自己」は、純粋な道徳心にまで高められた段階では、それ自身の外側に価値を見分け、この価値を自由と愛に包含することは正しいのだから、自己はそうするようになる、と。これは還元論的意味ではなく、包括的意味で自然に順応させられた倫理である。

まだ、納得しない読者がいるのなら、本論を終えるにあたって、エドワード・ウィルソンに向けられた人身攻撃を例にしよう。ウィルソンは、人間に可能な生命愛とはどのようなものであるかを、実に見事に示しているから、彼をわれわれの理論の証拠の一部にしよう。ウィルソンはこう断言する――「われわれ人間社会の基礎は哺乳類の設計図にある。つまり個人は第一には個人の生殖を継続させるために、第二には自分の直接同族の生殖を継続させるために努力する。さらに、しぶしぶ行う協同は集団メンバーの利益を享受するために打ち出された妥協を表わしている」(1978：199)。この言明は彼自身について述べていると、読めますか。

まず、無理である。なぜなら、彼は人間同士の倫理として三つの基本原理をすぐに力説しているのだから――「人間の遺伝子生存の基本的価値は、数世代を経てきた共通層の形で」保護すべきであり、「遺伝子の共通層に認められる多様性を基本的価値として大切にす」べきである。というのは「結局は、二〇世紀の全悪行のなかでも遺伝子多様性の喪失が最大の悪行の位置を占めている」からである。ウィルソンは「天才と遺伝のさらなる進化とを獲得するために、果てしなく新しい結合を引き出せる人間の遺伝子多様性」が失われる悲劇を恐れている(1978, 196-199；1980：61-62)。さらに「人間の普遍的権利が……三番目の基本価値である」と考えるべきである。社会学は、「遺伝学的に正確であり、ゆえに完全に公正である倫理規定」にわれわれを導く、とウィルソンは結論している(1975a：575)。この人には希望が響いている、だから称賛する。だが、この人から響いてくる内容は、不承不承の協同のようには聞こえない。それどころか、それは人間の生命をその多様性のうちに生成し、各人が当然の権利として尊重される価値をもつ文化を生産する共通資源を熱烈に擁護しているように聞こえる。一方では、それ(たとえ種がなんであれ、自分の子孫を最大にすること)が遺伝であるなら、それなら、それは完全に公平(すべてにとっての平等)にはなりえない、という説をもつ生物学に、ウィルソンのこの論理を見出すことは難しい。人は自己に関しては利己的、公平的であり、同時に各人を権利にのっとって公平に扱うことはできないし、ましてや誰に対しても利他的にはなれない。

環境倫理でウィルソンは、人間と他種の絆を形成し、人間だけのではなく、全動物、植物界の生命多様性をも愛することを強く主張している。彼は「急ごしらえの方策を超えた寛容な心」(1984a：131)から湧き出る高貴な人格にまで自己を発達させたい、と願っている。彼自身はこの「寛容な心」を受け入れたのだが、彼の理論を基にしては、そこに完全には到達できない。彼の結論は、われわれが自分の生命形態にも他の生命形態にも同じように価値を与える生命の尊厳を環境倫理の〈黄金律〉とすべきだ、ということである。環境倫理が満たす自己利点は背中をかいてやる行為の性質のものではありえない。ウィルソンは、アリを保護したいと願っているが、アリは相互協同者になりそうもない。「結局のところ、現生環境保存の問題は、われわれにとっても子孫にとっても、道徳の問題なのである」と認め、「種の多様性を倫理目標として」推奨している（1984b）。この時点で関わっているのは、われわれを騙して、自分がそのように行動する理由について錯覚させる、という遺伝的決定論にではなく、倫理の「理念」「理想」すなわち自己の外側に、文化の外側に現存する客観的自然の価値、つまり保存すべき価値を見分ける自信なのである。

ウィルソンの問いはこうである――「次の数年間に起こりそうなことで、われわれの子孫がもっとも悔しく思うことはなんであろうか」。彼の答えはこうである――「現在進行していて、もとに戻すには何百万年もかかるだろうひとつの過程とは、自然の生息地の破壊による遺伝子と種の多様性の喪失である。これは子孫がもっとも許してくれそうにない愚行である」（1984a：121）。もし子孫がこうしたことや、その他数千種類の破壊という許しがたい罪のいっさいに判定を下すことになるとしたら、こうした大災難は起こしてはいけないのである。われわれが恐れているのは子孫の恨みだけではない。この不思議の〈地球〉から生命が喪失することも恐れているのである。

子孫が生き残れぬ種の損失を被ることは疑いない。彼らの人間としての生命の特質は、危険にさらされるかもしれないが、最大増殖の継続――〈地球〉上で最大可能な人口――が、この環境倫理の規範ではない。実はその反対である。われわれ人間の増殖本能にバイオフィーリアおよび環境保全への関心を置き換える必要があり、また、そうすることは義務でもある。「可能なかぎり健康な子供たちを多く育成することは、安全へ至る長い道程であった」とウィルソンは述べている。「けれども、世界には人間が溢れ出ていて、この道程は今では環境破滅へ至る道程になっている」(1975b : 50)。

人間は、自分の実利的福利の外へ出て、共生仲間、つまり「謎めいた、ほとんど未知の生物」の価値を認められる人々には、「率はわずかだが栄光が待っている」(1984a : 139)。そうすすめるのなら、これで人間の幸福は豊かなものになるが、それはウィルソンの、あるいはわれわれの増殖にも利己的遺伝子にも関係ない。人間は自分の子孫の最大増殖のための選択でしかない倫理から解放されなければ、環境倫理でなにをなすべきかについて、この探究はなにも試みることはできない。利己的遺伝子が唯一やらないことは、自分自身のものではない多様性を増進することである。ウィルソンは、この地球の輝きを喜んではいるが、利己的遺伝子からバイオフィーリアを獲得することは難しい、と考えている。単一遺伝子は、実はバイオフィーリアの小片、すなわち生命情報の一片と言えるものでしかないからである。遺伝子は本来それ自身では大したものではない。利己的態度を向けるべき対象となる自己など遺伝子には存在しない。だが、この遺伝子たちは集合して完成されると生命を共有しあって一大ドラマを紡ぎ出すのである。

この称賛に値する生命愛を抱いている人は、この愛の興ざめな説明に逃げ込む必要などない。楽しい説明へ向かって上昇しようではないか。誕生地、この地球には原始の軟泥と湿土から突然に噴出して溢れ出た生命、一〇〇〇万もの種に発現した生命力が満ちている。この地球は生物を愛しているし、われわれも生物を愛している。これが進化の叙事詩であり、人間とは自分を意識するようになった、この生物愛なのである。われわれは、人間の道徳面の失敗から気の滅入るようなカテゴリーを借りて、生物を利己的態度にすぎない地位に低下させたくはない。進化史全体で、これほど見事に自分を発現させてきた生物を尊重したいのであり、この尊重の態度を獲得すること、それ自体が道徳面の功績を高めることになるだろう。

参考文献

Axelrod, Robert, and W.D. Hamilton. 1981. "The Evolution of Cooperation." *Science* 211 : 1390–1396.

Dawkins, Richard. 1976. *The Selfish Gene.* Oxford : Oxford University Press.

Dickerson, R. E. 1971. "The Structure of Cytochrome-*c* and the Rates of Molecular Evolution." *Journal of Molecular Evolution* 1 : 26–43.

Hamilton, Williams D. 1964. "The Genetical Evolution of Social Behavior, I and II." *Journal of Theoretical Biology* 7 : 1–52.

King, Mary-Claire, and A. C. Wilson. 1975. "Evolution at Two Levels in Humans and Chimpanzees." *Science* 188 : 107–116.

Leoplold, Aldo. 1968. *A Sand Country Almanac.* New York : Oxford University Press.

Lewontin, R. C. 1972. "The Apportionment of Human Diversity." *Evolution and Biology* 6 : 381–396.

Maynard Smith, John. 1978. *The Evolution of Sex.* Cambridge : Cambridge University Press.

Ruse, Michael, and Edward O. Wilson. 1985. "The Evolution of Ethics." *New Scientists* 108 (17 Oct.) : 50–52.

——. 1986. "Moral Philosophy as Applied Science." *Philosophy* 61 : 173–192.

Sibley, Charles G., and John E. Ahlquist. 1984. "The Phylogeny of the Hominoid Primates, as Indicated by DNA-DNA Hybridization." *Journal of Molecular Evolution* 20 : 1–15.

Trivers, Robert L. 1971. "The Evolution of Reciprocal Altruism." *Quarterly Journal of Biology* 46 : 35-57.

Williams, George C. 1988. "Huxley's Evolution and Ethics in Sociobiological Perspective." *Zygon* 23 : 383-407 (and reply to critics, 437-438).

Wilson, Edward O. 1975a. *Sociobiology : The New Synthesis.* Cambridge : Harvard University Press.

——. 1975b. "Human Decency Is Animal." *New York Times Magazine,* 12 Oct., pp. 38-50.

——. 1978. *On Human Nature.* Cambridge : Harvard University Press.

——. 1980. "Comparative Social Theory." In Sterling M. McMurrin, ed., *The Tanner Lectures on Human Values, 1980.* Vol. 1. Salt Lake City : University of Utah Press.

——. 1984a. *Biophilia.* Cambridge : Harvard University Press.

——. 1984b. "Million-Year Histories : Species Diversity as an Ethical Goal." *Wilderness* 48(165) : 12-17.

第14章　愛か、それとも喪失か――来るバイオフィーリア革命

デイヴィッド・W・オール

わたしは、命と死、および祝福と呪いとを、あなたのまえにおいた。あなたは、命をえらばなければならない。そうすれば、あなたとあなたの子孫は、いきながらえるだろう。

――「申命記」第三〇章第一九節

「自然とわたしとは二つの別々のものだ」とかつて映画監督ウッディ・アレン〔一九三五―　アメリカの作家、俳優でもある〕は言ったが、その別々の二つはまだ一体になっていないようだ[1]。アレンは、地方の動植物と心身いずれの接触も制限することに細心の注意を払うことで知られている。たとえば自然の湖には入らない。なぜなら「そこには生物がいるから」である。アレンが快適を覚える自然とはニューヨーク市のそれ、すなわち基準のまったく粗末な野生である。

アレンの自然嫌悪はバイオフォービアと呼べるものであり、この姿勢はテレビ、携帯用ウォークマン

ラジオ、ヴィデオゲーム、ショッピングモール環境での生活、高速道路、そして自然を趣味的に装飾として認める人口密度の高い都市もしくは都市近郊の住環境と一体となって育った人たちには、ますます一般的になってきている。かつてないほど人間の居住空間は自分が造り出したものに囲まれており、自分では直接制御できないところにある自然には、ますます不快感を覚えるようになっている。バイオフォービアは「自然な」場所の不快感から始まり、人工ではない、管理されていない、あるいは空調設備がなされていないものには積極的に侮蔑を向けるまでになっている。要するに、バイオフォービアはテクノロジー、すなわち人間の手になる人工物と提携する、また自然界に対してはもっぱら人間の利益だけと提携する衝動力であり、この動力は文化を通して獲得される。わたしは、このバイオフォービアという語を広い意味で用いて、現世代の恵まれた地位にある者が適切と見なせば、自然をどんな方法でも利用できる「資源」にすぎないと「客観的に」見ている人も含めている。

バイオフォービアは人間嫌いや社会病質人格のような問題なのだろうか。それとも、たんに個人的嗜好、すなわち数ある自然観に数えられるものなのだろうか。ウッディ・アレンが自然に少しも類縁感を覚えないことは、よろしいことなのだろうか。自然を管理すべき資源にすぎないと見なしたり、自然をテレビの特別番組に抽象化された形式で好き嫌いしたりする人間が増えていることは問題なのだろうか。われわれが自然状態からどんどん離されていることは問題なのだろうか。こうした事態が問題だとしたら、それはどのような点で、また、どういう理由でか。また、こうも多数のひとが自然を不適当なものと考えるようになった理由はなんなのか。自然はなにに対して不適当なのか。

自然に対してとりうる態度の連続線上で、バイオフォービアの反対の末端[2]にはバイオフィーリアがあって、これをE・O・ウィルソンは「他の生命形態との関係に駆り立てる力」と定義している。かつて、エリッヒ・フロム〔一九〇〇―八〇　ドイツ生まれでアメリカの精神分析者〕は、バイオフィーリアを「生命への、また、生命あるすべてへの熱烈な愛(3)」と、もっと広く定義していた。しかし、両者とも一致してバイオフィーリアは生得のものであるだけではなく、精神および肉体の健康の証しである、と認めている。生物としての人間の将来と正気とは、今バイオフィーリアを受容する力にどの程度かかっているのだろうか。この範囲で以下の点を理解することは大切である――バイオフィーリアはどのようにして存在するようになり、どのようにして優勢になり、この姿勢はわれわれになにを求め、それはどのようにして学習できるのか。

　かりにバイオフィーリアだけが人間を強く引きつける姿勢であるとしたなら、本書は明白なことを述べた無用のデータになる。ところが、この生命への類縁感は経済、管理、テクノロジーに認められる進歩の、抽象化および前提のもとに変装したバイオフォービアを含む他の衝動力と競合するのである。だから、バイオフィーリア仮説について、わたしが立てる仮説とは、人間の遺伝子になにが含まれていようとも、今われわれが選択しなければいけないものとは生物への類縁感である、というものである。今日までの文化と比較すると、現代文化の特徴はテクノロジーによって先例がない自然の完全支配に向かってなおいっそう前進できる、という事実にある。真摯な、経験豊かな人たちが、遺伝子工学とナノテクノロジー〔一〇のマイナス九乗メートルの微細加工技術〕による地上生物の構成の組み換えを話題にしている。地球をまったく捨てて宇宙へ移住する話をする人もいる。さらに、人間の意識を「仮想現実」に適合するように作り変えることを話題にする人もいる。もしバイオフィーリアが発現して優勢になれる世界を保存するつもりであれば、その世界を作る決意を下すことが必要である。

バイオフィーリア――起源と結末

程度に差はあるが、人間はつねに、またさまざまに環境を変形してきた。自然に変形を加えるとき、いつでも慎重に礼儀を弁えているつもりだった。そうだった、とわたしは確信している。いつの時代でも、どこの土地でもそうだった、というつもりはないが、たいていの場合は確かにそうだった。結局、この証拠からさらに分かることは、初期人類は自然とともに行動しているのだと考えていたから、その神話、宗教および精神構造全体には、バイオフィーリア、あるいはそれに近い姿勢が織り込まれていた、という事実である。オーエン・バーフィールドの言葉を借りるなら、かつて人間は、自分は世界に「統合または接合されている」と感じていたのだが、今日のわれわれはそうは感じていないし、また感じることもできない。[4] 今日の基準に照らせば、部族文化は原始的であり、テクノロジーを用いて世界に働きかけてはいたものの、それでできることには限りがあった。つまり、できると考えられることには、神話、迷信、禁忌による制約が加わっていた。しかし、彼らには選択の余地などなく、ただそれだけの理由でバイオフィーリアを選択した、とはわたしは思わない。また部族も文化もバイオフォービア的であったり、自然に対して無能力であったりすると、飢餓や病気によって忘却の淵へ消え去った。[5]

現代をそれ以前から区分するこの分割線の後方を振り返ると、部族文化は今日の人間には恵まれている能力や知識がなかったから、生態に関してはそれなりの無邪気さをもっていたことは明らかである。これとは対照的に、今日の人間はバイオフォービアかバイオフィーリアかのいずれかを選択しなければならない。なぜなら科学とテクノロジーによって完全破壊の結末を理解する知識も完全破壊の力も与えられたからである。この新旧の分岐線は、中世全体を貫いて今日にいたるまで知覚、態度の両面で拡がりつづけてきた差異をはっきりさせる断絶ではなく、地質構造変化に似たゆるやかなものであった。いわゆる「近代化」とは、自然界とその内部で人間が果たす役割とに対するわれわれの見方に生じた劇的変化を表わしていた。この変化は、これ以外どんな考え方もほとんどできそうにないくらいに、われわれの内面にあますところなく染み込んでいる。とはいえ、この分岐線を越えるに必要だった第一の必要条件は、世界は生きており、それは恐れはしないとしても敬うには値する、という信仰を棄てることであった。無生命の物質に対して負う義務などないのである。第二の条件は、デカルトが彼なりの錬金術によって、たんなる機械に変形した動物〔自我の自意識に確実さが求められ、精神、物質の二元論から動物は意識を否定された〕から距離を置くことであった。この場合も、機械に対してなんの義務も負わなければ、哀れみすら覚えないのである。第三は、計量、測定、数量化によって間違いなく利益が見込める事実は認め、自然に対して抱いていた共感という亡霊をいっさい鎮めることであった。第四は、世界をもっと有益な形態に変形するために、能力、資金、知識とを結合する根拠であった。その論理を提供したのがフランシス・ベーコン〔一五六一―一六二六。イギリスの政治家、哲学者。科学が成功する適切な方法を述べ、利子が人類に利益をもたらす技術または産業になるようにした〕であり、残る仕事は政府資金援助による研究の進歩が行った。第五は、改良の哲学が求められ、それは経済の恒久成長のイデオロギーに見出された。今では、この成長がどの国の政府にとっても中心使命になっている。第六は、小賢しい手を使ってバイオフォービアに大量消費へ転換できる欲求不満を育てることが必要であった。広告産業と毎年繰り返されるスタイルの変化とが考え出された。

　以上の大転回をうまく機能させるには、自然を抽象概念とボードフット、トン、バレル、そして生産高の生産統計量へと変換する必要があった。さらに共同体を切り崩す必要もあった――小共同体では土地への執着心が育つと同時に、あの分岐線を越えることに特に抵抗が強まったから、それを切り崩す必要がある。そして最後に、政治を自己の物質的利益の追求へと転換し、ここから、国民としての大衆を無能にし、重要度が高い問題は話せなくさせる必要があった。

ここまでは、よく知られた話であるが、これで話は終わりではない。遺伝子工学は地上の生命の織物をせっせと作り変えている。ナノテクノロジー――分子レベルの機械――の開発には、予想もできない幸福や不幸の可能性を生み出すだろう。遺伝子工学またはナノテクノロジーの学者が、エイズに似たウイルスを解き放つまで、どのくらい時間がかかるだろうか。ところが、この種のテクノロジーを推進している人だって、自分が「核兵器よりも大きな力を秘めている……不確かな危険に向かって人類を連れていく」ことを認めている。[6] それに、すぐ前方には、人間が選択する現実のどれをもシミュレートする機械に、神経科学とコンピュータが接合して引き起こす意識の変容が待っているのである。われわれの精神生活が安っぽい、まったくの空想に支配されたとき、経験の質（あるいは動機）にどんなことが起こるのだろうか。いずれの場合でも、変形されていない自然は変形された自然と比べると消滅しかけている。この死にかけている自然とは、愚図で役立たずで欠陥だらけで配列し直しにくいもの、動きが鈍くて、そのうえそう簡単には大量扶養および利益へ転換できないしろものである。

この変形努力のひとつひとつの背後には、失敗に耐えて結果を追求し、結末がどうなれ自然と生きていると思われる人間に対する軽蔑が、また変更を加えていない生命と自然とに対する露骨な軽蔑が見え隠れしている。この軽蔑は、「基本線」「進歩」「需要」「原価と利益」「経済成長」「仕事」「現実主義」「調査」「知識」というような定義も調査もしていない、人を煙に巻く言葉で変装されている。こうしたことがすべてプラスの結果になると心底から信じている人など皆無に近いのではないか、とわたしは思う。ところが、大半の人々は、とても避けられないと思えることを停止する力もないし、言いにくいことを利己心の言葉で話すこともできないと感じている。

バイオフォービアは自然制御の衝動に明らかになっており、この衝動がバイオフォービアへと容易に傾いていく世界を具体的に生み出してきた。漠然としたままの自然は埋立て地、廃棄場、露天掘鉱山、荒廃都市、六車線高速道路、スプロール化した郊外、汚染河川、大型資金建設用地にとって代わられていく。これらはすべて、われわれが嫌悪感を向けるべき対象である。オゾン層破壊は白内障と皮膚ガンが増加することを意味するから、外出しないことの口実を強めている。毒物や放射能の拡散は死の増加を意味する。自然のサイクルの破壊と外来種の持ち込みは、それまでわれわれの景観を美しく飾っていた自然の多様性を少し破壊した。アメリカに持ち込まれたベト病と害虫はチェスナットとエルムを破壊した。メイプル、ドッグウッド、ヘムロック、アッシュの新種が、在来種に影響を及ぼしている。地球全体の温暖化は見慣れた土地の動植物を劣化させるだろう。[7] バイオフォービアは人間に、自然の統合、美、調和を掘り崩す行動をとらせる悪循環の傾向を始動させる——自然嫌いの人間が、今まで以上に自然嫌いを信じる根拠を与える状況を生み出すのである。

まったくその通りだとしたなら、ウッディ・アレンのほか誰であれ、自然を好まないことはよろしいことなのか。バイオフォービアは人間が自然ともつ関係としては他の数ある等しく正当な方法のひとつにすぎないのか。わたしはそうは思わない。人は自然を保存、世話、愛して、バイオフォーブ（生物恐怖者）もバイオフィーリアック（生物愛好者）も等しく扶養する仕事をし、バイオフォーブ全員のためにそれだけ余計な仕事をやらなければならない。この問題は経済学では「ただ乗り問題」と言われる。どの集団、共同体あるいは連盟でも、一メンバーとして利益産出に必要な仕事はなにもしないのに、その全利益に与れる者がいる場合に生ずる問題である。環境保全ただ乗り人間は清浄な空気、浄水、人間を支える生物多様性の保護、そして食物源である大地の保存のために奮闘している他人の善意のおかげで、きれいな空気を吸い、きれいな水を飲み、自然環境に支えられ、食事をする、という利益を得ているのである。ところが彼らは指一本あげない。バイオフォービアは許せない態度なのだ。なぜなら、地球または、どんな局所的な場所であっても、それを守る仕事に公平に寄与していないのだから。

人間嫌いや反社会性が認められないのと同じ理由で、バイオフォービアは認められない。これらの異常は歪んでいた子供時代が愛情のない、暴力的になりやすい大人を生み出してくる結果、とわれわれは認識している。どのような形のバイオフォービアも人生の経験と喜びの幅を縮めるのであり、これは親密で愛情ある関係を作れないために人間生活に限界を設けることと同じなのである。E・O・ウィルソンはこの点をこう表現している——

ひとは、動植物を大部分剝ぎ取られた環境でも、表向きは常態を装って成育できる。それは、実験室の檻のなかで、顔つきが並みのサルを育成できたり、飼育小屋で肥えた家畜を飼養できるのと同じことである。この人たちは、幸せか、と聞かれたらたぶん、幸せだ、と答えるだろう。けれども、なにか大切なものが決定的に欠けているだろう。想像可能な、また想像可能であったろう知識と快楽が欠けている。それだけではなく、人間特有の装置が具わっている脳で受け取れる広範囲の経験も欠けているのであろう。(8)

動物、樹木、地形、山岳、河川から遠ざかっている社会全体にも同じことが言えるだろうか。集団バイオフォービアは、集団狂気のようなものだろうか。そうだ、とやがて分かる。わたしはそう考えている。

バイオフォービアは支配と搾取の政策を支えているから許容できない。政治が現に機能しているように機能するには、多くの人間が、包装し直したり買い戻したりできないような自然を気に入っては困るのである。彼らは生態に関しては無知、無能でいなくてはならず、しかも、これはやむを得ないどころか望ましいことでもある、と信じなくてはならないのである。さらに、彼らは自分の依存状態を支えるものを知らぬままにいなくてはならない。束縛とは自由であり、不満とは商業的に解決可能な問題である、と見なすようにならなくてはいけない。ジョージ・オーウェル〔一九〇五―五〇『動物農場』で知られるイギリスの作家〕とC・S・ルイス〔一八九八―一九六三『ナルニア国物語』で知られるイギリスの作家〕が数十年まえに予見していたことだが、バイオフォービア社会は今やテクノロジーが自然と人間性との位置を奪って地平に膨れあがり、暴虐になって真の民主主義を敗退させる方向へ漂流していくのである。

利己心が立てている理由はこうである――全世界に仕事を公平に分配し、充実した生活が送れる社会を建設し、民衆が知識を備えて参加できる経済活動を作り出す、これはみんなのためである。人間の利己心ではなく義務に基礎を置く、バイオフォービア反対論もある。最後に、バイオフォービアは地球を人間や動物で補充する古来の責任に反するから許容できない。地球は適切利用の見返りとして人類に信用貸しされているのである。適切利用には感謝、謙譲、慈愛、技術が求められる。不適切利用は忘恩と侮蔑から起こり、強欲、虐待、暴力へと向かう。われわれは財産管理人としての義務を放棄すれば、その信用も裏切ることができる。財産管理人の義務を放棄できれば、先祖と子孫に対するもうひとつの信用も裏切るはずである。

確かにバイオフォービアは説明しきれないくらい複雑である。人はバイオフォービア的でありながらシエラクラブ〔一八九二年創立のアメリカの自然環境保護団体〕の正規会員でもいられる。自然を嫌っていても自然を抽象的に考えて、自然の観念を「気に入る」ことはできる。さらに、バイオフィーリアの言葉遣いをしたり、外見を装っていながら、知ってか知らずか、地球に多大な危害を加えることだってできる。言い換えれば、われわれは矛盾したり、偽善的であったり、自分がすることに無知でいたりすることもできるのである。

しかし、生物と自然に対して、われわれは中立的または「客観的」でいられるだろうか。そんな態度でいられるとは、わたしは思わない。詳しく調べてみると、よく中立的で通っているものは実は中立ではなくて、経済と職業との面で多くを得るひとたちが、ちょっと変装をこらした利己心なのである。エイブラム・マスロウの言葉を借りるなら、客観性の衣裳をまとっていると思っている人にとって、この変装は「謙譲、敬意、神秘、驚異、畏怖の感情の氾濫に対する防衛」[9]になっていることが多い。生物がかきたてるのは無関心ではなく熱情であるはずだ。生物が危機に瀕していれば、われわれは現場に立ち尽くすはずであり、そこから退却するはずはない。さらに、なにかに関わってしまうと明晰にものを考えたり、証拠を正確に用いる能力があらかじめ排除されてしまう、と仮定するのは間違いである。現実には、関わるとそれが契機になって知性は明晰になって統合と深みが与えられる。この点は、他の領域でもまったくよく理解できる。われわれは切羽詰まった場合には、患者の生死に中立の姿勢をとると認めている医者のもとに駆けつけることはない。また、身の危険が迫っている場合は、正義と不正義に対して「客観的」中立性を認める弁護士のもとに出向きはしない。地上環境と生物の問題の場合はそれとは少し話が違う、と考えるとしたら、それは間違っている。少しも違いはない。それに、こうした問題で孤高の態度をとったり、無関心を装ったりすれば、必ずや世界を悪魔どもに明け渡すことになるのだ。

バイオフィーリアの起源

人間が周囲の環境と関係をもつ方法および程度は多種多様であり、こうした絆の起源も多種多様にある。最も一般的なレベルでは、われわれは慣れ親しんできたものを愛するようになる。自由の身であるより囚われの身である方を好む者がいる。都会にはウッディ・アレンのように地方の風景や荒野を避ける市民がいるし、地方には都会に足を踏み入れようとしない人がいる。簡単に言うと、われわれは熟知しているものと絆を結ぶ傾向にある。地理学者イーフー・トゥアンの説明では、この絆を結ぶ行為は「トポフィーリア」と言われる。ここには「人間と物質環境との感情的結びつきのすべて」[10]が含まれる。トポフィーリアはわれわれの深層心理よりも特定の環境および経験に根ざしている。それは、ある場所に生息する生物や地形とに純粋に根ざした状態というより、日常生活で慣れ親しんでいる環境から形成される生息環境意識に近いものである。それは生得のものではなく獲得されるものである。おそらくニューヨーク市民の方がモンタナ〔アメリカ北西部の州〕住民よりもトポフィーリア意識が強いだろう。しかしモンタナの人達の方が空、山、そしてマスが生息する川に類縁感を強く感じそうだ。とはいえ、いずれの住民も習慣的に慣れ親しんでいるものに落ち着きを覚える傾向にある。

E・O・ウィルソンは、この愛着の源泉のさらに深いものは生息環境の特殊性を超えたところにあるのではないか、と示唆している。「人間は他生物から離れては基本の意味をほとんど見出せない生物種」であある、と彼は論じている。[11]われわれは生あるものたちと、ウィルソン言うところの関係をもちたいという生得の衝動にしたがって、生あるものたちに結びつけられている。これは幼少期の初めに始まり、やがて文化と社会の型のなかに「流れ込んでいく」。バイオフィーリアは脳そのものに刻印されており、何万年にも及ぶ進化の経験を発現させる、とウィルソンは言う。このことは、精神が進化した場所であるサヴァンナ地帯の複製になっている地形をわれわれが好む事実に明らかになっている――「統計によれば、完全な自由選択が許されるなら、ひとはサヴァンナ的環境に魅かれる[12]」。完全に人工の、「美と神秘」を剝がされた環境に移されると、精神は「より単純な、より粗末な地形配置へ漂流していき[13]」、正気そのものを徐々に衰弱させることだろう。それでも、バイオフィーリアが、「太古の生物起源」にあったと思われる、ウィルソンが説明する「人類がもっている大胆な破壊的性向[14]」に対抗するのである。「脳が数百万年の時を経て組み立てられてきた」世界を、この破壊性向に自由に破壊できるようにさせると、それは「危険な一歩[15]」である、とウィルソンは論じている。

けれども、もうひとつの可能性もある。つまり機敏になり成熟したレベルで、われわれは自然界に対して、本能による条件づけから独立して畏怖の念で反応する。「もし生命を深く調べてみれば、突然その深さに摑まれて目が眩むだろう[16]」とアルバート・シュヴァイツァー〔一八七五―一九六五　フランス生まれのドイツ系のプロテスタント神学者、哲学者、医者〕は記している。彼の説明では、この反応は生命そのものの測り知れぬ謎を自覚したことから生ずる「生命への畏敬」である。（シュヴァイツァーが用いた〈畏敬〉を表わすドイツ語 *Ehrfurcht* には英語の *reverence*〔崇敬〕の意味が含まれている[17]。）生命への畏敬はレイチェル・カーソン〔一九〇七―六四　アメリカの環境論者、作家。『沈黙の春』で殺虫剤が野生生物に及ぼす影響を告発した〕が「驚異感」で意味したものに似ている、とわたしは思う。だが、シュヴァイツァーの場合の生命畏敬は知性で世界を熟視するところから湧き出た可能性がかなり高い――「人間に、自分の生命の謎を、また、自分と世界を満たしている生命とを結びつける節目を、いちど考えさせよう。そうすれば、人間は自分自身の生命と自分の手の届く範囲にやってくる生物とに、〈生命畏敬〉の原理を関係づけざるをえなくなる」[18]。シュヴァイツァーは、近代世界に目撃した衰退から文明を復活させられる基盤は生命畏敬だけである、と見なしていた。彼はこう記している——「われわれは、世界と生命とを肯定する宇宙論に到達するために、一致努力しなくてはいけない[19]」。

この知的努力に援助を与えるものはわれわれ固有の内面にすでにあって、それは他の生物にも明らかにあるであろう、と信じるだけの根拠はある。チャールズ・ダーウィンに劣らぬ権威をもつ人が「すべての動物は驚異を感ずる[20]」と信じた。霊長類学者ハロルド・バウエルは、タンザニアのゴンベ森林保護地の荘厳な滝のそばで、チンパンジーが黙想に浸っているのを観察したことがある。黙想は、ついに「あえぐような叫び声」に変わり、その間チンパンジーは木を次々と拳で叩いて走り回った[21]。この行動の意味は誰にもはっきりとは分からないが、これはチンパンジー流の畏怖と陶酔の表現であると見てもこじつけではない。ジェーン・グドールその他の人たちも、これに類似の行動を記述している。バイオフィーリアと畏怖を受け入れられるのは人間だけだと信じて、こうした説明を見捨てるとしたら、それは人間中心主義の最悪の態度だろう。たぶん事実としては、他の生物よりも人間の方がその力にもっと熱心に働きかけなくてはいけないだろう。たとえばジョセフ・ウッド・クラッチは、鳥類その他の生物の場合「人間の場合よりも喜びは重要であり、また、それに近づきやすいと思われる[22]」と信じたひとりである。そして、かなり多くの哲学者がアブラハム・ヘシェルに賛同して、「文明が進むとほぼ必然的に驚異感は衰えていく[23]」と信じてきた。

テクノロジーを完備した現代人は自然に対する生来の類縁感を今も保持しているだろうか。保持している、とわたしは思うが、懐疑論者を満足させる証拠を知らない。かりにその種の生得の感覚を具えているとしても、それでも、これまで人間が世界に被らせてきた損害を考えると、バイオフィーリアは、いつでも、どこでも働くわけではない、と結論してよいだろう。おそらく、かつてエリッヒ・フロムが論じたように、バイオフィーリアは破滅するか損壊された結果、もっと破壊的な別の形をとって現われてくることはありうるだろう――

破壊性はバイオフィーリアと平行関係にあるのではなく、それに取って代わる関係にある。生の愛か死の愛か、これは全人間が直面する基本的な二者択一である。バイオフィーリアの成長が妨げられるとネクロフィーリア［死の愛］が育つ。生物としての人間はバイオフィーリアを受け入れる能力を授かっているのだが、それに代わる解決策として心理的にはネクロフィーリアへ向かう潜在力をもっている。[24]

人間がバイオフィーリア感を失う事態が起こる、と強く思う根拠もある。ダーウィンは、自伝のなかで「美しい風景を見ても……以前のわたしに起こった無上の喜びが、もう湧かない[25]」と認めている。どのような種類の愛であるにしても、社会全体が愛の力を失う事態は起こりうる。北ウガンダのイク族は先祖伝来の狩猟地から小さな保護地へ強制移住させられたが、その時点で彼らの世界は、コリン・ターンブルの表現を借りると、「残虐と敵愾心の世界に変わって」しまい、彼らは「かつては山岳世界に対して抱いていたろう愛をすっかり失ってしまった[26]」。イク族がかつては感じていたろうバイオフィーリアは、倦怠感と周囲の世界への「不機嫌な不信」へ変容し、これは、ターンブルが説明する愛が完全不在の残虐であり、軽蔑すべき社会関係でバランスがとられていた。イク族の例はわれわれに赤裸々に警告している――生物との結合も、相互の結合も、われわれが考えている以上に危ういものであり、一度分解してしまうと修復は容易ではないし、おそらくまったく不可能だろう。

バイオフィーリアとフィーリアの危うさの多くの証拠は二〇世紀の歴史がさらに与えてくれる。現代は前例を見ない人間および自然に対する暴力の時代である。アウシュヴィッツと種の大量絶滅の世紀であり、核兵器と経済の爆発的成長の時代である。人間が自然に対して抱く類縁感または愛情が残っている証拠は見出せない。そうではあるとしても、人類は利他主義と無私欲を学ばなくてはならない、という逆説的立場に今いる――しかし、利己心の理由である生き残りの理由からである。スティーヴン・ジェイ・グールドに言わせれば、「われわれは、自分と自然との情緒的絆も結ばなければ、種と環境を救う闘いには勝てない――というのは、われわれは自分が愛していないものを救うためには闘わないから」[27]。そして、種と環境を救わなければ自分自身も救えない。おそらく、人間はさまざまな点で、自分ではわからないほど種と環境に依存しているだろうから。言い換えれば、われわれにはバイオフィーリアを育てる「全く良識的な理由」があるということだ[28]。

危険にさらされているのは、われわれの肉体の生き残りのほかにも多くある。生態系を危機へ押しやるファウスト的衝動力〔力、知識と交換に魂を悪魔に売り渡す〕そのものも、人間性の本質にある感情および精神の特質を蝕んでいる。この点を、バートランド・ラッセル〔一八七二―一九七〇 イギリスの哲学者〕はこう言い表わした――

　われわれが世界の技術者として世界を征服できるのは、世界を愛する者として世界を見棄てる限りでしかない。だが、この魂の分裂は人間のうちに宿る最高のものには致命的である……技術としての科学が授ける力を得るには、サタン信仰に似た力、つまり愛を放棄するだけである……科学が純粋にこの形態をとった社会は……真理の追究、愛、芸術、自発的喜び、そして、人間がこれまで大切にしてきたどの理想とも適合できない[29]。

要するに、生態系の危機が語っているのは、人間であることの意味である。そして、もし人間の知能の源泉は自然の多様性にあるとしたら、今日のテクノロジーと経済とに内在する組織的な自然破壊は、精神の根源そのものへの挑戦になる。生物の多様性を欠く月世界では人間の知能は進化できなかったろう、と信じる根拠がある。また、神の創造への畏怖の念は言語の起源、すなち初期のヒトが初めて話し、歌い、詩を書きたく思った動機に大きく関わっていた、と信じる根拠もある。流水、風、樹木、雲、雨、霧、山脈、地形、動物、移り変わる四季、夜空、そして生命循環の神秘、こうした基本の自然現象が思考と言語を誕生させたのである。それらの現象は、今でも思考と言語を誕生させているが、かつての豊かさはおそらく失われているだろう。こういうわけで、自然の多様性を分解すれば人間の知能を掘り崩すことになりうるのである。

われわれが解き放った暴力からこの世界と人間の自己のようなものを救うことを、バイオフィーリアと創造に対する畏敬の念も抱かずにしてできるだろうか。それでも、テクノロジー原理主義者や道具主義合理性の盲信家たちはあれこれ議論しているが、世界を救える十分な証拠をわたしは知らない。ジョセフ・ウッド・クラッチの言葉を借りれば、「自然界ともっと親密な関係に向かう文明を望むのか、それとも……もともと、われわれがその一部であった生物共同体への依存と共感とのいずれからも離れて、孤立した文明を望むのか」[30]。このことを申命記の作者は正しく理解していた。たとえ、われわれがどう感じようと、いかに巧妙に哲学しようと、生得のどの力がわれわれを引くのであれ、最終的には、われわれは生か死の選択をせざるをえない。つまり親交か、それとも孤立か。

エロスからアガペーへ

この地球の「環境を破壊せずに維持して」生きるとは、どういう意味かをめぐって、現在われわれはグローバルな規模の大議論に関わっている。しかし、「環境を破壊せずに維持する」という表現は、不明瞭さを孕んでいる——その原因の大半は、われわれは自然との親密な関係を望んでいるのか、それとも自然の完全支配かを決めずに、この表現を定義しようとするところにある。環境を破壊せずに維持したいものとはなにか、また、それをどのように維持していこうと提案しているのか。この二点を決めておかなければ、「環境を破壊せずに維持する」とはどういうことかを知ることはできない。環境を破壊せずに維持するということは、ある部分の人たちには現在の自然を支配する方法を維持して、その効率を高めることとしか意味しない。だが、クラッチとその仲間たちに賛同し、自然との親密な関係を望む立場から自然を人間の基準として認めるならば、破壊のない維持はどういう意味になるだろうか。バイオフィーリアからバイオフォービアまでの連続線上で、自然との親和か自然の支配かの選択をしなければならないのだが、一方から他方への移行がいつ起こったかを知る方法はあるだろうか。この選択は必ずしもそう易しくはないし、そうあからさまに提示されるものでもない。最高に破壊的な場合でも、任意の選択は生命への奉仕か、未来のさらに大きな善の必要か、それとも「進歩は止められない」がための単なる必然かのいずれかの枠に収まるだろう。では、生命により奉仕する選択と生命を縮める選択とをどのように区別できるだろうか。

バイオフィーリアは一種の愛であるが、それはどのような種類のものであるか。ギリシア人は愛を三種類に区別した――エロス、すなわち所有を目的とする美の愛または情熱の愛、アガペー、すなわち見返りを求めない献身的愛、そして、フィーリアすなわち友人同士の愛。初めの二つはバイオフィーリアの重要な局面を明らかにしている。というのは、おそらくバイオフィーリアの始まりはエロスであろうが、それは成長していくとアガペーの形をとるからである。ギリシア人のエロスの場合には、感覚的な愛を超え、高等動物が生まれつき具えている、自然を理解、評価し、それと親交を結ぶ必要と、生物に欠かせぬ食物、保温、および避難所の必要とが含まれている。[31] だが、エロスはこうした自己充足を超える高度の愛には向かわない。バイオフィーリアは生得の衝動力であると定義すれば、それはエロスである。つまり、生存の関心を初めとする人間の欲求と自己利益を映している。

ところが、バイオフィーリアをエロスと見なすと逆説の罠にはまってしまう。スーザン・ブラットンの言葉を借りるなら、「人間の自然愛は、もしアガペーが存在しなければ抑制のきかないエロスに支配されて、極端な利己心と物質重視へと歪められるだろう[32]」。人間は利己心のみから愛する対象をいずれは破壊することになるだろう。人間の自然利用を抑制する力がアガペーなのだから、「神の摂理を恭しく受容し、飽くことを知らぬ欲求から、自分で維持できない多量のものを生物から引き出すことはしない[33]」。アガペーはエロスを拡げて、人間と生物を一体にまとめるから、人間は相手に愛をもって奉仕しなければ、人間も愛せなければ自然も愛せない。この意味で、アガペーはシュヴァイツァーの言う「生命への畏敬」に近い。この「畏敬」の念が利己心の最高に賢明な計算をも超越するように人間に呼びかける。自然への敬意も同じようにはいかないだろうか。いかないと、わたしは思う。人間に種や環境を救うために多くの仕事をさせるには、自然への敬意はあまりにも生気がなく、あまりにも冷静であり、あまりにも超然としすぎている。わたしはスティーヴン・ジェイ・グールドに賛同し、人間はさらに深くに達しなければいけない、という考えに傾いている。

では——エロスが、アガペーへどのように変容するかを初めとして——さらに、深い動機づけの源泉についてなにが分かるか、また、そのことから、バイオフィーリアのなにが明らかになるか。分かっていることは以下の八点である。

一 それがどんなものであれ、愛する能力は幼少の早期に子供の生活および想像力のなかで芽生える。かつて、ロバート・コールズは、バイオフィーリアが能力を発揮し始めるのは、新生児が出生して自然内で占める場へ導かれる時点だろう、と推論した。[34] もしそうだとしたら、出産の様態および環境は一般に考えられている以上に重要になる。幼児が地球との親密さを確立する努力には、明らかにバイオフィーリアが現われていることは確かである——たとえばジェーン・グドールは二歳ころ、枕の下にミミズを置いて眠ったし、[35] ジョン・ミュア[36]は少年時代を過ごしたウイスコンシン州の家々を取り囲む「素晴らしい荒野を満喫して」過ごした。ところが、幼少のある時期までに冒険と優しい刺激の場としての自然体験をもたなかった場合、バイオフィーリアは確立できるはずだったのに確立できないことになるだろう。この機会を逸してしまうと、その後の精神は知覚と想像のある臨界範囲を欠くことになるだろう。

二 バイオフィーリアには、それが根を張って育てる、容易に、安全に近付くことができる場所が必要である。わたしは、そう思う。アルドー・レオポルドのバイオフィーリアの起源はミシシッピー川ぞいの沼沢地と森林とにあった。少年E・O・(「スネーク」)ウィルソンの場合は、幼いころに「落ち着いて精神を集中する習慣を[37](形成し)……ゆったりとした気持ちで森林と沼地」を探検した経験からバイオフィーリアが生まれた。このような場所を喪失したことは、経済成長および都会のスプロール現象のために払った無数の代償のひとつである。このことは、スプロール現象を抑制して都市部に公園や保養地帯を拡張する必要を説く強力な論証にもなっている。

三　バイオフィーリアは、愛する能力と同じく、両親、祖父母、教師、その他の親切な大人たちの援助と積極的参加とを必要としている。レイチェル・カーソンが幼い甥との関わりから出発して到達した結論とは、子供の驚異感が発達するためには、「その子につきあって、その感覚を共有し、今、生きている世界の喜び、刺激、神秘をともに再発見できる大人が少なくともひとり」いなければならない、ということだ。[38]子供の場合には、バイオフィーリア感は、彼らを世話をしてくれる大人の教示、手本、評価を必要としている。また、大人の場合は、再び驚異感を目覚ませるためには子供が自然の驚異に見せる興奮と開放性が必要だろう。

四　愛もバイオフィーリアも、たいていは善意の共同体で開花する、と信じる根拠は十分ある。この共同体とは必ずしも豊潤な場所を意味しない。実際に、豊潤さが現実の共同体に対して暴力や赤貧に劣らず反作用をすることはよくある。わたしが言う共同体とは、人間間の絆と人間‐自然界の絆とが結ばれた状態、すなわち責任と相互必要の型を生み出す場所である。真の共同体は威厳、能力、参加意識そして善が働く機会を育てる。また、善意の共同体は、子供たちの想像力と地球感受の力とが根を張り、育つ場所を提供する。

五　わたしが、確かな筋から聞いたところでは、愛とは、忍耐強く、優しく、持続し、希望に溢れ、絶えず苦労し、真実が伴うものであり、嫉妬したり、自慢したり、言い張ったり、傲慢で、無作法で、自己中心的で、癇癪持ちで、愚痴っぽいものではない（一「コリント書」一三）。バイオフィーリアが働くにはこれに似た特質をもっていなくてはならない、とわたしは考える。たとえば神学者ジェイムズ・ナッシュは、愛の六次元生態を提案している――（1）慈愛（たとえば野生動物に対する優しさ）、

（2）他者の尊厳、すなわち生物相を所有または管理する考えの否定、（3）自然の受容（たとえば畏怖）、（4）謙譲、すなわちテクノロジー利用における慎重さ、（5）生態および自然の働きに関する知識、そして（6）人類と自然の「調和、融和、共通感、平和」としての親交。[39] 真の愛は一か八かの行動はとらないし、取り返しのつかない行動も起こさない、とだけ付言しておこう。

六　複雑度が一定の範囲および段階を越えると、どんな愛が秘めている力も減衰する。確かにそうである、とわれわれは知っている。そう、わたしは思う。度を過ぎて混雑した居住地で貧困にあえぐ生活を送る人間に、慈愛、畏怖、調和、親交が生まれる可能性は少しもない。地上に一〇〇億ないし一二〇億の人間が生きていたら、たとえへたであっても、自然を管理する努力をするほかないだろう。人間は、特に自暴自棄になったり飢餓状態にあると、危険なテクノロジーに対して慎重でなくなるだろう。また、大規模かつ複雑なグローバル・ネットワーク全体で、食糧その他のものを供給される裕福な人間は、自分が一度も目にしたことがない遠隔地で引き起こされている損害を理解しないし、自分が決して知ることもない人間に加えられる危害も理解しないだろう。知識の届く範囲にはそれ自体で限りがある。われわれにはまったく理解できない世界でテクノロジーが利用されると、その影響が規模および複雑度で一定段階を越えると絶対に理解できなくなる。化学者が、あれほど気楽にも不注意にもCFC〔クロロフルオロカーボン四塩化炭素〕を製造、配置した事態に比肩しうる損害を、遺伝子技術者やナノテクノロジー学者がついに地球に引き起こしてしまったとしたら、彼らは自分がしていることをよく知らなかった、ということを口実にして許しを乞うことだろう。

七　かつて、エリッヒ・フロムが述べたように、ひとつの術である愛の実践に必要なものは「生涯のあらゆる局面における規律、集中、忍耐」であることを理解すべきだ。[40] これと同じように、バイオフィーリアの術には、規律、集中力、忍耐力も具えた能力を用いた世界利用が求められる。生活の糧を得るとは、ウェンデル・ベリーの言葉を借りれば、「日々、身体を擦り減らし、創造の血を流す」必要があるという意味だ。われわれのなすべき選択は、生活の糧を得るのに「知識、愛、術、敬意をもってするか……（それとも）無知、強欲、未熟、破壊をもってするか」[41]のいずれかである。どんな術もその実践には自制も求められるのであり、このことは、愛の対象を縮めることにノーと言えるか、あるいは巧みな術をもって働きかけるかを意味する。そして、自制は他者からの搾取を制限するという理由からも、われわれの自然利用に制限を設けるのである。

八　最後に、愛がエロスからアガペーに成長するために必要なのは一種の心境の変化――個人の全存在の変容――である。心境の変化はパラダイムの変化以上のものである。これは、とりわけ誠実、情愛、基本性格に起こる変化であり、これが、その後に知的優先事項とパラダイムとを変化させるのである。社会全体で見れば、バイオフィーリアがアガペーとなって出現するには、生命への誠実と情愛とを深め、やがて文明全体の性格をも変える心境の変化のようなものが求められるだろう。

バイオフィーリア革命

E・O・ウィルソンは「人間が生命を救うに足る生命愛をもつということは起こりうるか」と問う。[42]また、もし生命を救うに足る生命愛をもてるとしたら、人間に求められるものはなにか。あるレベルでは答えは明白である。地上の財産、すなわち陸地、鉱物、水、空気、野生生物、そして燃料の利用法を変える必要がある。つまり、これはしばらく時間が猶予される能率革命である。能率の発想を超越して慎ましく生きるとはどういうことか、また現実的に見ると、慎ましい生活に必要なものはいかにわずかであるか。この二点について考えを改めるには、もうひとつの革命、すなわち充足革命が必要である。第一の革命は大部分テクノロジーおよび経済に関係している。第二の革命は道徳および人間の目的に関係している。バイオフィーリア革命は、人間が能率と充足した生き方のいずれをも求めたければ具えておかなくてはならない生命への畏敬と純粋に理性的な計算との連結に関係している。それはまた、地上および生命共同体で自分の住む適所の発見に関係している。市民権、責任、義務そして称賛とも関係している。

行く手には恐るべき障壁が二つ立ちはだかっている。第一は否定の問題である。われわれは自分で生み出した大きな罠をまだ直視していない。この危機はテクノロジーと資力とで当然解決できる一連の問題である、と今でも考えている。ところが実際には、われわれが直面している罠は、英知と前例のない高水準の包括的レベルの理性とを働かせなければ解決できない一連のジレンマなのである。テクノロジーの進歩が助力を与えることは確かだろうが、今直面している危機は、基本的にはテクノロジー面での危機ではなく、知性、意思そして精神の危機なのである。以下にあげる失敗を認めることに基づけられる世界中の生態のペレストロイカのような方策によって上述の否定に向かう必要がある。つまり、経済は生命との連結を喪失し、政治は地上連合体の道徳の根源を見失い、科学は事物の本質である全体性を見失い、道徳存在としての人間は心の深さも豊かな知性も十分な愛ももたなかったがために、こうした事態の発生を許してしまった。バイオフィーリア革命が生態啓蒙運動として起こり、人間には地球管理も進化の方向づけもできる知識と力がある、という現代の迷信を一掃しなくてはならない。

バイオフィーリア革命を妨げる第二の障壁は想像力のそれである。バイオフィーリア本位の世界像を描き、これは創造できると信じることと比べると、あの否定の克服の方がおそらく容易だろう。今日、「地球は、重大な難局に差しかかっているか」という命題に関しては、世界中で即座に圧倒的規模の同意が得られるだろう。だが、この難局になにをしたらよいかに関しては漠然とした意見の一致にすら至っていない。精神は未来に向かい合うとうろたえる傾向にある。だから、大鉈をふるって未来を形造ろうと提案しながら、自分の苦境はレーザーの精確さで診断できるのである。虚構のユートピアはまったく魅力がないし、説得力にも欠けており、このことにはほぼ例外はない。また、右、左のいずれの陣営でも、ユートピア創造の努力は大失敗に終わり、最高の価値観に調和した世界を形成する人間の能力に対する深い失意の念が残った。そして、今環境を破壊せずに維持できて、公正、平和である世界の創造を口にする人たちがいる。では、どうしたらよいのか。

　未来を直視する場合に人間が抱える困難のひとつにユートピアを考える規模が大きすぎることがある。事物を全社会的規模で総合的に考えることは、われわれにはあまり得意でないし、ましてや、地球規模では言うまでもない。かといって、単純化しすぎた公式を押し付けて自然と文化の多様性を踏みにじることなく、ユートピアが解決することになっている問題を解決するのもあまり得意ではない。ある種のアナーキスト的変種は例外として、ユートピア思想と均質化とはほぼ同義である。この問題のもう一面は、現代精神は劇的なもの、興奮、性的刺激をほしがるところにある――このことから、われわれが知る環境を破壊せずに維持できる社会に最も近い例としてアンマン派〔プロテスタントの再洗礼派に属すメノー派のなかで厳格な教義をもつ小会派〕が論じられるが、この社会を題材にしたベストセラー小説があまり書かれない理由が説明できる。われわれが最も大切にしてきた支配の幻想を少し棄てるが、意味と多様の必要をどのようにして満たせるか。「知性重視、誠実、情愛、そして信念の面での変化」をどのように起こせるか。この変化が起こらなければ、他の一切は疑わしくなる。[43] 革命というと、われわれは衝動的に、まずは政治、経済、あるいはテクノロジーの一大変革のようなものを考えてしまう。要するに、自分の苦悩の種をいち速く片付ける方法を考えてしまう。ところが実は、この苦悩の種は身近なところにあるのだから、わたしの提案は、身近なところから始めよう、というものである。

幼少期の復活

わたしの話は、バイオフィーリアをひとつの選択として説明することから始まった。ところが実際には、バイオフィーリアは選択の連続であり、第一の選択は幼少期の行動および子供の想像力が定住地に織り込まれる様態に関係している。実務的な言い方をするなら、バイオフィーリアの養育には自然な場所をもっと多く設ける必要がある——子供が散策、探検、想像できる秘密と冒険の場所が必要なのである。このことは、都会に公園、緑地帯、農場、川辺の遊歩道を増設し、どこの土地も賢明に利用し、学校や校庭が自然の組成や機能の代用になるように再設計し、子供が在校中に自然と接触する機会を増やすことを意味する。だが、それは、自然を保護または復元した場所で子供たちが監視されずに遊べる時間を増やすことも意味しているのである。

バイオフィーリアが根づくためには、子供たちを真剣に受け入れて、この子たちの自然な幼少期を保存するぐらいの気持ちにならなくてはいけない。それなのに、幼少期の生活内容を粗末にし、その期間も縮めており、そうなる理由は社会病理学の履修課程のように聞こえる。つまり、家庭崩壊や愛情不在の結婚、家庭内暴力、アルコール、薬物、銃の乱用、生活物質の氾濫、テレビの長時間放送、無為に過ごす時間、甘やかす態度、親権義務不履行、祖父母との接触機会の減少、という原因が説明され、いずれも度を越しているのである。子供たちはあまりにも性急に成人期へとせきたてられる結果、親になる準備もできていない子供っぽい大人になってしまい、この循環は反復するのである。子供たちにバイオフィーリアが根づけるような幼少期を与えてやらなければ、環境を破壊せずに維持できる新しい王国には入れないだろう。

土地感覚の復活

地球を愛せるか愛せないかは分からないとしても、自分の目で見て、手で触れて、鼻で嗅いで経験する土地は愛せる、とわたしは知っている。そして、シモーヌ・ヴェイユ〔一九〇四―四三 フランスの女流思想家。キリスト教神秘思想により、根づきを説いた〕に賛意を表わし、土地への根づきが「人間の魂が必要とする最重要のことであるのに、最も認識されていないことである[44]」とわたしは強く思う。われわれが深く根づける土地を作り出せなければ、バイオフィーリア奨励を試みたとしても、たいしたものにはならないだろう。だから、われわれが固めなくてはいけない第二の決意とは、自分の土地を再発見して居住し、食物、生活、活力、治癒、休養、称賛の根源を見出す意思に関わっているのである。

これを「生地域主義」、または「我が土地定住化」と呼ぼう。いずれの呼び方をしても、その意味するところは、かつてジャケッタ・ホークスが「土地に花咲けと（説得する）忍耐強い、そして技巧を強める求愛[45]」であると説明した、さまざまな術を学習し直す決意を固めるということである。家庭農場、地方村落、町、共同体、そして都市近隣の再建を意味している。地域文化およびバイオフィーリアが初めに根づく各地域と人間との結び付きを復活させることを意味している。経済と生活がさまざまな模様を織りなす布に地域の生態系を再び織り込み、他方では、自動車利用と商業文化との結び付きを減らすことを意味している。減速する決意を固めることを意味している——したがって、自転車用道路、庭園、太陽熱集積器の増設を意味している。わが土地の自然史の再発見と復元を意味している。そして、かつてゲーリー・スナイダーが述べたように、わが土地を発見して耕す[46]、ということを意味しているのである。

教育とバイオフィーリア

バイオフィーリアを受容する能力は、最高目標が社会的上昇力を高めることになっている教育によって今も押し潰されうる——この上昇力は人生の軌道とその起源とをできるだけ引き離すことを意味するようになった。自分の子孫が「世界の労働力」として競争する能力の有無についての悩みは、以前と比べるとずっと減ったから、子孫たちが地上環境を破壊せずに維持する生き方を理解する力の有無の方を心配すべきである。そこで、わたしの第三の提案は、教育形態を再編成し、生得のバイオフィーリアと生命を真剣に受けとめる世界に必要である分析能力と実践技術とを育てる意思を求めることになる。

かつてルイス・マンフォード〔一八九五—一九九〇　アメリカの社会批評家、作家。テクノロジーの非人間化を告発し、人道的、道徳的価値への回帰を訴えた〕は、「根本的に修正した研究方法の支柱」として、地域共同体および宗教とを提案した[47]。また、地域研究は教育基盤をそれぞれの土地の個別性に求め、それぞれ現地の土壌、風土、植物、歴史、経済そして社会の実地調査を初めとする「地域実地調査」と調和した諸学を統合することになる。この方法は、マンフォードの描像では、「共通の全体——地域とその諸活動、住民、相対的配置そして全生活」から始める「知識への有機的アプローチ」になっていた[48]。その狙いは「市民を教育し、行動手段を授ける」ことにあり、また「自分が生活している土地とその地形、文学と言語、土地慣習に対する共通に抱いている感情によって……統一された生き方に精通している」人間を育てることにある。[49]

バイオフィーリア革命には地域実地調査に似たものが必要である。生命への畏敬を育成する教育は、戸外や地域共同体との関係から生まれる可能性が高いだろう。この教育は、マンフォードが半世紀前に説明したような、知識面での基本能力を授けるだろう。読み書き能力をもち、地上での人間生活の生物的要件を理解できる力を与えるだけではない。わたしなら「生態系設計術」と呼びたい技術面での基本能力も与えるだろう——この能力を組み立てるのが、知覚および分析の能力、生態系の知恵[50]そして生態と熱力学との法則によって支配された世界に適合するものを作るのに必須な実践手段とである。生態系設計術のカリキュラムは、復原生態学、生態工学、保存生物学、太陽熱設計、環境保存式農業、環境保存式林業、生態経済学、エネルギー論、そして最小費用、最終用途分析の方法とで構成される。

動物との新たな盟約

動物との関係を新たに作り出さなければ、われわれのバイオフィーリア革命は不完全なものになる——バリー・ロペスの言葉を借りるなら、「偏見を乗り越えて、われわれとは異なるが、もともと悪いわけではないすべてのものに、敬意に満ちた眼差しを向ける位置[51]」へ上昇する関係である。われわれに必要なのは、動物園に閉じ込められた動物ではなく、思いのまま自由に生きている動物である。われわれが動物を必要とするのは、われわれ自身と世界について教えてくれるからである。われわれの想像力と正気を保つためには動物が必要なのである。親切な行為について、またゲーリー・スナイダーが言う「野生の礼儀作法[52]」について教えてくれるから動物は必要なのである。人間がアガペーとしてのバイオフィーリアを受容する能力は、借りを返せない生物を包含できなければ「自己中心的で偏向した」ままだろう。[53] また、動物が必要なのだから、動物を再び招き寄せる野生の地形を復元する必要がある。動物との新たな盟約は、動物の権利を法律、慣習、そして日常習慣のなかに定めるために、人間の領土に限界を設ける決意を求める。その第一歩として、ルネ・デカルトから教えられた、動物は苦痛を感じる能力をもたぬ機械にすぎず、これを人間は適切だと見なす方法でどうにでも利用できる、という考えを放棄する必要がある。動物を閉じこめて飼養操作したり、実験利用したりすることを容認し、他方で動物を野生状態で保護するのでは道徳的に意味をなさないし、バイオフィーリアを受容する能力を縮めてしまう。この点で、ポール・シェパードは、動物と野生とを認めるということは、もう一度われわれの意識のより深い層を意識全体の日差しのなかへ入れる決意を下すことだ、と言っている。[54] これは正しい、とわたしは思う。

バイオフィーリアの経済学

バイオフィーリア革命はまた、生物本位を局所的な規模で盛んにさせる一国家規模の決意とグローバルな規模の決意とを求めている。バイオフィーリアは、たとえば集積、速度、興奮、そして消滅へ向かう運命にある経済の需要によって窒息させられる。それなのに、一般的に経済学は経済が愛を、特に言えばバイオフィーリアをどのように奮い立たせるか、それとも挫折させるかについてはあまり書いていない。その結果、愛と生活費の稼ぎ方の関係にあまり考えを向けなかった。

バイオフィーリアを育成するものへ経済を移行させるには、生物相との相対的関係から人間の事業に制限を加える決意を下さなくてはならない。経済学者のなかには、次の半世紀に経済活動は五倍もしくは十倍に拡大する、と自信たっぷりに話すものもいる。ところが、ピーター・ヴィトゥセクとその同僚は、人間は現段階で地上経済系の第一次全生産力の四〇パーセントを利用している、あるいは私用している、と証明した。(55) では、バイオフィーリアが人間の事業に課す制限とはなんであるか。愛に必要な失敗の余裕はどの程度であるか。

また、今出現しかけている、資本、テクノロジー、情報がらくらくと世界中を動き回るグローバル経済で、背後に残された人々と共同体とをどのように保護するのか。今や、資本の権利は金で買える権力全体によって保護されているが、共同体の権利は保護されていない。いずれも前例を見ない程度である。その結果、バイオフィーリアを支える共同体およびその安定をどのように保護するかについて複雑な決断に直面しているのである。

バイオフィーリアと愛国主義

人間をバイオフィーリア育成力を有した文化へ導くのに必要な最終決意は政治的決意である。ところが、政治も経済に負けず劣らず優先権をほかのものに与えている。「国家安全」とか儚い国家的「利益」とかの名目で、われわれの土地も子供たちの将来展望も荒廃させている。最悪レベルに分類できそうな政治が人間の最高の価値観を腐敗させ、個人または党派の利益を追求して職務上また道徳上の義務をいつまでも回避している。「常軌を逸した現実主義者」は、いつの世もこんなものだったから、いつの世もこんなものにちがいない、と言う。これは粗末な歴史と粗末な道徳とを結びあわせた見解だ。

祖国愛につける呼称、すなわち愛国主義を再定義して、そこにわが誕生地の真の健康、美、生態系安定に力を貸す愛も含め、力を貸さない愛は排除することが必要である。バイオフィーリアとしての愛国主義に必要なことは、祖国愛の観念と祖国の賢明な利用法とを再結合する決意である。国民総生産を膨らますために、あるいは短期間の、多くはまやかしの仕事を提供するために、森林、耕地、自然美、野生生物を破壊する。これは愛国主義ではなくて強欲である。

真の愛国主義が求めているのは、実行力があって、忍耐強くて、規律ある土地への愛を政治生活と制度とに織り込むことである。生態系および熱力学の法則は、だいたいは限界に関する法則であり、これらの法則を新しい政治の礎としなければいけない。前チェコ大統領のヴァクラフ・ハベルほどこの発想を明快に表現した人はいない――「われわれは新しい世界から基準を引き出さなくてはいけない……自然の境界とその背後にある神秘を賢者の謙虚さをもって謹んで受け入れ、われわれの能力を明らかに越えている存在秩序にはなにか貴重なものがある、と認めなくてはいけない」[56]。そして、他の箇所ではこう述べている――

真の政治は……われわれの周囲のものに奉仕すること以外にない。つまり共同体に奉仕し、子孫に奉仕する。そのもっとも深い根は道徳にある。なぜなら、それは行動を通じて表われる、全体に対する、全体のための責任であり、また、これは形而上学に足場があるというそれだけの理由で、ひとつの責任なのである。つまり、この責任を育てるものは、すべては他の場所で、すなわち「われわれを超えた」どこかで、わたしが言う「存在の記憶」のなかで、つねに記録、評価されているから、われわれの死ではなにひとつ終わらない、という意識的あるいは潜在意識的な確信である[57]。

ユートピアを超えて

かつてエリッヒ・フロムは、すべて社会は正常であると判定するか、それとも異常であると判定するか、と問いかけた[58]。というのは、二〇世紀には二度にわたる世界大戦、国家支援による大量殺戮、強制労働、マッカーシズム、そして「相互確証破壊」〔米ソが一方から核の先制攻撃を受けても報復攻撃で相手に大打撃を与え得る核戦力を保持していることが核抑止力として働くという考え〕を経験した後に、その問いの答えが肯定になることは疑いがない。また、現在の経済の断絶なき成長の妄念と浮かれ気分の消費とは、神学が誘導した錯乱を証明している、と子孫が見なすこともわたしは疑わない。正気についてのわれわれの考えはたいてい、都会人シグムント・フロイトの考えだったと言える。そして、都会の男性の視点からでは、自然と正気の関係を理解することは難しいし、その関係を感じとることはさらに難しいだろう。フロイトの精神調査はあまりにも早い段階で停止してしまった。もっと先まで進んでいたら、また精神をよく調べる用意があったら、セオドール・ロザクが称する「生態の無意識」を発見したかもしれない[59]。そして、この無意識の抑圧こそ「工業社会の共謀的狂気のもっとも深い根源」なのである。フロイトはバイオフィーリアにも遭遇したかもしれない。もしそうだったら、われわれはもっと確固たる足場に立って個人と集団の正気を理解していただろう。

人間の精神は更新世〔氷河期、人類の出現が特徴である約二〇〇万〜一万年前〕時代の所産であり、今ではほぼ消滅してしまった野生によって形成された。もし自然を完全破壊したならば、われわれは自分を正気の源泉そのものからの分断に成功したことになるだろう。そのとき、世界は人間が製造した物に四方から密閉、封印されて、〈神による創造〉を剝ぎ取られ、そこに自ら幽閉状態に陥って狂乱する精神像が映し出されるだけだろう。

自分と自分の創造物にうつつを抜かしている精神はいったい正常だろうか。ソーロー〔デイヴィッド・一八一七―六二 アメリカの作家。超越論の立場に立ち、ウォールデンで二年にわたり森の生活を送った〕なら、絶対にそうは考えなかっただろうし、われわれもそう考えるはずがない。

もっと十分に、もっと聡明に愛する正気の文明なら、公園をもっと増設してショッピング・モールは減らすだろう。小農場を増大させて企業農業を減少させ、小さな町、いまよりも小さい都市を賑わせ、太陽集熱器を増設して露天掘鉱山を減少させ、自転車用道路を増設して高速道路を減少させ、列車を増便して自動車を減少させ、厳粛なる祝賀を増やして馬鹿な大騒ぎを減らし、財産所有者を増やして大富豪を減らし、読書人口を増やしてテレビ視聴者を減らし、小売店経営者を増やして多国籍企業を減らし、教師を増員して弁護士を減らし、荒野を拡張して埋立地を減らし、野生動物を増やしてペットを減らす。こうしたことは、ユートピアだろうか。とんでもない。現状では、これこそ想像可能な唯一の現実的進路なのである。われわれはユートピアをあれこれ試してきたが、もうユートピアを作る余裕などないのである。

原注

（1） Eric Lax, *Woody Allen : A Biography* (New York : Vintage Books, 1992), pp. 39–40.

（2） Edward O. Wilson, *Biophilia* (Cambridge : Harvard University Press, 1984), p. 85.

（3） Erich Fromm, *The Anatomy of Human Destructiveness* (New York : Holt, Rinehart & Winston, 1973), pp. 365–366.

（4） Owen Barfield, *Saving the Appearances : A Study in Idolatry* (New York : Harcourt Brace Jovanovich, 1957), p. 78.

(5) Jared Diamond, *The Third Chimpanzee* (New York : Harper Collins, 1992), pp. 317–338.
(6) Eric Drexler, *Engines of Creation* (New York : Anchor Books, 1987), p. 174.
(7) Robert Peters and J. P. Myers, "Preserving Biodiversity in a Changing Climate," *Issues in Science and Technologies* 8 (2) (Winter 1991-2): 66–72.
(8) ウィルソン『バイオフィーリア』一一八頁。
(9) Abraham Maslow, *The Psychology of Science : A Reconnaissance* (Chicago : Gateway, 1966), p. 139.
(10) Yi-Fu Tuan, *Topophilia* (New York : Columbia University Press, 1974), p. 93.
(11) ウィルソン『バイオフィーリア』八一頁。［注(1)参照］
(12) 同上、一一二頁。
(13) 同上、一一五頁。
(14) 同上、一一八頁。
(15) 同上、一二一頁。
(16) Albert Schweitzer, *Reverence for Life* (New York : Pilgrim Press, 1969), p. 115.
(17) Joseph Wood Krutch, *The Great Chain of Life* (Boston : Houghton Mifflin, 1991), p. 160 参照。
(18) Albert Schweitzer, *Out of My Life and Thought : An Autobiography* (New York : Holt, Rinechart & Winston, 1972), p. 231.
(19) 同上六四頁。
(20) Charles Darwin, *The Descent of Man* (New York : Modern Library, 1977), p. 450.
(21) Melvin Konner, *The Tangled Wing : Biological Constraints on the Human Spirit* (New York : Holt, Rinehart & Winston, 1982), p. 431 に引用。
(22) クラッチ『生命の大連鎖』二二七頁。［注(17)参照］
(23) Abraham Heschel, *Man Is Not Alone : A Philosophy of Religion* (New York : Farrar, Straus & Giroux, 1990), p. 37. Konner, *The Tangled Wing*, p. 435 も参照。

(24) フロム『人間の破壊性の解剖』三六六頁。［注(3)参照］
(25) Charles Darwin, *The Autobiography of Charles Darwin* (New York : Dover Books, 1958), p. 54.
(26) Colin Turnbull, *The Mountain People* (New York : Simon & Schuster, 1972), pp. 256, 259.
(27) Stephen Jay Gould, "Enchanted Evening," *Natural History* (September 1991): 14.
(28) ウィルソン『バイオフィーリア』一四〇頁。［注(1)参照］
(29) Bertrand Russell, *The Scientific Outlook* (New York : W. W. Norton, 1959), p. 264.
(30) クラッチ『生命の大連鎖』一六五頁。
(31) Susan Bratton, "Loving Nature : Eros or Agape?" *Environmental Ethics* 14 (1) (Spring 1992): 11.
(32) 同上、一五頁。
(33) 同上、一三頁。
(34) Robert Coles, "A Domain of Sorts," *Harpers Magazine* (November 1971). Stephen Kaplan and Rachel Kaplan (ed.), *Humanscape : Environments for People* (North Scituate : Duxbury Press, 1978), pp. 91-93 に再録。
(35) Sy Montgomery, *Walking with the Great Apes* (Boston : Houghton Mifflin, 1991), p. 28.
(36) John Muir, *The Story of My Boyhood and Youth* (San Francisco : Sierra Club Books, 1988).
(37) ウィルソン『バイオフィーリア』八六―九二頁。［注(1)参照］
(38) Rachel Carson, *The Sense of Wonder* (New York : Harper & Row, 1987), p. 45.
(39) James A. Nash, *Loving Nature : Ecological Integrity and Christian Responsibility* (Nashville : Abingdon Press, 1991), pp. 139-161.
(40) Erich Fromm, *The Art of Loving* (New York : Harper & Row, 1989), p. 100.
(41) Wendell Berry, *The Gift of Good Land* (San Francisco : North Point Press, 1981), p. 281.
(42) ウィルソン『バイオフィーリア』一四五頁。［注(1)参照］
(43) Aldo Leopold, *A Sand County Almanac* (New York : Ballantine, 1966), p. 246.

(44) Simone Weil, *The Need for Roots* (New York : Harper Colophon, 1971), p. 43.
(45) Jacquetta Hawkes, *A Land* (New York : Random House, 1951), p. 202.
(46) Gary Snyder, *Turtle Island* (New York : New Directions, 1974), p. 101.
(47) Lewis Mumford, *Values for Survival* (New York : Harcourt Brace, 1946), pp. 150-154.
(48) Lewis Munford, *The Culture of Cities* (New York : Harcourt Brace Jovanovich, 1970), p. 385.
(49) 同上、三八六頁。
(50) David W. Orr, "Education and the Ecological Design Arts," *Conservation Biology* 6 (2) (June 1992) : 162-164.
(51) Barry Lopez, "Renegotiating the Contracts," in Thomas J. Lyon (ed.), *This Incomperable Lande : A Book of American Nature Writing* (Boston : Houghton Mifflin, 1989), p. 383.
(52) Gary Snyder, *The Practice of the Wild* (San Francisco : North Point Press, 1990), pp. 3-24.
(53) Lewis Munford, *The Conduct of Life* (New York : Harcourt Brace Jovanovich, 1970), p. 286.
(54) Paul Shepard and Barry Sanders, *The Sacred Paw* (New York : Viking Penguin, 1992) と本書の第九章参照。
(55) Peter Vitousek et al., "Human Appropriation of the Products of Photosynthesis," *Bioscience* 36 (6) (June 1986) : 368-373.
(56) Vãclav Havel, *Living in Truth* (London : Faber & Faber, 1989), p. 153.
(57) Vãclav Havel, *Summer Meditations* (New York : Knopf, 1992), p. 6.
(58) Erich Fromm, *The Sane Society* (New York : Fawcett Books, 1955).
(59) Theodore Roszak, *The Voice of the Earth* (New York : Simon & Schuster, 1992), p. 320.

第15章　バイオフィーリア——答えられぬ諸問題

マイケル・E・スーレ

本章は、このバイオフィーリア論に関する本書のもとになった議論に加えた評釈である。バイオフィーリアとは、厳密に言うと、現自然への愛であるが、もっと正確に言うと、人間が生まれつき現自然との通行路を設けられている反応の全域である。本章では、第14章までの観点を再度繰り返すのではなく、わたしが重要であるか困惑させられると思った問題点のいくつかを提起してみたい。

実に多くの研究分野で、また、それと同じく多くの討論で、E・O・ウィルソンは、論争の余地はあるとしても、魅力的である問題に注意を喚起して、社会に多大な貢献をなしてきた。その著書『バイオフィーリア——人間と他種の絆』(1984)で、ウィルソンは根本的な問いに切り込んだ——進化は生物環境およびその他の環境の現象に対して、遺伝に基礎がある積極的また消極的な反応を人間に生み出したが、その反応の程度はどれほどで、その形態はどのようなものか。エドワード・ウィルソンとスティーヴン・ケラートは本書を出版して、この問いの分析に目を見張らせるほどの進展を見せた。

無信者への注意書

本書の執筆者の大半にとってほぼ疑念の余地がない点は、新生代〔六五〇〇万年前から今日までの地質時代〕に核酸配列に遺伝子が刻印され、これが人間の肉体特徴に影響を及ぼした、ということである。たとえば肩の関節とか、マラリアを予防する遺伝子の機能属性は、遺伝子に残っている自然選択の跡である、と全員一致して認めるだろう。

しかし、人間の行動についても同じことが言えるだろうか。本論の大部分と本書の数章のある部分では、新ダーウィン論〔継承の単位として遺伝子の発見により生命科学における正統進化論となったダーウィン主義〕、進化論、あるいは社会生物学〔生物の社会的行動を現代進化学の立場から説明しようとするもの〕を臆することなく論じている。そこでは、自然に対する人間の類縁感および反応には遺伝的根拠があると仮定している。それと同時に、この執筆者たちは今日の社会批判の多くを無視しているようにも思える。ここで社会批判と呼ぶものは、全部ではないが大部分は左翼の運動であり、それらは非決定論的、非生物学的であり、その関心は文化、公平、正義にあって、多くはマルクス主義思想の影響〔主として搾取、抑圧された階級とその立場を改革することの主張〕を受けた論証で、人間の本質および差異を説明しようとする。ある種のフェミニズム〔女性の従属化や女性特有の経験の軽蔑につながる偏見を是正することに関わる、社会生活、哲学、倫理へのアプローチ〕、政治生態学、ディコンストラクション〔フランスの哲学者J・デリダが創始した、意味の整合可能性を疑い、テクストに記号的意味を与える特権的点はないとするアプローチ〕、多元文化論〔従来の欧米中心の文化の見方を否定し、個々の文化を対等にみる立場〕を初めとして、これらの運動はだいたい次のように主張する——両性間の差異（それらは現在優位にある「差異のフェミニスト」によれば現実のものである）と人間集団間の差異は環境に起因する、すなわち非遺伝的である。ここで説明を挿入するとしたら、イデオロギーでは右翼の人の多くも、特に犯罪行為や同性愛のような「罪ある」行動を説明するのに、遺伝決定論を用いる説をひどく嫌う。こうした二つの互いにはほぼ見えない学問文化——略して新ダーウィン主義人間論と新マルクス主義人間論——が、現代知識人の言説に共存しており、このことは現代の教育体系が無知を根絶するのに無力であり、イデオロギーが執拗に生き続け、あるいは後退中のパラダイムが上昇中のパラダイムを恐れる、ということを証言している。

わたしの提案は、この二つの学派が——同じ山にトンネルを掘っていながら、互いのことを忘れている二人の鉱夫に似て——互いが知らない事態に付け込み続けることは賢明ではないということである。彼らは、いつの日か、どこかで出会い、相手の信念の前提、資料、解釈に挑み、そして誰もが、同一誌に論文を発表している同一学問の研究者であるように装うはずである。関わりを避ける唯一の理由は、知識よりもイデオロギーのほうが大事である、ということである。この文化のいずれかが失敗を撤回することは言うまでもなく、失敗を認めることを期待するのは単純すぎるが、この山に陣どった二派の最高の思索家が出会い、話しあい、互いから学ぶことになるとは期待できる。

複雑性

バイオフィーリアの主要前提とは、多種多様な植物、動物、生息地に選択的に反応する遺伝に基づく生理（おそらくは神経）構造がある、ということである。けれども、社会的行動がそうであるように、バイオフィーリアも種類と程度では多様である。単一のバイオフィーリアが存在するのではなく、多くの生命反応行動の体系があることを表15-1に示してある。バイオフィーリア反応は、両性の間で、ま

表15-1　バイオフィーリア反応の仮分類

反応の範疇	変動	
	性　差	民族/文化差異
ある種の景観／居住地への親近感	起こりうる	当然起こる
家畜動物への親近感	当然起こる	当然起こる
危険動物、野生動物への親近感	当然起こる	起こりうる
ヘビ、クモ等への嫌悪感（フォービア）	起こりそうにない	起こりうる
崖、高所への嫌悪感	当然起こる	起こりそうにない

注　神経症のバイオフィーリアは含まない

た「人種」または地理上の人口再区分の間で変化することが示唆されている。だから、普遍性の証拠を探す場合も異質性を無視してはいけない。というのは、変化の型にはメカニズムと原因とを知る鍵が含まれていることがよくあるからだ。

生息地選択

バイオフィーリア反応に関して最も頻繁に議論されるものに、生息地選択がある（第3、4章）。バクテリアでさえ化学諧調度〔生物体の一点から周辺に向かった生理的活動性の変化〕にそって探し回る。だから、霊長目から「適」所を認識できる精神構造が失われるとは、進化論者にはほとんど考えられない。地形の危険度と快適度を区別する学習規則と生息地から栄養供給が望めるか望めそうもないかを判別する学習規則は単純であって、脳とそれを生み出す遺伝子とに彫り込まれているはずだ。洞窟、高台、真水、動物群、鳥群、これらはすべてが、ヘールワーゲンとオリアンズが示唆したように（第4章）、神経衝動を一斉に始動させる引き金になるだろう。

では、地形美の意識は鮮新世と更新世を映す鏡でないとしたら、それはなんであるか。あるいはウィルソン（第1章）が示唆するように、「美意識によって、われわれはバイオフィーリアの中心論点に戻る」。しかし、生息地バイオフィーリアには美意識と休養とを越えた意味が含まれているはずだ。ウルリヒ（第3章）は戸外での活動の有無の心理的利点を再考している。こうした利点のひとつに幸福感があると思われる。幸福感と宗教感情——恩寵、すなわち自然との結合状態——とではそうたいした隔たりはない、と言いたい人もいるだろう。宗教感情は樹木や岩石の一定の配列やある種の地形によって呼び起こせる、と信じている人が多数いる。だから、人によっては、「霊」とか神とかいう存在との関係からバイオフィーリアを分離することは難しいだろう。とはいえ、一般には土地や地形が宗教的、霊的な経験を喚起することに関しては確実なデータは欠けている。ここでは、生物そのものへの類縁感（バイオフィーリア）と土地、景観、地球そのものへの愛との間に漠として存在する線を踏み越える恐れがある。

種と地形の連関として定義できる生息地に話を戻すと、すべての人間が同一の遺伝に基づく生息地選好を具えているとしたら、これは驚くべきことだろう。互いに接触がない人間集団の間には生息地選好に差異があると予想する根拠がいくつかある。第一に、アフリカのサヴァンナ地帯が人類共通の誕生地であったころから数千世代が経過し、ある人間集団は数千年も砂漠や密林や木も生えぬ北極地帯のような他の生息地を占めてきた。何千年も時間の隔たりが生じたのだから、そこでは自然選択の圧力がごくわずか加わっただけでも、遺伝に基づく生息地選好に変化が起こるだろう。第二には、表15-1に示したような積極的バイオフィーリアの場合にジェンダーの差異が生ずることはありうることで、このジェンダーの差異に基づく地形選好の差異の証拠はオリアンズとヘールワーゲン（第4章）の研究に見られる。だから要するに、ある種の地形選好は普遍的である、という結論を下す前に、異文化間、異人種間の差異について調査研究する必要がある。大型類人猿の四種を用いて、異種間の比較をしてみれば、ここからも選好の普遍性に光が当てられるだろう。

生理的複雑性

十分な注意が向けられてこなかった主題に、一方のバイオフィーリアと、他方の生物の知覚と生息地を媒介するさまざまな感覚との関係がある。触覚、嗅覚、味覚、聴覚あるいは視覚のいずれが関係するにしても、当の感覚は差異を生み出す、と予想できるだろう——それは、脳のさまざまな中枢部がさまざまな感覚と連関しているからだけではなく、これらの中枢部は理性に関する新皮質から多様な程度と種類の影響を受けているからでもある。

嗅覚（化学的感覚）は最古の感覚のひとつである。精神には、ある種の匂い（腐敗、スカンク、排泄物、花、乳児の肌、料理中の食物、水辺野菜、森林、煙）に否定または肯定の反応を促す先祖返りのネットワークが存在しているだろう。この反応には哺乳類の間で差が出るものがあると予想できるだろう。これに似た原理は触覚にも当てはまる。普遍的なバイオフィーリア反応を探すには、たぶんこうした深くに根付いた古い感覚源から始めるのがよいだろう。

聴覚と視覚は進化では他の感覚より後に発達し、また言語と密接に連関している。多くの鳥類と哺乳類は警告の叫びを発し、人間は動物の聴覚、視覚の信号をただちに認識し、それを利用する。カタツムリは種の境界を越える移行は必要としないが、まだ研究されていない興味ひく問題が多くある。太鼓の響きと生理的に相関関係にあるものはなにか。自然（動物）の音の方が機械よりも気分をゆったりさせるか。海鳥の鳴き声や叫び声の方がサヴァンナ地帯や森林に生息する鳥の声音よりも気持ちを落ち着かせるのではないか。複雑な音響と映像そのものは人間にどう影響を及ぼすか。たとえば複雑度の高い信号と不規則型が高次元の信号とではどちらが音響として魅きつけるか。非線形またはカオスの現象の方が線形の構造や音よりも魅力があるのか。もしあるとしたら、そうした好みは普遍的、生得的、人間固有的だろうか。

生物多様性の保護に関わっている者にとってひとつ重大な問いは、多様性そのものは（快適な、魅力的な）満足感を与えるかどうかである——もし与えるのであれば、どの感覚を通して、どの程度になのだろうか。たとえば、種の数と生息地型の数の点だけが異なる二つの地形があると仮定した場合、一般に人は多様性に富むほうを好むのだろうか。人間は一様性または多様性の両極端よりも、複雑性（情報）の中間段階の方を好むだろう。頭上を覆う熱帯雨林とか西オセアニアのサンゴ礁のような「過剰変化の」生息地には種があまりにも多く含まれているから、前者に生息する顕花植物やチョウを、また後者に生息するスズメダイのような群棲種をすべて知るには一生の時間がかかるだろう。狩猟‐採集民族にとって、この高度の複雑性は威圧的になり、低レベルの環境情報よりも本質的魅力は劣るだろう。

こうした潜在的な類縁感の要因となる時間、空間の規模の程度はどのくらいか。多様性は空間あるいは季節によって仕切られているから、人間の観察者はその全体を同時には見ないのだとしたら、多様性が高度の系の方が魅力をもつだろう。さらに感覚組織も生物多様性の最適レベルはどれかの問題に関わっているだろう。目に見える変化は魅力的であるが、模様すなわち触れて感じる変化に魅力がないということはあるだろうか。あるいは、変化はつねに生命の香辛料なのだろうか。こうした問いの答えは地上生物の運命に関わっているかもしれない。

突　出

複雑性と類縁感に関連した問題に突出がある。生物存在の魅力をその生物の突出――「目出つこと」――としてどの程度問えるか。地形に関してすでに示唆したように、突出は文化とジェンダーの差異に特有のものであると分かる。ナバーンとセイント・アントワーヌ（第7章）は、この分類には、希少で絶滅すらした種のなかで最も希少な種が含まれる点に触れている。人間は、希少なものに価値を認め、生涯それらを記憶する。希少生物の特殊性（第8章のダイアモンド参照）から、これまで仮定されたことがない学習規則が分かってくるだろう。

体の規模

突出は体の大きさと比例関係にあることが多い。見えないところにあるものは記憶に残らない。これはバクテリア、藻類、菌類（幻覚を誘発する大きいものは除き）にも当てはまる――ただし、それらの生物は、生態系と共生起源の直観および知識の源泉としては生地球化学的〔生物を構成する物質や生物の生活現象などを主として化学の方面から解明する〕には圧倒的に重要ではある（第11章、サガン／マーギュリス参照）。大きさ／突出の相関関係の生物学的基盤を測定することは難しいことではない。カッチャーとウィルキンズ（第5章）は、突出と危険の連関を指摘しているし、ネルソン（第6章）は、ある先住民文化における突出とその種族のトーテム、魔術、霊の特質との連関に注目した。理由は明らかだが、人間の被食者と捕食者の双方の突出は彼らの肉体質量と比例関係にある――大きくて危険な動物は、芸術と神話に目を引く形で登場する（第10章のローレンス参照)。やがて見ることになるが、同じ偏向がペットにも当てはまるのである。

複雑性と力

複雑性そのものも突起していて、ガッジル(第12章)が思い起こさせるように、われわれはバイオフィーリアと複雑性の魅惑とを混同する危険があるだろう。多くの人は、たとえばメガホンのような単純な人工物より、携帯電話のような複雑なものに魅惑される。複雑性は人類の男性が永遠に熱中する力と相関関係にある、という仮説が立てられるかもしれない。機械人工物——武器から通信装置まで——の見かけの魅力は、他の人間や資源を制御する目的で使用されることに関係している。

さらに、そこには必然的な結果がある——最も好まれる動物とは、環境と他の人間を制御する最大の力を与えてくれる、大きくて、強くて、速くて、柔順で、賢い種である。このことから、工業社会でも馬が人気を保っている理由が説明できるだろう。今では運搬、狩猟、観賞、防衛の目的で大型犬に頼る人間はほとんどいないが、犬に覚える人間独特の喜びも馬の場合と同じように説明できるだろう。この突出のカテゴリーに文化が大きな役割を果たしていることは疑いない。ただし、そうした非遺伝的影響は、示差的選好に遺伝的基盤がある可能性を排除しない。

バイオフィーリアの遺伝学

生命現象への反応は生得の遺伝的性向であるということがバイオフィーリアの中心前提である。本論冒頭でそれとなく示したが、遺伝学にはどのように言及しても必ず論争が沸き上がる。なぜなら、左右両陣営の論客は人間行動について環境説に精力を注いでいるからである。しかしながら、環境保存論者や熱烈な動物権利支持者は、バイオフィーリアが生得のものであることを望んでいる。なぜなら、生得のものであれば、個人の幸福と成長（自己実現）には自然と生物とが必須不可欠である、とする彼らの議論に重みが加わるからである。言い換えれば、人間は先天的に自然を必要としているから、自然の保存は社会的にも生物的にも至上命令である、と正論を主張できるし、また同伴動物を飼うことも正当化できるだろう。

学習素質

ウィルソン（第1章）は、バイオフィーリアは弱い学習規則の複合体である、と定義している。ウルリヒ（第3章）は、学習の偏りや生物として具えている学習のように、差異のある受容性や生物存在についての学習素質に言及している。彼は、先史（深層の歴史）における生存は自然の歴史の知識にかかっており、大脳の進化は農耕と牧畜を実践するはるか前に始まっていた、と付言している。

遺伝のメカニズム

遺伝学に言及すれば、必ずメカニズムを問題にしなくてはならない。複雑な特性（多くの遺伝子に影響されるもの）の遺伝的根拠を分析するのに共通のアプローチは継承可能性の定量化である。継承可能性とは、単純な（添加的）方法で親から継承される全面的（表現型の）変化の部分を表わす専門用語である。行動と生理特性の場合には必ず個体差がある。この差のなかには、（言語能力、放射線に対する日焼け反応、視覚の鋭さの差異のように）遺伝的なものがあり、個体差と、特に親戚同士の類似度とは遺伝メカニズムの研究に強力な手段になる。

バイオフィーリア特性に典型的である遺伝的性質とはなにか、また、そうした性質はなにを意味するか。ウルリヒ（第3章）は、双生児の研究に基づく文献を再読し、オフィドフォービア（ヘビ恐怖）の継承可能性は三〇パーセント、アゴラフォービア（広場、公共場恐怖）の場合は四〇パーセントである、と報告している。これらの値は身体の大きさや形のような構造特性を初めとする数量的（多数同義因子的）特性に典型的に見られる継承されたものである。しかしながら、継承可能性は適合性と逆相関であることが多い点に注意すべきである。推定では、最高値の継承可能性（九五パーセント）をもつ人間特性、たとえば指紋の隆起部の数と模様などは、生存および生殖の観点に立つと、取るに足らぬ特徴であるように見える。ところが、いわゆる適合特徴は継承可能性が三〇パーセント以下の場合が多い。人間の場合の頭部の数の継承可能性はゼロに近く、基準数（一個）からの逸脱は絶対に致死的であるから、頭部の数に関して具体的な遺伝変化はほぼ、あるいはまったくないのである。

ウルリヒ（第3章）が、オーマンとその同僚の研究に関する報告で提示している結果は以下の点を示唆する——ある種の危険な（危険度の高い）刺激に対する条件付けられた生理的防衛反応は、その条件反応を呼び起こす刺激が意識下のものである場合でも、ただちに消去（忘却）されることはない。ヘビやクモに対する反応は完全に消えることはないと思われる。ところが、進化的に見ると、新しい危険——充塡されて狙い定めた回転銃や、被膜が擦り切れた電線——によって条件付けられたフォービア〔恐怖〕は、危険動物への反応と同じ速さで学習されるが、消えるのも速い。生理面での消去速度に見られるこの差から、人類はテクノロジー前の祖先に起こった遺伝的刷り込みを今も保持しており、新しいテクノロジーの脅威はＤＮＡにまだ取り込まれてはいない、ということが分かる。

個体群間の変異性

議論の無駄を省くために前提として、さまざまな人間集団が過去一〇万年から二〇万年の間、自然および文化の差異がとてつもなく大きな環境に生きてきたが、個々別々にいた集団も遺伝に基づく選択で調整されたバイオフィーリア反応の面では差異がないと考えよう。ここから、以下の結論が引き出せる——たとえばフォービアを学習する素質は遺伝に基づいており、それは農業が始まり、また堕落前の時期の選択の圧力が引き上げられて以降の比較的短期間に、ランダムな突然変異〔生物の遺伝形質が突然変わることで、遺伝子突然変異と染色体突然変異に大別される〕や反対選択が起こっても崩壊しなかった。この仮説は実験できる。なぜなら、一万年も農業／牧畜および工業の社会に生きてきた民族もいれば、今世紀まで狩猟‐採集を主とする経済社会で生きてきた民族もいるからである。

これに代わる仮説は、簡単に言えば、バイオフィーリア反応には倫理または「人種」の差があって、それは遺伝に基づいている、とする考えである。ウィルソン（第1章）とダイアモンド（第8章）はいずれも、バイオフィーリアの行動に地理（遺伝）面での差が予測できる、と論証している。確かに、もしこの反応に影響を及ぼす仮説的な対立遺伝子が全個体群において同一頻度数だけ選択、保持されているとしたら、それは実に驚くべきことだろう。特に人間集団のなかには何千年も広大なサヴァンナ地帯に生活拠点を置く集団もいたし、森林に生息しつづけた集団もいたと考えるならば、なおさら驚きだろう。ヘビへの反応は、この発想にとっては、エピソード的なものではあるとしても、ひとつの証言を与えてくれる。つまりヘビ恐怖はヨーロッパ文化圏では強固であると思えるが、パプアニューギニアではヘビは特に恐怖の対象になってはいない、とダイアモンドは報告している。ヘビはインドでは崇められる場合が多いことを、ガッジルは想起させている。こうして、ヘビ恐怖にも種類と程度で差があるだろう。

個体群内の差

バイオフィーリアの反応に個体群間で差があるとする前提条件は、自然選択する素材——つまり個体群内の個体間に遺伝的差異——がある、ということである。大半の表現型の頻度分布をプロットすると、それはほぼ標準的な鐘形曲線をなし、これで基底にある添加的遺伝変異性が証明ではなく示唆される。したがって、生息地選好のような美意識的なものを含め、多くのバイオフィーリア反応に関して添加的遺伝変異性がある、と予想したくなるだろう。ウルリヒ(の私的発言)は、人間が好むポスターの種類と身を危険にさらす程度の間には相関性があると言うし、その他の人はリスクを受け入れる個人特性の遺伝的根拠について仮説を立てている。もし、この仮説が個人にある冒険要因にも当てはまるとしたら、自然を愛する者もいれば、自然にさほど魅了されない者もいるから、この仮説は美意識‐バイオフィーリア反応にも同じく当てはまりそうだ。事実、ネルソン(第6章)は、狩猟‐採集集団には生態系に対して罪を犯すものも存在していることを想い起こさせている。この点は、フロリダ大学のケント・レッドフォードがよく指摘している。

社会生物学—四元仮説

問題はこうである——バイオフィーリア反応は、今もわれわれのDNAにあるのか、したがって、それは、われわれの精神内にあるのかどうかではなく、原始の反応および行動は数千年にわたる農業とテクノロジーによってどの程度まで消されたのか、である。この問いは、少し言い換えるとこうなる――鮮新世と更新世において遺伝で型が決められた生物は、その精神健康面では慰めを求めて更新世の経験、社会相互作用そして仲間の生物を頼りにするだろうか。

これは話を進め過ぎているかもしれないが、ポール・シェパード（第9章）は、精神健康は無関節性の大脳辺縁系の奥深くに神話的な恐ろしい巨大生物が存在していることを認めることにかかっている、と主張している。シェパードはこう言う――人間は自分の内部に存在する獣を象徴表現するためには現実の獣と接触しなくてはならない。つまり大脳は進化が速すぎたために完全統合ができなかった器官であるから、これら内部に存在する獣を抑えこめば、大脳の今も未調和な部分間の衝突を抑止することになる。シェパードと詩人、作家ロバート・ブライ〔一九二六― 詩人。『肉体を包む光』（六八）でナショナル・ブック賞〕は、内部に潜む獣と外部に存在する計画者とを調和させる必要を感じとっているが、こう感じているのは彼らだけではない。

シェパードは、生まれつき近親交配の「まぬけな」犬や猫が、いつの日か精神調和の必要を実現させてくれる、という考え方は捨てる。これにカッチャーとウィルキンズは反対はしないが、ペットにももうひとつ同じくらい重要な機能――ストレス減少――があることを示唆している。喉を鳴らして舌でなめる、柔らかくて抱きしめたくなるものは、女性の胸、暖炉の心地よい火、そして特に、失った伴侶または子供の代用として理想的である。ペットその他の緊張緩和反応を促進させるものは「まぬけ」かもしれないが、多くの人間に苦痛や孤独に耐える力を与えるし、ストレスやフラストレーションから回復する手助けをして、医療費を減らせる。

緊張緩和反応は定義上の問題を提起する。バイオフィーリアの境界線を明確に定めるのはきわめて難しい。山の多い地形や水への類縁感を初めとして、僅にか付随的にしか生物的ではない現象までバイオフィーリアに含める傾向があるからだ。第5章で、カッチャーとウィルキンズが指摘しているように、ある種の自然／生物の刺激に、治療と予防の強い効果があることはほぼ疑いはないし、こうした効果の開発利用は社会にとっても個人の健康にとっても有益である。おそらく厳密な意味でのバイオフィーリアが、そうした反応を部分的に説明するかどうかを気にしても、それはつまらぬこだわりというものだ。それより問題なのは、多数の保守主義者が抱いている（仮想現実のような）電子代替物が自然に取って代わり、やがて、本物の動物や自然を体験する必要性を補うのではないかという懸念の方である（たとえば第9章のシェパード）。

そこで、もしペット、金魚鉢、公園の眺め、波、そしてサバンナ地帯でアンテロープが安心して草をはむ光景――そう、その通り、こうした対象の写真または電子技術による代替物――が、われわれの収縮血圧を下げ、副腎のアドレナリン分泌を抑えるのであれば、たぶん、こうした人工物に不満をもらすべきではないだろう。しかし、鎮静化するホメオスタシス・メカニズムを機能面でそれとは異なるバイオフィーリア複合体の構成部分と取り違えてはいけない。

執筆者の数人の示唆では、言語発生の原因は宿敵動物は言うまでもなく、有効薬草、餌食動物、食用植物、益虫と害虫、食用菌類と有毒菌類と増えつづけるリストを子孫に伝えるのに、せっぱ詰まった事態に陥ったことにあったのかもしれない。生物相〔一地域に産する生物の種類全部〕の分類、そして言語の精神的構造は重要情報を親戚および関係者に伝える必要と歩調をあわせて進化した。もしこう仮定すれば、シェパードが指摘しているように、幼児にまず教えられる言葉が解剖の用語であり、次に動物名だとしても驚かないはずだ。ここから、言葉と思考の個体発生〔生物体が受精卵から成体になるまでの過程〕および系統発生〔生物種族がたどった形態変化〕は、動物形態論〔生物体の形態に関して研究する生物学〕および分類学〔多くの生物系を整理、類別、体系だてる生物学〕を当てにすることになる。幼児にまず読ませる本には、ガーガー、ウーウー、メーメー、モーモー、コケコッコーのような擬声音が溢れていても不思議ではない。これは先住民家庭にも並行して起こった現象だろうか。スティヴン・ケラート（イントロダクション）はこの主題に注目し、博学ぶりを見せている。

美と醜

バイオフィーリアは生命愛を意味する。古典的な言い方をすると、愛の究極の対象は美である。宇宙飛行士たちは可能なかぎり長時間、宇宙船の舷窓越しに地球をじっと見つめずにはいられない、という事実に多くの人が言及した。ホームズ・ロールストン（第13章）は、人間は遺伝によって地球愛に適応させられていると示唆して、人間と美の関係に存在する利己的／利他的の二元論の虚偽を露呈させ、人間と地球の正しい関係の理解を助けてくれる。

ところが皮肉なことに、多くの感情がそうであるように、この自然愛も絶対的なものではない。問題は人間は地球とその生物相を愛するかどうかではなく、人間がそれらの相に向ける愛は十分であるかどうかである。デイヴィッド・オールが述べているように、「われわれを魅惑するものはあるのだが、この魅惑の力は弱いのである」。スコット・マクヴェイ（プレリュード［前書き］）は、この永遠の難問に枠づけを与えている——人間は地球と正しい関係にあることをいかに知るか（第14章のオールも参照）。環境史をほんのわずか知るだけでも、農業文化と工業文化は自然と調和して共存することはできないことが分かるだろう。日常生活の難問、すなわち宗教、階級、種族、民族、それぞれでの内部衝突、権力欲と地位欲、日々の徹底した怠惰、そして社会および環境の質の段階的崩壊は無視しながらも、危機にだけは反応する傾向――以上のことやら、その他の罪業が障害となってバイオフィーリアが十分に特性を表わせなくしている。

人々が現に自然の価値をどれだけ認めているかに関するデータはあるのだろうか。アメリカ合衆国における慈善奉仕に関する統計から判断するなら、楽観的になれる根拠はない。アメリカ人は余剰ドル受領者を次の順位に並べているようだ――宗教機関、健康、その他の公益組織、文化機関、そして最後に環境（Soulé 1991）。教会が慈善寄付金の三分の二を受領している。ところが環境関係の慈善団体（擁護、非営利、その他）の受領分は二パーセントにも満たないのである。人は地上でも天国でも自分を支援してくれると感じ取った程度に比例して、そのような大義や機関に支援を与えていると思える。

言うまでもないことだが、人が自分の関心事にどう順位をつけるかを推定するうえで、慈善寄金は最良の測定基準にはならないだろう。社会学的調査や賛否の意思表示データもある。ケラートの調査（イントロダクション）から、大半の人たちが自然保護のためになんらかの犠牲を払うつもりでいることを教えられる。だが、問題は犠牲の規模である。類を見ない英雄行為がその人間の無私欲を常に証明するわけではないように、環境問題に関わる類いまれな個人的行為が、現に社会に起こっている生物絶滅の波状運動を終わらせたい意思を具体的に証明するわけでもないのである。

約一〇〇〇万人のアメリカ人が動物の権利および福祉を推進する団体を支援しているが、動物の権利および福祉の支持論と環境保全論とを混同してはいけない。動物の権利を熱烈に支持する多数の人は、環境保全努力が野生のネコ科動物、キツネ、ヤギ、ブタ、そして、その他の外来種を含む哺乳類の移動または管理を求めるとなると、その運動に反対するのである。多くの動物の権利の活動家の関心はアメリカ自生の植物、鳥類、魚類、爬虫類、両生類、そして昆虫の権利の擁護にあるのではなく、個々の哺乳類の健康にあるのだ——その哺乳類が存在すると多大な危害が加えられる場合でもそうなのである。こうした運動は道を誤ったバイオフィーリアだ、と見なす保全論者もいる。

したがって、残念なことだが、わたしの結論はこうなる——生物親交本能と生物保護本能とは現実ではあるが、それらはほとんど野生の自然のためにはならない。われわれ人間の大多数は物質および感情の面での日々生存競争に関わりあっているが、本当の自然、すなわち野生の自然に加わる脅威は現実ではあるが顕著にはなって現われてはいないのである。われわれのバイオフィーリア行為——鳥の飼料の購入、ペットの世話、植物園の保護——は、われわれの感情面を支えている。しかし今、われわれに必要なのは、自然保護のための無私無欲な犠牲多きバイオフィーリア行為なのである。

バイオフィーリアには変容力があると信じる人々は、人はバイオフィーリアの理念を認識すれば、それだけで行動を変える、と応答する——それは西洋の数か国で市民の不服従と非暴力とがついには政治を変えたこととまったく同じだ、と。たぶんバイオフィーリアはいつの日か、人間外の種の権利拡大を生み出すことだろう（Nash 1985）。だが、社会運動史がひとつの手本になるとしたら、その進歩は緩慢なものであるだろうし、バイオフィーリアが公共政策に革命を起こす可能性もない。今日の人口学、政治および経済上の諸問題が生み出す社会的無力を克服するには、一世紀もしくはそれ以上の時間を要するだろう（Meadows et al. 1992）。

それでも、バイオフィーリアが果たす役割が強まる兆しは数多く見られる。たとえば生物地域主義〔バイオリージョン（生物生息地域）とリージョナリズム（地方分権主義）の混成語〕やその他の形態の生物中心主義〔バイオセントリズム。人類は生物社会の他の生物と対等な一メンバーであるとする説〕のような運動は人の生き方を変えられるから（Grumbine 1992）、支持者を獲得しつつある。また、リオデジャネイロで、生物多様性国際協定に多くの国が署名し、絶滅危惧種保護条例が継続する可能性があることは人間と自然の関係に倫理面での進歩が見られる良い前兆になっている。

新宗教か

必ずやバイオフィーリアが自然保護の強力な原動力になるとしたら、それなら、それは宗教に似た運動になるはずだ。不和および武力衝突を引き起こす強欲、そして意図的な自然濫用の土台になっているのは人間中心主義であるが、これを克服するのに必要な政治的推進力を生み出せるのは、動物権利運動に似てはいるが、それ以上に強力である新しい自然宗教のほかにはない。ロールストンの見解（第13章）はこれと符合していると思える。

そうした「バイオフィーリズム」を生む社会的母胎は生物地域主義的な共同体だろう。これらの共同体が部族 - 狩猟生活者 - 採集生活者 - 異教徒の知恵を取り戻し、この知恵を当を得た科学、適切なテクノロジー、家族計画、そして環境維持型の土地利用の実践に統合するのである。そうした共同体はシエラネヴァダー他の山麓にすでに存在している。大多数の人間が文化の進化のこの段階にまで到達する日ははるか遠い先のことであるが、それまで自然保護活動家はいつものように仕事に精を出さねばならないだろう。

参考文献

Grumbine, R. E. 1992. *Ghost Bears : Exploring the Biodiversity Crisis.* Washington : Island Press.
Meadows, D. H., D. L. Meadows, and J. Randers. 1992. *Beyond the Limits : Confronting Global Collapse,*

Envisioning a Sustainable Future. Post Mills, Vt. : Chelsea Green.
Nash, R. 1985. "Rounding Out the American Revolution : Ethical Extension and the New Environmentalism." In M. I. Tobias (ed.), *Deep Ecology.* San Diego : Avant Books.
Ornstein, R. E., and P. R. Ehrlich. 1989. *New World, New Mind : Moving Toward Conscious Evolution.* New York : Doubleday.
Soulé, M. E. 1991. "Conservation : Tactics for a Constant Crisis." *Science* 253 : 744-750.
Wilson, E. O. 1984. *Biophilia : The Human Bond with Other Species.* Cambridge : Harvard University Press.

コーダ

スティーヴン・R・ケラート

本書は探究の旅の終わりではなく始まりを表わしている。さまざまな分野の執筆者が、自然は、特に自然の現生生物相は、種としての人間に肉体、感情、認識、さらには精神発達の進化根拠をどのように与えたかという問題を、いくつかの要素から調べようとした。それがたとえどのような成果をあげたとしても、本書は、人間が基本的に生命と生命過程に対して抱いている類縁感が、人間の感情、知性、言語、文化、テクノロジー、さらには倫理をどのように型どっているかという複雑な問題を理解する方向に一歩踏み出したにすぎない。

個体としても種としても、人間の発達は肉体面でのたんなる生存競争を越えるものである。われわれは、いわゆる充足も待望している。ある種の実現されてはいない可能性としてあらゆる種が、特に複雑度の高い生物形態が具体化していると思われる理想をおそらく求める努力をしている。バイオフィーリアという観念は、充足とこの自己実現の可能性とは人間とその周囲の生物多様性との関係に見出される、と示唆しているのである。

われわれは他種を物質的、肉体的な栄養を保証するために必要とするだけではない。これに劣らず重要なことは、他種はわれわれの心理および知性が成長する材料を与えてくれるということである。われわれは汚染した水や空気、有毒の土壌に耐えられるが、ちょうどそれと同じように独特の生物形態の多くを絶滅させたり切除したりしても生き残ることはできる。種としての人間が生存しつづければ、人間以外の生物形態——「生命と時間との網に、われわれ自身がいっしょに掛かっている他の住民」(Beston 1990：394) ——の生存を許容する程度は大きく低下しうる。だが、こんな貧困な状況から人間は個体としても種としても心理、精神、物質の面で繁栄できるのだろうか。

生物の大量破壊を黙認し、またそれに手を貸してきた生物として、発育不全の世界のなかで人間が繁栄できるということに関して、バイオフィーリアの観念は深い懐疑の調べを響かせる。バイオフィーリアの発想の主張点は、人間がもつ可能性の最も豊かな面を実現することは、感情、知性、肉体それぞれの面での豊かで多様な生物相との複雑で微妙な相互作用にかかっている、ということにある。ベストン(1990：394) はさらにこう言う——「(われわれが) (われわれ自身) のために作りあげる人間の存在への態度はどれも、自然への態度をほのかに示している、という条件のもとでしか妥当ではないことを理解しなさい……(われわれ) の精神面を支える威厳、美、詩が古くからもっている価値は自然の霊感から生まれたのである……人間の精神を卑しめぬためにも地球を卑しめてはいけない」。

本書に収録された小論文は、もっぱら肉体面の生存競争の主張に基づく進化説よりも、活発で複雑な説を探究する未完成の試論を表わしている。この努力は、二一世紀に再読されて、これは人間の心理、美意識、精神、肉体が自然に依存している事実を理解しようとした稚拙な試論でしかない、という結論をくだされるかもしれない。しかしながら、この学者集団は果てしなく神秘的な形態をとる生命に対して人間が覚える類縁感の科学的探究の基盤を確立する努力をしていることに一定の誇りをもちつづけるだろう。

参考文献

Beston, H. 1990. "The Outermost House : A Year of Life on the Great Beach of Cape Cod." In R. Finch and J. Elder (eds.), *The Norton Book of Nature Writing*. New York : W. W. Norton.

執筆者

ジャレッド・ダイアモンド　カリフォルニア大学医学部生理学教授。膜運搬メカニズムの進化的設計に関する実験研究に携わり、他方では、ニューギニアの鳥類の生態系および行動の現地研究を試みている。大衆向け科学論文を、『ナショナル・ヒストリー』『ディスカヴァー』『ネイチャー』に定期的に寄稿する。近著『第三のチンパンジー』（ハーパー・コリンズ社）では、言語、芸術、その他、人間に特有と思われる特徴が人間以前に生存した動物からどう発生したかを説明している。

マダーヴ・ガッジル　インド理科大学教授。インドで生物学を研究し、ハーヴァード大学で博士号取得。インド国立科学学会の特別研究員、全米自然科学学会の外国人準会員。インド首相直属科学諮問会議会員も経験。個体群生物学、自然保存生物学、人間生物学の分野で現地調査と数学的モデル作成を推進し、またインドの自然保護および環境開発を積極的に進める。

ジュディス・H・ヘールワーゲン　ワシントン大学建築・都市計画学部（シアトル校）社会心理看護学研究所准教授。行動生態学および進化説の人間／環境相互作用への応用を中心に心理学を研究する。環境選好と美意識とに関する調査研究も行う。最近、環境と人間福祉の関係を性差と生命伝達との関係から研究し、現在は、バッテル・ヒューマン・アフェアーズ・リサーチ・センター（シアトル）訪問研究者として組織生態問題を研究している。

アアロン・カッチャー　ペンシルヴァニア大学医学博士を取得し、精神治療訓練を修得した後、同大学医、歯、獣医学部の教員。研究の関心は、感情および対話が生理状態に及ぼす刺激と社会環境と病気の関係等にある。過去一二年、社会と動物の関係、社会と自然の接触が人間の行動と健康に及ぼす影響を研究している。

スティーヴン・R・ケラート　イェール大学森林・環境学部教授。学生自然保存団体、野生動物保護団体、クセルクセス協会の理事。自然、特に動物との関係で人間の価値観と知覚の主題を大々的に調査し、広いテーマで成果を発表している。自然保存生物学会、国際環境保存協会、全米野生動物連盟から受賞。

エリザベス・アトウッド・ローレンス　タフツ大学獣医学部環境学科教授。獣医、文化人類学者。ペンシルヴァニア大学獣医学博士、ブラウン大学社会文化人類学博士。人間／動物関係の教育と研究に携わり、人間／動物の関係に関する著書三点、他に論文多数。アメリカ民族学会エルジー・クルーズ・パーソン賞、アメリカ南部人類学会ジェイムズ・ムーディ賞、人間動物交流団体協会国際功労学者賞、その他受賞。

リン・マーギュリス　マサチューセッツ大学生物学正教授。全米科学アカデミー会員。細胞生物学、微生物進化に関する独創的論文が多数ある。小学校から大学院段階までの科学教育教材の開発にも参加する。全米科学アカデミー地球生物学、および化学的進化に関する宇宙科学理事会の代表、英連邦書籍基金諮問委員会会員、地球生物学研修委員会副会長（ウッズ・ホール海洋生物学研究所ナサ（NASA）生命科学）を歴任。カリフォルニア工科大学シャーマン・フェアチャイルド助成金、グッゲンハイム助成金を授与された。

スコット・マクヴェイ　プリンストン大学卒。ジェラルディーン・R・ドッジ財団専務取締役（一九七六）。同財団の動物福祉、芸術、初等・中等教育、その他の社会問題に対する博愛精神提唱を指導する。クジラ、ドルフィン、イルカに関する論文がある。

ゲアリー・ポール・ナバーン　環境保護団体自生種子／SEARCH研究所（タスコン）共同創立者、所長。自然保護および環境問題の指定研究者。現在、マッカーサー・フェロー。著書『砂漠の収穫』で、バローズ・ネイチャー・ライティング・メダル（一九八六）受賞。他に著書五点。

リチャード・ネルソン　アラスカ大学（フェアバンク）文化人類学特別教授。アラスカ先住民族と自然の関係に関する著書が四点ある。著書『カラスに捧ぐ祈り』と同名の、コユコン・インディアンの生活についての公共テレビ放送シリーズの脚本執筆、共同製作で受賞。自然および家庭の個人的調査および近著『内なる島』（ヴァンテージ）で、バローズ・ネイチャー・ライティング・メダル（一九九一）受賞。現代アメリカにおけるシカおよびシカと人間の関係を執筆中。

ゴードン・H・オリアンズ　ワシントン大学（シアトル）動物学・環境学教授。研究領域は、脊椎動物の社会システム生態学、植物／草食動物の相互関係、希少種の生物学他である。科学政策への関心は、全米科学アカデミー委員会活動、ワシントン大学環境学研究所理事の経験に反映されている。鳥類の生息地選好と環境利用の集中研究の成果から進化概念の価値を研究し、人間の環境変数への美意識的反応の進化論的根源を分析している。

デイヴィッド・W・オール　オベルリン大学環境学教授、アーカンサス環境教育メドウクリーク・プロジェクト共同創設者。雑誌『コンサヴェーション・バイオロジー』教育部門編集者。著書多数、近著は、『生態学のリテラシー』（ニューヨーク州立大学出版局、一九九二）。全米野生生物連合会より、全米保護功労賞（一九九三）受賞、アーカンサス大学名誉博士号（一九九〇）取得。

ホームズ・ロールストンIII　コロラド州立大学特別哲学教授。国際環境倫理協会会長。著書六点、近著は『狂った哲学』（プロメテウス・ブックス）、『環境倫理学』（テンプル大学出版局）。

ドリオン・サガン　『性の起源』『微生物の喜びの庭』『微視的宇宙』『神秘の踊り――人間の性の進化について』（リン・マーギュリスと共著）を初め、進化生物学、哲学分野の論文、書評が多数あり、近著は『生物圏――地球惑星の再生』（バンタム・ペーパーバック）。

ポール・シェパード　ピッツァー大学およびクレアモント大学大学院自然哲学教授。『自然と狂気』『思考する動物』『聖なる前肢』他、人間進化および生態系関連の著書多数。その他、広範囲にわたる小論、書評を発表し、また、人間の文化生態系創造運動に積極的に参加している。

マイケル・E・スーレ　カリフォルニア大学（サンタクララ校）環境学教授・学科長。保護生物学学会創立者、アメリカ科学振興協会会員。研究の関心は、動物の自然個体群に見られる形態的、遺伝的変異、島の生物地理学、保護生物学にある。

サラ・セイント・アントワーヌ　イェール大学森林・環境学修士。児童本、学習活動等の著書が数点ある。現在エコーイング・グリーン・パブリック・サーヴィス助成金により、物語準拠の環境教育学習活動を開発している。

ロジャー・S・ウルリヒ　行動地理学および環境心理学博士。テキサスA&M大学景観設計・都市計画学教授、建築学部研究副学部長。研究の多くは、人間の自然環境および建築環境経験が心理的幸福、生理系、行動および有効機能、健康とに関わる指標にもたらす影響調査である。

グレゴリー・ウィルキンズ　フロリダ大学博士。ブランディワイン治療センター臨床実習・研究所長。臨床、管理、研究で要職を歴任。主たる研究、実習は、分裂性行動異常、心理診断、計量心理学、在宅治療環境における対面理論および動物利用療法である。

エドワード・O・ウィルソン　一九五六年から教職につき、現在、ハーヴァード大学理学部フランク・B・ベアード・ジュニア教授、昆虫学館館長。研究の関心は、個体群および行動生物学、生物地理学、社会性昆虫研究にある。ノンフィクション総合部門で、ピューリッツァ賞受賞（二回）、全米科学メダル、タイラー生態学賞、スウェーデン王立科学アカデミーのクラフォールド賞など多数受賞。現在、生物多様性の保存に積極的に関与している。

訳者後記

本書は、生物に対する人間生得の類縁・愛好感の問題をめぐって議論された論文集 *The Biophilia Hypothesis* (Edited by Stephen R. Kellert and Edward O. Wilson, Washington : Island Press, 1993) の全訳である。この新奇で難解な問題「バイオフィーリア」は人間の情愛、知性、言語、文化、工業技術、倫理など多数の側面からの考察を求める。そこで、編集者エドワード・O・ウィルソンとスティーヴン・R・ケラートは本書出版前年、一九九二年に、多方面からの生産的討論と意見を求めて、マサチューセッツのウッズ・ホール海洋学研究所で草稿段階の各論文の発表会を開催した。本書はその成果のフィードバックを踏まえて完成された論文で構成されている。

本書出版の目的の一つに、ある生物種とその生息地を通して将来を見越した観察により経験した「生命に対する類縁・愛好感」は現代の人間に何を意味しうるかを調べることがある。その契機は、ウィルソンが一九八四年に発表した刺激的な著書『バイオフィーリア』にある。そこでウィルソンは「バイオフィーリア」(生命・生物愛)とは「生命と生命に似た過程に焦点をあてる生得の性向」と定義している。この愛は本当に人間に生得のものなのであろうか。それとも、学習されるものなのであろうか。そもそも「生命愛」は人間に存在するのだろうか。こうした問題を二〇人の傑出した業績と学際的な視座をもつ学者や研究者が洞察を展開している。

一九九三年の出版から、はや一五年余り経つが、「バイオフィーリア仮説」をめぐる議論はますます重要性を帯びてきた。というのは、この仮説はいまなお解決の道を探りつづけている環境保全・生態系保護の問題と深く関わる根本的な問題を提起するからである。一方では、環境・生態系問題は各国の工業、経済活動と関係して、大気・土壌・水質の汚染、温暖化現象、オゾン層破壊、砂漠化などの形で現われている。他方では、環境・生態系は人間の「共生」姿勢との関係から問われている。だが、いずれの問題を解決することも現実的意味では重要であるが、そもそも人間が存在しなければ環境・生態系問題など発生しないのであるから、人間が地球・生態系環境にどのように向かい合うことができるのかが先行すべき問いなのではないか。つまり、人間には動物、植物を初めとする地球環境愛を本能的に内蔵しているのかを検分する必要に迫られているのである。これがウィルソンの提起であり、それに対する応答が本書で多角的に展開されている。

全体は五部、一五章に分かれている。第一部はケラートによるトピック提供と、ウィルソンによる「バイオフィーリア仮説」の提起である。彼は「バイオフィーリア」を「単純な本能」というよりも「学習規則」の集合であると言う。第二部では、人間の情緒、認知、自意識の発達を条件づける自然環境と連関する過程を扱っている。第三部は「バイオフィーリア仮説」の非工業的、非西洋的な社会の先住民における発現を考察している。第四部は自然、特に動物が人間の認知発達とコミュニケーションにおいて果たす役割を探究している。第五部は「バイオフィーリア」と人間の進化発達の連結を探究している。第六部は「バイオフィーリア」を、自然との道徳的関係と社会変化の重要課題との関係で調べている。

「バイオフィーリア」が生得の愛であるとしたら、それは地球環境の「共有」意識の形で発現するのではないか、と考えられる。言い換えれば、人間はみな地球環境に、植物、魚類、昆虫、爬虫類、両生類、鳥類、哺乳類などと共に「参画」しているという意識が芽生えるのではないか。もしそうした発現も芽生えもないとしたら、「バイオフィーリア」は人類の進化の過程で消滅してしまったのか、それとも、そもそもそのような本能は人類には書き込まれていなかったのか、いずれかであろう。たとえば、チンパンジーと人間は九八パーセント以上もＤＮＡが相近していると科学的に証明されたからといって、多くのひとが真に「近い親戚」感覚を新たにもつのだろうか。それともペットとして、あるいは動物園の人気者として見つづけるのだろうか。

いずれにしても、本書は二一世紀に地球環境をどのように修復・維持・管理してゆくかを問われている人間にとって、真剣に受け止めるべき様々な問題を提起している。ケラートの言葉を用いるなら、「本書は探究の旅の結末ではなく出発を表わしている」。この仮説はいつまでも確証されないままにあり、いずれは学界からも消え去るのか、それとも、現実であることが証明されて、本書そのものが忘却される幸いな結末を迎えるのか。再度ケラート自身に言わせれば、「本書の努力が二一世紀に論評されて、これは人間が自然に心理的、美的、精神的、身体的な面で依存していることを理解する未熟な試みでしかない、と結論されるかもしれない」。それでも、「無数の神秘的な仕方で人間が生物に対してもつ類縁感の科学的探究の基礎」でありつづけることは疑いないだろう。

なお、本書は、「プレリュード」「イントロダクション」そして第一章と第二章、第六章から第八章が荒木、第三章から第五章、第九章と第一〇章が時実、そして第一一章から第一五章、「コーダ」を船倉が、それぞれ分担して翻訳した。分担訳の引き起こす問題は多々あるかと思うが、基本的には三者が独自の観点から翻訳したことをお断りしておく。用語、定義、内容面を含めて、特に生物学、環境学などの関係からのご意見、ご批判をいただければ幸いである。

船倉正憲

《叢書・ウニベルシタス 684》
バイオフィーリアをめぐって

2009年9月18日　初版第1刷発行

S. R. ケラート／E. O. ウィルソン編
荒木正純／時実早苗／船倉正憲訳
発行所　財団法人　法政大学出版局
〒102-0073 東京都千代田区九段北3-2-7
電話03(5214)5540 振替00160-6-95814
組版・印刷：三和印刷　製本：誠製本

Printed in Japan

ISBN 978-4-588-00684-5

編　者

スティーヴン・R. ケラート（Stephen R. Kellert）
エドワード・O. ウィルソン（Edward O. Wilson）
本書 591 頁以下「執筆者」参照.

訳　者

荒木正純（あらき まさずみ）

1946 年生まれ. 東京教育大学大学院文学研究科博士課程中退. 博士（文学）. 筑波大学教授を経て, 現在, 白百合女子大学教授, 筑波大学名誉教授. 専攻：英米文学批評理論. 著書：『ホモ・テキステュアリス』, 訳書：ウィルソン『ナチュラリスト・上下』, トマス『宗教と魔術の衰退・上下』(以上, 法政大学出版局), グリーンブラット『驚異と占有』(みすず書房) ほか.

時実早苗（ときざね さなえ）

1947 年生まれ. 東京教育大学大学院文学研究科修士課程修了. 博士（文学）. 現在, 千葉大学大学院人文社会科学研究科教授. 専攻：アメリカ文学, 文学理論. 著書：*Faulkner and/or Writing* (Liber Press, 1986). *The Politics of Authorship* (Liber Press, 1996),『手紙のアメリカ』(南雲堂), 訳書：ノリス『ポール・ド・マン』(法政大学出版局), ほか.

船倉正憲（ふなくら まさのり）

1946 年生まれ. 東京教育大学大学院文学研究科修士課程修了. 現在, 東京農工大学教授. 日本記号学会理事. 専攻：記号論, 情報論. 共・編著：『文化のヘテロロジー』(リーベル出版), 論文：「記号の自己複製・増殖の力」(『記号学研究』15 号), “Micro Rationality-Randomness and Macro Rationality in Tool Culture” (*Yearbook of the Artificial,* No. 5, Peter Lang), ほか.